普通高等教育“十二五”规划教材

基础物理学教程

（第2版）（上册）

主　编　白少民　任新成
副主编　苏芳珍　薛琳娜　李卫东

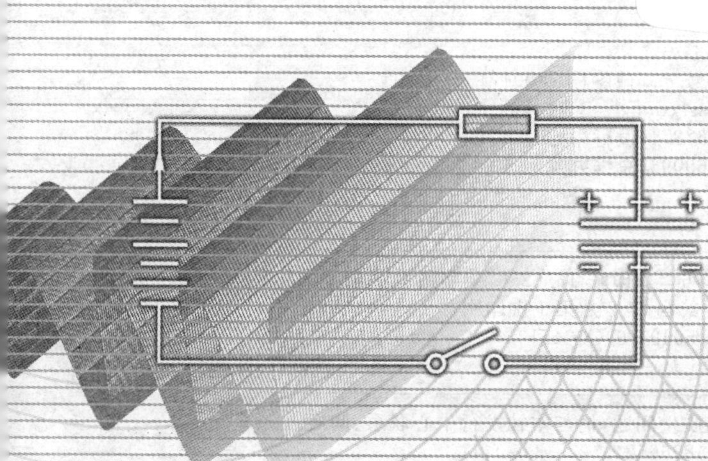

西安交通大学出版社
XI'AN JIAOTONG UNIVERSITY PRESS

内容提要

本教材上下册共五篇，分为十三章.上册两篇，包括第一篇力学部分的质点力学、力学中的守恒定律、刚体和流体；第二篇电磁学部分的静电场、稳恒磁场、电磁感应和电磁场.下册三篇，包括第三篇热物理学的热力学基础、气体动理论；第四篇振动与波部分的振动学基础、波动学基础、波动光学；第五篇近代物理学基础部分的相对论基础、量子力学基础.

本教程可作为理、工科非物理专业大学物理学课程的教材，也可供成人教育及其他专业基础物理课程选用.

图书在版编目(CIP)数据

基础物理学教程.上册/白少民主编.—2版.—西安：西安交通大学出版社，2014.1

ISBN 978-7-5605-5949-0

Ⅰ.①基… Ⅱ.①白… Ⅲ.①物理学-高等学校-教材 Ⅳ.①O4

中国版本图书馆CIP数据核字(2014)第016552号

书　　名 基础物理学教程(第2版)上册
主　　编 白少民　任新成
策划编辑 李慧娜
责任编辑 李慧娜

出版发行 西安交通大学出版社
(西安市兴庆南路10号　邮政编码710049)
网　　址 http://www.xjtupress.com
电　　话 (029)82668357　82667874(发行中心)
(029)82668315　82669096(总编办)
传　　真 (029)82668280
印　　刷 陕西元盛印务有限公司

开　　本 727mm×960mm　1/16　**印张** 16.625　**字数** 302千字
版次印次 2014年2月第2版　2014年2月第1次印刷
书　　号 ISBN 978-7-5605-5949-0/O·451
定　　价 29.00元

读者购书、书店添货、如发现印装质量问题，请与本社发行中心联系、调换。
订购热线：(029)82665248　(029)82665249
投稿热线：(029)82669097　QQ：8377981
读者信箱：lg_book@163.com

第 2 版 前 言

本教材经几年的教学使用后，获读者反馈：内容取舍和基本结构符合地方性高校大多数非物理专业大学物理课程的教学实际要求，也适合较少学时专业选用。因此本次修订，仍保持原教材的风格和特点，即“保证基础、加强近代、联系实际、涉及前沿”的选材原则和教材的原有结构体系。

本次修订作了几处次序的调整，以便使讲解更加合理流畅，例如第 1 章中的惯性系与非惯性系、伽利略变换等的节次进行了调整；对一般可不作为基础的部分内容进行了删除，例如第 2 章碰撞一节中的部分内容；在文字上也作了必要的修改，以使论述更加严谨、通俗易懂；同时对第一版中存在的其他方面的不妥之处进行了修正，使教材的科学性、教学实用性和先进性有了进一步的增强，教材的整体质量有了提高。本版配有配套电子课件，可通过读者信箱：lg_book@163.com 索取或官方网站下载。

由于作者水平所限，本书一定还存在不当和错误的地方，恳请专家及读者不吝指正。

作　者

2014 年 1 月

第 1 版前言

随着科学技术的飞速发展，对人才的培养也提出了更高、更新的要求．为了满足这一要求，基础物理的教学内容和课程体系就要不断改进．本教材就是为此目的，在教学实践和教改研究的基础上编写的．

本教材在内容上，注意“保证基础，加强近代，联系实际，涉及前沿”的选材原则．具体考虑如下几点：

1．考虑到教材既要反映物理学的新进展，使教学内容现代化，又能适应课程授课学时不断减少的趋势，教材从形式上减少了力学和电磁学等部分的章节（这两部分各压缩为三章）；在内容上尽量避免与中学物理的不必要重复．本书力求以简明、准确的语言阐述物理学中的基本概念、原理、定律、定理和定义等．

2．教材内容采取以“渗透式”与“透彻式”相结合的方式介绍，不同内容采取不同的形式．除基本内容外，教材中安排了标“＊”号的内容，可根据课时和专业及学生对象的情况在教学中进行取舍，不影响后继内容的学习．还有一些关于学科发展的前沿进展、新技术和应用等，教材以阅读材料形式编入供学生阅读，以使学生涉猎前沿、了解学科的发展及新技术的应用等．

3．《基础物理学教程》与中学物理的不同主要在于数学处理方法的不同及适用范围的扩展．而数学处理方法是该课程一开始的难点．本教材把数学处理方法的过渡作为突破口（如微积分的应用、矢量运算等），使学生尽快适应该课程的处理方法，为学好该门课程扫除障碍．

4．教材力求体现对学生高素质和综合能力的培养，注意物理思想及处理物理问题方法的介绍，克服教材就是知识堆砌的现象．在教材中适量加入物理学史的介绍和物理学家简介，以培养学生创造发明意识及对待科学的严谨态度和实事求是的作风．

5．纵观物理学的内容，它可分为两大部分：一是牛顿力学、麦克斯韦电磁学及热力学为基础构成的经典物理学；另一是以相对论及量子物理为基础而构成的近代物理学．近代物理学是更为普遍的理论，它可以把经典物理作为一种近似包含在其中．但是对宏观领域内的绝大多数研究现象来说，经典物理不仅适用，所得的结论的正确程度与近代物理处理并无差异，而且方法更为简捷方便，并还在不断地取得新的进展和应用．为此考虑，本教材将相对论和量子物理等作为近代物理部分仍安排在最后介绍.

6. 在习题和思考题的选编上,以“题量不多、难点不大和兼顾应用”为前提,以加强学生基础知识的训练.

7. 全书采用 SI 单位制.

8. 本教材上下册共五篇,分为十三章.上册两篇,包括第一篇力学部分的质点力学、力学中的守恒定律、刚体和流体;第二篇电磁学部分的静电场、稳恒磁场、电磁感应和电磁场.下册三篇,包括第三篇热物理学的热力学基础、气体动理论;第四篇振动与波部分的振动学基础、波动学基础、波动光学;第五篇近代物理学基础部分的相对论基础、量子力学基础.

本教程可作为理、工科非物理专业大学物理学课程的教材,也可供成人教育及其他专业基础物理课程选用.

本教材第 1—3 章由苏芳珍编写,第 4 章、第 9—10 章由任新成编写,第 5—6 章、第 12—13 章由白少民编写,第 7—8 章由李卫东编写,第 11 章由薛琳娜编写,全书由白少民统稿。

在本教材的编写和出版过程中,受到西安交通大学出版社的大力支持和帮助,西北大学董庆彦、胡晓云、贺庆丽教授,陕西师范大学范中和、王较过教授等对教材的编写提出了许多宝贵的建议和意见,在此一并致谢.

由于作者水平所限,本书的不当和错误之处在所难免,恳请专家及读者不吝指正.

作　者

2010 年 1 月

目　录

第一篇　力 学

第二篇　电磁学

第一篇　力　学

力学是研究物体机械运动规律的科学.一个物体相对于另一个物体的位置随时间发生变化,或者一个物体内部的各部分之间的相对位置随时间发生变化,都属于机械运动.机械运动是物质最简单、最基本的运动形式.几乎在物质运动的所有形式中都包含机械运动.

本书力学部分包括质点力学、力学中的守恒定律、刚体和流体三章.

第 1 章 质点力学

一个有形状和大小的物体的运动是复杂的.一般可分为平动、转动和振动.本章只研究质点的平动问题.对于质点的平动问题的讨论又分为两个方面:单纯描述质点在空间的运动情况称为质点运动学;而讨论运动产生的原因,如控制运动的方法,即说明运动的因果关系称为质点动力学.

§1.1 描述质点运动的物理量

一、质点 参考系

质点 任何物体都是具有大小和形状的.但是在某些情况下,物体的形状大小对于讨论它的运动无关紧要,例如,当研究地球绕太阳转动时,由于地球直径(约为 1.28×10^7 m)比地球与太阳的距离(约为 1.50×10^{11} m)小得多,地球上各点的运动相对于太阳来讲可视为相同,此时可以忽略地球的形状和大小;但当研究地球绕自身轴转动时则不能忽略.所以说,只要物体运动的路径比物体本身尺寸大得多的时候,就可以近似地把此物体看成只有质量而没有大小和形状的几何点,此抽象化的点就叫**质点**.由地球的例子可以看出:把物体当作质点是有条件的(即地球与太阳的平均距离比地球直径大得多)、相对的(地球自转不能当作质点).

参考系 宇宙万物,大至日、月、星、辰,小至原子内部的粒子都在不停地运动着.自然界一切物质没有绝对静止的.这就是运动的绝对性.但是对运动的描述却是相对的.例如:坐在运动着的火车上的乘客看同车厢的乘客是“静止”的,看车外地面上的人却向后运动;反过来,在车外路面上的人看见车内乘客随车前进,而路边一同站着的人却静止不动.这是因为车内乘客是以“车厢”为标准进行观察的,而路面上的人是以地球为标准观察的,即当选取不同的标准物对同一运动进行描述时,所得结论不同.因此,我们就把相对于不同的标准物所描述物体运动情况不同的现象叫运动的相对性.而被选为描述物体运动的标准物(或物体组)叫**参考系**.参考系的选取以分析问题方便为前提.如描述星际火箭的运动,开始发射时,可选地球为参考系;当它进入绕太阳运行的轨道时,则应以太阳为参考系才便于描述.在地球上运动的物体,常以地球或地面上静止的物体为参考系.

在参考系选定后,为了定量地描述物体的位置随时间的变化,还必须在参考系上选取一个坐标系.坐标系的选取多种多样,如直角坐标系、极坐标系、自然坐标系、球坐标系、柱坐标系.在大学物理学中常用前三种坐标系.

二、位置矢量和位移

位置矢量　位置矢量是定量描述质点某一时刻所在空间位置的物理量.如图1.1所示,设质点在某一时刻位于P点,从坐标系的原点O引向P点的有向线段OP称为该时刻质点的**位置矢量**,简称**位矢**,以$\boldsymbol{r}$表示.它在X,Y,Z轴上的投影(或位置坐标)分别为x,y,z.于是,位矢$\boldsymbol{r}$的表达式为

$$\boldsymbol{r}=x\boldsymbol{i}+y\boldsymbol{j}+z\boldsymbol{k} \tag{1.1}$$

式中,$\boldsymbol{i},\boldsymbol{j},\boldsymbol{k}$分别为$X,Y,Z$轴上的单位矢量(大小为1,方向沿各轴正向的矢量).显然,位置矢量的大小

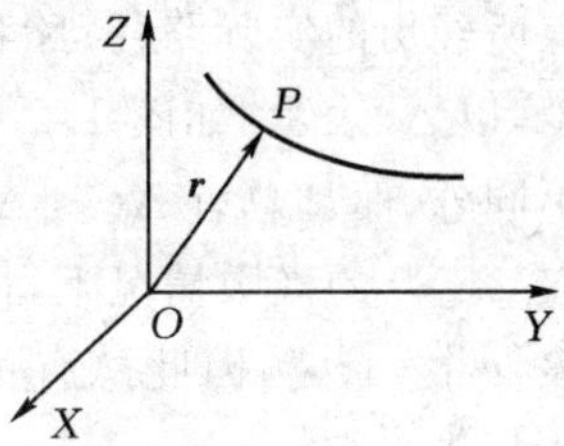

图1.1　质点的位矢

$$r=\sqrt{x^2+y^2+z^2}$$

其方向由它的三个方向余弦$\cos\alpha=\dfrac{x}{r},\cos\beta=\dfrac{y}{r},\cos\gamma=\dfrac{z}{r}$来确定.位矢的单位为米(m).

运动学方程　质点在运动过程中,每一时刻均有一对应的位置矢量(或一组对应的位置坐标x,y,z).换言之,质点的位矢是时间的函数,即

$$\boldsymbol{r}=\boldsymbol{r}(t) \tag{1.2a}$$

其投影式为

$$x=x(t),\quad y=y(t),\quad z=z(t) \tag{1.2b}$$

这样,就有

$$\boldsymbol{r}=\boldsymbol{r}(t)=x(t)\boldsymbol{i}+y(t)\boldsymbol{j}+z(t)\boldsymbol{k} \tag{1.2c}$$

按机械运动的定义,函数式(1.2a)描述了这个运动的过程,故称为质点的**运动学方程**.知道了运动学方程,就能确定任一时刻质点的位置,进而确定质点的运动.运动学的主要任务在于,根据问题的具体条件,建立并求解质点的运动学方程.

由式(1.2b)中消去参变量t,则得质点运动的轨迹方程.如果质点限制在平面内,则可在此平面上建立xoy坐标系,于是式(1.2b)中的$z(t)=0$,从中消去时间t,得

$$y=y(x) \tag{1.3}$$

此即质点在xy平面内运动的轨迹方程.

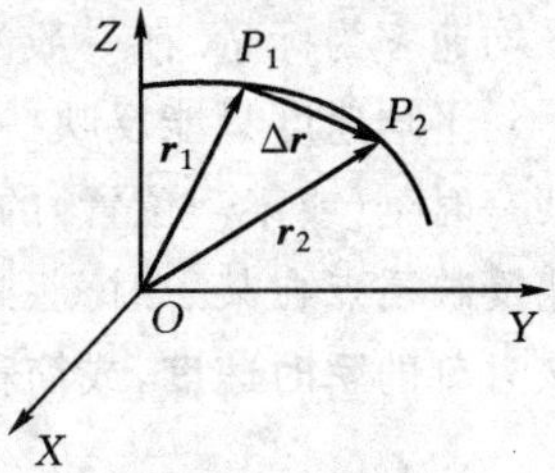

图1.2　质点的位移

位移　位移是表示质点位置变化的物理量.如图1.2所示,设t_1时刻质点经过P_1处,位矢为$\boldsymbol{r}_1$;t_2时

刻质点经过 P_2 处,位矢为 $\boldsymbol{r}_2$.在时间 $\Delta t=t_2-t_1$ 内,质点位置的变化可用它的位移 $\Delta\boldsymbol{r}$ 表示.由图 1.2 知

$$\Delta\boldsymbol{r}=\boldsymbol{r}_2-\boldsymbol{r}_1 \tag{1.4}$$

位移是矢量,其大小为有向线段 $\overrightarrow{P_1P_2}$ 的长度,方向由始点 P_1 指向末点 P_2.必须指出,位移和路程不同.位移是矢量,是质点在一段时间内的位置变化,而不是质点所经历的实际路径;路程为标量,是指该段时间内质点所经历的实际路径的长度,以 Δs 表示(如图 1.2 中的弧长 $\widehat{P_1P_2}$ 所示).位移 $\Delta\boldsymbol{r}$ 和路程 Δs 除了矢量、标量不同外,而且总有 $\Delta s\geqslant|\Delta\boldsymbol{r}|$.只有质点在作单向直线运动时才有 $\Delta s=|\Delta\boldsymbol{r}|$.但是在 $\Delta t\to 0$ 的极限情况下,$|\mathrm{d}\boldsymbol{r}|=\mathrm{d}s$.其次,还要注意 $|\Delta\boldsymbol{r}|$ 与 Δr 的区别,一般以 Δr 代表 $|\boldsymbol{r}_2|-|\boldsymbol{r}_1|$,因此总有 $|\Delta\boldsymbol{r}|\geqslant\Delta r$,只有在 $\boldsymbol{r}_1$ 与 $\boldsymbol{r}_2$ 方向相同的情况下 $|\Delta\boldsymbol{r}|$ 与 Δr 才相等.

三、速度

速度是表示质点位置变化快慢的物理量.将质点的位移 $\Delta\boldsymbol{r}$ 与完成该位移 $\Delta\boldsymbol{r}$ 所需的时间 Δt 的比值 $\dfrac{\Delta\boldsymbol{r}}{\Delta t}$ 称为质点在该段时间内的**平均速度**,用 $\bar{\boldsymbol{v}}$ 表示,即

$$\bar{\boldsymbol{v}}=\frac{\Delta\boldsymbol{r}}{\Delta t} \tag{1.5}$$

平均速度是矢量,其方向与 $\Delta\boldsymbol{r}$ 的方向相同,如图 1.3 所示.

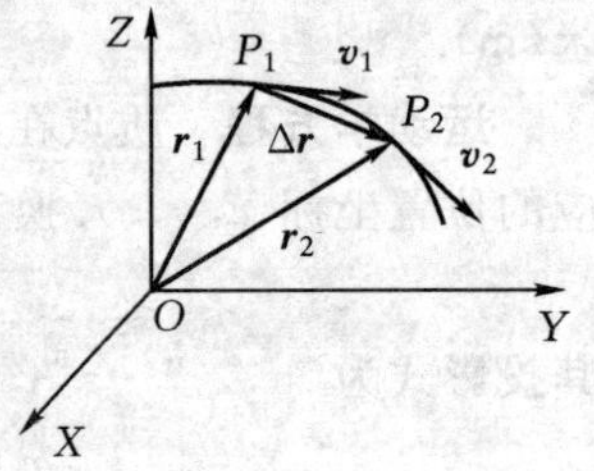

图 1.3 质点的速度

质点所经历的路程 Δs 与完成这段路程所需时间 Δt 之比 $\dfrac{\Delta s}{\Delta t}$ 称为质点在该段时间内的**平均速率**,以 $\bar{v}$ 表示

$$\bar{v}=\frac{\Delta s}{\Delta t} \tag{1.6}$$

平均速率为标量.在一般的情况下,平均速度的大小并不等于平均速率.

平均速度只能反映一段时间内质点位置的平均变化情况,而不能反映质点在某一时刻(或某一位置)的瞬时变化情况.当 $\Delta t\to 0$ 时,平均速度的极限值才能精确地反映质点在某一时刻(或某一位置)的运动快慢及方向.这一极限值称为质点在该时刻的**瞬时速度**,或简称速度,以 $\boldsymbol{v}$ 表示,即

$$\boldsymbol{v}=\lim_{\Delta t\to 0}\frac{\Delta\boldsymbol{r}}{\Delta t}=\frac{\mathrm{d}\boldsymbol{r}}{\mathrm{d}t} \tag{1.7}$$

速度是矢量,其方向与 $\Delta\boldsymbol{r}$ 的极限方向一致,即为运动轨迹上该点的切线方

向，并指向运动方向一侧. 从式(1.7)可以看出，速度是位置矢量对时间的一阶导数. 速度的单位是米・秒$^{-1}$($\mathrm{m\cdot s^{-1}}$).

反映质点运动瞬时快慢的物理量称为**瞬时速率**(简称速率)，它是 $\Delta t\to 0$ 时平均速率的极限值，即

$$v=\lim_{\Delta t\to 0}\frac{\Delta s}{\Delta t}=\frac{\mathrm{d}s}{\mathrm{d}t}\tag{1.8}$$

由于 $\Delta t\to 0$ 时 $|\mathrm{d}\boldsymbol{r}|=\mathrm{d}s$，故质点在某一时刻的速度大小与该时刻的瞬时速率相等.

四、加速度

加速度是描述质点速度随时间变化快慢的物理量. 如图 1.4(a)所示，在 t_1 时刻，质点位于 P_1 处，速度为 $\boldsymbol{v}_1$；t_2 时刻，质点位于 P_2 处，速度为 $\boldsymbol{v}_2$；在 $\Delta t=t_2-t_1$时间内，质点的速度增量为 $\Delta\boldsymbol{v}=\boldsymbol{v}_2-\boldsymbol{v}_1$(见图 1.4(b)). 比值 $\Delta\boldsymbol{v}/\Delta t$ 反映了在时间 Δt 内质点速度的平均变化情况，称为**平均加速度**，以 $\bar{\boldsymbol{a}}$ 表示，即

$$\bar{\boldsymbol{a}}=\frac{\boldsymbol{v}_2-\boldsymbol{v}_1}{t_2-t_1}=\frac{\Delta\boldsymbol{v}}{\Delta t}$$

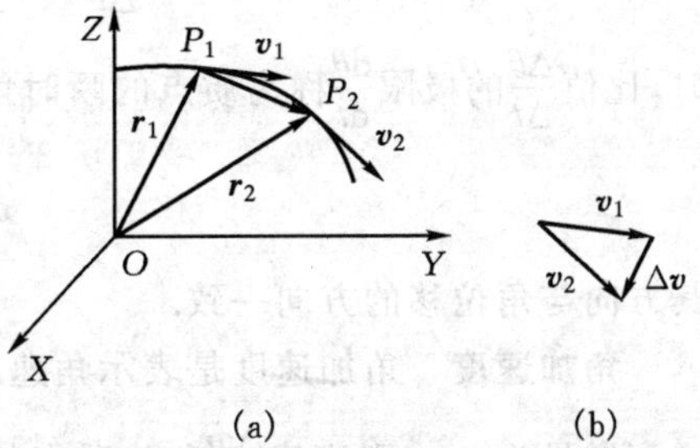

图 1.4　速度的增量

这里 $\bar{\boldsymbol{a}}$ 的方向与 $\Delta\boldsymbol{v}$ 方向一致. 平均加速度只能反映速度在某一时间内的平均变化情况. 只有当 $\Delta t\to 0$ 时，比值 $\Delta\boldsymbol{v}/\Delta t$ 的极限值才能精确地反映出在某一时刻(或某一位置)速度的变化情况. 这一极限值称为**瞬时加速度**，或简称**加速度**，以 $\boldsymbol{a}$ 表示，即

$$\boldsymbol{a}=\lim_{\Delta t\to 0}\frac{\Delta\boldsymbol{v}}{\Delta t}=\frac{\mathrm{d}\boldsymbol{v}}{\mathrm{d}t}=\frac{\mathrm{d}^2\boldsymbol{r}}{\mathrm{d}t^2}\tag{1.9}$$

由式(1.9)可以看出，质点的加速度等于速度对时间的一阶导数，或等于位置矢量对时间的二阶导数 . 换句话说，我们可以通过对速度或位矢求导来计算加速度. 加速度的单位是米・秒$^{-2}$($\mathrm{m\cdot s^{-2}}$).

五、圆周运动的角量描述

轨迹为圆周的运动称为圆周运动 . 由于作圆周运动的质点必在圆周上，因而其运动可用一组角量来描述.

角坐标　角坐标是描述质点在圆周上位置的物理量. 如图 1.5 所示，设 t 时刻质点位于 A 处，则半径 OA 与参考轴 OX 的夹角 θ 即为该时刻质点的**角坐标**，它随时间而变化，即

$$\theta=\theta(t)\tag{1.10}$$

此即质点作圆周运动时的运动学方程. 角坐标的单位为弧度(rad).

角位移 角位移是描述一段时间内角坐标改变的物理量. 如图 1.5 所示,设 Δt 时间内质点由 A 点到达 B 点,在此时间内的角位移为 $\Delta\theta$. 理论上可以证明,当角位移无限小,即 $\Delta\theta\to d\theta$ 时,角位移 $d\theta$ 具有矢量性,其方向由右手螺旋法则确定:弯曲的右手,四指表示质点运动的方向,则与四指垂直的大拇指所指的方向即为角位移的方向.

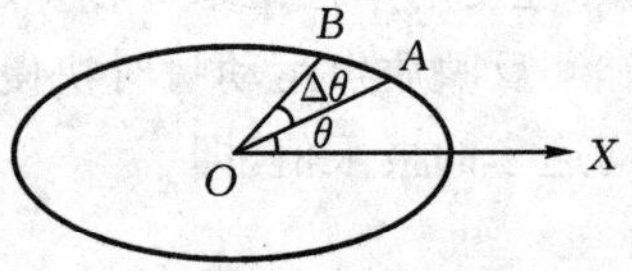

图 1.5 圆周运动

角速度 角速度是表示角坐标移动快慢的物理量,质点的角位移 $\Delta\theta$ 与完成此角位移所用时间 Δt 的比值 $\dfrac{\Delta\theta}{\Delta t}$ 称为质点在 Δt 时间内的**平均角速度**. 当 $\Delta t\to 0$ 时,比值 $\dfrac{\Delta\theta}{\Delta t}$ 的极限 $\dfrac{d\theta}{dt}$ 称为质点的**瞬时角速度**. 角速度用 $\boldsymbol{\omega}$ 表示,即

$$\boldsymbol{\omega}=\frac{d\boldsymbol{\theta}}{dt} \tag{1.11}$$

其方向与角位移的方向一致.

角加速度 角加速度是表示角速度变化快慢的物理量. 若 Δt 时间内质点的角速度增量为 $\Delta\boldsymbol{\omega}$,则比值 $\dfrac{\Delta\boldsymbol{\omega}}{\Delta t}$ 称为质点的**平均角加速度**. 当 $\Delta t\to 0$ 时,比值 $\dfrac{\Delta\boldsymbol{\omega}}{\Delta t}$ 的极限 $\dfrac{d\boldsymbol{\omega}}{dt}$ 称为**瞬时角加速度**,简称**角加速度**. 角加速度用 $\boldsymbol{\beta}$ 表示,即

$$\boldsymbol{\beta}=\frac{d\boldsymbol{\omega}}{dt} \tag{1.12}$$

其方向与角速度增量的方向相同.

角位移、角速度与角加速度(统称为角量)的单位分别为弧度(rad)、弧度/秒($rad\cdot s^{-1}$)及弧度/秒^2($rad\cdot s^{-2}$).

例 1.1 已知质点的位矢分量式为

$$x=2t,\quad y=6-2t^2$$

(1) 求轨迹方程;

(2) 求 $t=1$ 到 $t=2$ 之间的位移和平均速度;

(3) 求 $t=1$ 和 $t=2$ 两时刻的瞬时速度和瞬时加速度.

本题中 x、y 单位是 m,t 的单位是 s,$\boldsymbol{v}$ 的单位为 m/s.

解 (1) 从位矢分量式 $x=2t$ 和 $y=6-2t^2$ 消去 t,得轨道方程

$$y=6-\frac{x^2}{2}$$

轨迹为抛物线.

(2) 由位矢 $\boldsymbol{r}=2t\boldsymbol{i}+(6-2t^2)\boldsymbol{j}$ 代入 $t=1$ 和 $t=2$ 得

$$\boldsymbol{r}_1=2\boldsymbol{i}+4\boldsymbol{j},\quad \boldsymbol{r}_2=4\boldsymbol{i}-2\boldsymbol{j}$$

所以位移为

$$\Delta\boldsymbol{r}=\boldsymbol{r}_2-\boldsymbol{r}_1=(x_2-x_1)\boldsymbol{i}+(y_2-y_1)\boldsymbol{j}=2\boldsymbol{i}-6\boldsymbol{j}$$

平均速度为

$$\bar{\boldsymbol{v}}=\frac{\Delta\boldsymbol{r}}{\Delta t}=2\boldsymbol{i}-6\boldsymbol{j}$$

(3) 又由 $\boldsymbol{v}=\dfrac{\mathrm{d}\boldsymbol{r}}{\mathrm{d}t}=2\boldsymbol{i}-4t\boldsymbol{j}$，代入 $t=1$ 和 $t=2$ 得

$$\boldsymbol{v}_1=2\boldsymbol{i}-4\boldsymbol{j},\quad \boldsymbol{v}_2=2\boldsymbol{i}-8\boldsymbol{j}$$

$$\boldsymbol{a}=\frac{\mathrm{d}\boldsymbol{v}}{\mathrm{d}t}=-4\boldsymbol{j}$$

由上式可知，两时刻瞬时加速度相等.

§1.2　描述质点运动的坐标系

前面讲过，为了定量地描述物体的位置和位置随时间的变化，在参考系上还需要选择一个坐标系.下面介绍三种常用坐标系中的各物理量及其变化的表达式.

一、直角坐标系

位移　在直角坐标系中，位移可表示为

$$\begin{aligned}\Delta\boldsymbol{r}&=(x_2-x_1)\boldsymbol{i}+(y_2-y_1)\boldsymbol{j}+(z_2-z_1)\boldsymbol{k}\\&=\Delta x\boldsymbol{i}+\Delta y\boldsymbol{j}+\Delta z\boldsymbol{k}\end{aligned}\tag{1.13}$$

位移的大小为　$|\Delta r|=\sqrt{\Delta x^2+\Delta y^2+\Delta z^2}$

其方向由三个方向余弦确定，分别为

$$\cos\alpha=\frac{\Delta x}{|\Delta r|},\quad \cos\beta=\frac{\Delta y}{|\Delta r|},\quad \cos\gamma=\frac{\Delta z}{|\Delta r|}$$

速度　由速度定义知，速度是位置矢量对时间的一阶导数.即

$$\boldsymbol{v}=\frac{\mathrm{d}\boldsymbol{r}}{\mathrm{d}t}=\frac{\mathrm{d}x}{\mathrm{d}t}\boldsymbol{i}+\frac{\mathrm{d}y}{\mathrm{d}t}\boldsymbol{j}+\frac{\mathrm{d}z}{\mathrm{d}t}\boldsymbol{k}\tag{1.14}$$

式中 $\dfrac{\mathrm{d}x}{\mathrm{d}t}=v_x$，$\dfrac{\mathrm{d}y}{\mathrm{d}t}=v_y$，$\dfrac{\mathrm{d}z}{\mathrm{d}t}=v_z$ 分别是速度 $\boldsymbol{v}$ 在 x、y、z 轴上的投影，即速度在各坐标轴上的投影值等于各相应位置坐标对时间的一阶导数.故式(1.14)又可表示为

$$\boldsymbol{v}=v_x\boldsymbol{i}+v_y\boldsymbol{j}+v_z\boldsymbol{k}$$

速度的大小为　$v=\sqrt{v_x^2+v_y^2+v_z^2}$

其方向由三个方向余弦确定

$$\cos\alpha = \frac{v_x}{v}, \quad \cos\beta = \frac{v_y}{v}, \quad \cos\gamma = \frac{v_z}{v}$$

加速度 由加速度定义有

$$\boldsymbol{a} = \frac{\mathrm{d}\boldsymbol{v}}{\mathrm{d}t} = \frac{\mathrm{d}^2\boldsymbol{r}}{\mathrm{d}t^2} = \frac{\mathrm{d}v_x}{\mathrm{d}t}\boldsymbol{i} + \frac{\mathrm{d}v_y}{\mathrm{d}t}\boldsymbol{j} + \frac{\mathrm{d}v_z}{\mathrm{d}t}\boldsymbol{k}$$

$$= \frac{\mathrm{d}^2 x}{\mathrm{d}t^2}\boldsymbol{i} + \frac{\mathrm{d}^2 y}{\mathrm{d}t^2}\boldsymbol{j} + \frac{\mathrm{d}^2 z}{\mathrm{d}t^2}\boldsymbol{k} = a_x\boldsymbol{i} + a_y\boldsymbol{j} + a_z\boldsymbol{k} \tag{1.15}$$

式中 a_x, a_y, a_z 分别为加速度 $\boldsymbol{a}$ 在 x, y, z 轴上的投影.

加速度的大小为

$$a = \sqrt{a_x^2 + a_y^2 + a_z^2}$$

方向由三个方向余弦确定

$$\cos\alpha = \frac{a_x}{a}, \quad \cos\beta = \frac{a_y}{a}, \quad \cos\gamma = \frac{a_z}{a}$$

二、平面极坐标系

位矢 对于位置矢量限制在一平面上的情形,除了用平面直角坐标系外,也可用平面极坐标系来描述. 此时质点的坐标为 r 和 θ. 设 $\boldsymbol{e}_r$、$\boldsymbol{e}_\theta$ 分别代表径向和横向(同径向垂直指向 θ 角增加的方向)的单位矢量(如图 1.6 所示)(这里的 $\boldsymbol{e}_r$、$\boldsymbol{e}_\theta$ 大小不变,等于 1,但它们的方向均随质点所在位置而异,即与坐标 θ 有关),则质点的位置矢量可表示为

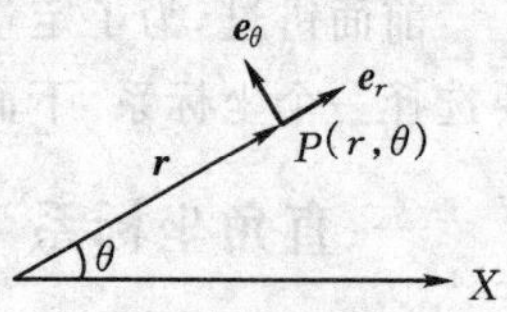

图 1.6 平面极坐标系

$$\boldsymbol{r} = r(t)\boldsymbol{e}_r(t) \tag{1.16}$$

因为当质点在平面上运动时,随着坐标 θ 的变化,$\boldsymbol{e}_r$ 也随之改变方向,所以 $\boldsymbol{e}_r$ 也成为时间 t 的函数,位矢的极坐标分量成为

$$r = r(t), \quad \theta = \theta(t)$$

速度 根据速度定义有

$$\boldsymbol{v} = \frac{\mathrm{d}\boldsymbol{r}}{\mathrm{d}t} = \frac{\mathrm{d}}{\mathrm{d}t}(r\boldsymbol{e}_r) = \frac{\mathrm{d}r}{\mathrm{d}t}\boldsymbol{e}_r + r\frac{\mathrm{d}\boldsymbol{e}_r}{\mathrm{d}t} = \frac{\mathrm{d}r}{\mathrm{d}t}\boldsymbol{e}_r + r\frac{\mathrm{d}\theta}{\mathrm{d}t}\boldsymbol{e}_\theta = v_r\boldsymbol{e}_r + v_\theta\boldsymbol{e}_\theta \tag{1.17}$$

式中$\frac{\mathrm{d}r}{\mathrm{d}t}$是质点径向坐标对时间的变化率,即质点与原点距离的时间变化率. $\boldsymbol{v}_\theta$ 为横向速度.

加速度 平面极坐标系中质点的加速度已超出普通物理的范畴,所以本书不予以推导,只给出结论. 平面极坐标系中的加速度也分为径向加速度和横向加速度,分别为

径向加速度
$$a_r = \frac{d^2 r}{dt^2} - r\left(\frac{d\theta}{dt}\right)^2$$
横向加速度
$$a_\theta = r\frac{d^2\theta}{dt^2} + 2\frac{dr}{dt}\frac{d\theta}{dt} \tag{1.18}$$

由上可以看出，在平面极坐标系中，加速度分量的表达式比较繁杂，不像直角坐标系中那么简单，但这并不等于解算力学中所有问题都要用直角坐标系才显得方便. 在理论力学中关于有心力的讨论，平面极坐标系就比直角坐标系方便.

三、自然坐标系

在有些情况下，质点相对参考系的运动轨迹是已知的，例如，以地面为参考系，火车（视为质点）的运动轨迹（铁路轨道）是已知的. 这时可取轨迹上任一点 M 的切线和法线构成坐标系来研究平面曲线运动. 这种坐标系称为**自然坐标系**，如图 1.7 所示. 图中 $\boldsymbol{\tau}, \boldsymbol{n}$ 分别代表切线和法线方向的单位矢量. 显然，随着质点位置的改变，$\boldsymbol{\tau}$ 及 $\boldsymbol{n}$ 的方向亦随之而变. 因此，$\boldsymbol{\tau}, \boldsymbol{n}$ 与 $\boldsymbol{i}, \boldsymbol{j}, \boldsymbol{k}$ 不同，前者的方向在运动中是可变的，而后者则是固定的.

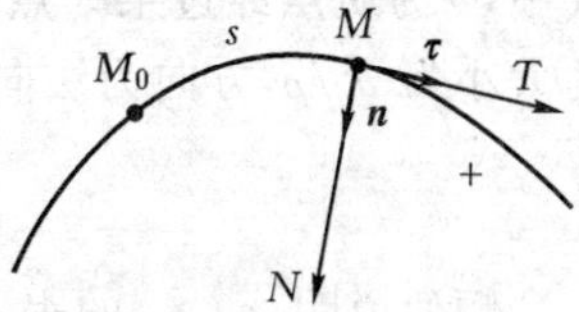

图 1.7　自然坐标系

运动学方程　设初始时刻质点位于 M_0 处，t 时刻位于 M 处，我们用弧坐标 s 来表示 t 时刻质点的位置，s 的绝对值等于弧$\overset{\frown}{M_0M}$的长度，当 M 位于 M_0 的右侧，$s>0$；位于左侧，则 $s<0$. s 的大小随 t 而变化，即
$$s = s(t) \tag{1.19}$$
这就是以自然坐标表示的质点运动学方程.

速度　在自然坐标系中，质点的速率（参见式(1.8)）可以通过对式(1.19)求导得到. 于是，自然坐标系中的质点速度
$$\boldsymbol{v} = v\boldsymbol{\tau} = \frac{ds}{dt}\boldsymbol{\tau} \tag{1.20}$$

加速度　对式(1.20)求导，得质点在自然坐标系中的加速度
$$\boldsymbol{a} = \frac{d\boldsymbol{v}}{dt} = \frac{d}{dt}(v\boldsymbol{\tau}) = \frac{dv}{dt}\boldsymbol{\tau} + v\frac{d\boldsymbol{\tau}}{dt}$$
式中右方第一项大小$\frac{dv}{dt}$为质点在某一位置（某一时刻）速率的变化率，方向与切线方向平行，故称**切向加速度**，以 $\boldsymbol{a}_\tau$ 表示，即
$$\boldsymbol{a}_\tau = \frac{dv}{dt}\boldsymbol{\tau} = \frac{d^2 s}{dt^2}\boldsymbol{\tau} \tag{1.21}$$
式中右方第二项中的$\frac{d\boldsymbol{\tau}}{dt}$可借助几何方法来分析，如图 1.8 所示. 设质点作圆周运

动. 它经过 P_1 点的切向单位矢量为 $\boldsymbol{\tau}_1$，经过 P_2 点的切向单位矢量为 $\boldsymbol{\tau}_2$，则 $\Delta\boldsymbol{\tau}=\boldsymbol{\tau}_2-\boldsymbol{\tau}_1$. 当 P_2 趋近于 P_1 时，$\Delta\boldsymbol{\tau}$ 的大小趋近于 $|\boldsymbol{\tau}\Delta\theta|=\Delta\theta$(因为 $\boldsymbol{\tau}$ 的大小为1)，其方向趋于与 $\boldsymbol{\tau}(\boldsymbol{\tau}_1)$ 垂直，即与 $\boldsymbol{n}$ 同向，于是有 $\mathrm{d}\boldsymbol{\tau}=\mathrm{d}\theta\boldsymbol{n}=\dfrac{\mathrm{d}s}{\rho}\boldsymbol{n}$. 将其代入 $\boldsymbol{a}$ 的表达式中的第二项，得

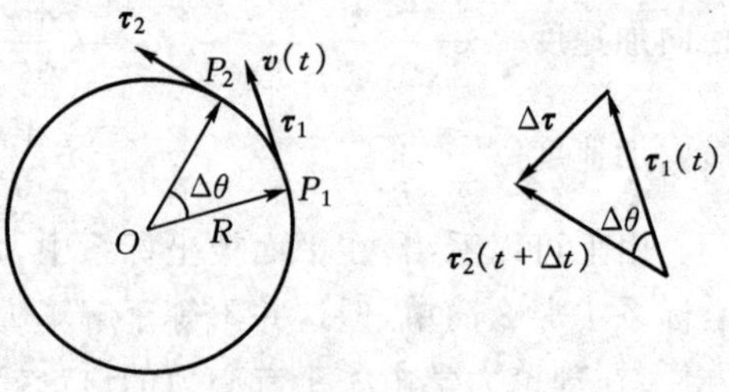

图 1.8 圆周运动的法向加速度

$$v\frac{\mathrm{d}\boldsymbol{\tau}}{\mathrm{d}t}=\frac{v}{\rho}\frac{\mathrm{d}s}{\mathrm{d}t}\boldsymbol{n}=\frac{v^2}{\rho}\boldsymbol{n}$$

式中，v 为质点经过某一点时的速率，ρ 为轨迹在该点的曲率半径. 这表明，第二项的大小为 v^2/ρ，方向为法向，故称**法向加速度**. 以 $\boldsymbol{a}_n$ 表示，即

$$\boldsymbol{a}_n=\frac{v^2}{\rho}\boldsymbol{n} \tag{1.22}$$

顺便说明，$\boldsymbol{a}_\tau$、$\boldsymbol{a}_n$ 的表示式虽是从圆周运动导出的，但它对任何曲线运动的情况都适用. 于是，在自然坐标系中，质点的加速度的表达式为

$$\boldsymbol{a}=\frac{\mathrm{d}v}{\mathrm{d}t}\boldsymbol{\tau}+\frac{v^2}{\rho}\boldsymbol{n}=\boldsymbol{a}_\tau+\boldsymbol{a}_n \tag{1.23}$$

加速度的大小

$$a=\sqrt{a_\tau^2+a_n^2}=\sqrt{\left(\frac{\mathrm{d}v}{\mathrm{d}t}\right)^2+\left(\frac{v^2}{\rho}\right)^2}$$

其方向与切线方向的夹角

$$\alpha=\arctan\frac{a_n}{a_\tau}$$

从以上讨论可以看出，切向加速度 $\boldsymbol{a}_\tau$ 给出了速度大小随时间的变化率；而法向加速度 $\boldsymbol{a}_n$ 则反映了速度方向随时间的变化率.

四、角量与线量的关系

从图 1.5 中容易看出，在 $\mathrm{d}t$ 时间内，质点发生 $\mathrm{d}\theta$ 角位移时，它所通过的路程为

$$\mathrm{d}s=r\mathrm{d}\theta \tag{1.24a}$$

由质点的速度、切向及法向加速度(统称为线量)的定义得其大小分别为

$$\left.\begin{aligned} v &= \frac{ds}{dt} = r\frac{d\theta}{dt} = r\omega \\ a_\tau &= \frac{dv}{dt} = r\frac{d\omega}{dt} = r\frac{d^2\theta}{dt^2} = r\beta \\ a_n &= \frac{v^2}{r} = r\omega^2 \end{aligned}\right\} \tag{1.24b}$$

式(1.24a)、(1.24b)说明，质点的路程、速度及切向和法向加速度均与半径 r 成正比. 知道了角量，很容易算出相应的线量，反之亦然.

例 1.2　一气球以速率 v_0 从地面上升，由于风的影响，随着高度的上升，气球的水平速度按 $v_x = by$ 增大，其中 b 是正的常量，y 是从地面算起的高度，x 轴取水平向右的方向.

(1) 计算气球的运动学方程；

(2) 求气球水平飘移的距离与高度的关系；

(3) 求气球沿轨道运动的切向加速度和轨道的曲率与高度的关系.

解　(1) 取平面直角坐标系 oxy，令 $t=0$ 时气球位于坐标原点(地面). 已知

$$v_y = v_0, \quad v_x = by$$

显然有

$$y = v_0 t \tag{a}$$

而

$$\frac{dx}{dt} = by = bv_0 t \quad 或 \quad dx = bv_0 t\,dt$$

对上式两边取定积分得

$$\int_0^x dx = \int_0^t bv_0 t\,dt, \quad 即 \quad x = \frac{bv_0}{2}t^2 \tag{b}$$

气球的运动学方程为

$$\boldsymbol{r} = \frac{bv_0}{2}t^2\boldsymbol{i} + v_0 t\boldsymbol{j}$$

(2) 由式(a)和式(b)消去 t，得到轨道方程

$$x = \frac{b}{2v_0}y^2$$

(3) 又因气球的运动速率

$$v = \sqrt{v_x^2 + v_y^2} = \sqrt{b^2 v_0^2 t^2 + v_0^2} = \sqrt{b^2 y^2 + v_0^2}$$

所以气球的切向加速度为

$$a_\tau = \frac{dv}{dt} = \frac{b^2 v_0 y}{\sqrt{b^2 y^2 + v_0^2}}$$

而由 $a_n = \sqrt{a^2 - a_\tau^2}$ 和 $a^2 = a_x^2 + a_y^2 = \left(\frac{dv_x}{dt}\right)^2 + \left(\frac{dv_y}{dt}\right)^2 = b^2 v_0^2$

可算出
$$a_n = \frac{bv_0^2}{\sqrt{b^2y^2+v_0^2}}$$

再用$\frac{v^2}{\rho}=a_n$求得轨道曲率与高度的关系

$$\rho = \frac{v^2}{a_n} = \frac{(b^2y^2+v_0^2)^{3/2}}{bv_0^2}$$

例 1.3　某点运动方程为 $r=\mathrm{e}^{ct}$，$\theta=bt$，式中 b 和 c 都是常数，试求其速度和加速度.

解　因为 $r=\mathrm{e}^{ct}$，　$\theta=bt$

故　$v_r=\frac{\mathrm{d}r}{\mathrm{d}t}=c\mathrm{e}^{ct}=cr$，$v_\theta=r\frac{\mathrm{d}\theta}{\mathrm{d}t}=b\mathrm{e}^{ct}=br$

而　$v=\sqrt{v_r^2+v_\theta^2}=r\sqrt{b^2+c^2}$

又　$a_r=\frac{\mathrm{d}^2r}{\mathrm{d}t^2}-r\left(\frac{\mathrm{d}\theta}{\mathrm{d}t}\right)^2=c^2\mathrm{e}^{ct}-b^2\mathrm{e}^{ct}=(c^2-b^2)r$

$a_\theta=r\frac{\mathrm{d}^2\theta}{\mathrm{d}t^2}+2\frac{\mathrm{d}r}{\mathrm{d}t}\cdot\frac{\mathrm{d}\theta}{\mathrm{d}t}=2bcr$

$a=\sqrt{a_r^2+a_\theta^2}=r\sqrt{(c^2-b^2)^2+(2bc)^2}$

由此可以看出，在本问题中速度和加速度的计算用极坐标较方便.

§1.3　质点运动学的两类基本问题

质点运动学所要解决的问题一般分为两类：一类是已知质点的运动学方程，求质点在任意时刻的速度和加速度，在数学处理上需用导数运算，称为**微分问题**；另一类是已知质点的加速度及初始条件(即 $t=0$ 时的位矢及速度)，求任意时刻的速度和位置矢量(或运动学方程)，在数学上需用积分运算，称为**积分问题**. 第一类问题前面已讨论过，下面以匀变速直线运动为例讨论第二类问题.

设质点作匀变速直线运动，在 $t=0$ 时，其位置坐标和速度分别为 x_0 和 v_0，要确定任一时刻质点的运动状态，就是要求得其坐标 x 和 v 与时间 t 的函数表达式 $x(t)$和 $v(t)$.

先将瞬时加速度的数学式 $a=\frac{\mathrm{d}v}{\mathrm{d}t}$改写成 $\mathrm{d}v=a\mathrm{d}t$，已知 a 为恒量，对上式两边取积分，并应用质点在 $t=0$ 时刻 $v=v_0$ 的初始条件，得

$$\int_{v_0}^{v}\mathrm{d}v=\int_0^t a\mathrm{d}t$$

即
$$v-v_0=at\quad 或\quad v=v_0+at \tag{1.25}$$

上式就是确定质点在匀加速直线运动中速度 v 的时间函数式.

根据瞬时速度的数学式 $v=\frac{\mathrm{d}x}{\mathrm{d}t}$,把式(1.25)写成

$$\frac{\mathrm{d}x}{\mathrm{d}t}=v_0+at \quad 或 \quad \mathrm{d}x=(v_0+at)\mathrm{d}t$$

两边取定积分得

$$\int_{x_0}^{x}\mathrm{d}x=\int_0^t(v_0+at)\mathrm{d}t$$

即

$$x-x_0=v_0t+\frac{1}{2}at^2 \quad 或 \quad x=x_0+v_0t+\frac{1}{2}at^2 \tag{1.26}$$

上式就是匀加速直线运动中确定质点位置的时间函数式,也就是质点的运动方程.

此外,如果把瞬时加速度改写成

$$a=\frac{\mathrm{d}v}{\mathrm{d}t}=\frac{\mathrm{d}v}{\mathrm{d}x}\cdot\frac{\mathrm{d}x}{\mathrm{d}t}=v\frac{\mathrm{d}v}{\mathrm{d}x}$$

便有

$$v\,\mathrm{d}v=a\,\mathrm{d}x$$

应用初始条件对两边取定积分

$$\int_{v_0}^{v}v\,\mathrm{d}v=\int_{x_0}^{x}a\,\mathrm{d}x$$

就得

$$\frac{1}{2}(v^2-v_0^2)=a(x-x_0) \quad 或 \quad v^2=v_0^2+2a(x-x_0) \tag{1.27}$$

上式就是质点作匀加速直线运动时,质点坐标 x 和速度 v 之间的关系式.

以上讨论以 x 方向运动为例,同理可求得 y、z 方向的各分量关系,这里不再赘述.下面讨论两个特例.

一、直线运动实例

自由落体运动　物体自由下落是近似于匀加速直线运动的一个实例.在自由下落过程中,若无空气阻力,则无论物体的大小、形状、质量等如何,在距地面同一高度处,它们均有相同的加速度;若降落距离不太大,在降落过程中,加速度可当做常量,空气阻力与加速度(g)随高度变化忽略不计,这种理想的运动叫**自由落体运动**.

自由落体运动中加速度 g 是常数,则为匀变速直线运动,以上讨论的公式均适用.因自由落体在开始时,$v_0=0$,且选坐标轴的正方向向下,将这些条件代入匀变速直线运动公式后有

$$v=gt,\quad y=\frac{1}{2}gt^2,\quad v^2=2gy$$

竖直上抛运动　与自由落体运动相反,竖直上抛运动有向上的初速度,取向上

为坐标轴正方向，且运动过程中加速度为重力加速度，方向始终向下并取负值. 则由匀变速直线运动公式得

$$v = v_0 - gt, \quad y = v_0 t - \frac{1}{2}gt^2, \quad v^2 = v_0^2 - 2gy$$

二、平面曲线运动实例

运动叠加原理 运动的叠加原理也是运动的一个重要特性. 如图 1.9 所示，A、B 为两个小球，在同一时刻，从同一高度，使 A 球自由落下，B 球向水平方向射出. 我们将看到，虽然 A、B 两球运动的轨迹，一个是直线，一个是抛物线，但是两球总是在同一时刻落地. 这一实验事实说明，在同一时间内，A、B 两球在竖直方向上的运动距离总是相同的. B 球除了竖直方向的运动外，同时还有水平方向的运动，但水平方向的运动对于竖直方向的运动没有丝毫影响，反之亦然. 由此可见，抛体的运动正是水平方向的匀速直线运动和竖直方向的匀变速直线运动的合成.

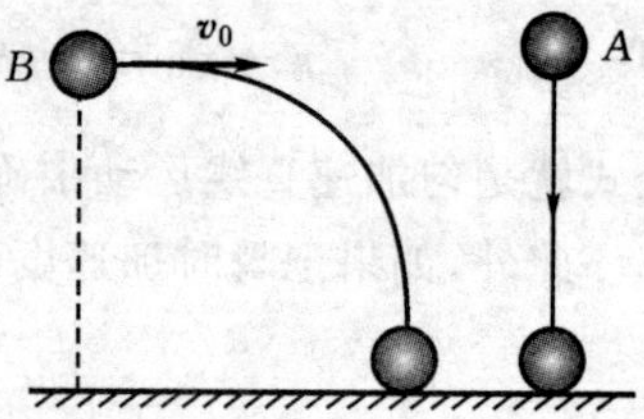

图 1.9 运动的叠加原理

根据类似的无数客观事实，可得到这样一个结论：一个运动可以看成几个各自独立进行的运动的叠加. 这个结论称为运动的**叠加原理**.

抛体运动 设抛体的初速度 $\boldsymbol{v}_0$ 与水平方向夹角为 θ（抛射角），以抛出点为坐标原点，水平和竖直方向分别为 X 轴和 Y 轴，如图 1.10 所示. 取抛出时刻为计时起点，则质点的加速度为 $a_x = 0$、$a_y = -g$，初始条件为

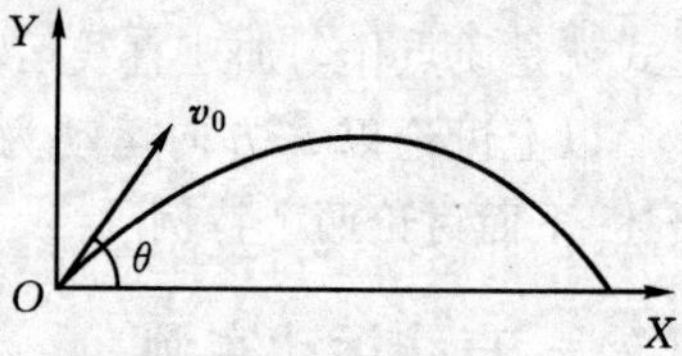

图 1.10 抛体运动

$t=0$ 时 $x_0 = 0, y_0 = 0$；$v_{x0} = v_0\cos\theta, v_{y0} = v_0\sin\theta$

根据匀变速直线运动公式得

$$v_x = v_0\cos\theta, \qquad v_y = v_0\sin\theta - gt$$

$$x = v_0\cos\theta t, \qquad y = v_0\sin\theta t - \frac{1}{2}gt^2 \tag{1.28}$$

以上四式描述了抛体在任意时刻的速度和位置，称为抛体运动方程式.

由 x 和 y 的表达式消去时间 t 可得轨迹方程

$$y = x\tan\theta - \frac{gx^2}{2v_0^2\cos^2\theta}$$

这是一个抛物线方程，如图 1.10 所示.

由抛体的运动方程式和轨迹方程可知，抛体的轨迹和在任一时刻的运动状态取决于 v_0 和 θ. 在 v_0 一定的情况下，$\theta=\pi/2$，对应于竖直上抛运动；$0<\theta<\pi/2$，对应斜上抛运动；$\theta=0$，对应平抛运动.

据抛体运动方程(或轨迹方程)可得出体现抛体运动特征的三个重要物理量：射高 H、射程 R(落地点与抛出点在同一水平面上的水平距离)和飞行时间 T 分别为

$$H=\frac{v_0^2}{2g}\sin^2\theta,\quad R=\frac{v_0^2}{g}\sin 2\theta,\quad T=\frac{2v_0\sin\theta}{g}$$

显然相同的速率 v_0 而以不同的抛射角 θ 抛出时，其射程一般不同. 当 $\theta=45°$ 抛出时，抛体取得最大射程 $x_{\max}=v_0^2/g$.

§1.4　牛顿定律及其应用

运动学只描述物体的运动，并不分析存在于运动之中的因果规律. 在自然界中，没有不运动的物质，也没有彼此不发生相互作用的物质. 相互作用是物体运动状态发生变化的原因. 在力学中将物体间的相互作用称为力. 研究物体在力的影响下运动的规律称为动力学，牛顿运动定律则是动力学的基础. 牛顿运动定律实际上只是研究质点的运动规律，然而，只要解决了质点的运动规律，就能进一步研究一般物体的复杂运动. 为了便于分析力，本节在画受力图时将简化为"几何点"的质点恢复为具有形状和大小的物体，但并不考虑物体的转动和形变，因此所言物体和质点无异. 本节首先对牛顿定律作简要的说明，接着举例说明应用牛顿运动定律解题的方法，最后简单讨论非惯性参考系的问题. 由此可以得出质点组、刚体、流体等运动定律，从而建立起整个经典力学理论.

一、牛顿运动定律

1. 牛顿第一定律

任何物体都将保持静止或匀速直线运动状态，直到其他物体的作用迫使它改变这种运动状态为止. 这便是**牛顿第一定律**. 定律中所说的物体是指质点而言，所说的运动状态是以速度来标志的.

这条定律中包含着两个重要概念：

(1) 物体之所以能保持静止或匀速直线运动状态，是在不受外力的条件下，由物体本身的特性来确定. 物体所固有的、保持原来的运动状态不变的特性叫**惯性**. 惯性是物体抵抗运动状态改变的一种能力. 因此，第一定律又叫**惯性定律**.

(2) 要改变物体的运动状态，使物体产生加速度，一定要其他物体对它作用.

因此,第一定律给出了力的定性定义:力是一个物体对另一个物体的作用,它使受力物体改变运动状态,即力是改变物体运动状态的原因.远在两千多年前,我国的墨翟在他所著的《墨经》中就说过:"力,形之所以奋也."形指物体,奋就是加速的意思,这和现在的定义是相符合的.

我们把不受外力作用的的质点叫自由质点.在自然界中完全不受其他物体作用的物体是不存在的,因此,第一定律不能简单地直接用实验验证.然而,它是从大量实践经验中概括出来的,并且一切从牛顿第一定律得到的推论都经受了实践的考验.随着科学技术的发展,现在已有较为精确的实验表明牛顿第一定律的正确性,例如在天文观察中发现有一种彗星,当它远离各个星球时,由于受到的引力很小,它的运行接近于作匀速直线运动.在实验室中,我们已常用气垫导轨来近似验证牛顿第一定律的正确性.

牛顿第一定律还给人们提出另一个重要问题,就是物体保持其静止状态或匀速直线运动状态的这种惯性是相对于什么样的参考系而言.静止于汽车中的乘客,当汽车突然开动时,乘客向后仰;当汽车突然刹车时,乘客向前倾.显然,以汽车为参考系时,乘客不受力而运动状态改变,牛顿第一运动定律是不成立的(牛顿第二定律也不成立).但站在地球上的观察者认为,乘客本来是静止的,汽车突然开动,乘客上身由于惯性未能跟上汽车前进的速度,所以后仰;同理,汽车前进时,乘客具有随着汽车前进的速度,汽车突然刹车,乘客上身仍保持原来速度前进,未能立刻停下来,所以前倾.显然,以地球为参考系,牛顿第一定律成立.我们称能使牛顿第一定律成立的参考系为**惯性参考系**或惯性系.因此,和运动学不同,在研究动力学问题时,参考系不能任意选取.由于一些基本定律都是相对于惯性系来表述,因此,惯性参考系在物理学中是非常重要的概念.

2. 牛顿第二定律

牛顿第一定律引出力、惯性、惯性系的概念,并定性地指出力和质点运动变化的关系.牛顿第二定律进一步给出了力、物体的加速度和惯性之间的定量关系.由定性叙述上升为定量定律,这是物理思想转化为科学定律的重要飞跃,因此,它是牛顿三定律的核心.牛顿第二定律的表述为:物体在受到外力作用时,所获得的加速度的大小与合外力的大小成正比,与物体的质量成反比,加速度的方向与合外力的方向相同.用公式表示为

$$\boldsymbol{a} \propto \frac{\sum \boldsymbol{F}_i}{m}$$

或

$$\sum \boldsymbol{F}_i = km\boldsymbol{a}$$

式中比例系数 k 决定于力、质量和加速度的单位.在国际单位制,质量的单位用千

克(kg),规定使质量为 1 千克的物体获得 1 米/秒^2($\mathrm{m\cdot s^{-2}}$)的加速度时所施的力为 1 牛顿(1 N),则 $k=1$,于是上式可写成

$$\sum \boldsymbol{F}_i = m\boldsymbol{a} \tag{1.29}$$

式(1.29)即为牛顿第二定律的数学表达式,亦称质点动力学方程.

应用牛顿第二定律时,应明确以下几点:

(1) 牛顿第二定律只适用于惯性参考系下质点的运动.

(2) 它所表示的合外力与加速度之间的关系是瞬时关系.若 $\boldsymbol{a}=0$,则 $\sum \boldsymbol{F}_i = 0$,表示作用在物体上的诸力是一组平衡力.力是改变物体运动状态的原因,而不是维持运动状态的原因.

(3) 对于公式 $m=\boldsymbol{F}/\boldsymbol{a}$,应表述为:“物体的质量在量值上等于作用在物体上的外力 $\boldsymbol{F}$ 与物体所产生的加速度 $\boldsymbol{a}$ 之比.”而不能认为质量 m 与 $\boldsymbol{F}$ 成正比,与 $\boldsymbol{a}$ 成反比.在经典力学中质量是一个恒量,它是物体惯性大小的量度.

(4) 式(1.29)是一矢量式,在解题时,常用其投影式.在平面直角坐标系中,投影式为

$$\left.\begin{aligned} \sum F_{ix} &= ma_x \\ \sum F_{iy} &= ma_y \end{aligned}\right\} \tag{1.30}$$

应用时,要注意各分量的正负取值.在自然坐标系中,牛顿第二定律沿切向和法向的投影式为

$$\left.\begin{aligned} \sum F_{i\tau} &= ma_\tau = m\frac{\mathrm{d}v}{\mathrm{d}t} \\ \sum F_{in} &= ma_n = m\frac{v^2}{\rho} \end{aligned}\right\} \tag{1.31}$$

式中 $\sum F_{i\tau}$ 和 $\sum F_{in}$ 分别代表合外力沿切向和法向的投影,ρ 为轨道曲率半径.

3. 牛顿第三定律

牛顿第三定律说明了力具有物体间相互作用的性质.如果甲物体对乙物体施以力的作用,则同时乙物体对甲物体也施以力的作用,通常为了便于区分将物体间相互作用的一个力叫**作用力**,另一个叫**反作用力**.

牛顿指出:两个物体之间的作用力 $\boldsymbol{F}$ 和反作用力 $\boldsymbol{F}'$,沿同一直线,大小相等、方向相反,分别作用在两个物体上.其数学表达式为

$$\boldsymbol{F} = -\boldsymbol{F}' \tag{1.32}$$

这就是**牛顿第三定律**.这一定律着重说明的是引起物体运动状态变化的力具有相互作用的特性,并指出相互作用之间的定量关系.理解牛顿第三定律时必须注意以

下几点：

(1) 作用力与反作用力虽沿同一直线，但分别作用在两个不同物体上，不能抵消.

(2) 作用力与反作用力总是同时存在、互为依存的，两者没有“主动”与“被动”、“原因”与“结果”之分.

(3) 作用力与反作用力是性质相同的力. 如作用力是摩擦力，则反作用力也一定是摩擦力.

(4) 牛顿第三定律中所说的作用力与反作用力同时产生、同时消失是个相对真理，这只适用于两个物体间的距离较近或作用力与反作用力是接触力(弹性力或摩擦力)的情况. 从近代物理观点看，物质间的相互作用总是通过中间物质来传递的，而且传递速度不能超过光速. 因此，作用力与反作用力是不能同时产生，同时消失的.

牛顿运动定律是一个整体，惯性定律和动力学基本方程是解决质点动力学问题的基础，第三定律是由质点力学向质点组力学过渡的桥梁，它保证了牛顿力学的普适性. 这三条定律在分析各种力学系统(质点组、刚体和流体等)的外部环境和内部结构以及解决动力学问题上有着广泛的作用. 因此，它们构成了经典力学的基础.

二、常见力和基本力

1. 常见力

在讨论牛顿定律的应用之前，我们先介绍一下力学中常用到的几种力.

重力 在地球表面附近的物体，都要受到地球的吸引力，它就是**重力**，用 $\boldsymbol{P}$ 表示. 物体在重力的作用下，都有一竖直向下的重力加速度 $\boldsymbol{g}$. 通常所说的物体的重量是所受重力的大小，根据牛顿第二定律，质量为 m 的物体所受重力大小(重量)为 $P=mg$.

一般来说，重力并不等于物体与地球之间的万有引力，它只是万有引力的一个分量，万有引力的另一个分量是物体随地球自转时绕地轴作圆周运动的向心力. 由于地球自转角速度 ω 很小，故而在粗略的计算中，常将向心力这一部分忽略掉，近似认为地球的重力就是地球对物体的万有引力. 实际上，只有在地球的南、北极处，物体的重力与万有引力相等.

弹性力 弹性力是物体相互接触时产生的力. 物体与物体彼此接触并且相互作用，则两物体均产生形变，产生形变的物体企图恢复形变，这种使物体恢复形变的力称之为**弹性力**. 弹性力的大小与物体的形变成正比，方向与形变相反. 例如，弹簧中的弹力大小 F 和弹簧的形变 x 间的关系可表示为

$$F = -kx$$

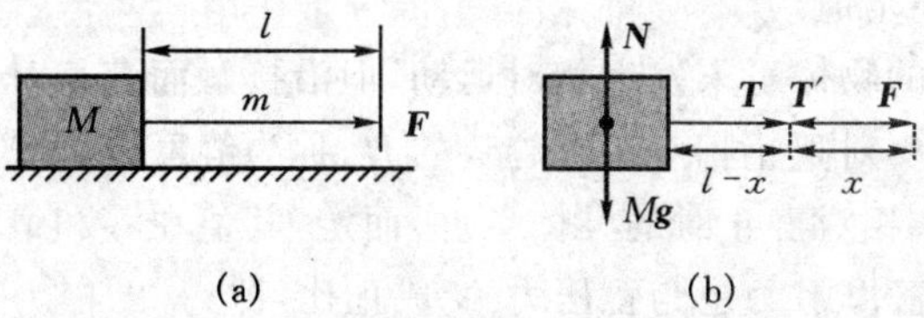

图 1.11　张力的作用效果

在拉伸的绳子和细杆中的张力也是弹力. 下面我们讨论一下绳中的张力传递情况. 如图 1.11(a)所示,用一长为 l,质量为 m 的均匀细线去拉一光滑水平面上质量为 M 的物体. 其绳中各处的张力将怎样变化? 设在力 $\boldsymbol{F}$ 作用下,绳子和物体共同运动的加速度为 a,在距绳端为 x 处将绳子隔开,则物体及绳的受力如图 1.11(b)所示. 由于物体在竖直方向受到的是一对平衡力. 故在讨论水平方向的运动时可暂不考虑(若水平面上有摩擦,则要考虑竖直方向受力)其作用,$\boldsymbol{T}$ 和 $\boldsymbol{T}'$ 为绳子隔断处绳两边的作用力和反作用力,即

$$\boldsymbol{T} = -\boldsymbol{T}' \quad 或 \quad T = T'$$

根据牛顿第二定律则得

$$\boldsymbol{T} = [M + \rho(l - x)]\boldsymbol{a}$$
$$\boldsymbol{F} + \boldsymbol{T}' = \rho x \boldsymbol{a}$$

上面方程中的 ρ 为绳子线密度,定义为 $\rho = m/l$,选向右为坐标轴之正方向,则上面的方程化为

$$\begin{cases} T = [M + \rho(l - x)]a \\ F - T' = \rho x a = \dfrac{m}{l} x a \end{cases}$$

显然

$$T' = T = F - \frac{m}{l} x a$$

由上式可见,当考虑绳子质量 m 时,绳中各处的张力 $\boldsymbol{T}$(或 $\boldsymbol{T}'$)各不相同. 欲使绳中张力各处相等且等于外力 $\boldsymbol{F}$,则有两种情况能够实现.

(1) 绳子质量很小,以至于可忽略不计;

(2) 绳子的加速度 $a = 0$,即整个系统静止或作匀速直线运动.

摩擦力　两个相互接触的物体沿接触面发生相对运动时,在接触面之间所产生的一对阻止相对运动的力,称为**滑动摩擦力**. 实验证明,滑动摩擦力 f 与接触面上的正压力 N 成正比,即

$$f = \mu N$$

式中 μ 称为滑动摩擦系数,其数值决定于两物体的质料和表面情况(粗糙程度、干

湿程度等),而且也与物体的相对速度有关.在大多数情况下,μ 随速度的增大而减小,最后达到某一稳定值.

两个相互接触的物体虽未发生相对运动,但沿接触面有相对运动的趋势时,在接触面之间产生的一对阻止相对运动趋势的力,称为**静摩擦力**.静摩擦力的大小依具体情况(如两物体相对静止时的具体条件)而定,其值在零和最大静摩擦力 f_0 之间.实验证明,最大静摩擦力也与正压力 N 成正比,即

$$f_0 = \mu_0 N$$

式中 μ_0 称为静摩擦系数,其数值也决定于两物体的质料和表面情况.对于给定的一对接触面来说,$\mu < \mu_0$,而且 μ、μ_0 一般都小于 1.摩擦系数的数值通常在工程手册中给出,常见的几种材料的摩擦系数如表 1.1 所示.

表 1.1 几种材料的摩擦系数

接触物体材料	静摩擦系数	动摩擦系数
钢和钢	0.15	0.15
铁和铁	0.15	0.14
木材和木材	0.36～0.62	0.20～0.50
皮带和木材	0.43～0.79	0.29～0.35

2. 基本力

前面介绍了几种常见力的特征,实际上,在日常生活和工程技术中,遇到的力还有很多种.例如皮球内空气对球胆的压力,江河海水对大船的浮力,胶水使两块木板固结在一起的粘接力,两个带电小球之间的引力和斥力,两个磁铁之间的引力和斥力,等等.除了这些宏观世界我们能够观察到的力以外,在微观世界中也存在这样或那样的力.例如分子或原子的引力或斥力,原子内的电子和核之间的引力,核内粒子和粒子之间的斥力和引力等.尽管力的种类看来如此复杂,但近代科学已经证明,自然界中只存在四种基本的力,其他的力都是这四种力的不同表现,它们是引力、电磁力、强力、弱力,下面分别作以简单介绍.

引力(万有引力) 引力指存在于任何两个物质质点之间的吸引力.它的规律首先由牛顿发现,称之为**引力定律**,这个定律说:任何两个质点都互相吸引,这引力的大小与它们的质量的乘积成正比,和它们的距离的平方成反比.用 m_1 和 m_2 分别表示两个质点的质量,以 r 表示它们的距离,则引力定律的数学表示式是

$$f = \frac{Gm_1 m_2}{r^2} \tag{1.33}$$

式中 f 是两个质点的相互吸引力,G 是一个比例系数,叫**引力常量**,在国际单位中它的值为

$$G = 6.67 \times 10^{-11} \mathrm{N \cdot m^2 kg^{-2}}$$

式(1.33)中的质量反映了物体的引力性质，是物体与其他物体相互吸引的性质的量度，因此又叫**引力质量**. 它和反映物体抵抗运动变化这一性质的惯性质量在意义上是不同的. 但是实验(比如精确地测定任何物体的重力加速度都相等的实验)证明，同一物体的这两个质量是相等的，因此可以说它们是同一质量的两种表现，也就不必加以区分了.

地面上物体之间的引力是非常小的. 例如相隔 1 m 两个人之间的引力不过约为 10^{-7} N，这对人类的活动不会产生任何影响. 地面上的物体受到地球的引力如此明显是因为地球的质量非常大的缘故. 在宇宙天体之间，引力起着主要作用，也是因为天体质量非常大的缘故. 根据现在尚待证实的物理理论，物体间的引力是由一种叫做“引力子”的粒子作为传递媒介的.

电磁力　电磁力指带电的粒子或带电的宏观物体间的作用力. 由库仑定律知，两个静止的点电荷相斥或相吸，这斥力或引力的大小 f 与两个点电荷的电量 q_1 和 q_2 的乘积成正比，与两电荷的距离 r 的平方成反比，写成公式

$$f = \frac{kq_1q_2}{r^2} \tag{1.34}$$

式中比例系数 k 在国际单位制中的值为

$$k = 9 \times 10^9 \mathrm{\ N \cdot m^2 \cdot C^{-2}}$$

这种力比万有引力要大得多. 例如两个相邻质子之间的电力按上式计算可以达到 10^2 N，是它们之间的万有引力(10^{-34} N)的 10^{36} 倍.

运动的电荷相互间除了有电力作用外，还有磁力相互作用. 磁力实际上是电力的一种表现，或者说，磁力和电力具有同一本源(关于这一点，本书电磁学部分有较详细的讨论). 因此电力和磁力统称电磁力.

由于分子或原子都是由电荷组成的系统，所以它们之间的作用力就是电磁力. 中性分子或原子间也有相互作用力，这是因为虽然每个中性分子或原子的正负电荷数值相等，但在它们内部正负电荷都有一定的分布，对外部电荷的作用并没有完全抵消，所以仍显示出有电磁力的作用. 中性分子或原子间的电磁力可以说是一种残余电磁力. 前面提到的相互接触的物体之间的弹力、摩擦力、流体阻力，以及气体压力、浮力、粘滞力等等都是相互靠近的原子或分子之间的作用力的宏观表现，因而从根本上说也是电磁力.

强力(强相互作用力)　我们知道，在绝大多数原子核内有不只一个质子. 质子之间的电磁力是排斥力，但事实上核的各部分并没有自动飞离，这说明在质子之间还存在一种比电磁力还要强的自然力，正是这种力把原子核内的质子以及中子紧紧地束缚在一起. 这种存在于质子、中子、介子等强子之间的作用力称做**强力**. 强力

是夸克所带的“色荷”之间的作用力(色力)的表现.色力是由胶子作为传递媒介的.强子是由夸克组成的,每个强子整体上都是“无色”的,所以强子实际上是一种“残余色力”,正像中性分子之间的作用力是残余电磁力一样.两个相邻质子之间的强力可以达到 10^4 N.强力的力程,即作用可及的范围非常短.强子之间的距离超过约 10^{-15} m时,强力就变得很小并可以忽略不计;小于 10^{-15} m时,强力占主要的支配地位,而且直到距离减小到大约 0.4×10^{-15} m时,它都表现为吸引力,距离再减小,则强力就表现为斥力.

弱力(弱相互作用力) 弱力也是各种粒子之间的一种相互作用,但仅在粒子间的某些反应(如 β 衰变)中才显示出它的重要性.弱力是由 W^+、W^-、Z^0 粒子作为传递媒介的.它的力程比强子还要短,而且力很弱.两个相邻的质子之间的弱力大约仅有 10^{-2} N.

表1.2列出了四种基本力的特征,其中力的强度是指两个质子中心的距离等于它们直径时的相互作用力.

表 1.2 四种基本自然力的特征

力的种类	相互作用的物体	力的强度	力程
万有引力	一切质点	10^{-34} N	无限远
引力	大多数粒子	10^{-2} N	小于 10^{-17} m
电磁力	电荷	10^2 N	无限远
强力	核子、介子等	10^4 N	10^{-15} m

以上所说的四种基本相互作用是现代粒子物理标准模型的“规范理论”所阐明的,统称为规范相互作用.它们都在实验中观察到了.除这几种规范相互作用外,标准模型认为还应存在一种非规范相互作用,称为Higgs粒子汤川相互作用.它的媒介粒子是Higgs粒子.这种相互作用的力程比弱相互作用还要短,即小于 10^{-18} m;强度比弱相互作用还要弱.两个电子相距远小于 10^{-18} m时,它们之间的Higgs粒子汤川相互作用只相当于电磁相互作用的 4.70×10^{-11}.两个电子相距 10^{-15} m时,按Higgs粒子质量为130GeV估算,它们之间的Higgs粒子汤川相互作用只相当于电磁相互作用的 2.40×10^{-293}.到目前为止,这种Higgs粒子汤川相互作用还没有被直接观察到.

三、牛顿定律的应用

例 1.4 表面粗糙的固定斜面,斜面倾角为 α,现将一质量为 m 的物体置于斜面上,物体和斜面间最大静摩擦系数为 μ_0,如图1.12(a)所示.试问:(1)当物体静止于斜面上时，物体和斜面之间的静摩擦力 $f_{静}$ 为多大，物体对斜面的压力多大？(2)当物体和斜面间的静摩擦系数 μ_0 及斜面倾角 α 满足什么关系时，物体将会沿斜面下滑？

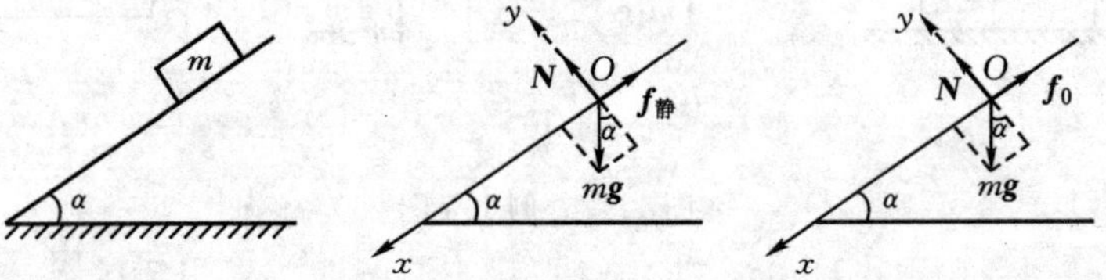

图 1.12　例 1.4 图

解　(1) 当物体静止于斜面上时，其受重力 $\boldsymbol{mg}$，斜面对其支持力 $\boldsymbol{N}$($\boldsymbol{N}$ 和物体对斜面的压力 $\boldsymbol{N}'$ 是一对作用力和反作用力)，物体受到的斜面对它的静摩擦力 $\boldsymbol{f}_{静}$，如图 1.12(b)所示，由牛顿第二定律得

$$\boldsymbol{mg}+\boldsymbol{N}+\boldsymbol{f}_{静}=0$$

建立如图 1.12(b)所示的坐标系，则有

$$mg\sin\alpha-f_{静}=0,\quad N-mg\cos\alpha=0$$

所以

$$f_{静}=mg\sin\alpha,\quad N'=N=mg\cos\alpha$$

式中 N' 为物体对斜面之正压力，作用在斜面上，值得注意，该情况下的 $f_{静}$ 不能按 $f_0=\mu_0 N$ 来计算.

(2) 当物体沿斜面下滑，其受力如图 1.12(c)所示，建立如图所示之坐标系，则由牛顿第二定律可得

$$\boldsymbol{mg}+\boldsymbol{N}+\boldsymbol{f}_0=m\boldsymbol{a}$$

$\boldsymbol{a}$ 为物体沿斜面下滑的加速度.

在 x 方向　　$mg\sin\alpha-f_0=ma>0$

在 y 方向　　$N-mg\cos\alpha=0$

$$f_0=\mu_0 N$$

将上面三式联立可得

$$mg\sin\alpha>f_0=\mu_0 mg\cos\alpha$$

所以

$$\mu_0<\tan\alpha\qquad a=g(\sin\alpha-\mu_0\cos\alpha)$$

即当 $\mu_0<\tan\alpha$ 时，物体将沿斜面下滑，下滑的加速度为 $a=g(\sin\alpha-\mu\cos\alpha)$.

例 1.5　桌面上叠放着两块木板，质量各为 m_1、m_2，如图 1.13(a)所示，m_2 和桌面间的摩擦系数为 μ_2，m_1 和 m_2 间的静摩擦系数为 μ_1，问沿水平方向用多大的力才能把下面的木板抽出来.

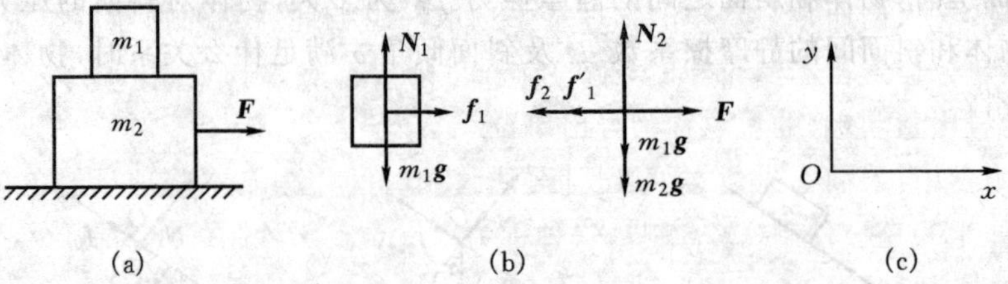

图 1.13　例 1.5 图

解　当 $\boldsymbol{F}$ 拉 m_2 时，m_2 以一定的加速度 $\boldsymbol{a}_2$ 沿 $\boldsymbol{F}$ 的方向运动，m_1 和 m_2 之间有摩擦力，故 m_1 以加速度 $\boldsymbol{a}_1$ 运动，当 $a_2>a_1$ 时，m_2 才会从 m_1 下抽出来. 隔离 m_1 和 m_2，分析受力如图 1.13(b)所示，以桌面为参照系，建立如图所示坐标系，由牛顿第二定律列方程为

对 m_1　　$\boldsymbol{f}_1+m_1\boldsymbol{g}+\boldsymbol{N}_1=m_1\boldsymbol{a}_1$　　(1)

对 m_2　　$\boldsymbol{F}+\boldsymbol{f}'_1+\boldsymbol{f}_2+m_1\boldsymbol{g}+m_2\boldsymbol{g}+\boldsymbol{N}_2=m_2\boldsymbol{a}_2$　　(2)

$$f_1=f'_1=\mu_1 N_1,\quad N_1=m_1 g,\quad f_2=\mu_2 N_2$$

对 m_1 在 x 方向　$f_1=m_1a_1$　　(3)

在 y 方向　$N_1-m_1g=0$　　(4)

对 m_2 在 x 方向　$F-f'_1-f_2=m_2a_2$　　(5)

在 y 方向　$N_2-(m_1+m_2)g=0$　　(6)

由式(3)、(4)、(5)、(6)可得

$$a_1=\mu_1 g,\quad a_2=\frac{1}{m_2}[F-\mu_1 m_1 g-\mu_2(m_1+m_2)g]$$

欲使 m_2 能从 m_1 下抽出，则只要 $a_2>a_1$ 即可

所以　$\dfrac{1}{m_2}[F-\mu_1 m_1 g-\mu_2(m_1+m_2)g]>\mu_1 g$

即　$F>(m_1+m_2)(\mu_1+\mu_2)g$

四、力学单位制与量纲

1. 力学单位制

物理学是一门实验科学，人们在实验观测的基础上建立了物理学理论体系. 观测实验离不开对物理量的测量. 表示观测量的大小，需要选用一定的单位.

物理量是多种多样的，各种物理量之间通过描述物理规律的方程以及新物理量的定义而彼此互相联系. 例如，力、加速度、质量这三个物理量通过牛顿第二定律的方程($\boldsymbol{F}=m\boldsymbol{a}$)相互联系；长度和时间这两个物理量根据速度的定义($\boldsymbol{v}=\mathrm{d}\boldsymbol{r}/\mathrm{d}t$)

而相互联系. 人们通常在众多的物理量中选取一组彼此独立的物理量作为**基本物理量**,其单位作为**基本单位**;而其他的物理量则根据基本物理量和有关方程来表示,称为**导出量**,它们的单位称为**导出单位**.

在力学中,人们首先建立了以长度、质量和时间作为基本物理量的单位制,一种称为厘米·克·秒制(CGS 制),一种称为米·千克·秒制(MKS 制).

后来人们又在米·千克·秒制的基础上,将基本物理量由原来的三个扩展到七个(另四个基本物理量是:电流、温度、物质的量、发光强度),建成了新的单位制称为国际单位制,简称 SI,它得到了 1960 年第十一届国际计量大会的确认.

国际单位制中的力学单位就是米·千克·秒制的力学单位. 在 MKS 制中,三个基本量的单位分别是:长度的单位为米(m),质量的单位为千克(kg),时间的单位为秒(s). 力、速度、加速度等物理量都是导出量. 力的单位可从牛顿第二定律中导出,称为牛顿(N),其定义是:使 1 千克质量的物体产生 1 米每二次方秒加速度的力. 速度和加速度的单位可分别按照它们的定义从长度单位和时间单位导出,分别为米·秒$^{-1}$(m·s^{-1})和米·秒$^{-2}$(m·s^{-2}).

2. 量纲

将一个物理量表示为基本量的幂次之积的表达式,叫做该物理量的**量纲**. 例如力学中常用的米·千克·秒制,基本量是长度、质量和时间,这三个基本量的量纲分别用 L、M、T 表示,称为该单位制的基本量纲,其他物理量的量纲可用这三个基本量的量纲组合来表示. 例如,速度、加速度和力的量纲分别表示为

$$[v]=\mathrm{LT}^{-1},\quad [a]=\mathrm{LT}^{-2},\quad [F]=\mathrm{MLT}^{-2}$$

不同的物理量可能有相同的量纲. 例如,力矩和功(能量)的量纲都是 $\mathrm{L}^2\mathrm{MT}^{-2}$.

同一物理量在不同的单位制中的量纲可以互不相同. 这是因为在不同的单位制中选取的基本量不相同. 这一点在电磁学中是常见的,也是很重要的. 在物理学中,只有少数物理量是无量纲的纯数.

利用量纲可以确定同一物理量在不同单位制之间的单位换算. 如力学中的 MKS 制和 CGS 制的基本量相同,但基本量的单位不同. 由力的量纲 LMT^{-2} 可知,力的单位从 MKS 制换算为 CGS 制,因基本量 L 和 M 的单位分别减为 10^{-2} 倍和 10^{-3} 倍,所以 CGS 制中力的单位达因(dyn)应为 MKS 制中力的单位牛顿(N)的 10^{-5},即

$$\begin{aligned}1\,\mathrm{dyn}&=\mathrm{g\cdot cm\cdot s^{-2}}=10^{-3}\,\mathrm{kg}\times10^{-2}\,\mathrm{m\cdot s^{-2}}\\&=10^{-5}\,\mathrm{kg\cdot m\cdot s^{-2}}=10^{-5}\,\mathrm{N}\end{aligned}$$

一个正确的物理方程中各项都应具有相同的量纲. 例如,初速为 v_0 的匀变速直线运动的方程是

$$x = x_0 + v_0 t + \frac{1}{2}at^2$$

该方程中四项的量纲都是L.因此按照量纲来检验,可知该方程是正确的.但应注意,式中的数字正确与否,是不能用量纲检验出来的.

§1.5 惯性系与伽利略变换

一、惯性系 力学相对性原理

在本章的第一节中,我们已对惯性系给出了定义,即牛顿定律能够成立的参照系称之为惯性系,相对于惯性系作匀速直线运动的参照系也是惯性系.实验证明,对于描述力学规律来说,一切惯性系都是等价的.此结论称为**力学相对性原理**.其另一种表述为:在一切惯性系中,牛顿第二定律具有完全相同的形式,即 $\boldsymbol{F}=m\boldsymbol{a}$.这表明,在一切惯性系中观察到的物体之加速度均相同.

二、伽利略变换

在经典力学中,对同一事件在不同惯性系间的坐标变换关系称为伽利略变换.设有两惯性系 S 和 S',相对作匀速直线运动.在每一参考系中各取一直角坐标系.为方便起见,令这两坐标系各对应轴相互平行,如图1.14所示,并设 S' 相对于 S 以速度 u 沿 x 正方向运动,并且当 $t=t'=0$ 时两坐标系的原点 O 与 O' 重合.现在自 S、S' 对同一质点 P 的运动进行观测.设在任一时刻 t,得 P 的坐标各为 (x,y,z) 和 (x',y',z').从图上分析,显然有

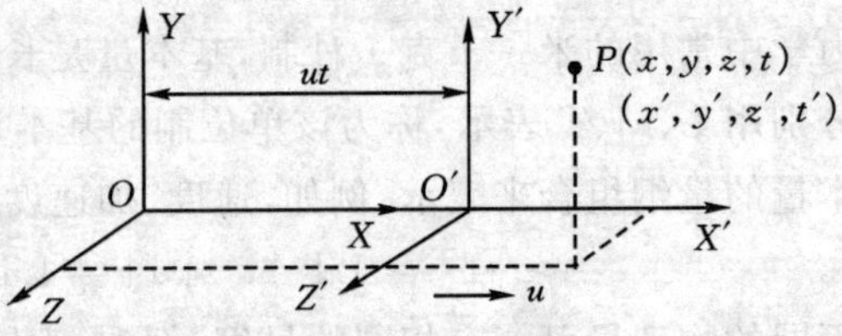

图 1.14 伽利略变换

$$\begin{cases} x' = x - ut \\ y' = y \\ z' = z \\ t' = t \end{cases} \tag{1.35}$$

式(1.35)就是按经典力学自 S 和 S' 两参考系观察同一事件的坐标换算关系,即伽利略坐标变换式.在这里,我们要注意这一特意写明的假定 $t'=t$,在经典力学里这是一个隐含的假定,并且总认为这是毫无疑义.

质点 P 在运动,把 x、y、z 和 x'、y'、z' 对时间求导,可得伽利略速度变换式

$$\begin{cases} v'_x = v_x - u \\ v'_y = v_y \\ v'_z = v_z \end{cases} \tag{1.36}$$

上式是速度的各分量之间的换算公式. 它和力学中讨论的相对运动的速度换算公式是完全一致的. 将式(1.36)对时间再求导一次,可得

$$\begin{cases} a'_x = a_x \\ a'_y = a_y \\ a'_z = a_z \end{cases} \tag{1.37}$$

上式矢量形式为

$$\boldsymbol{a}' = \boldsymbol{a} \tag{1.38}$$

上面公式表明:自不同的惯性系所观察到的同一质点的加速度是相同的.

如果自 S 系和 S' 系考察质点 P 的受力情况,则根据牛顿定律有

$$\boldsymbol{F} = m\boldsymbol{a} \qquad (对\ S\ 系)$$

$$\boldsymbol{F}' = m\boldsymbol{a}' \qquad (对\ S'\ 系)$$

根据式(1.38)可得

$$\boldsymbol{F} = \boldsymbol{F}' \tag{1.39}$$

这就是说,自不同的惯性系来观察质点的受力情况,以及质点运动的经典动力学方程(牛顿第二定律)是完全相同的. 或者说,牛顿定律 $\boldsymbol{F}=m\boldsymbol{a}$ 对伽利略变换是不变的. 所以常把伽利略变换下的不变性说成是力学相对性原理在经典力学中的数学表述.

§1.6　非惯性系　惯性力

牛顿定律不能成立的参照系称之为**非惯性参照系**,简称**非惯性系**. 由于在非惯性系中,牛顿定律不再适用. 就使得牛顿定律的应用受到很大的限制. 为了使牛顿定律在非惯性系中仍能使用,我们引入惯性力的概念. 所谓惯性力是在非惯性系中为了使牛顿定律能成立而引入的一个假想力. 下面分别就匀变速直线运动参照系和匀角速转动参照系进行讨论.

一、匀变速直线运动参考系中的惯性力

在一相对于地面以加速度 $\boldsymbol{a}$ 行驶的列车上,装置有一如图 1.15(a)所示的系统,分别在地面参照系和列车参照系中分析小球 m 的运动情况,设小球与桌面间无摩擦.

以地面为参照系,则小球受重力,桌面支持力及弹簧的弹力 $F=kx$ (x 为弹簧伸长量),其受力如图 1.15(b)所示,由于支持力 $\boldsymbol{N}$ 和重力 $m\boldsymbol{g}$ 平衡,故小球只受沿水平方向的弹簧弹力的作用,使小球和列车以相同的加速度 $\boldsymbol{a}$ 相对地面运动,满足

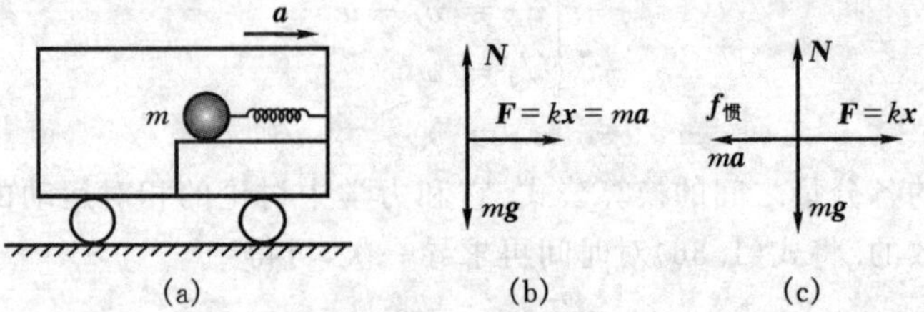

图 1.15 惯性系与非惯性系

牛顿第二定律,即

$$\boldsymbol{F}=m\boldsymbol{a}$$

以列车为参照系,其受力情况与上相同,根据牛顿第二定律,小球在弹力作用下应沿弹力方向加速运动,但在列车上看来,小球是静止的.这违反了牛顿定律.为了使牛顿定律成立,假设此时小球还受到一个与列车加速度方向相反的力的作用,此力称为**惯性力**,记做 $\boldsymbol{f}_{惯}$,其大小为

$$f_{惯}=ma$$

式中 a 为非惯性系之加速度,m 为小球之质量.在列车参照系中,若加上惯性力,则小球的运动情况又符合牛顿第二定律.即,小球在弹簧弹力 $\boldsymbol{F}$、重力 $m\boldsymbol{g}$ 和桌面支持力 $\boldsymbol{N}$ 以及惯性力 $\boldsymbol{f}_{惯}$ 作用下,小球处于静止状态,其受力分析如图 1.15(c)所示.在非惯性系中,牛顿第二定律可写为

$$\boldsymbol{F}+\boldsymbol{f}_{惯}=m\boldsymbol{a}' \tag{1.40}$$

这里 $\boldsymbol{F}$ 为物体所受的真实作用力,而 $\boldsymbol{a}'$ 为物体相对非惯性系的加速度.

例 1.6 如图 1.16(a)所示,小车以加速度 $\boldsymbol{a}$ 沿水平方向运动,小车上的木架悬挂一小球 m,小球相对于木架静止,且悬线与铅直方向的夹角为 α,求小车的加速度.

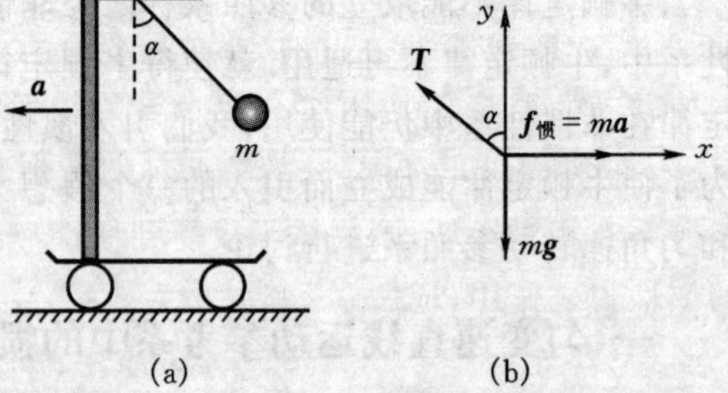

图 1.16 例 1.6 图

解 以车为参照系,小球为研究对象,分析受力如图 1.16(b)所示,在这些力作用下,小球相对于车静止,即 $\boldsymbol{a}_{相}=0$.由牛顿第二定律

$$\boldsymbol{T}+m\boldsymbol{g}+\boldsymbol{f}_{惯}=m\boldsymbol{a}_{相}=0$$

建立如图所示的坐标系,则

在 x 方向 $\qquad f_{惯}-T\sin\alpha=0 \qquad (1)$

在 y 方向 $\qquad T\cos\alpha-mg=0 \qquad (2)$

又 $f_{惯}=ma$，将此式代入(1)则有

$$a = g\tan\alpha$$

由上式可见，当 a 增大时，悬线与铅直方向的夹角 α 随之增大. 本题中绳的张力则由式(2)可得为

$$T = \frac{mg}{\cos\alpha}$$

二、匀角速转动参照系中的惯性力——惯性离心力

设有一转盘以角速度 ω 相对于地面作匀角速转动. 有一质量为 m 的小球用一轻质弹簧与转盘的转轴相连，小球相对于圆盘静止，如图 1.17 所示. 在地球参照系中，观察者看到小球随转盘以匀角速 ω 转动，弹簧的弹力 $\boldsymbol{F}=-k\Delta\boldsymbol{r}$ 提供小球作圆周运动的向心力，即

$$\boldsymbol{F} = -k\Delta\boldsymbol{r} = -m\omega^2 r\hat{\boldsymbol{r}}$$

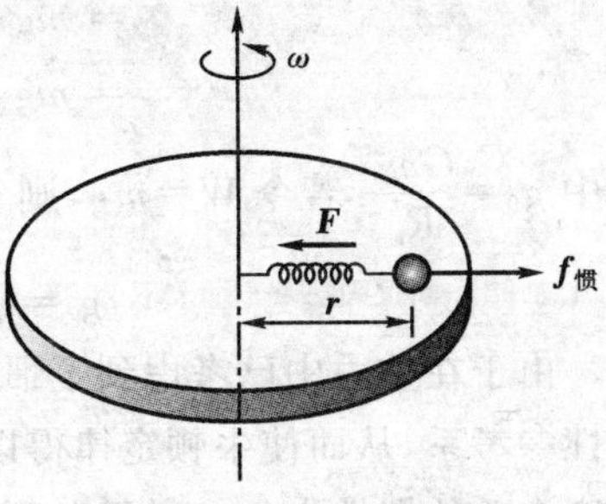

图 1.17 转动参考系中的惯性离心力

式中 $\hat{\boldsymbol{r}}$ 为径向单位矢量，负号表示力 $\boldsymbol{F}$ 的方向与径向单位矢量方向相反. 小球的运动符合牛顿定律. 在以转盘为参照系时，观察者仍就看到小球受到弹簧的弹力 $\boldsymbol{F}=-m\omega^2\boldsymbol{r}$，但小球并没有向轴心处运动，而是相对转盘静止，牛顿第二定律失效. 为使牛顿第二定律在转盘参照系中仍能成立，转盘上的观察者设想除了弹簧的弹力 $\boldsymbol{F}$ 外，小球还受到一个惯性力 $\boldsymbol{f}_{惯}$ 的作用，此二力平衡，即

$$\boldsymbol{F} + \boldsymbol{f}_{惯} = 0$$

即 $\boldsymbol{f}_{惯}=-\boldsymbol{F}=m\omega^2\boldsymbol{r}$，在此时，小球所受合力为零，小球静止，牛顿第二定律成立. 在匀速转动的参照系中，相对于参照系静止的物体都受到惯性力 $\boldsymbol{f}_{惯}$ 的作用，由于此时 $\boldsymbol{f}_{惯}$ 的方向沿半径向外，故称此种惯性力为**惯性离心力**. 若物体相对匀速转动之参照系有相对运动，则物体不仅受到惯性离心力之作用，还受到一称做科里奥利力的惯性力之作用，记做 $\boldsymbol{f}_c$，其大小为

$$f_c = 2m\omega v_{相}$$

式中 $v_{相}$ 为物体相对于转动参照系之速率，ω 为转动参照系之角速度，此时 ω 和 $v_{相}$ 相互垂直，且与 $\boldsymbol{f}_c$ 亦垂直，即

$$\boldsymbol{f}_c = 2m\boldsymbol{v}_{相}\times\boldsymbol{\omega} \tag{1.41}$$

例 1.7 地球的自转角速度为 $\omega\approx7.292\times10^{-5}$ rad/s，半径 $R_e\approx6.378\times10^6$ m，质量 $m_e=5.972\times10^{24}$ kg. 一质量为 m 的物体放在纬度为 φ 处的地面上，求物体受到的重力.

解 重力为地心引力与惯性离心力的合力,如图 1.18 所示.

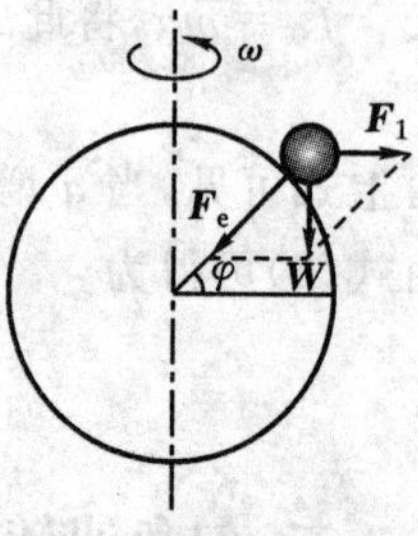

图 1.18 例 1.7 图

$$\boldsymbol{W}=\boldsymbol{F}_{\mathrm{e}}+\boldsymbol{F}_{\mathrm{I}}$$

$$F_{\mathrm{e}}=G\frac{m_{\mathrm{e}}m}{R_{\mathrm{e}}^{2}},\quad F_{\mathrm{I}}=R_{\mathrm{e}}m\omega^{2}\cos\varphi$$

由于 $\boldsymbol{W}$ 与 $\boldsymbol{F}_{\mathrm{e}}$ 的夹角很小(约 10^{-3} rad),近似地有

$$\begin{aligned}W\approx F_{\mathrm{e}}-F_{\mathrm{I}}\cos\varphi&=m\left(\frac{Gm_{\mathrm{e}}}{R_{\mathrm{e}}^{2}}-R_{\mathrm{e}}\omega^{2}\cos^{2}\varphi\right)\\&=mg_{0}-mR_{\mathrm{e}}\omega^{2}\cos^{2}\varphi\\&=mg_{0}(1-0.003\,5\cos^{2}\varphi)\end{aligned}$$

式中 $g_0=\dfrac{Gm_{\mathrm{e}}}{R_{\mathrm{e}}^{2}}$.若令 $W=mg$,则

$$g=g_{0}(1-0.003\,5\cos^{2}\varphi)$$

由于在重力中已考虑到了惯性离心力的影响,故似乎已能把地面参考系当做惯性参考系,从而使牛顿定律得以精确成立,但由于对于运动物体尚未计入与它的速度有关的惯性力——科里奥利力,因此在地面参考系中应用牛顿定律仍然是近似的.

章后结束语

一、本章内容小结

1. 概念

质点　只有质量的几何点.

参考系　描述质点运动时用作参考的其他物体.

运动学方程　位矢随时刻 t 变化的函数式.

轨道方程　由运动方程中消去参量所得到的方程.

2. 描述质点运动的基本物理量

位移　$\Delta\boldsymbol{r}=\boldsymbol{r}_2-\boldsymbol{r}_1=(\Delta x)\boldsymbol{i}+(\Delta y)\boldsymbol{j}+(\Delta z)\boldsymbol{k}$

速度　$\boldsymbol{v}=\dfrac{\mathrm{d}\boldsymbol{r}}{\mathrm{d}t}=\dfrac{\mathrm{d}x}{\mathrm{d}t}\boldsymbol{i}+\dfrac{\mathrm{d}y}{\mathrm{d}t}\boldsymbol{j}+\dfrac{\mathrm{d}z}{\mathrm{d}t}\boldsymbol{k}$

加速度　$\boldsymbol{a}=\dfrac{\mathrm{d}\boldsymbol{v}}{\mathrm{d}t}=\dfrac{\mathrm{d}v_x}{\mathrm{d}t}\boldsymbol{i}+\dfrac{\mathrm{d}v_y}{\mathrm{d}t}\boldsymbol{j}+\dfrac{\mathrm{d}v_z}{\mathrm{d}t}\boldsymbol{k}$

一般地,由于 $\Delta S\neq|\Delta\boldsymbol{r}|$,所以 $|\bar{\boldsymbol{v}}|\neq\bar{v}$,但 $|\mathrm{d}\boldsymbol{r}|=\mathrm{d}s$, $|\boldsymbol{v}|=v$.

3. 自然坐标系中

位置 $s=s(t)$

速度 $v=\dfrac{ds}{dt}$

加速度 $\boldsymbol{a}=\dfrac{dv}{dt}\boldsymbol{\tau}+\dfrac{v^2}{\rho}\boldsymbol{n}=\boldsymbol{a}_\tau+\boldsymbol{a}_n$

4. 角量

角坐标 θ,角位移 $\Delta\theta$,角速度 $\omega=\dfrac{d\theta}{dt}$,角加速度 $\beta=\dfrac{d\omega}{dt}=\dfrac{d^2\theta}{dt^2}$

角量与线量的关系

$$v=\frac{ds}{dt}=r\frac{d\theta}{dt}=r\omega,\quad a_\tau=\frac{dv}{dt}=r\frac{d\omega}{dt}=r\beta,\quad a_n=\frac{v^2}{r}=r\omega^2$$

5. 运动学的两类问题

(1) 已知 $\boldsymbol{r}=\boldsymbol{r}(t)$,对其求导,即得 $\boldsymbol{v}=\boldsymbol{v}(t)$,$\boldsymbol{a}=\boldsymbol{a}(t)$的表示式.

(2) 已知 $\boldsymbol{a}$ 和 $\boldsymbol{r}_0$、$\boldsymbol{v}_0$,通过积分可求出运动方程 $\boldsymbol{r}=\boldsymbol{r}(t)$.

6. 牛顿运动定律

第一定律 任何物体将保持静止或匀速直线运动状态,直到其他物体作用的力迫使它改变这种状态为止.

第二定律 物体受到外力作用时,它所获得的加速度大小与合外力的大小成正比,与物体的质量成反比.加速度的方向与合外力方向相同.即

$$\boldsymbol{F}=m\boldsymbol{a}$$

直角坐标系中 $\begin{cases}F_x=ma_x\\F_y=ma_y\\F_z=ma_z\end{cases}$

第三定律 两个物体之间的作用力和反作用力在同一直线上,大小相等而方向相反,即 $\boldsymbol{F}=-\boldsymbol{F}'$.

7. 几种常见的力

(1) 重力 $\boldsymbol{W}=m\boldsymbol{g}$ 本质上归结于万有引力.

(2) 弹力 包括拉力、支持力等,本质上归结于电磁相互作用.

(3) 摩擦力 本质上归结于电磁相互作用.

滑动摩擦力 $\boldsymbol{f}=\mu\boldsymbol{N}$; 静摩擦力 $0\leqslant \boldsymbol{f}'\leqslant\mu_0\boldsymbol{N}$

8. 基本力

(1) 万有引力 $\boldsymbol{F}=G\dfrac{Mm}{r^2}\hat{\boldsymbol{r}}_0$

(2) 电磁力　带电粒子或带电体间的相互作用力.

(3) 强力　基本粒子之间的相互作用力. 力程为 $10^{-15}m$.

(4) 弱力　基本粒子之间的相互作用力. 力程小于 $10^{-17}m$.

9. 惯性系与非惯性系

(1) 惯性系　牛顿运动定律成立的参考系.

(2) 非惯性系　牛顿运动定律不成立的参考系.

(3) 非惯性系中的牛顿运动定律 $\boldsymbol{F}+\boldsymbol{f}_{惯}=m\boldsymbol{a}'$.

$\boldsymbol{F}$ 为质点所受的真实力, $\boldsymbol{a}'$ 为质点相对非惯性系之加速度.

二、应用及前沿发展

质点力学是力学的基础，在描述满足"质点"条件的物体平动中，质点力学起着非常重要的作用，不论是物体运动状态的描述，还是改变运动状态的描述等，都离不开质点力学. 其应用也十分广阔，大至天体运动，小至分子、原子的平动都离不开质点力学的基本规律.

随着科学技术的发展，人们对质点力学的一些问题的讨论更加详细. 如在研究空间轨迹上运动的飞行器时，发现抛出物体在失重状态下的轨道与理论结果有差异，从而预测可能存在一个比地球上的重力小得多的力，科学家称之为"微重力"，而此力也在航天器中得到了实验验证. 微重力可应用于许多科学领域. 如在电子材料方面，要求高纯完美的晶体，在微重力环境中，没有热对流，可避免晶体生长面的变形、结晶区的畸变. 在生物材料方面，微重力下电泳分离见效最快. 在常重力下热对流存在，为抵抗它而效率低，纯度也差，微重力能使分离效率有数百倍的提高，纯度提高几倍. 在金属、陶瓷、玻璃方面以及流体力学、化学等方面应用效果也很好. 我国已用自己的卫星实现了首次太空微重力技术试验.

习题与思考

1.1　甲乙两人同时观察正在飞行的直升机，甲看到它匀速上升，乙却看到它匀加速下降，这样的现象可能出现吗？

1.2　设质点作曲线运动的方程为 $x=x(t)$, $y=y(t)$ 在计算质点的速度和加速度时，有两种方法：

(1) 先求出 $r=\sqrt{x^2+y^2}$，再根据 $v=\dfrac{dr}{dt}$ 和 $a=\dfrac{d^2r}{dt^2}$ 求出 $\boldsymbol{v}$ 和 $\boldsymbol{a}$.

(2) 先求出速度和加速度的各分量

$$v_x=\frac{\mathrm{d}x}{\mathrm{d}t},\quad v_y=\frac{\mathrm{d}y}{\mathrm{d}t},\quad a_x=\frac{\mathrm{d}^2x}{\mathrm{d}t^2},\quad a_y=\frac{\mathrm{d}^2y}{\mathrm{d}t^2}$$

然后再用 $v=\sqrt{v_x^2+v_y^2}$ 及 $a=\sqrt{a_x^2+a_y^2}$ 求出 v 和 a，你认为哪一种方法正确？为什么？

1.3　(1) 匀速圆周运动的速度和加速度都恒定不变吗？

(2) 在什么情况下会有法向加速度？在什么情况下会有切向加速度？

(3) 以一定初速度 v_0，抛射角 θ 抛出的物体，在轨道上哪一点时的法向加速度最大？在哪一点时切向加速度最大？

1.4　有人说："鸡蛋碰石头，鸡蛋破了，石头无损，说它们受力相等，让人难以置信"，你如何向他们作出正确的解释.

*　*　*　*　*　*

1.5　(1) 一人自原点出发，25 s 内向东走 30 m，又 10 s 内向南走 10 m，再 15 s内向西北走 18 m. 试求合位移的大小和方向；

(2) 求每一份位移中的平均速度；求合位移中的平均速度；求全路程的平均速率；

(3) 位移和路程有何区别？在什么情况下两者相等？平均速度和平均速率有何区别？在什么情况下两者的量值相等？

1.6　质点的运动方程为 $\boldsymbol{r}=2t\boldsymbol{i}+(3-t)\boldsymbol{j}$，式中 t 以 s 计，r 以 m 计. 试求：

(1) 质点在前 2 秒内的位移；

(2) 质点在前 2 秒内的平均速度；

(3) 质点在第 2 秒末的速度.

1.7　质点的运动方程为 $\boldsymbol{r}=2t\boldsymbol{i}+(19-2t^2)\boldsymbol{j}$，式中 t 以秒计，r 以米计. 试求：

(1) 质点的轨道方程；

(2) 质点在 $t=1$ s 到 $t=2$ s 内的位移及平均速度；

(3) 质点在 $t=1$ s 到 $t=2$ s 内的平均加速度以及 $t=2$ s 的瞬时加速度.

1.8　跳伞运动员的速度为

$$v=\beta\frac{1-\mathrm{e}^{-qt}}{1+\mathrm{e}^{-qt}}$$

这里 v 铅直向下，β、q 为常量，求其加速度. 讨论当时间足够长(即 $\Delta t\to\infty$)时，速度和加速度的变化趋势？

1.9　一质点沿 x 轴运动，其加速度和位置的关系为 $a=2+6x^2$，a 的单位是 $\mathrm{m}\cdot\mathrm{s}^{-2}$，$x$ 的单位是 m. 质点在 $x=0$ 处的速度为 $10\ \mathrm{m}\cdot\mathrm{s}^{-1}$，试求质点在任一坐标处的速度值(提示：$a=\frac{\mathrm{d}v}{\mathrm{d}t}=\frac{\mathrm{d}v}{\mathrm{d}x}\cdot\frac{\mathrm{d}x}{\mathrm{d}t}=\frac{\mathrm{d}v}{\mathrm{d}x}v$).

1.10　火车进入弯道时减速，最初列车向正北以 90 km · h^{-1} 的速率行驶，3 min后以 70 km · h^{-1} 的速率向北偏西 30°方向行驶，求列车的平均加速度.

1.11　质点由坐标原点出发时开始计时，沿 x 轴运动，其加速度 $a_x = 2$ cm · s^{-2}，求在下列两种情况下质点的运动学方程，出发后 6 s 时质点的位置，在此期间所走过的位移及路程.

(1) 初速度 $v_0 = 0$；

(2) 初速度 v_0 的大小为 9 cm · s^{-1}，方向与加速度方向相反.

1.12　一质点作一维运动，其加速度与位移的关系为 $a = -kx$，k 为正常数. 已知 $t = 0$ 时质点瞬时静止于 $x = x_0$ 处. 试求质点的运动规律.

1.13　一质点沿半径为 0.1 m 的圆周运动，其角位移 $\theta = 2 + 4t^3$，式中 θ 的单位为弧度，t 的单位是秒，问：

(1) 在 $t = 2$ s 时，此点的法向加速度和切向加速度各是多少？

(2) 当 θ 角等于多少时，其总加速度和半径成 45°角？

1.14　任意个质点从某一点以同样大小的速率，沿着同一铅直面内不同的方向同时抛出. 试证明：

(1) 在任意时刻这些质点是散处在某一圆周上；

(2) 各质点彼此的相对速度的方向始终不变.

1.15　在同一竖直面内的同一水平线上 A、B 两点分别以 30°、60°为抛射角同时抛出两小球(如图 1.19 所示)，欲使两小球相遇时都在自己的轨道的最高点，求 A、B 两点的距离. 已知小球在 A 点的发射速度 $v_A = 9.8$ m · s^{-1}.

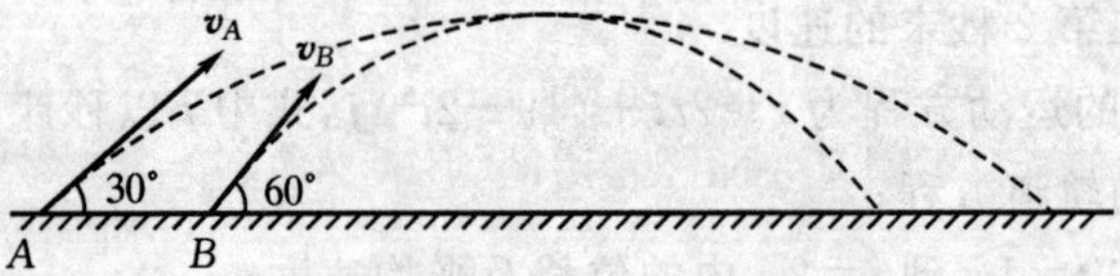

图 1.19　题 1.15 图

1.16　抛射体的水平射程为 $s = \frac{v_0^2}{g}\sin 2\theta$，式中 v_0 为抛射体的初速率，θ 为抛射角.

(1) 试证如果重力加速度的数值改变无限小的微分量 dg，则水平射程就改变无限小的微分量 ds，两者的关系为 $\frac{ds}{s} = -\frac{dg}{g}$.

(2) 在 g 的改变和 s 的改变足够小的情形下，可以认为 $\frac{\Delta s}{s} = -\frac{\Delta g}{g}$，如果一跳

远运动员的竞技状态不变,其初速率 v_0 与 θ 仰角为一定值;试问如果他在北京($g=9.8\,\mathrm{m\cdot s^{-2}}$)的跳远记录为8.00m,那么他在昆明($g=9.78\,\mathrm{m\cdot s^{-2}}$)的记录应该改变多少?是增大了?还是减小了?试说明增大或减小的原因.

1.17　一辆卡车在平直路面上以恒速度 $30\,\mathrm{m\cdot s^{-1}}$ 行驶,在此车上抛出一个物体,要求在车前进60m时,物体仍落回到车上原抛出点,问抛射体抛出时相对于地面的初速度的大小和方向,空气阻力不计.

1.18　设物体的运动过程可以用 $v-t$ 图中的折线 $ABCD$ 表示出来,如图1.20所示:

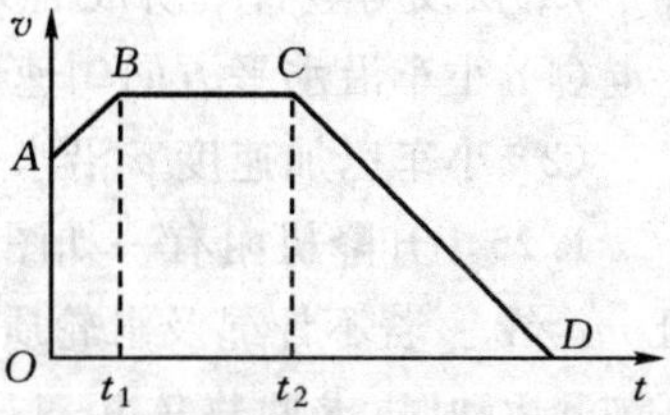

图1.20　题1.18图

(1) $\overline{OA}$和$\overline{BC}$这两线段各表示什么?

(2) 相应于$\overline{AB}$线段和$\overline{CD}$线段的加速度的方向怎样?

(3) 面积 $OABCD$ 表示什么?

1.19　如图1.21所示,设 $m_A=200\,\mathrm{g}$,$m_B=300\,\mathrm{g}$,$m_C=100\,\mathrm{g}$,试求:分别当摩擦系数 $\mu=0$ 或 $\mu=0.25$时,此系统的加速度 $\boldsymbol{a}$ 及各段绳中张力 $\boldsymbol{T}$(绳的质量不计).

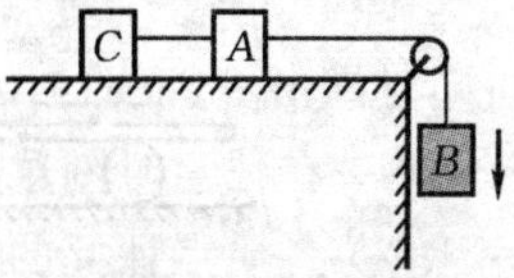

图1.21　题1.19图

1.20　如图1.22所示桌上有一质量 $m=1\,\mathrm{kg}$ 的板,板上放一质量 $M=2\,\mathrm{kg}$ 的物体.物体和板之间、板和桌面之间的滑动摩擦系数均为 $\mu=0.25$,静摩擦系数均为 $\mu=0.30$.

(1) 以水平力拉板,物体与板一起以加速度 $a=1\,\mathrm{m\cdot s^{-2}}$运动,计算物体和板以及和桌面的相互作用力;

(2) 现在要使板从物体下抽出,需用的力 $\boldsymbol{F}$ 要加到多大?

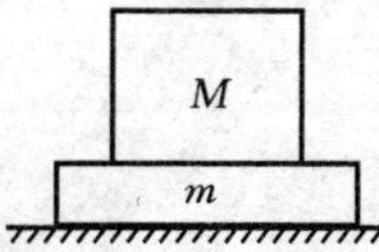

图1.22　题1.20图

1.21　如图1.23所示,质量为 M 的斜面可在光滑的水平面上滑动,斜面倾角 α.质量为 m 的木块与斜面间亦无摩擦.现欲使木块 m 在斜面上(相对斜面)静止不动,问对 M 需作用多大的水平力 $\boldsymbol{F}$,此时,m 对 M 的正压力为多大? M 与水平面间的正压力为多大?

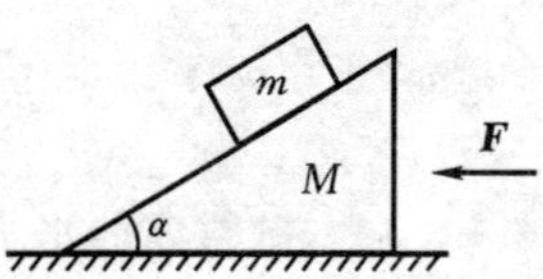

图1.23　题1.21图

1.22　在图1.24所示的装置中,两物体的质量分别为 m_1、m_2,物体与物体间及物体与桌面间的摩擦系数均为 μ,求在 $\boldsymbol{F}$ 作用下两物体的加速度及绳内张力(滑轮和绳的质量及轴的摩擦忽略不计,绳不可伸长).

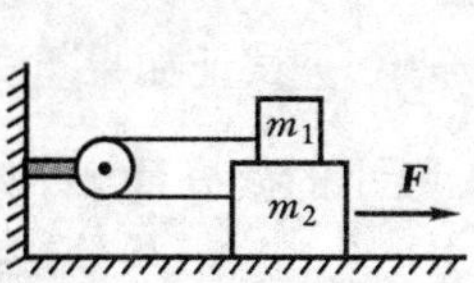

图1.24　题1.22图

1.23　如图1.23所示,质量为 M 的斜面可在光滑的水平面上滑动，斜面的倾角为 α，一质量为 m 的滑块与斜面间无摩擦，在力 $\boldsymbol{F}$ 作用下. 求滑块 m 相对于斜面的加速度及其对斜面的正压力.

1.24 质量为 m 的摆挂于架上、架固定于小车上，如图 1.25 所示. 在下述情况下，求摆线与竖直线所成的夹角 θ 及细线中的张力 $\boldsymbol{T}$.

(1) 小车沿水平方向匀速运动；

(2) 小车以加速度 $\boldsymbol{a}$ 沿水平方向向右运动.

1.25 升降机内有一如图 1.26 所示装置，悬挂的两物体的质量各为 m_1、m_2，且 $m_1 \neq m_2$，若不计绳及滑轮质量，不计轴承摩擦，绳不可伸长，当升降机以加速度 a 向下运动时，求两物体相对于升降机的加速度各是多少？绳内的张力是多大？两物体相对于地面的加速度又各是多大？

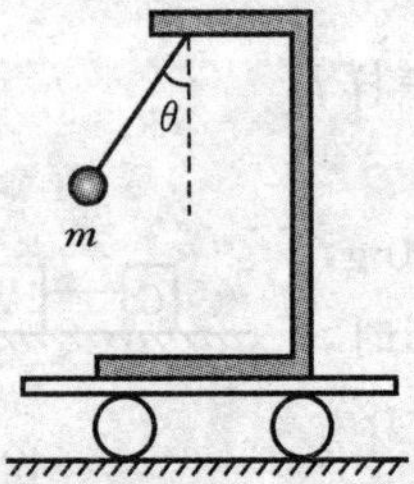

图 1.25 题 1.24 图

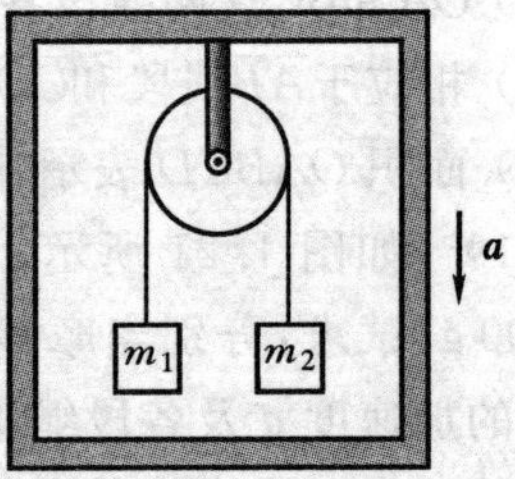

图 1.26 题 1.25 图

第 2 章　力学中的守恒定律

关于物体运动规律的表述，除了牛顿运动定律之外，还有能量、动量和角动量三个定理及相应的三个守恒定律. 表面上看来，这三个定理仅是牛顿运动方程的数学变形，但物理学的发展表明，能量、动量和角动量是更为基本的物理量，它们的守恒定律具有更广泛、更深刻的意义. 能量、动量和角动量及其各自的守恒定律是既适用于宏观世界，又适用于微观领域；既适用于实物，又适用于场的物理量和运动规律.

§2.1　功和能　机械能守恒定律

一、功及功率

1. 功

由前面的讨论可知，力可以使物体的运动状态发生变化，那么力对空间的积累会产生什么效应呢？在力学中，力对空间的积累效应表现为功，受力情况不同，功的表达方式也就不同.

恒力的功　恒力即力的大小和方向在整个运动过程中均不变的力. 如图 2.1 所示，设物体在恒力 $\boldsymbol{F}$ 的作用下，由 a 沿直线运动到 b，其位移为 $\Delta\boldsymbol{r}$. 由中学物理

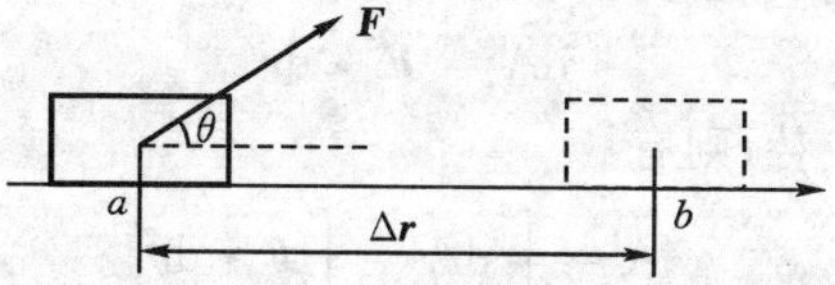

图 2.1　恒力的功

知识可知，力在位移上的投影 $F\cos\theta$ 与位移大小 $|\Delta\boldsymbol{r}|$ 的乘积为力 $\boldsymbol{F}$ 的功，用 A 表示，即

$$A = F\cos\theta\,|\Delta\boldsymbol{r}| \tag{2.1}$$

式中 θ 为 $\boldsymbol{F}$ 与位移 $\Delta\boldsymbol{r}$ 的夹角. 由矢量代数知，两矢量的大小与它们之间夹角余弦的积为标量，称为**标积**. 因此，功可用力 $\boldsymbol{F}$ 与位移 $\Delta\boldsymbol{r}$ 的标积表示，即

$$A = \boldsymbol{F}\cdot\Delta\boldsymbol{r} \tag{2.2}$$

功是标量，其正负由 $\boldsymbol{F}$ 和 $\Delta\boldsymbol{r}$ 的夹角 θ 决定. 由式(2.1)知，当 $\theta<\pi/2$，即 $\cos\theta$

>0 时,功为正,说明力对物体做正功(如物体下落时重力做的功);当 $\theta>\pi/2$,即 $\cos\theta<0$ 时,功为负,说明力对物体做负功(如物体上升时重力做的功);当 $\theta=\pi/2$,即 $\cos\theta=0$ 时,功为零,说明力与位移垂直时该力对物体不做功(如物体作曲线运动时的法向力做的功为零).

从功的定义可知,功是一个标量,若 n 个外力同时对某一物体做功时,则合外力所做的功等于每个力对物体所做的功的代数和.即

$$A=\sum_{i=1}^{n}A_i$$

在国际单位制中,力的单位为牛顿,位移的单位为米,则功的单位为焦耳(J),即 1 J=1 N·m,功的量纲为 ML^2T^{-2}.

变力的功 力的大小和方向在整个运动过程中是变化的称为变力.物体在变力作用下一般作曲线运动.如图 2.2 所示,设物体在变力 $\boldsymbol{F}$ 的作用下由 a 沿曲线运动到 b.在计算此变力的功时,可以在物体运动的路径上任取一足够小的元弧 Δs_i,它所对应的元位移为 $\Delta\boldsymbol{r}_i$,而在元位移 $\Delta\boldsymbol{r}_i$ 的范围内可认为力是恒力 $\boldsymbol{F}_i$,在元位移 $\Delta\boldsymbol{r}_i$ 中对物体所做的元功以 ΔA_i 表示.由式(2.2)知:

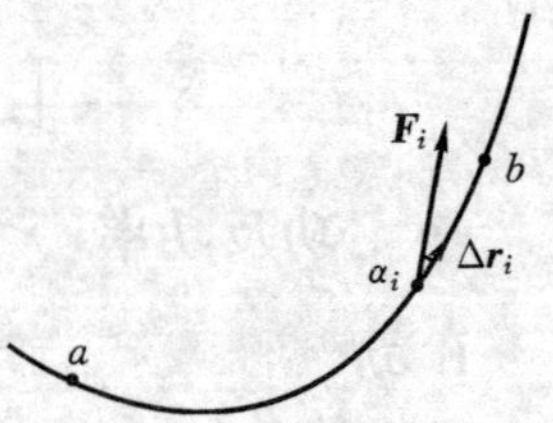

图 2.2 变力做功示意图

$$\Delta A_i=\boldsymbol{F}_i\cdot\Delta\boldsymbol{r}_i \tag{2.3}$$

把 a 到 b 的总路程分为 N 个位移元,则沿此曲线路程所做的总功为

$$A=\boldsymbol{F}_1\cdot\Delta\boldsymbol{r}_1+\boldsymbol{F}_2\cdot\Delta\boldsymbol{r}_2+\cdots+\boldsymbol{F}_N\cdot\Delta\boldsymbol{r}_N=\sum_{i=1}^{N}\boldsymbol{F}_i\cdot\Delta\boldsymbol{r}_i$$

当 $N\to\infty$ 时,$\Delta\boldsymbol{r}\to\mathrm{d}\boldsymbol{r}$,每一位移元内的元功为

$$\mathrm{d}A=\boldsymbol{F}_i\cdot\mathrm{d}\boldsymbol{r}_i$$

上式的求和可用积分代替,则有

$$A=\int_a^b\mathrm{d}A=\int_a^b\boldsymbol{F}\cdot\mathrm{d}\boldsymbol{r} \tag{2.4}$$

式中 a、b 表示曲线运动的起点和终点.式(2.4)即为计算变力做功的一般公式,在数学上称为 $\boldsymbol{F}$ 的曲线积分.其在直角坐标系中的分量式为

$$A=\int_a^b(F_x\mathrm{d}x+F_y\mathrm{d}y+F_z\mathrm{d}z) \tag{2.5}$$

例 2.1 如图 2.3 所示,水平外力 $\boldsymbol{P}$ 把单摆从铅直位置(平衡位置)拉到与铅直线成 θ_0 角的位置.试计算力 $\boldsymbol{P}$ 对摆球所做的功(摆球的质量 m 与摆线的长度 l 为已知,且在拉小球的过程中每一位置都处于准平衡态).

解 由题意知小球在任一位置都处于准平衡态,其平衡方程可表示为

水平方向 $P-T\sin\theta=0$

竖直方向　　　$T\cos\theta - mg = 0$

可得　　　　　$P = mg\tan\theta$

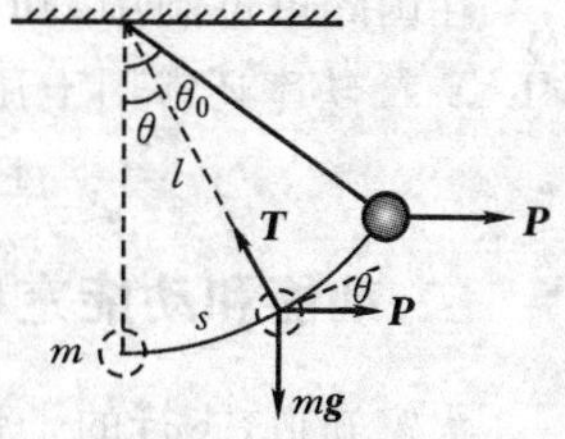

图 2.3　例 2.1 图

当小球在 θ 位置处沿圆弧作微位移 $d\boldsymbol{r}$ 时，力 $\boldsymbol{P}$ 所做的元功为

$$dA = \boldsymbol{P} \cdot d\boldsymbol{r} = P dr\cos\theta$$

又根据微元段的关系有 $dr = l d\theta$，将 $\boldsymbol{P}$ 及 dr 的表达式代入上式得

$$dA = P\cos\theta dr = mg\tan\theta l\cos\theta d\theta = mgl\sin\theta d\theta$$

单摆在 θ 从 0 到 θ_0 的过程中拉力 $\boldsymbol{P}$ 所做的功为

$$A = \int dA = \int_0^{\theta_0} mgl\sin\theta d\theta = mgl(1 - \cos\theta_0)$$

请读者自己思考重力对小球所做的功如何计算.

例 2.2　一质量为 2×10^3 kg 的卡车启动时在牵引力 $F_x = 6\times10^3 t$(N)的作用下，自原点处从静止开始沿 x 轴作直线运动，求在前 10 s 内牵引力所做的功.

解　已知力与时间的关系 $F_x = 6\times10^3 t$，但不知道力与质点坐标的函数关系，因此不能直接应用公式来计算功，应先求出 $x(t)$ 的表达式才能计算力的功.

由　　$\dfrac{dv}{dt} = \dfrac{F_x}{m} = \dfrac{6\times10^3 t}{2\times10^3} = 3t$

得　　$dv = 3t dt$

对上式积分，并注意到初始条件 $t=0$ 时 $v=0$，解之得

$$v = 1.5t^2$$

由 $v = \dfrac{dx}{dt}$，得　　$dx = v\,dt = 1.5t^2\,dt$

故牵引力在前 10 s 内做的功

$$A = \int F_x dx = \int_0^{10} 9t^3 \times 10^3 dt = 2.25 \times 10^7 \text{(J)}$$

2. 功率

在实际问题中，不仅需要知道力所做的功，而且还需要知道做功的快慢. 力在单位时间内所做的功称为**功率**，用 P 表示. 设在 Δt 时间内所做的功为 ΔA，则在这段时间内的平均功率为

$$\overline{P} = \frac{\Delta A}{\Delta t} \tag{2.6}$$

当 $\Delta t \to 0$ 时，则表示为某一时刻的瞬时功率，由式(2.6)得

$$P = \lim_{\Delta t\to 0}\frac{\Delta A}{\Delta t} = \frac{dA}{dt} = \boldsymbol{F}\cdot\frac{d\boldsymbol{r}}{dt} = \boldsymbol{F}\cdot\boldsymbol{v} \tag{2.7}$$

可见，瞬时功率等于力与速度的标积.

在国际单位制中，功率的单位是焦耳/秒（$J\cdot s^{-1}$）称为瓦特（W），其量纲为 ML^2T^{-3}. 功率还常用千瓦（kW）、马力（hp）作单位，其换算关系为

$$1\,\text{hp}[\text{米制}] = 0.735\,\text{kW} = 735\,\text{W}$$

二、动能和动能定理

大家知道，飞行的子弹能够穿透木板而做功；落下的铁锤能够把木桩打进泥土而做功等等. 运动着的物体具有做功的本领叫**动能**. 当子弹穿过木板时，由于阻力对子弹做负功，使子弹的速度减小. 可见，力做功的结果将改变物体的运动状态. 以此为线索，建立力的空间积累（功）与状态变化的关系.

1. 质点的动能定理

首先讨论物体在恒合外力的作用下作匀加速直线运动的情况. 如图2.4所示，

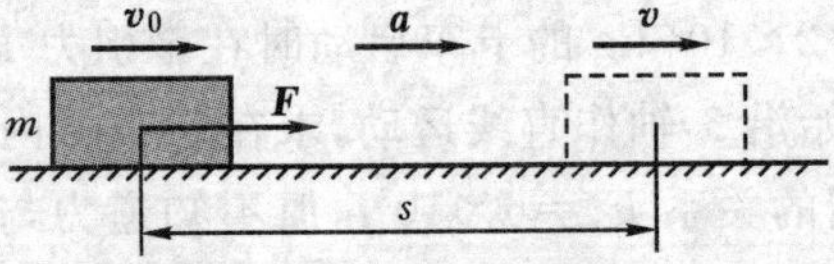

图 2.4 恒力做功使物体动能变化

物体的质量为 m，初速度为 $\boldsymbol{v}_0$，所受合外力为 $\boldsymbol{F}$，加速度为 $\boldsymbol{a}$，经过位移 $\Delta\boldsymbol{r}$ 后的速度为 $\boldsymbol{v}$，按直线运动的规律及牛顿第二定理有

$$v^2 = v_0^2 + 2a\Delta x, \quad F = ma$$

于是合外力对物体所做的功为

$$A = \boldsymbol{F}\cdot\Delta\boldsymbol{r} = ma\Delta x = ma\,\frac{v^2 - v_0^2}{2a} = \frac{1}{2}mv^2 - \frac{1}{2}mv_0^2$$

即

$$A = \frac{1}{2}mv^2 - \frac{1}{2}mv_0^2 \tag{2.8}$$

上式中出现了一个其值取决于质点的质量和速率的物理量 $\frac{1}{2}mv^2$，它是质点运动状态的函数，我们将 $\frac{1}{2}mv^2$ 定义为质点的**动能**，并用 E_k 来表示

$$E_k = \frac{1}{2}mv^2$$

式(2.8)亦可写成

$$A = E_k - E_{k0} = \Delta E_k \tag{2.9}$$

上式表明：恒合外力对物体所做的功等于物体动能的增量，此即**动能定理**.

因动能的变化用功来量度，故动能与功的单位相同，在国际单位制中，动能的单位也为焦耳.

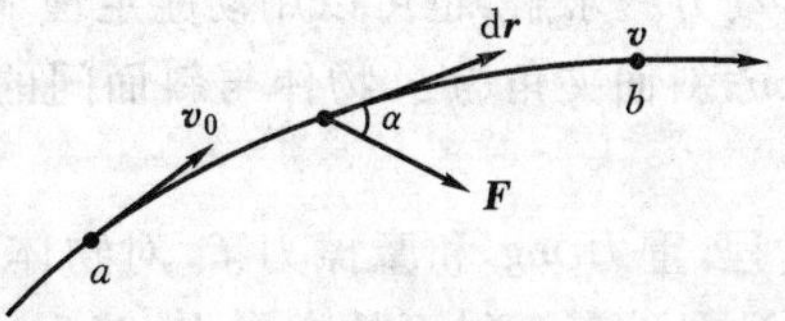

图 2.5　变力做功使物体动能变化

当合外力 $\boldsymbol{F}$ 是变力，物体作曲线运动的情况下，仍可以得到式(2.9)的结果. 如图2.5所示，根据牛顿第二定理 $\boldsymbol{F}=m\boldsymbol{a}$，在位移元 $\mathrm{d}\boldsymbol{r}$ 内的元功可表示为

$$\begin{aligned}\mathrm{d}A &= \boldsymbol{F}\cdot\mathrm{d}\boldsymbol{r} = F\cos\alpha\,|\,\mathrm{d}\boldsymbol{r}\,| = F_{\mathrm{r}}\mathrm{d}s \\ &= m\frac{\mathrm{d}v}{\mathrm{d}t}\mathrm{d}s = m\mathrm{d}v\frac{\mathrm{d}s}{\mathrm{d}t} = mv\,\mathrm{d}v\end{aligned}$$

式中 $\mathrm{d}s=|\mathrm{d}\boldsymbol{r}|$ 为元弧长. 设物体在 a 点的速率为 v_0，在 b 点的速率为 v，则在 ab 路径上 $\boldsymbol{F}$ 做的功为

$$A = \int_a^b \mathrm{d}A = \int_{v_0}^{v} mv\,\mathrm{d}v = \frac{1}{2}mv^2 - \frac{1}{2}mv_0^2 = \Delta E_{\mathrm{k}}$$

可见，物体无论是受恒力还是变力作用，沿直线还是曲线运动都满足式(2.9)，即合外力对物体所做的总功等于物体动能的增量. 所以式(2.9)是动能定理的普遍表达式.

由式(2.9)可知，当外力对物体做正功时($A>0$)，物体的动能增加；当外力对物体做负功时($A<0$)，物体的动能减少，亦即物体反抗外力做功，此时物体依靠动能的减少来做功；若($A=0$)，则外力不做功，物体的动能不变.

例 2.3　对例题 2.1 采用动能定理求解.

解　由于小球在任一时刻都处于平衡态，如图 2.3 所示，其动能的增量 $\Delta E_{\mathrm{k}}=0$，由动能定理得

$$A_{\mathrm{T}} + A_{\mathrm{P}} + A_{\mathrm{mg}} = 0$$

而绳子的拉力 $\boldsymbol{T}$ 与 $\mathrm{d}\boldsymbol{r}$ 垂直不做功，$A_{\mathrm{T}}=0$. 则有

$$\begin{aligned}A_{\mathrm{P}} &= -A_{\mathrm{mg}} = -\int_0^{\theta_0} m\boldsymbol{g}\cdot\mathrm{d}\boldsymbol{r} = -\int_0^{\theta_0} mg\cos(90^\circ+\theta)l\mathrm{d}\theta \\ &= mgl\int_0^{\theta_0}\sin\theta\mathrm{d}\theta = mgl(1-\cos\theta_0)\end{aligned}$$

可见水平拉力 $\boldsymbol{P}$ 所做的功与例题 2.1 的结果相同，但用动能定理求解要简单得多.

例 2.4　一物体由斜面底部以初速度 $v_0=20\,\mathrm{m}\cdot\mathrm{s}^{-1}$ 向斜面上方冲去，又回到斜面底部时的速度为 $v_{\mathrm{f}}=10\,\mathrm{m}\cdot\mathrm{s}^{-1}$，设物体与斜面间有滑动摩擦. 求物体上冲的最大高度.

解 本题可以用运动方程求解，也可以用动能定理求解. 这里选用动能定理来求解. 设物体的质量为 m，斜面夹角为 θ，物体与斜面间的摩擦系数为 μ，物体上冲的最大高度 h.

对于物体的上冲过程，重力 $m\boldsymbol{g}$ 和摩擦力 $\boldsymbol{f}_r$ 对物体做负功，使物体上冲到最高点（h 高度处）时，$v=0$. 在垂直于斜面的方向上，$N-mg\cos\theta=0$，则其滑动摩擦力 $f_r=\mu N=\mu mg\cos\theta$. 上冲过程中，外力所做的总功为

$$A=(-mg\sin\theta-\mu mg\cos\theta)\frac{h}{\sin\theta}=-mgh-\mu mgh\cot\theta$$

由动能定理有

$$-mgh-\mu mgh\cot\theta=0-\frac{1}{2}mv_0^2=-\frac{1}{2}mv_0^2 \tag{1}$$

同理，对于下滑过程，$f_r=\mu mg\cos\theta$，$\boldsymbol{f}_r$ 做负功，$m\boldsymbol{g}$ 做正功，外力所做的总功为

$$A=(mg\sin\theta-\mu mg\cos\theta)\frac{h}{\sin\theta}=mgh-\mu mgh\cot\theta$$

由动能定理得

$$mgh-\mu mgh\cot\theta=\frac{1}{2}mv_f^2-0=\frac{1}{2}mv_f^2 \tag{2}$$

联立(1)、(2)两式求解得

$$h=\frac{v_0^2+v_f^2}{4g}=12.76\,\mathrm{m}$$

故物体上冲的最大高度为 12.76 m.

通过以上讨论，应该注意两点：

(1) 功和能的概念不能混淆，动能是物体运动状态的单值函数，是反映质点运动状态的物理量，是一个**状态量**. 而功是与质点受力并经历位移这个过程相联系的. “过程”意味着“状态的变化”，所以功不是描述状态的物理量，而是过程的函数，即为**过程量**. 我们可以说处于一定运动状态的质点有多少动能，但说质点有多少功就毫无意义，这是功和能的根本区别. 动能定理建立了功这个过程量与动能这个状态量之间的关系，说明了做功是动能发生变化的手段，而动能的改变又是对功的度量.

(2) 质点的动能定理是根据牛顿第二定律推导出来的，所以也只能适用于惯性系中.

2. 质点组的动能定理

下面我们把由若干质点组成的质点组作为研究对象，讨论内、外力对质点组做功与质点组动能变化之间的关系.

设质点组由 n 个质量分别为 $m_1, m_2, \cdots, m_n$ 的质点组成. 其中每个质点在内、

外力作用的过程中都满足动能定理. 对第 i 个质点应用动能定理有

$$\frac{1}{2}m_i v_{i1}^2 - \frac{1}{2}m_i v_{i0}^2 = A_i$$

式中 v_{i0}、v_{i1} 分别为第 i 个质点的始、末速率，A_i 是第 i 个质点在该状态变化过程中所受全部内、外力所做的功，即

$$A_i = A_{i内} + A_{i外}$$

于是第 i 个质点的动能定理可写成

$$\frac{1}{2}m_i v_{i1}^2 - \frac{1}{2}m_i v_{i0}^2 = A_{i内} + A_{i外}$$

对质点组中的所有质点都写出类似的表达式，并求和得

$$\sum_{i=1}^{n} \frac{1}{2}m_i v_{i1}^2 - \sum_{i=1}^{n} \frac{1}{2}m_i v_{i0}^2 = \sum_{i=1}^{n} A_{i内} + \sum_{i=1}^{n} A_{i外}$$

即

$$E_{k_1} - E_{k_0} = A_{内} + A_{外} \tag{2.10}$$

其中 E_{k_0}、E_{k_1} 分别为质点组始、末状态的总动能，$A_{内}$、$A_{外}$ 分别为对应过程中质点组的所有内力和外力做功的代数和. 式(2.10)表明：质点组的动能的增量，等于所有内力做功和所有外力做功的代数和，这称做**质点组动能定理**.

值得注意的是，由于作用力和反作用力总是大小相等、方向相反，故质点组内力的矢量和为零，但作用力的功与反作用力的功却不一定等值反号，所以对质点组来说，内力做功的代数和不一定为零. 如对两个质点而言，如图 2.6 所示，内力的总元功为

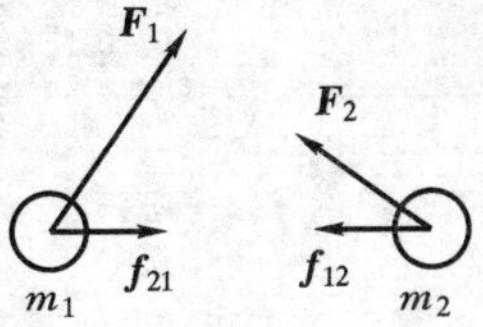

图 2.6　两球内力

$$\begin{aligned} dA &= \boldsymbol{f}_{21} \cdot d\boldsymbol{r}_1 + \boldsymbol{f}_{12} \cdot d\boldsymbol{r}_2 = \boldsymbol{f}_{12} \cdot (d\boldsymbol{r}_2 - d\boldsymbol{r}_1) \\ &= \boldsymbol{f}_{12} \cdot d\boldsymbol{r}_{21} \end{aligned}$$

式中 $\boldsymbol{f}_{12}$ 是质点 1 对质点 2 的作用力，$d\boldsymbol{r}_{21}$ 是质点 2 对质点 1 的相对位移. 上式表明，一对内力的元功和等于一质点对另一质点作用力与另一质点对施力质点相对位移的点积. 因此，只要两质点相对位移不等于零，也不与相互作用力垂直，内力功就不等于零. 一对内力的功与参考系的选取无关. 一质点组所有内力的总功也与参考系的选取无关，只取决于内力和相对位移.

三、保守力　势能

1. 保守力

重力的功　质量为 m 的某质点在重力作用下沿任意一条曲线自 A 点移动至 B 点，如图 2.7 所示. 为计算重力 $m\boldsymbol{g}$ 对质点所做的功，建立平面直角坐标系，则 A、B 两点的坐标分别为 y_A、y_B，重力的表达式为

$$m\boldsymbol{g}=-mg\boldsymbol{j}$$

而位移元 d$\boldsymbol{r}$ 的表达式为 $\mathrm{d}\boldsymbol{r}=\mathrm{d}x\boldsymbol{i}+\mathrm{d}y\boldsymbol{j}+\mathrm{d}z\boldsymbol{k}$

根据功的定义式，从 A 点到 B 点的过程中重力所做的功为

$$A=\int_A^B \boldsymbol{F}\cdot\mathrm{d}\boldsymbol{r}=\int_{y_A}^{y_B}-mg\,\mathrm{d}y=mg(y_A-y_B) \tag{2.11}$$

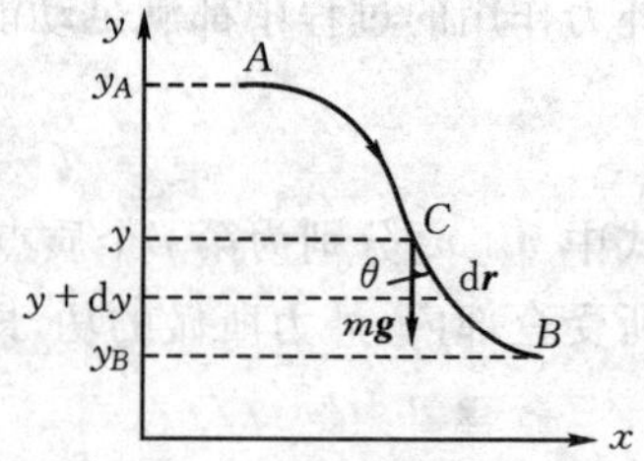

图 2.7 重力做功

如果质点不是沿 ACB 路径从 A 点到 B 点，而是沿其他任意路径由 A 点到达 B 点，则可以证明重力做功仍为式(2.11). 由此可见，重力做功具有一个重要特点：重力对质点所做的功由质点相对于地面的始末位置决定，而与所通过的具体的路径无关.

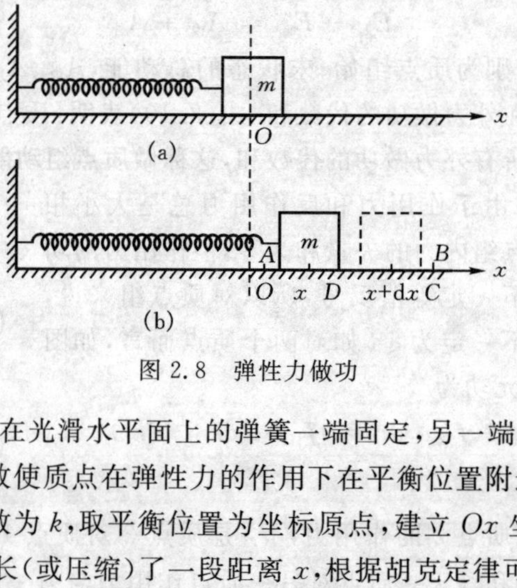

图 2.8 弹性力做功

弹性力的功 放在光滑水平面上的弹簧一端固定，另一端系一质量为 m 的质点，将弹簧拉长后释放使质点在弹性力的作用下在平衡位置附近振动，如图 2.8 所示. 设弹簧的倔强系数为 k，取平衡位置为坐标原点，建立 Ox 坐标系，当物体处于位置 D 时，即弹簧伸长(或压缩)了一段距离 x，根据胡克定律可得弹性力为

$$\boldsymbol{F}=-kx\boldsymbol{i}$$

物体在 D 点附近移动无限小位移 $\mathrm{d}\boldsymbol{r}=\mathrm{d}x\,\boldsymbol{i}$ 时，弹性力所做的元功 $\mathrm{d}A=-kx\mathrm{d}x$，于是物体由 A 点移动到 B 点的过程中，弹性力所做的总功为

$$A=\int_A^B \boldsymbol{F}\cdot\mathrm{d}\boldsymbol{r}=\int_{x_A}^{x_B}-kx\,\mathrm{d}x=\frac{1}{2}kx_A^2-\frac{1}{2}kx_B^2 \tag{2.12}$$

如果质点先由 A 点到 B 点，再由 B 点到 C 点，最后由 C 点再返回到 B 点，在整个过程中弹性力的功由三部分组成，即

$$\begin{aligned}A&=A_1+A_2+A_3\\&=\left(\frac{1}{2}kx_A^2-\frac{1}{2}kx_B^2\right)+\left(\frac{1}{2}kx_B^2-\frac{1}{2}kx_C^2\right)+\left(\frac{1}{2}kx_C^2-\frac{1}{2}kx_B^2\right)\end{aligned}$$

$$= \frac{1}{2}kx_A^2 - \frac{1}{2}kx_B^2$$

由以上计算可知，质点经 A、B、C 点再回到 B 点后弹性力所做的功与质点直接由 A 点到 B 点过程弹性力做的功完全相同. 由此可见，弹性力做功也具有同样的特点：只由质点的始末位置决定而与通过的具体路径无关.

万有引力的功　设质量为 m 的质点处于质量为 M 的静止质点的引力场中，并从 a 点沿任一曲线路径移至 b 点，同重力与弹性力的讨论相同，万有引力做功也只由质点 m 的始末位置决定，而与质点所通过的具体路径无关，即

$$A = \int_a^b \mathrm{d}A = \int_{r_a}^{r_b} -G\frac{Mm}{r^2}\mathrm{d}r = -GMm\left(\frac{1}{r_a} - \frac{1}{r_b}\right) \tag{2.13}$$

保守力与非保守力　综合以上几种力的做功，都有一个共同的特点，即该力所做的功仅与受力质点的始末位置有关，而与质点所经过的路径无关. 把具有这种性质的力称为**保守力**.

若让质点仅在保守力作用下沿一闭合路径运动，如图 2.9 所示，沿 $acbda$ 所做的总功为

$$A_{acbda} = A_{acb} + A_{bda}$$

由于 A_{acb} 与 A_{bda} 的始末位置正好相反，则根据保守力做功的特点可得 $A_{acb} = -A_{bda}$，代入上式有 $A_{acbda} = 0$，即保守力沿任一闭合路径所做的功等于零.

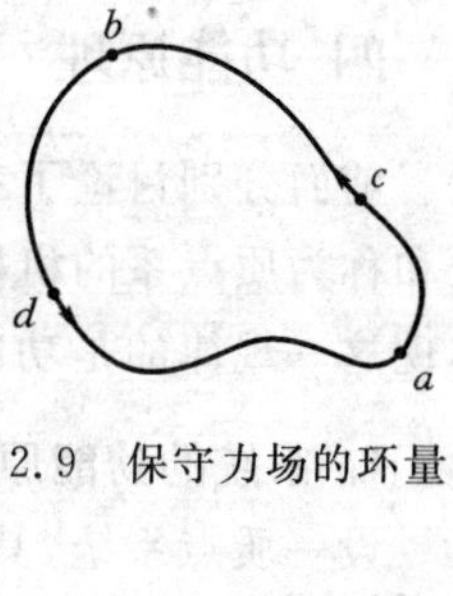

图 2.9　保守力场的环量

令 $\boldsymbol{F}$ 表示作用于质点的保守力，则有

$$\oint \boldsymbol{F} \cdot \mathrm{d}\boldsymbol{r} = 0$$

上式即为保守力的判别条件. 与此相对应，把做功不仅与始末位置有关，而且与质点所经过的路径有关的力称为**非保守力**，如摩擦力等.

2. 势能

势能　由于保守力做功与路径无关，只与始末位置有关，因此，必然存在一个由相对位置决定的函数，把这个函数定义为**势能**，而且质点由起始位置移到末端位置时刻函数的增量与保守力做功相联系，从而规定：势能的增量等于保守力做功的负值，用 E_{p0} 和 E_p 分别表示质点在始、末位置的势能，用 $A_{保}$ 表示保守力由初始位置到末位置做的功，则有

$$E_p - E_{p0} = -A_{保} \tag{2.14}$$

由上式可见，保守力做正功（$A_{保} > 0$），势能减少 $E_p < E_{p0}$；保守力做负功（$A_{保} < 0$），势能增加，$E_p > E_{p0}$.

将式(2.11)、(2.12)和(2.13)代入式(2.14)得重力势能、弹性势能、万有引力

势能改变量的一般式分别为

$$E_p(y_A) - E_p(y_B) = mgy_A - mgy_B \tag{2.15}$$

$$E_p(x_A) - E_p(x_B) = \frac{1}{2}kx_A^2 - \frac{1}{2}kx_B^2 \tag{2.16}$$

$$E_p(r_a) - E_p(r_b) = \left(-G\frac{Mm}{r_a}\right) - \left(-G\frac{Mm}{r_b}\right) \tag{2.17}$$

势能属于质点系统 由上述讨论可知,势能是与质点间相互作用的保守力相联系的,因此势能属于以保守力相互作用的质点组成的质点系统(对于单个质点来说,可以具有动能却不能具有势能). 例如,重力势能属于以重力相互作用的地球以及质点 m 所组成的系统共有;弹性势能属于以弹性力相互作用的弹簧以及所连质点组成的系统共有;引力势能属于以万有引力相互作用的质点系统共有. 也就是说,用来决定势能大小的质点位置(x,y,z),实际上应是质点系统内质点间的相对位置,即质点系的势能是质点相对位置的函数.

四、功能原理 机械能守恒定律

前面分别讨论了有关动能和势能的概念及其变化规律. 质点系的动能和势能之和称为质点系的**机械能**. 显然,机械能的变化规律应与外力和内力的功有关,而体现这一规律的是功能原理和机械能守恒定律.

1. 系统的功能原理

设一质点系统,其状态由组成它的各质点的速度和质点间的相对位置确定. 当系统由一个状态过渡到另一状态时,作用于系统的力将要做功. 质点系动能定理可表示为

$$A = A_{内} + A_{外} = E_k - E_{k0}$$

内力做功应为保守内力做功与非保守内力做功之和,亦即

$$A_{内} = A_{保内} + A_{非保内}$$

保守力的功等于势能增量的负值,即

$$A_{保内} = -(E_p - E_{p0})$$

将此式代入前式移项后变为

$$A_{外} + A_{非保内} = E_k - E_{k0} + E_p - E_{p0} = (E_k + E_p) - (E_{k0} + E_{p0}) \tag{2.18}$$

式中$(E_{k0}+E_{p0})$、(E_k+E_p)分别表示质点系在始、末位置的机械能.

式(2.18)表明:外力和非保守内力做功之和等于系统机械能的增量. 这一结论称为**系统的功能原理**. 它反映了力学系统在机械运动中的功能关系.

关于质点系功能原理的理解,应指出以下几点:①只有外力做功、非保守内力做功才会引起质点机械能的改变,前者引起的是质点系机械能与外界的交换,并以

功值量度这种交换；后者引起的是系统内部机械能与其他形式能量的转化，也以功值量度这种转化. ②注意功能原理与动能定理的对比，动能定理给出了质点系动能的改变与功的关系，应把所有力的功计算在内；功能原理则给出了质点系机械能的改变与功的关系，由于势能的改变已经反映了保守内力做功的效应，故不可再计入保守内力的功，以免造成重复计算. ③从功能原理的推导可以看出，功能原理与动能定理并无本质区别，其外在区别仅仅在于功能原理中引入了势能概念而不需要计算保守内力的功. 其实这正是功能原理的优点，因为计算质点系势能的增量往往比直接计算做功更为方便.

2. 机械能守恒定律

如果外力和非保守内力不对系统做功，由式(2.18)可得

$$(E_k + E_p) - (E_{k0} + E_{p0}) = 0$$

或

$$E_k + E_p = E_{k0} + E_{p0} = \text{恒量} \tag{2.19}$$

式(2.19)表明，在系统外力、非保守内力不做功，亦即只有系统保守内力做功的条件下，质点系的机械能守恒. 这一结论叫**机械能守恒定律**.

例 2.5　如图 2.10 所示，一质量 $m=1\,\text{kg}$ 的木块开始位于倾角 $\theta=30°$ 的斜面底端，现用一平行斜面的恒力拉它，使木块自静止开始沿斜面移动. 如果 $F=5.95\,\text{N}$，木块与斜面间的摩擦系数 $\mu=0.1$，问当木块移动 $s=10\,\text{m}$ 后，木块的速度 v 是多大？

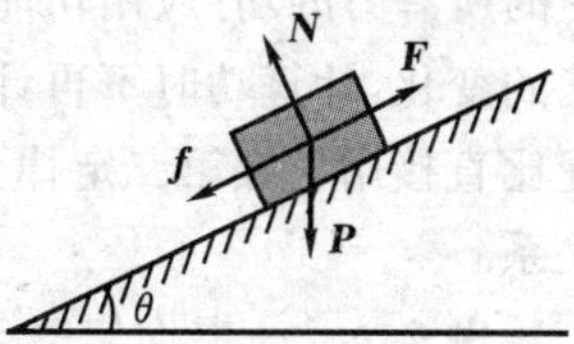

图 2.10　例 2.5 图

解　解法一：用动能定理求解.

木块沿斜面向上运动时，受到四个力的作用，拉力 $\boldsymbol{F}$、重力 $\boldsymbol{P}$、摩擦力 $\boldsymbol{f}$ 和斜面对木块的正压力 $\boldsymbol{N}$，其中拉力做正功，重力和摩擦力做负功，而正压力不做功. 木块在移动 s 的过程中，合力对木块所做的功为

$$A = (F - f - mg\sin\theta)s = (F - \mu mg\cos\theta - mg\sin\theta)s$$

根据动能定理有

$$(F - \mu mg\cos\theta - mg\sin\theta)s = \frac{1}{2}mv^2 - 0$$

可见，拉力所做的功一部分与重力和摩擦力的功相抵消，其余部分使木块获得动能，由上式得

$$v = \sqrt{\frac{2}{m}(F - \mu mg\cos\theta - mg\sin\theta)s}$$

代入已知数据得 $v=2\,\text{m}\cdot\text{s}^{-1}$.

解法二：用功能原理求解.

把木块、斜面和地球视为质点组，则对木块做功的三个力中，摩擦力为质点组

的非保守内力. 故在木块移动过程中,外力和非保守内力对质点组作的总功为

$$A_{外} + A_{非内} = (F - \mu mg\cos\theta)s$$

因为斜面始终静止,对系统机械能无影响,所以只需考虑木块机械能的变化. 设木块在斜面底端时重力势能为零,则初态机械能 $E_0=0$,终态机械能 $E=\frac{1}{2}mv^2 + mgs\sin\theta$,根据质点组功能原理有

$$(F - \mu mg\cos\theta)s = \left(\frac{1}{2}mv^2 + mgs\sin\theta\right) - 0$$

整理可得

$$v = \sqrt{\frac{2}{m}(F - \mu mg\cos\theta - mgs\sin\theta)s}$$

代入已知数据得 $v=2\,\mathrm{m\cdot s^{-1}}$.

本题亦可用牛顿第二定律求解(留给读者自己练习). 比较以上两种解法可以看出,动能定理和功能原理都是牛顿第二定律的推论,其本质是一致的,只是出发点不同. 应用质点动能定理时,是以质点为研究对象,着眼于动能变化,要计算质点受的所有力的功. 应用功能原理时,是以质点组(物体系)为研究对象,着眼于机械能的变化,计算功时不再计入保守内力的功. 在许多情况下,用功能原理或动能定理比直接用牛顿第二定律要简便得多,因为它可避开时间,直接寻找位置与速率的关系.

例 2.6 一根均匀链条,质量为 m,总长为 L,一部分放在光滑桌面上,另一部分从桌面边缘下垂,长为 b,如图 2.11(a)所示. 假定开始链条静止. 求链条全部离开桌面瞬时的速率.

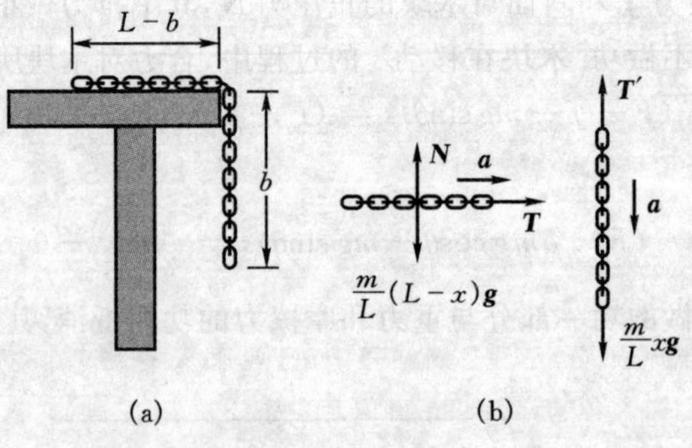

图 2.11 例 2.6 图

解 解法一:用牛顿运动定律求解.

设任一时刻 t,垂下部分长为 x,此时分别以桌面上的部分链条和垂下部分链

条为研究对象，其受力情况如图 2.11(b)所示. 设加速度为 a，由牛顿运动定律得

对桌面上链条有　$T=\dfrac{m}{L}(L-x)a$　(1)

对下垂部分链条有　$\dfrac{m}{L}xg-T'=\dfrac{m}{L}xa$　(2)

且　$T=T'$

将以上三式联立求解，得　$a=\dfrac{g}{L}x$　(3)

又因　$a=\dfrac{\mathrm{d}v}{\mathrm{d}t}=v\dfrac{\mathrm{d}v}{\mathrm{d}x}$

所以　$\dfrac{g}{L}x=v\dfrac{\mathrm{d}v}{\mathrm{d}x}$

分离变量积分得　$\int_0^v v\,\mathrm{d}v=\dfrac{g}{L}\int_b^L x\,\mathrm{d}x$

所以　$v=+\sqrt{g(L^2-b^2)/L}$　(负值舍去)

解法二：用机械能守恒定律求解.

以链条和地球为系统. 在下滑过程中桌面上部分链条受的重力和支承力 N 都不做功，T 与 T' 为内力，且做功的代数和为零. 下垂部分受的重力为保守力，无其他外力和非保守内力做功，故机械能守恒. 取桌面为零势面，由机械能守恒得

$$-\frac{1}{2}\frac{m}{L}bgb=\frac{1}{2}mv^2-mg\frac{L}{2}$$

由上式可求出链条全部离开桌面瞬间的速率

$$v=+\sqrt{g(L^2-b^2)/L}\quad(\text{负号舍去})$$

本题还可用动能定理求解，比较以上两种解法可看出，用机械能守恒定律求解最为简便. 但注意明确所研究的系统，判定守恒条件，并选择好零势点(或面)，正确确定始末状态的机械能.

§2.2　动量　动量守恒定律

本节从冲量作用和质点(系)动量变化的因果关系出发，把牛顿运动定律所揭示的力的瞬时效应延长为力对时间的累积效应，导出反映冲量与动量之间联系的动量定理，将动量定理应用于质点系统，可导出力学中又一守恒定律——动量守恒定律. 动量定理和动量守恒定律，为我们求解动力学问题开辟了又一条不同于动能角度的新途径.

一、冲量 动量及动量定理

1. 冲量

力学中的冲量概念，也是从实践中概括出来的. 大量事实表明，一个物体的运动速度的变化，决定了两个因素：第一是作用力的大小；第二是力的作用时间长短. 例如，当火车启动时，要达到一定的速度，必须是机车的作用力作用一段时间，如果机车的牵引力很大，在较短的时间内就可以达到这个速度；若机车的牵引力较小，那么就需要较长的时间才能达到这个速度. 由此可见，物体运动状态的改变，不仅与作用力有关，还与力的作用时间有关. 为此，我们研究力对时间的累积作用，这种累积作用可用冲量来表示.

恒力的冲量 设从 t_0 到 t 的这段时间内，有一恒力 $\boldsymbol{F}$ 作用在物体上，我们把力与力所作用时间的乘积称为力的**冲量**，用 $\boldsymbol{I}$ 表示，即

$$\boldsymbol{I} = \boldsymbol{F}(t - t_0) \tag{2.20}$$

变力的冲量 对于变力，不能用式(2.20)计算冲量. 但在极短时间间隔 Δt 内，可认为力的大小和方向都恒定，若 $\boldsymbol{F}$ 表示极短时间 Δt 内的作用力，则 $\Delta\boldsymbol{I}=\boldsymbol{F}\Delta t$ 叫力 $\boldsymbol{F}$ 在 Δt 时间内的元冲量. 对于由 t_0 到 t 较长的时间，可将其分割为许多很小的时间间隔 Δt_i，在任意 Δt_i 中力都可以视为恒定并用 $\boldsymbol{F}_i$ 表示，将力在各 Δt_i 的元冲量求矢量和并取极限，即可得到力 $\boldsymbol{F}$ 在 t_0 到 t 时间内的总冲量，即

$$\boldsymbol{I} = \lim_{\Delta t\to 0}\sum \boldsymbol{F}_i\Delta t_i = \int_{t_0}^{t}\boldsymbol{F}\mathrm{d}t \tag{2.21}$$

这就是说，定义变力 $\boldsymbol{F}$ 在一段时间内对时间 t 的积分为该力在该段时间内的冲量 $\boldsymbol{I}$. 显然，由于力是矢量，力的冲量也是矢量.

在研究变力对时间累积作用时，还常用到平均力（力对时间的平均值）概念，$\overline{\boldsymbol{F}} = \int_{t_0}^{t}\boldsymbol{F}\mathrm{d}t/(t - t_0)$，于是变力的冲量又可表示为

$$\boldsymbol{I} = \int_{t_0}^{t}\boldsymbol{F}\mathrm{d}t = \overline{\boldsymbol{F}}(t - t_0) \tag{2.22}$$

亦即变力的冲量等于平均力与力作用时间的乘积，在国际单位制中，冲量的单位是牛顿·秒(N·S)，量纲为 $\mathrm{MLT^{-1}}$.

当力的方向沿某一直线时，变力的冲量也可用 $F-t$ 图线进行直观的讨论. 如图 2.12 所示，变力的冲量其大小可用 $F-t$ 图中力曲线之下从 t_0 到 t 的曲边梯形面积表示；若取宽为$(t-t_0)$的矩形并使其面积与力曲线之下的曲边梯形面积相等，则此矩形的高即等于平均力的大小.

2. 动量

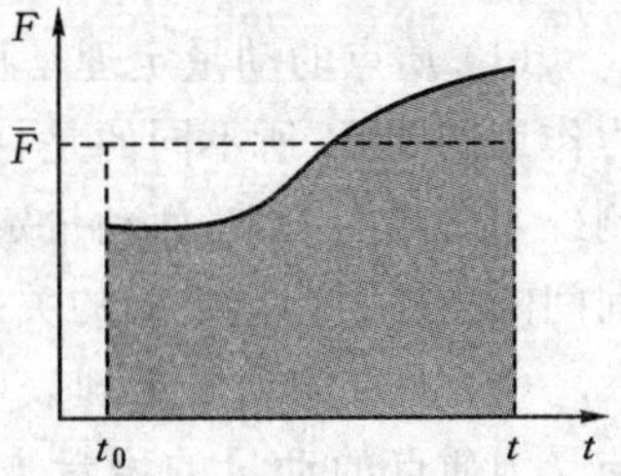

图 2.12　F-t 曲线

早在牛顿定律建立之前,人们在研究物体的碰撞和打击等现象时,就萌发了运动量的概念. 例如,17 世纪惠更斯就曾经指出:质量相等的两个物体正碰后交换速度. 用锤击钉,锤子的运动就传给了钉子,使钉子获得"运动"并钻进木头或墙壁. 总之,在碰撞、打击等现象中,均发生着"运动量"的传递. 这种在机械运动中被传递的"运动量"如何量度? 人们在实践中总结出这种"运动量"与物体的质量、速度均有关系. 牛顿在 1687 年发表的《自然哲学的数学原理》中,已明确了动量的定义:"运动的量是用它的速度和质量一起来量度的". 也就是把物体(即质点)的质量与速度的乘积定义为**质点的动量**. 用 $\boldsymbol{P}$ 表示,即

$$\boldsymbol{P} = m\boldsymbol{v} \tag{2.23}$$

在国际单位制中,动量的单位为千克·米/秒(kg·m/s),量纲为 MLT^{-1}.

由动量定义可知,动量是矢量,其方向与速度方向相同;且它是比速度更具有普遍意义的状态量,它反映运动物体所具有的机械作用能力的大小. 如高速飞行的质量很小的子弹,命中敌人时可给敌人以致命的打击;低速行驶但质量很大的汽车也会给予不慎相撞的行人可怕的伤害,都是由于运动物体动量大,而具有很大机械作用能力的结果.

3. 动量定理

牛顿第二定律可写为

$$\boldsymbol{F} = m\boldsymbol{a} = \frac{\mathrm{d}(m\boldsymbol{v})}{\mathrm{d}t}$$

上式两边同乘以 $\mathrm{d}t$,并考虑到 t_0、t 时刻的速度分别为 v_0、v,从 t_0 到 t 的积分可得

$$\int_{t_0}^{t} \boldsymbol{F}\mathrm{d}t = m\boldsymbol{v} - m\boldsymbol{v}_0 \tag{2.24}$$

上式表明:物体(即质点)所受的合外力的冲量(过程量)等于物体动量(状态量)的增量(即末动量与初动量的矢量差),此即为**动量定理**. 动量定理在直角坐标系中的分量式为

$$I_x = \int_{t_0}^{t} F_x \mathrm{d}t = mv_x - mv_{0x}$$

$$I_y = \int_{t_0}^{t} F_y \mathrm{d}t = mv_y - mv_{0y}$$

$$I_z = \int_{t_0}^{t} F_z \mathrm{d}t = mv_z - mv_{0z}$$

对动量定理的理解应注意以下几点：

(1) 质点的动量定理是从牛顿定律导出的，它们都是说明物体运动状态与外力作用的关系.所不同的是，牛顿第二定律说明任意时刻质点动量的变化率与该时刻外力之间的关系，而动量定理则说明任意时间间隔内质点动量的变化量与该时间间隔内外力冲量之间的关系.

(2) 质点的动量定理表明合外力的冲量方向与受力质点的动量的增量方向一致，而不是与质点某时刻的动量方向相同.例如：在质点作斜上抛运动并达到最高点的过程中，质点所受合外力为重力(不计空气阻力)，故合力的冲量方向铅直向下，质点在这段时间内动量的增量 $\Delta m\boldsymbol{v}$ 也同样铅直向下.如图 2.13 所示.

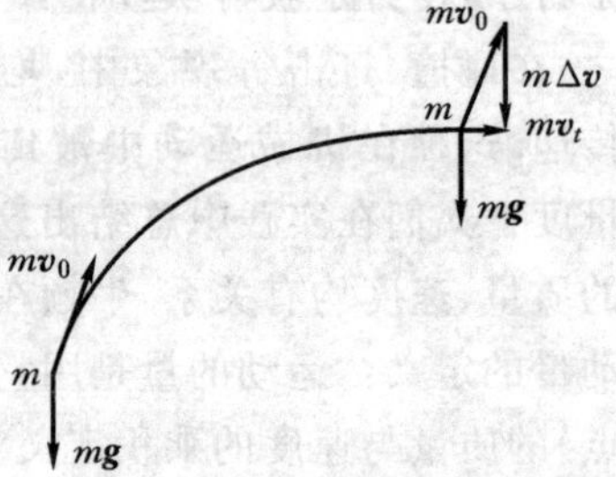

图 2.13　斜上抛物体的动量

(3) 质点动量定理应用于碰撞、打击问题时十分方便.因为这类问题的特点是力的作用时间仅为百分之几秒，甚至千分之几秒，而在这极短的时间内力急剧地上升至很大的数值，然后又急剧地减小为零，这种力称为冲力.冲力的方向一般是不变的，但大小不易测定.然而物体的动量变化比较容易确定，因此可以根据动量定理来计算力的冲量大小，而无需考虑运动过程中冲量变化的细节.

(4) 同牛顿第二定律一样，质点的动量定理仅适用于惯性系.而且在一切惯性系中形式都相同.

例 2.7　质量为 $M=3\times10^3$ kg 的重锤，从高度为 $h=1.5$ m 处自由落到受锻压的工件上，使工件发生形变，如果作用时间 $\Delta t=10^{-3}$ s，试求假设锤不反弹时，锤对工件的平均冲力.

解　取重锤为研究对象，在锤与工件相互作用前，锤是一个自由落体，在与工件刚接触时，锤的速度为 $v=\sqrt{2gh}$. Δt 时间后，锤静止在工件上.在这段时间内，锤除了受向下的重力 $\boldsymbol{P}$ 以外，还受到工件对它的向上的冲力 $\boldsymbol{N}$ 的作用.用平均冲力 $\overline{\boldsymbol{N}}$ 代替 $\boldsymbol{N}$.由动量定理得

$$(\boldsymbol{P}+\overline{\boldsymbol{N}})\Delta t = 0 - M\boldsymbol{v}$$

取铅直向下为坐标轴的正向，有

$$P-\overline{N}=-\frac{Mv}{\Delta t}=-\frac{M}{\Delta t}\sqrt{2gh}$$

所以

$$\overline{N}=P+\frac{M}{\Delta t}\sqrt{2gh}=1.63\times10^7\,\text{N}$$

则锤对工件的平均冲力方向向下，大小与 $\overline{N}$ 相等.由于 $\overline{N}/p=560$，表示若将锤静

止放在工件上，工件所受压力等于重力，而打击时，却能产生比锤所受重力大 560 倍的冲力，此即为锻压的基本原理.

由此例可见：

(1) 当冲力很大时（Δt 很小时），一些常见的力（如重力）与它比较，可忽略；

(2) 动量定理是矢量关系，解题时一定要把各力和速度的方向弄清楚，列出矢量式，选好坐标系，再用分量式进行计算.

例 2.8　人从多高处跳落到地面上会发生骨折？

解　若人从高为 h 处落到地面而又不反弹，人体的质量为 m，则作用于人体的平均冲力为

$$\overline{F}=\frac{mv}{\Delta t}=m\frac{\sqrt{2gh}}{\Delta t}$$

若人双足着地，借助脚腕脚掌及双膝来控制碰撞时间 Δt，对 Δt 的估算，设人从落地速度 v 减到 0 时，身体的重心移动了一段距离 Δh，假设弯膝期间重心作匀减速运动，则有

$$\Delta t=\frac{v}{a}=\frac{v}{v^2/(2\Delta h)}=\frac{2\Delta h}{v}=\frac{2\Delta h}{\sqrt{2gh}}$$

将此式代入上式得

$$\overline{F}=mg\left(\frac{h}{\Delta h}\right)$$

这表明，地面对人的冲击力等于人所受重力乘以跳落高度与人体重心移动距离之比.

若直腿下跳，$\Delta h=10^{-2}$ m，设 $h=2$ m，则人不弯膝而直接着地时有

$$\overline{F}=200mg$$

对一质量为 60 kg 的人来说，$\overline{F}=1.2\times10^5$ N，人足的骨骼最小处的截面积为 $S=3.2\ \text{cm}^2$，则作用于单位面积上的力为（双足同时落地）

$$\frac{\overline{F}}{2S}=1.9\times10^8\ \text{N}\cdot\text{m}^{-2}$$

单位面积上的力超过 $1.6\times10^8\ \text{N}\cdot\text{m}^{-2}$ 时，就会发生骨折. 容易算出，即使落下 1.7～2.0 m，直腿下跳也会骨折.

二、质点系动量定理和质心运动定理

1. 质点系的动量定理

设质点系由 n 个质点组成，其中第 i 个质点受到系统外物体作用的合力为 $\boldsymbol{F}_{i外}$，受到系统内其他质点作用的合力为 $\boldsymbol{F}_{i内}$. 将质点动量定理分别应用于系统中

的每一个质点，并左、右两边分别相加得

$$\int_{t_0}^{t}\left(\sum_{i=1}^{n}\boldsymbol{F}_{i外}\right)\mathrm{d}t+\int_{t_0}^{t}\left(\sum_{i=1}^{n}\boldsymbol{F}_{i内}\right)\mathrm{d}t=\sum_{i=1}^{n}m_i\boldsymbol{v}_i-\sum_{i=1}^{n}m_i\boldsymbol{v}_{i0}$$

由于内力是成对出现的作用力和反作用力，二者大小相等，方向相反，所以作用于系统的内力的矢量和为零．于是上式又可写为

$$\int_{t_0}^{t}\left(\sum_{i=1}^{n}\boldsymbol{F}_{i外}\right)\mathrm{d}t=\sum_{i=1}^{n}m_i\boldsymbol{v}_i-\sum_{i=1}^{n}m_i\boldsymbol{v}_{i0} \tag{2.25}$$

上式表明，在一段时间内质点系所受合外力的冲量等于在该段时间内质点系总动量的增量，此即为**质点系的动量定理**．

2. 质心运动定理

质心 为了深入理解质点系和实际物体的运动，通常引入质心的概念．设有质量分别为 m_1 和 m_2 的两质点由一轻杆（无质量不变形的理想杆）相连，或者用一轻弹簧相连．现在将它们抛在空中，它们的运动一般是很复杂的．前者可能是一面翻转一面前进，后者可能是既转又前进，同时还有变形．但是质点系的整体近似在作抛物线运动．仔细观察可发现存在一个几何点 c，这个点完全按严格的抛物线轨道运动，就像质点系的总质量都集中在 c 点的单个质点那样地运动，这个几何点 c 就称为质点系的质量中心，简称**质心**．例如投掷在空中的手榴弹的运动，手榴弹的质量中心是沿抛物线运动的．即使手榴弹爆炸成为许多碎片，这些碎片的质量中心仍然沿着原抛物线运动．

由于质心就是质点系质量分布的中心，它的位置与各质点质量大小和分布有关．设一个质点系由 N 个质点组成，若用 m_i 和 $\boldsymbol{r}_i$ 表示质点组中第 i 个质点的质量和位矢，用 $\boldsymbol{r}_c$ 表示质心的位矢（如图 2.14 所示）．则质心位置的三个直角坐标为

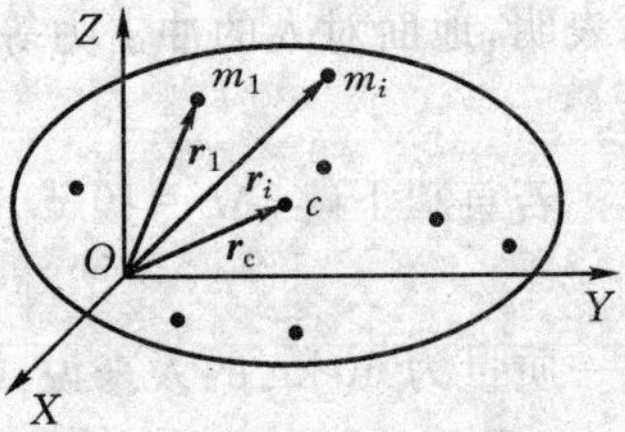

图 2.14 质心的位置矢量

$$X_c=\sum_i m_i x_i/m,$$
$$Y_c=\sum_i m_i y_i/m,$$
$$Z_c=\sum_i m_i z_i/m \tag{2.26a}$$

式中 $m=\sum_i m_i$ 为质点系的总质量．以上三式为计算质心位置的普遍公式，也可以写成矢量式

$$\boldsymbol{r}_c=\sum_i m_i\boldsymbol{r}_i/m \tag{2.26b}$$

如果把质量连续分布的物体当作质点系，求质心时就要将求和改为积分，即

$$\boldsymbol{r}_c = \frac{\int \boldsymbol{r} \mathrm{d}m}{\int \mathrm{d}m} \tag{2.26c}$$

则质心位置的三个直角坐标应为

$$X_c = \frac{\int x \mathrm{d}m}{\int \mathrm{d}m}, \quad Y_c = \frac{\int y \mathrm{d}m}{\int \mathrm{d}m}, \quad Z_c = \frac{\int z \mathrm{d}m}{\int \mathrm{d}m} \tag{2.26d}$$

若质量为线分布时，$\mathrm{d}m=\lambda \mathrm{d}l$；若质量为面分布时，$\mathrm{d}m=\sigma \mathrm{d}s$；若质量为体分布时，$\mathrm{d}m=\rho \mathrm{d}V$，式中 λ、σ、ρ 分别为线、面、体密度.

力学中还常用重心的概念. 重心是一个物体各个部分所受的重力的合力作用点. 可以证明尺寸不十分大的物体，它的质心与重心位置重合.

例 2.9　如图 2.15 所示，地球质量为 $M_E=5.98\times10^{24}$ kg，月球质量为 $M_M=7.35\times10^{22}$ kg，它们的中心的距离为 $l=3.84\times10^5$ km. 求地—月系统的质心位置.

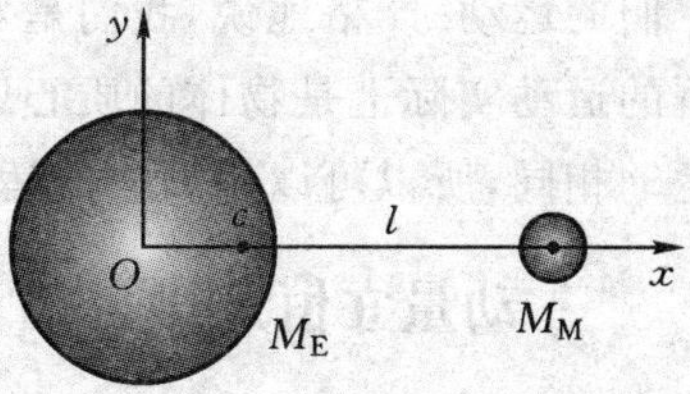

图 2.15　例 2.9 图

解　地球和月球都可看做均匀球体，它们的质心都在各自的球心处. 这样就可以把地—月系统看做地球与月球质量分别集中在各自的球心的两个质点. 选择地球中心为原点，x 轴沿着地球中心与月球中心的连线，则系统的质心坐标为

$$\begin{aligned} x_x &= \frac{M_E \cdot 0 + M_M \cdot l}{M_E + M_M} \approx \frac{M_M l}{M_E} \\ &= \frac{7.35\times10^{22}}{5.98\times10^{24}} \times 3.84 \times 10^5 \\ &= 4.72\times10^3 \ (\mathrm{km}) \end{aligned}$$

这就是地—月系统的质心到地球中心的距离. 这一距离约为地球半径(6.37×10^3 km)的 70%，约为地球到月球距离的 1.2%.

质心运动定理　若对质心位矢求导数，则得到质心的运动速度为

$$\boldsymbol{V}_c = \frac{\mathrm{d}\boldsymbol{r}_c}{\mathrm{d}t} = \sum_i m_i \frac{\mathrm{d}\boldsymbol{r}_i}{\mathrm{d}t} / m$$

亦即

$$m\boldsymbol{V}_c = \sum_i m_i \boldsymbol{v}_i$$

上式等号右边就是质点系的总动量 $\boldsymbol{P}$，所以有

$$\boldsymbol{P} = m\boldsymbol{V}_c$$

即质点系的总动量等于它的总质量与它的质心的运动速度的乘积. 总动量对时间

的变化率为

$$\frac{\mathrm{d}\boldsymbol{P}}{\mathrm{d}t}=m\frac{\mathrm{d}\boldsymbol{V}_{\mathrm{c}}}{\mathrm{d}t}=m\boldsymbol{a}_{\mathrm{c}}$$

式中 $\boldsymbol{a}_{\mathrm{c}}$ 是质心运动的加速度.由前面讨论可知：$\frac{\mathrm{d}\boldsymbol{P}}{\mathrm{d}t}=\boldsymbol{F}$ 即

$$\boldsymbol{F}=\frac{\mathrm{d}\boldsymbol{P}}{\mathrm{d}t}=m\boldsymbol{a}_{\mathrm{c}} \tag{2.27}$$

这一公式叫做**质心运动定理**.它表明一个质点系的质心的运动,就如同这样一个质点的运动,该质点质量等于整个质点系的质量并且集中在质心,而此质点所受的力是质点系所受的所有外力之和.

需要指出的是,在这以前我们常常用“质点”一词来代替“物体”,在某些问题中,物体并不太小,因而不能当成质点看待,但我们还是用了牛顿定律来分析研究它们的运动.严格地说,我们是对物体用了式(2.27)那样的质心运动定理,即所分析的运动实际上是物体的质心运动.在物体作平动的条件下,因为物体中各质点的运动相同,所以可以用质心的运动来代表整个物体的运动而加以研究.

三、动量守恒定律

对于单个质点,若 $\boldsymbol{F}=0$,则由质点动量定理知,$m\boldsymbol{v}=m\boldsymbol{v}_0$ 这就是惯性定律.对于质点系来说,若 $\sum \boldsymbol{F}_i=0$,则由质点系动量定理知

$$\sum_i m_i\boldsymbol{v}_i=\sum_i m_i\boldsymbol{v}_{i0} \quad \text{或} \quad \sum_i \boldsymbol{P}_i=\text{常矢量} \tag{2.28a}$$

上式表明,对于质点系来说,若外力矢量和为零,虽然质点系内每个质点的动量可以变化,可以相互交换,但质点系的总动量不变.这一规律称为**动量守恒定律**.

应用动量守恒定律分析解决问题时,应注意以下几点：

(1) 系统动量守恒的条件是合外力为零,即 $\boldsymbol{F}=0$.但在外力比内力小得多的情况下,外力对质点系的总动量变化影响甚小,这时可以认为近似满足动量守恒定律条件,也就可以近似地应用动量守恒定律.例如两物体的碰撞过程,由于相互撞击的内力往往很大,所以此时即使有摩擦力或重力等外力,也常可忽略它们,而认为系统的动量守恒.

(2) 动量守恒表示式(2.28a)是矢量式,在实际问题中,常应用其沿坐标轴的分量式,如直角坐标系

$$\left.\begin{aligned} &\text{当 } F_x = 0 \text{ 时}, \sum_i m_i \boldsymbol{v}_{ix} = P_x = \text{常量} \\ &\text{当 } F_y = 0 \text{ 时}, \sum_i m_i \boldsymbol{v}_{iy} = P_y = \text{常量} \\ &\text{当 } F_z = 0 \text{ 时}, \sum_i m_i \boldsymbol{v}_{iz} = P_z = \text{常量} \end{aligned}\right\} \quad (2.28\text{b})$$

由此式可见，如果系统所受外力在某个方向上的分量代数和为零，那么系统的总动量在该方向上的分量保持不变.

(3) 动量守恒定律不仅适用于一般物体，而且也适用于分子、原子等微观粒子，是物理学中最普遍的定律之一. 实践表明，在牛顿定律一般不适用的领域，如研究微观粒子问题中，动量守恒定律仍然是适用的.

(4) 由于我们是用牛顿定律导出动量守恒定律的，所以它只适用于惯性系.

例 2.10 如图 2.16 所示，有两个质量相等的小球，A 球向右的速度 $v_1 = 30\ \mathrm{m \cdot s^{-1}}$，冲击静止在光滑水平面上的 B 球. 两球相撞后，A 球沿与原来前进的方向成 $\alpha = 30°$ 角的方向前进. B 球获得的速度与 A 球原来的运动方向成 $\beta = 45°$ 角，求碰撞后 A、B 两球的速率 v'_1 和 v'_2.

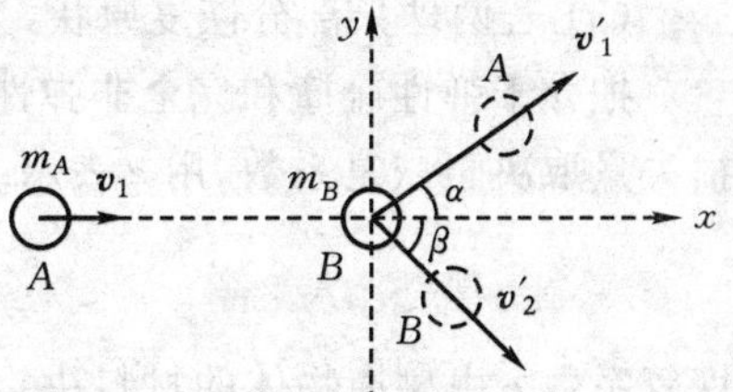

图 2.16 例 2.10 图

解 将相碰的两个球看成一个系统，系统所受外力仅有铅直方向的重力和桌面的支承力，它们相互平衡，因此系统所受外力的矢量和为零，故碰撞前后动量守恒

$$m_A \boldsymbol{v}_1 = m_A \boldsymbol{v}'_1 + m_B \boldsymbol{v}'_2$$

将此式投影到 x、y 轴上(如图所示)得

$$\begin{cases} m_A v_1 = m_A v'_1 \cos\alpha + m_B v'_2 \cos\beta \\ 0 = m_A v'_1 \sin\alpha - m_B v'_2 \sin\beta \end{cases}$$

将已知条件代入上式，联立解得

$$v'_1 = 22.0\ \mathrm{m \cdot s^{-1}}, v'_2 = 15.5\ \mathrm{m \cdot s^{-1}}$$

四、碰撞

把两个相互作用时间很短(10^{-2} s 以下)的过程称为**碰撞**. 如宏观意义上的撞击、打桩、锻铁等，微观领域中的分子、原子、原子核等的散射，在此仅讨论宏观领域的碰撞问题.

对于碰撞问题，由于相互作用的物体的作用时间极短，相互作用力即冲力又非常的大，系统所受外力一般远小于冲力，可忽略不计，因此，对于碰撞问题，系统的动量守恒.

根据相互作用前后各物体的速度的方向,可以把碰撞分为正碰(对心碰撞)和斜碰.如果两球相碰前后的速度均在两球中心的连线上,则称为正碰或对心碰撞,否则称为斜碰.

两球的碰撞过程可分为两个阶段:第一阶段为压缩变形阶段,从接触、挤压变形到相对速度为0;第二阶段为弹性恢复阶段.根据碰撞后的恢复情况,把碰撞分为:

(1) 两球完全恢复原来的形状,称为**弹性碰撞**.碰撞过程中动能和势能相互转化,最终使碰撞前后动能守恒.

(2) 两球变形后没有恢复原来形状,即碰撞后连成一体,以同一速度运动,其动能不守恒,此种碰撞称为**完全非弹性碰撞**.

(3) 若两球只部分恢复原状,为**非弹性碰撞**.碰撞前后动能不守恒.

把介于弹性碰撞和完全非弹性碰撞之间的碰撞称为非弹性碰撞,其机械能的损失量取决于恢复系数,用 e 表示.

$$e=\frac{v_2-v_1}{v_{10}-v_{20}} \tag{2.29}$$

恢复系数 e 由碰撞物体的材料决定,只要知道 e 的值就可以求出碰撞后物体的状态.弹性碰撞相当于 $e=1$;完全非弹性碰撞,相当于 $e=0$,而非弹性碰撞的恢复系数为 $0<e<1$,这种碰撞中两物体的形变不能完全恢复,部分动能变成热能或其他形式的能量.

最后应注意牛顿定律与守恒定律的适用范围,牛顿定律只适用于宏观低速的运动物体(即速度远小于光速),对于高速的运动物体要用相对论力学方程求解,微观粒子用量子力学理论求解.但能量守恒与动量守恒对微观粒子仍然适用,即能量守恒和动量守恒比牛顿定律具有更大的普遍性.

例 2.11 如图 2.17 所示,两小球吊在两根细线上,线长都是 $l=1.0\,\text{m}$,小球的质量分别为 $m_1=800\,\text{g}$ 和 $m_2=200\,\text{g}$,m_1 吊着不动,把 m_2 的线拉成水平,然后放开让 m_2 下落,与 m_1 作弹性碰撞,求第一次碰撞后各自上升的高度.

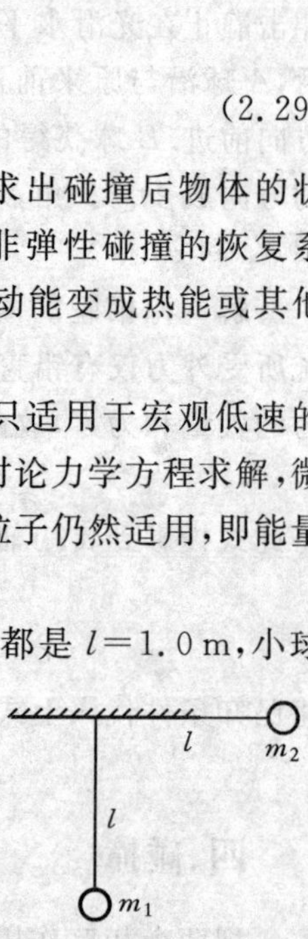

图 2.17 例 2.11 图

解 碰撞前:m_1 静止,$v_{10}=0$,m_2 自由下落满足机械能守恒,即 $m_2gl=\frac{1}{2}m_2v_{20}^2$ 由此得 $v_{20}=\sqrt{2gl}$.

由于是弹性碰撞,碰撞前后动量守恒,动能也守恒.即有

$$\begin{cases} m_2 v_{20} = m_1 v_1 + m_2 v_2 \\ \frac{1}{2} m_2 v_{20}^2 = \frac{1}{2} m_1 v_1^2 + \frac{1}{2} m_2 v_2^2 \end{cases}$$

解之得

$$v_1 = \frac{(m_1 - m_2) v_{10} + 2 m_2 v_{20}}{m_1 + m_2} = 0.4 v_{20} = 1.77\,\mathrm{m \cdot s^{-1}}$$

$$v_2 = \frac{(m_2 - m_1) v_{20} + 2 m_1 v_{10}}{m_1 + m_2} = -0.6 v_{20} = -2.67\,\mathrm{m \cdot s^{-1}}$$

式中负号表示与碰撞前的速度方向相反.

碰撞后:设小球 m_1 和 m_2 各自上升的高度分别为 h_1 和 h_2,由各自机械能守恒得

$$\begin{cases} \frac{1}{2} m_1 v_1^2 = m_1 g h_1 \\ \frac{1}{2} m_2 v_2^2 = m_2 g h_2 \end{cases}$$

解之得

$$h_1 = 0.16\,\mathrm{m},\ h_2 = 0.36\,\mathrm{m}$$

故碰撞后小球 m_1 上升 0.16 m,小球 m_2 上升 0.36 m.

§2.3　角动量守恒定律

角动量也称为动量矩,它是描写旋转运动的物理量. 对于质点在中心力场中的运动,例如天体的运动、原子中电子的运动等,角动量是非常重要的物理量.

一、质点的角动量守恒定律

力矩　在中学物理中,我们知道当物体转动时,运动状态的变化与外力的力矩有关. 力矩的大小为力与力臂的乘积,即

$$M = Fd$$

现在,我们把力矩的概念推广. 如图 2.18 所示,取某点 O 为参考点,O 到质点 P 的位置矢量为 $\boldsymbol{r}$,质点所受的外力为 $\boldsymbol{F}$,则定义 $\boldsymbol{F}$ 对参考点 O 的力矩为质点对参考点的位置矢量与所受力的矢积. 即

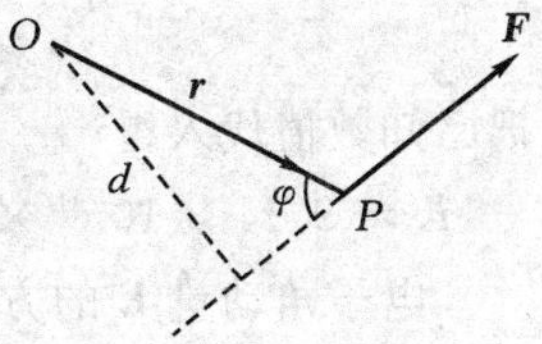

图 2.18　力矩

$$\boldsymbol{M} = \boldsymbol{r} \times \boldsymbol{F} \tag{2.30}$$

(这里用到矢积的概念,这种乘法也叫叉乘. 矢量 $\boldsymbol{A}$ 与 $\boldsymbol{B}$ 的矢积 $\boldsymbol{A} \times \boldsymbol{B}$ 还是一个矢量,其大小为 $AB\sin\theta$,θ 是 $\boldsymbol{A}$ 与 $\boldsymbol{B}$ 所夹小于 180°的角,方向满足**右手螺旋法则**,即右手四指与拇指垂直,四指从矢量 $\boldsymbol{A}$ 经小于 180°角转向矢量 $\boldsymbol{B}$,这时拇指所指的方

向即为 $\boldsymbol{A}\times\boldsymbol{B}$ 的方向.)按照矢积的定义,力矩大小为

$$M=|\boldsymbol{M}|=|\boldsymbol{r}\times\boldsymbol{F}|=rF\sin\varphi$$

其中,φ 为 $\boldsymbol{r}$ 与 $\boldsymbol{F}$ 小于 π 的夹角.

显然,O 点至 $\boldsymbol{F}$ 的距离为 $d=r\sin\varphi$. 可见,力矩的大小等于参考点到力的距离与力的大小的乘积.

按照矢积的定义,力矩 $\boldsymbol{M}$ 的指向由右手螺旋法则确定,即:把右手四指从 $\boldsymbol{r}$ 转向 $\boldsymbol{F}$(转角小于 π),大拇指的指向即 $\boldsymbol{M}$ 的指向.

在国际单位制中,力矩的单位名称为牛顿·米(N·m),其量纲与功的相同,为 $\mathrm{ML^2T^{-2}}$.

角动量 设一个质点的质量为 m,速度为 $\boldsymbol{v}$,它对参考点的位置矢量为 $\boldsymbol{r}$,与力矩类似,我们定义其角动量(动量矩)为

$$\boldsymbol{L}=\boldsymbol{r}\times\boldsymbol{P}=\boldsymbol{r}\times m\boldsymbol{v} \tag{2.31}$$

因此,质点对参考点的角动量为位置矢量与动量的矢积.

按照矢积的定义,角动量也是矢量. 其大小为 $L=|\boldsymbol{L}|=rP\sin\theta$. 方向垂直与 $\boldsymbol{r}$ 与 $\boldsymbol{P}$ 所在的平面,它的指向由右手螺旋法则确定,即把右手四指从 $\boldsymbol{r}$ 转向 $\boldsymbol{P}$,大拇指的指向即 $\boldsymbol{L}$ 的方向.

在国际单位制中,角动量的单位是千克·米²/秒($\mathrm{kg\cdot m^2/s}$),其量纲为 $\mathrm{ML^2T^{-1}}$.

例 2.12 氢原子中的电子绕原子核作圆周运动,在基态时,运动的半径 $r=0.529\times10^{-10}$ m,速度为 $v=2.19\times10^6$ m/s,求电子对原子核的角动量.(电子质量 $m=9.11\times10^{-31}$ kg)

解 电子对原子核的角动量为 $\boldsymbol{L}=\boldsymbol{r}\times\boldsymbol{P}=\boldsymbol{r}\times m\boldsymbol{v}$

L 的大小为 $L=|\boldsymbol{L}|=mrv\sin\theta$

因为电子作圆周运动,所以 $\boldsymbol{r}\perp\boldsymbol{v}$,$\theta=90°$,因此

$$L=mrv$$

把已知数值代入得

$$L=9.11\times10^{-31}\times0.529\times10^{-10}\times2.19\times10^{6}=1.06\times10^{-34}\ \mathrm{kg\cdot m^2/s}$$

电子角动量 $\boldsymbol{L}$ 的方向垂直于电子圆周运动的平面,它的指向由右手螺旋法则确定. 如果电子圆周运动的平面是纸面的话,则当电子绕原子核顺时针转动时,角动量的指向垂直纸面向里,当电子绕原子核逆时针转动时,角动量的指向垂直纸面向外.

质点的角动量定理 牛顿第二定律的动量表示式为

$$\boldsymbol{F}=\frac{\mathrm{d}\boldsymbol{P}}{\mathrm{d}t}$$

把上面等式两端从左边叉乘 $\boldsymbol{r}$，得

$$\boldsymbol{r}\times\boldsymbol{F}=\boldsymbol{r}\times\frac{\mathrm{d}\boldsymbol{P}}{\mathrm{d}t} \tag{2.32}$$

由角动量定义得

$$\frac{\mathrm{d}\boldsymbol{L}}{\mathrm{d}t}=\frac{\mathrm{d}}{\mathrm{d}t}(\boldsymbol{r}\times\boldsymbol{P})=\frac{\mathrm{d}\boldsymbol{r}}{\mathrm{d}t}\times\boldsymbol{P}+\boldsymbol{r}\times\frac{\mathrm{d}\boldsymbol{P}}{\mathrm{d}t}$$

显然，$\frac{\mathrm{d}\boldsymbol{r}}{\mathrm{d}t}=\boldsymbol{v}$，它与 $\boldsymbol{P}=m\boldsymbol{v}$ 的方向相同，故有 $\frac{\mathrm{d}\boldsymbol{r}}{\mathrm{d}t}\times\boldsymbol{P}=0$

于是有

$$\frac{\mathrm{d}\boldsymbol{L}}{\mathrm{d}t}=\boldsymbol{r}\times\frac{\mathrm{d}\boldsymbol{P}}{\mathrm{d}t}$$

由力矩定义及式(2.32)得

$$\boldsymbol{M}=\frac{\mathrm{d}\boldsymbol{L}}{\mathrm{d}t} \tag{2.33}$$

上式表明，质点所受的力矩等于它的角动量随时间的变化率. 这就是质点的**角动量定理**.

质点的角动量守恒定律　由质点的角动量定理知，当质点所受的力矩为零时，质点的角动量不随时间变化，即在这种情形下，**质点角动量守恒**.

如果质点同时受到几个外力作用，总外力矩为各个力的力矩的矢量和，则

$$\boldsymbol{M}=\sum_i\boldsymbol{M}_i=\sum_i\boldsymbol{r}\times\boldsymbol{F}_i=\boldsymbol{r}\times\sum_i\boldsymbol{F}_i=\boldsymbol{r}\times\boldsymbol{F}$$

可见，总外力矩等于合外力的力矩，在这种情形下，质点角动量守恒的条件是合外力矩为零.

中心力　如果质点在运动过程中所受力的方向始终指向某个固定的中心点，这种力称为**中心力**. 显然，中心力对力的中心点的力矩恒为零. 因此，质点在中心力作用下运动时，它对中心点的角动量守恒.

太阳对行星的引力始终指向太阳的中心，是中心力. 因此，行星在太阳引力作用下沿椭圆轨道运动时，对太阳中心的角动量守恒. 同样，人造地球卫星所受的地球引力指向地心，也是中心力，因此人造地球卫星对地心的角动量守恒. 由此可见，在天体物理中，角动量守恒定律是个很基本的规律.

在原子中，电子所受的库仑力指向原子核，也是中心力. 因此，电子绕原子核运动时对原子核的角动量守恒. 此外，在微观粒子的碰撞过程中(如 α 粒子的散射)，粒子受中心力作用，角动量守恒. 可见，在微观领域中，角动量守恒定律也是很基本的规律.

二、质点系的角动量守恒定律

质点系的角动量　由 n 个质点所组成的质点系的角动量为每一个质点的角动

量的矢量和,即

$$\boldsymbol{L}=\sum_{i=1}^{n}\boldsymbol{L}_i=\sum_{i=1}^{n}\boldsymbol{r}_i\times\boldsymbol{P}_i$$

质点系的合力矩 质点系所受的合力矩为每个质点所受力矩的矢量和,即

$$\boldsymbol{M}=\sum_{i=1}^{n}\boldsymbol{M}_i$$

质点系所受的力矩可按内力、外力分为内力矩和外力矩,故有

$$\boldsymbol{M}=\boldsymbol{M}_{内}+\boldsymbol{M}_{外}$$

式中 $\boldsymbol{M}_{内}$ 是所有内力矩的矢量和,$\boldsymbol{M}_{外}$ 为所有外力矩的矢量和.

因为质点系内所有内力矩都是成对出现的,所以所有内力矩的矢量和为零,即 $\boldsymbol{M}_{内}=0$. 由此可见,质点系所受的合力矩为所有质点外力矩的矢量和,即

$$\boldsymbol{M}=\boldsymbol{M}_{外}=\sum_{i}\boldsymbol{r}_i\times\boldsymbol{F}_i$$

式中 $\boldsymbol{F}_i$ 是作用于质点 i 的合外力.

质点系的角动量定理 质点系中对每个质点的角动量定理的表示式为

$$\boldsymbol{M}_i=\frac{\mathrm{d}\boldsymbol{L}_i}{\mathrm{d}t}$$

把上式对所有质点求和,得

$$\sum_{i}\boldsymbol{M}_i=\sum_{i}\frac{\mathrm{d}\boldsymbol{L}_i}{\mathrm{d}t}$$

因为

$$\sum_{i}\boldsymbol{M}_i=\boldsymbol{M}_{外}=\boldsymbol{M},\quad \sum_{i}\frac{\mathrm{d}\boldsymbol{L}_i}{\mathrm{d}t}=\frac{\mathrm{d}}{\mathrm{d}t}\sum_{i}\boldsymbol{L}_i=\frac{\mathrm{d}\boldsymbol{L}}{\mathrm{d}t}$$

所以

$$\boldsymbol{M}=\frac{\mathrm{d}\boldsymbol{L}}{\mathrm{d}t}\tag{2.34}$$

上式表明,质点系所受的合力矩,等于系统总角动量随时间的变化率. 这就是**质点系的角动量定理**.

由质点系的角动量定理知,系统的内力矩不能使系统的总角动量改变,只有外力矩才能改变系统的总角动量.

质点系的角动量守恒定律 由质点系的角动量定理知,当质点系所受的合力矩的矢量和为零时,系统的角动量不随时间变化. 这称为**质点系角动量守恒定律**. 其数学表示为:当 $\boldsymbol{M}=0$ 时,$\boldsymbol{L}=$ 常矢量.

必须指出,当系统不受外力矩作用时,虽然系统的总角动量守恒,但是系统中各个质点可以通过内力矩的作用而相互交换角动量.

在很多情形下,外力矩 $\boldsymbol{M}$ 不为零,但在某个轴上的分量为零,则系统角动量在该转轴方向上的分量守恒,这时我们说系统绕该转轴的角动量守恒. 研究刚体定轴

转动时常遇到这种情形.

例 2.13　如图 2.19 所示,两个质量为 m 的小球 A 和 B,用一根质量可以忽略的细棒连接,棒长为 l,A 在棒的一端,B 在棒的中点,细棒可绕另一端 O 点在竖直平面内转动.一个质量为 m' 的油灰以水平速度 v_0 与 A 球发生完全非弹性碰撞,求碰撞后 A、B 开始运动的速度.

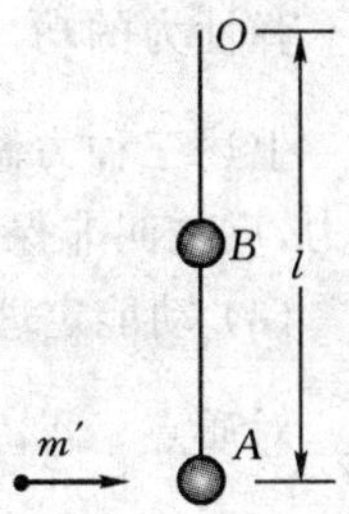

图 2.19　例 2.13 图

解　以细棒、小球 A、B 和油灰为系统,选 O 为参考点.在油灰与 A 的完全非弹性碰撞过程中,系统所受的外力矩为零,角动量守恒.碰撞前,系统的角动量为油灰的角动量,即

$$L_0 = rm'v_0 = lm'v_0 \tag{1}$$

碰撞后,系统的角动量为

$$L = lm'v_A + lmv_A + \frac{l}{2}mv_B \tag{2}$$

显然,当细棒绕 O 点作圆周运动,A、B 的角速度相等,即 $\omega_A = \omega_B$.由线速度与角速度的关系得

$$v_A = r_A\omega_A,\quad v_B = r_B\omega_B$$

又 $r_A = 2r_B$,所以有　　$v_B = v_A/2$

将其代入式(2)得

$$L = l(m'+m)v_A + \frac{lmv_A}{4} = l\left(m' + \frac{5m}{4}\right)v_A \tag{3}$$

因为角动量守恒,即 $L = L_0$.

把式(1)、(3)代入得

$$lm'v_0 = l\left(m' + \frac{5m}{4}\right)v_A$$

于是得

$$v_A = \frac{4m'}{4m'+5m}v_0,\quad v_B = \frac{v_A}{2} = \frac{2m'}{4m'+5m}v_0$$

章后结束语

一、本章内容小结

1. 功及动能定理

(1) 功的定义　$A_{ab} = \int_a^b \boldsymbol{F}\cdot \mathrm{d}\boldsymbol{r}$.注意:功是标量,它与运动过程相联系.

(2) 几种常见力的功

重力的功　$A_{ab}=mgh_a-mgh_b$，式中 mgh 为重力势能.

万有引力的功　$A_{ab}=\left(-G\dfrac{m_1m_2}{r_a}\right)-\left(-G\dfrac{m_1m_2}{r_b}\right)$，式中 $-G\dfrac{m_1m_2}{r}$ 为引力势能.

弹性力的功　$A_{ab}=\dfrac{1}{2}kx_a^2-\dfrac{1}{2}kx_b^2$，式中 $\dfrac{1}{2}kx^2$ 为弹性势能.

上述三种力做功的特点是：做功与路径无关，只与始末位置有关. 此类力叫保守力，反之叫非保守力. 在保守力场中才可引入势能概念.

(3) 动能定理

对质点　$A_{外}=\dfrac{1}{2}mv_2^2-\dfrac{1}{2}mv_1^2$——力的空间积累效应；

对于质点系　$A_{外}+A_{内}=E_{k2}-E_{k1}$

2. 功能原理及机械能守恒定律

(1) 功能原理　$A_{外}+A_{非保内}=E-E_0$，式中 $E=E_k$(动能)$+E_p$(势能)

(2) 机械能守恒定律　若 $A_{外}+A_{非保内}=0$ 则 $\Delta E=0$

3. 系统的动量定理及动量守恒定律

(1) 动量定理　$\int_0^t \boldsymbol{F}\cdot \mathrm{d}t=m\boldsymbol{v}-m\boldsymbol{v}_0$，即合外力的冲量等于系统动量的增量.

(2) 动量守恒定律　若 $\boldsymbol{F}=0$，则 $m\boldsymbol{v}=$ 恒矢量.

4. 碰撞

(1) 恢复系数　$e=(v_2-v_1)/(v_{10}-v_{20})$

(2) 碰撞分类

弹性碰撞 $e=1$ 机械能不损失；

完全非弹性碰撞 $e=0$ 机械能有损失；

非弹性碰撞 $0<e<1$ 机械能有损失.

5. 角动量及守恒定律

(1) 力矩　$\boldsymbol{M}=\boldsymbol{r}\times\boldsymbol{F}$

(2) 角动量　$\boldsymbol{L}=\boldsymbol{r}\times m\boldsymbol{v}$

(3) 角动量定理　$\boldsymbol{M}=\dfrac{\mathrm{d}\boldsymbol{L}}{\mathrm{d}t}$

(4) 角动量守恒定律　若 $\boldsymbol{M}=0$，$\boldsymbol{L}=$ 恒矢量

特例：只受中心力作用的质点，相对于力心的角动量必守恒.

6. 质心及质心运动定理

(1) 质心　$\boldsymbol{r}_c = \dfrac{\sum m_i \boldsymbol{r}_i}{\sum m_i}$　或　$\boldsymbol{r}_c = \dfrac{\int \boldsymbol{r}\mathrm{d}m}{\int \mathrm{d}m}$

(2) 质心运动定理　$\boldsymbol{F}_{外} = M\boldsymbol{a}_c$

二、应用及前沿发展

守恒定律是自然界一切过程发展所必须遵守的基本定律.它广泛应用于自然界的各个领域中.如研究质点的平动时,要用到机械能守恒定律;研究质点的相互作用时,要用到动量守恒定律;研究质点转动时,可能用到动量矩守恒定律等等.

守恒定律虽没有单独的前沿理论,但所有前沿科学研究都遵从守恒定律.大到探索行星、恒星、银河系等宇宙天体运动情况的研究;小到寻找基本粒子的工作,都离不开守恒定律.另外,人们的日常生活也离不开守恒定律,举手投足、工作劳动,身体健康状况,营养平衡调节也都离不开各种守恒定律,尤其能量守恒定律广泛存在于自然界的各个领域.所以学好各种守恒定律对我们工作、生活、学习和科研都具有重要意义.

习题与思考

2.1　在下面两种情况中,合外力对物体做的功是否相同?

(1) 使物体匀速铅直地升高 h.

(2) 使物体匀速地在水平面上移动 h.如果物体是在人的作用下运动的,问在两种情况中对物体做的功是否相同?

2.2　A 和 B 是两个质量相同的小球,以相同的初速度分别沿着摩擦系数不同的平面滚动.其中 A 球先停止下来,B 球再过了一些时间才停止下来,并且走过的路程也较长,问摩擦力对这两个球所做的功是否相同?

2.3　有两个大小形状相同的弹簧:一个是铁做成的,另一个是铜做成的,已知铁制弹簧的倔强系数比铜大.

(1) 把它们拉长同样的距离,拉哪一个做功较大?

(2) 用同样的力来拉,拉哪一个做功较大?

2.4　当你用双手去接住对方猛掷过来的球时,你用什么方法缓和球的冲力?

2.5　要把钉子钉在木板上,用手挥动铁锤对钉打击,钉就容易打进去.如果用铁锤紧压着钉,钉就很难被压进去,这种现象如何解释?

2.6　“有两个球相向运动，碰撞后两球变为静止，在碰撞前两球各以一定的速度运动，即各具有一定的动量．由此可知，由这两个球组成的系统，在碰撞前的总动量不为零，但在碰撞后，两球的动量都为零，整个系统的总动量也为零．这样的结果不是和动量守恒相矛盾吗？”

指出上述讨论中的错误．

2.7　试问：

(1) 一个质点的动量等于零，其角动量是否一定等于零？一个质点的角动量等于零，其动量是否一定等于零？

(2) 一个系统对某惯性系来说动量守恒，这是否意味着其角动量也守恒？

*　*　*　*　*　*

2.8　一个蓄水池，面积为 $S=50\ \mathrm{m}^2$，所蓄的水面比地面低 5.0 m，水深 $d=1.5\ \mathrm{m}$．用抽水机把这池里的水全部抽到地面上，问至少要做多少功？

2.9　以 45 N 的力作用在一质量为 15 kg 的物体上，物体最初处于静止状态．试计算在第一秒与第三秒内所做的功，以及第三秒末的瞬时功率．

2.10　一质量为 $m=20.0\ \mathrm{g}$ 的小石块从 A 点自静止开始下滑，到达 B 点时速率为 $v_B=3.00\ \mathrm{m\cdot s^{-1}}$，再沿 BC 滑行 3.00 m 后停止．已知滑行轨道 AB 是圆周的 1/4，圆周半径为 $R=1.00\ \mathrm{m}$，BC 为水平面（如图 2.20 所示）．试求：

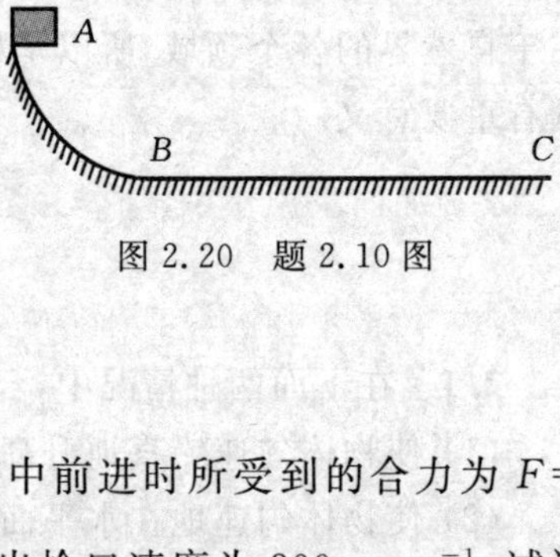

图 2.20　题 2.10 图

(1) 在 AB 段，摩擦力所做的功 W；

(2) 水平轨道 BC 与石块间的摩擦系数 μ_{BC}．

2.11　一质量为 2×10^{-3} kg 的子弹，在枪筒中前进时所受到的合力为 $F=400-\dfrac{8000}{9}x$，F 以 N 为单位，x 以 m 为单位，子弹出枪口速度为 $300\ \mathrm{m\cdot s^{-1}}$．试计算枪筒的长度．

2.12　用 $50\ \mathrm{m\cdot s^{-1}}$ 的初速度竖直向上抛出一物体．

(1) 在什么高度它的动能和势能相等？

(2) 在什么高度势能等于动能的一半？

(3) 在什么高度动能等于势能的一半？

2.13　一个质量为 m 的物体，从一光滑斜面上自 h 高由静止滑下，冲入一静止的装着砂子的小车，问小车将以多大速度 v 运动？小车和砂子的总质量为 M，不计小车与地面的摩擦．

2.14　质量为 m 的小物体可沿翻圈装置无摩擦地滑行，如图 2.21 所示，该物体从 A 点由静止开始运动，A 点比圈底高 $H=3R$．

(1) 当物体到达该翻圈的水平直径的末端 B 点时，求其切向加速度和法向加速度以及对轨道的正压力；

(2) 求该物体在任一位置时对轨道的正压力，此位置用图中所示的 θ 角表示. 在所得的结果中，令 $\theta=3\pi/2$，对 B 点的正压力进行验算.

(3) 为什么使物体完成翻圈运动，要求 H 有足够的值？

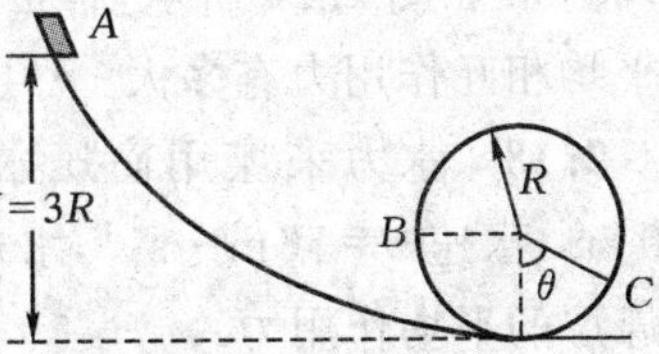

图 2.21　题 2.14 图

2.15　如图 2.22 所示，一质量为 $m=0.10\,\text{kg}$ 的小球，系在绳的一端，放在倾角 $\alpha=30°$ 的光滑斜面上，绳的另一端固定在斜面上的 O 点，绳长 $0.2\,\text{m}$，当小球在最低点 A 处，若在垂直于绳的方向给小球初速度 v_0（即 v_0 与斜面的水平底边平行），使小球可以完成圆周运动. 试问：

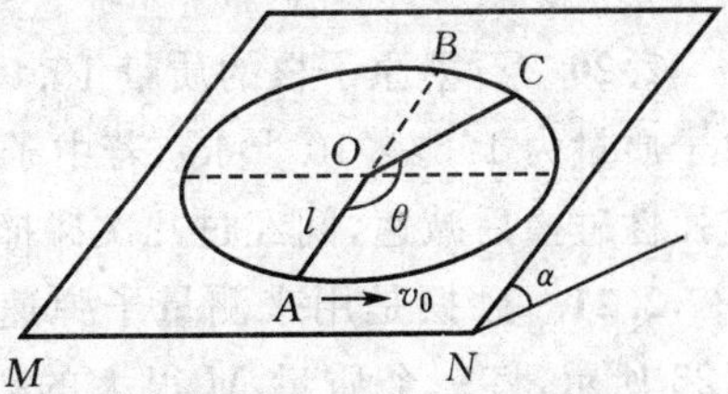

图 2.22　题 2.22 图

(1) v_0 至少等于多大？

(2) 在最高点 B 处，小球的速度和加速度多大？

(3) 如何求出小球在任一位置 C 时绳子的张力 T_C？（小球位置用 $\angle AOC=\theta$ 表示）

(4) 如将一根同样长度的细棒（不计重量）替代绳子，其他条件都仍如上述，v_0 至少多大方能使小球刚好完成圆周运动？

2.16　如图 2.23 所示，设 $h_0=10.0\,\text{m}$. 一个质量 $m=20\,\text{kg}$ 的物体从山顶上由静止滑下，撞击到弹簧一端的挡板 A 上. 弹簧的另一端固定在墙上，弹簧的倔强系数为 $k=500\,\text{N}\cdot\text{m}^{-1}$，设所有表面是光滑的，弹簧和挡板 A 的质量可略去不计. 问弹簧最多可压缩多少？

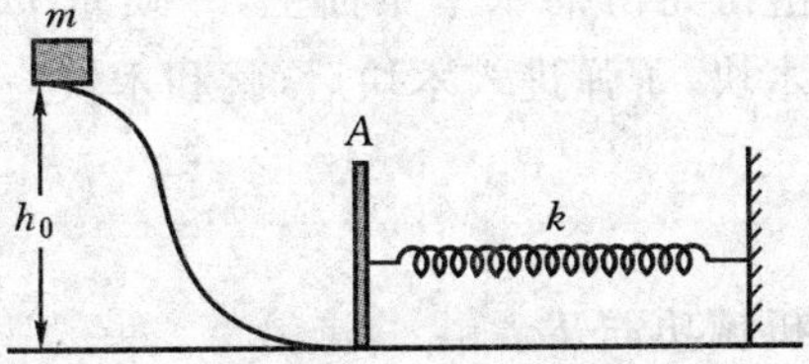

图 2.23　题 2.16 图

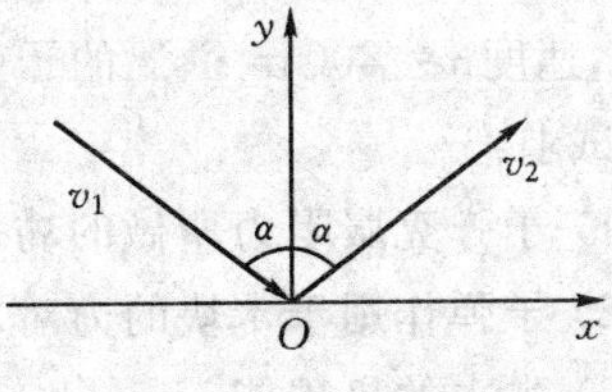

图 2.24　题 2.17 图

2.17　一质量为 $m=2\times10^{-2}\,\text{kg}$ 的弹性球，速率 $v_1=5\,\text{m}\cdot\text{s}^{-1}$，与光滑水平桌面碰撞后跳回. 假设跳回时球的速率不变，碰撞前后速度方向与桌面的法向所夹角

度均为 α. 如图 2.24 所示，若 $\alpha=60°$，球与桌面间碰撞时间 $\Delta t=0.05\,\mathrm{s}$，问球和桌面的平均相互作用力有多大？

2.18 水力采煤用高压水枪喷出的强力水柱冲击煤层，设水柱直径 $D=0.03\,\mathrm{m}$，水速 $v=56\,\mathrm{m\cdot s^{-1}}$，水柱垂直射在煤层表面，冲击煤层后速度为零. 求水柱对煤层的平均作用力.

2.19 一人质量为 M，手中拿着质量为 m 的物体自地面以倾角 θ，初速度 v_0 斜向前跳起，跳至最高点时以相对于人的速率 u 将物体水平向后抛出去. 忽略空气阻力，证明此人向前跳的距离比不抛出物体情况下向前的距离增加了 $\dfrac{m}{M+m}\dfrac{v_0 u\sin\theta}{g}$.

2.20 石墨原子核的质量 $19.9\times10^{-27}\,\mathrm{kg}$ 在核反应中作为快中子的减速剂，中子质量为 $1.67\times10^{-27}\,\mathrm{kg}$，若中子以 $3\times10^{7}\,\mathrm{m\cdot s^{-1}}$ 的初速度与静止的石墨原子作弹性碰撞后减速，问经过几次碰撞后中子的速度减为 $10^{2}\,\mathrm{m\cdot s^{-1}}$.

2.21 砂摆是用来测量子弹速度的一种装置，如图 2.25 所示，将一个质量 M 很大的砂箱用绳铅直地挂起来，一颗质量为 m 的子弹水平射入砂箱，使砂箱摆动，测得砂摆最大摆角为 θ，求子弹射击砂箱时的速度 v，设摆长为 l.

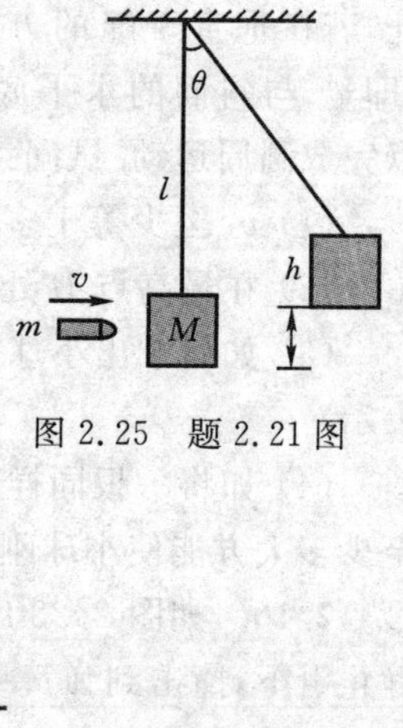

图 2.25　题 2.21 图

2.22 质量为 m_1 和 m_2 的物块用倔强系数为 k 的轻弹簧相连，置于光滑水平桌面上，如图 2.26 所示，最初弹簧处于自由状态. 一质量为 m_0 的子弹以速度 v_0 沿水平方向射入 m_1 内，问弹簧压缩的最大量为多少？

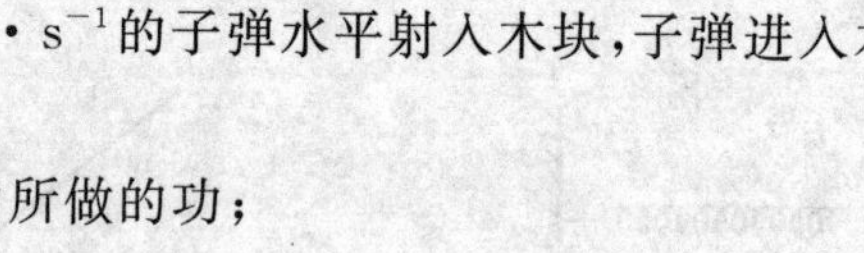

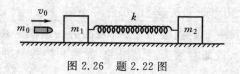

图 2.26　题 2.22 图

2.23 一质量为 $M=400\,\mathrm{g}$ 的木块，静止在光滑的水平桌面上，一质量 $m=10.0\,\mathrm{g}$，速度 $v=800\,\mathrm{m\cdot s^{-1}}$ 的子弹水平射入木块，子弹进入木块后，就和木块一起平动. 试求：

(1) 子弹克服阻力所做的功；

(2) 子弹作用于木块的力对木块所做的机械功；

(3) 失去的机械能.

2.24 一个 15 g 的子弹，以 $200\,\mathrm{m\cdot s^{-1}}$ 的速度打入一固定的木块. 如阻力与射入木块的深度成正比的增加，即 $f_{阻}=-\beta x$，比例系数 $\beta=5.0\times10^{3}\,\mathrm{N\cdot cm^{-1}}$. 求子弹射入木块的深度.

2.25　一个圆盘的半径为 R，各处厚度均匀，在各个象限里，各处的密度也是均匀的，但在不同象限里的密度则不同，如图 2.27 所示，它们密度比为($\rho_1:\rho_2:\rho_3:\rho_4=1:2:3:4$)，求此圆盘的质心位置.

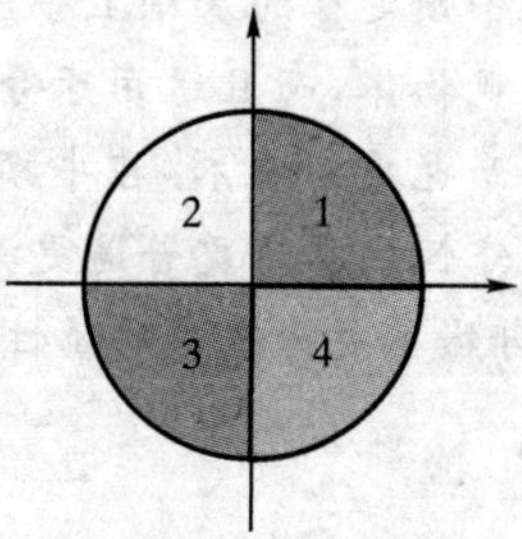

图 2.27　题 2.25 图

阅读材料 A：守恒定律与对称性

在前面的章节中，我们在牛顿定律的基础上导出了动量、角动量和机械能守恒定律.这些定律不仅适用于宏观物体，而且适用于分子、原子、电子等微观粒子，比牛顿定律的适用范围更广，因而也更为基本.在牛顿定律已不适用的领域，这些守恒定律仍然成立.这说明这些守恒定律有更普遍更深刻的根基.现代物理学已确定地认识到这些守恒定律是和自然界更为普遍的属性——时空对称性相联系着的.

A.1 什么是对称性?

对称性的概念最初来源于生活.在艺术、建筑等领域中，所谓"对称"，通常是指左右对称.人体本身就有近似左和右的对称性.各类建筑，特别是古代建筑都有较高的左右对称性.除了左右对称之外，还有轴对称、球对称等等.在数学和物理学中对称性的概念是逐步发展的，今天它已具有十分广泛的含义.

为了介绍对称性的普遍定义，先引进一些概念.首先是"系统"，它是我们讨论的对象；其次是"状态"，同一系统可以处在不同的状态；不同的状态可以是"等价的"，也可以是"不等价的".设想有一个几何学中理想的圆(见图A.1(a))，在它的圆周上打个点作为记号，点在不同的方位代表系统处在不同的状态.如果我们所选的系统不包括这个记号，其不同的状态看上去没有区别，我们就说这些状态都是等价的.如果把这个记号包括在我们所选的系统之内，则不同的状态将不等价.

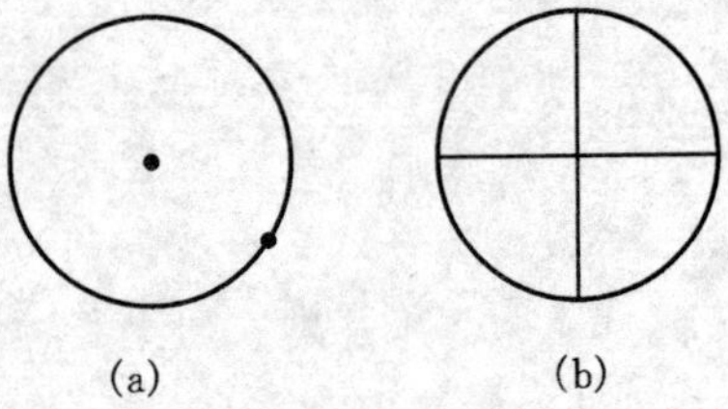

图 A.1 圆的对称性

我们把系统从一个状态变到另一个状态的过程叫做"变换"，或者说，我们给它一个"操作".德国数学家魏尔(Weyi)在1951年提出了关于对称性的普遍的严格的定义："如果一个操作使系统从一个状态变到另一个与之等价的状态，或者说，状态在此操作下不变，我们就说系统对于这一操作是'对称的'，而这个操作叫做这系统的一个对称操作."常见的对称性时空操作有空间的平移和转动以及时间的平移.

一个物体发生一平移后，若仍和原来相同，这形体就具有空间平移对称性.平移对称性有高低之分.一条无穷长直线对沿自身方向任意大小的平移都是对称的.一个无穷大平面对沿面内的任何方向平移都是对称的.但晶体(如食盐Na离子与Cl离子构成立方体晶格点阵)只对沿确定方向(如沿一列离子的方向)，而且一次平移的“步长”具有确定值(两倍晶格间距)的平移才是对称的，显见晶体的平移对称性就低.

如果使一物体绕某一固定轴转动一个角度，若仍和原来相同，那么这种对称叫做转动对称或轴对称. 轴对称也有级次之别. 如树叶图形绕中心线转 180°后可恢复原状，而六角形的雪花绕通过中心的垂直轴转动 60°后就可恢复原状. 后者比前者的对称性级次高. 天坛祈年殿的外形绕其中心竖直轴几乎转过任意角度时都和原状一样，所以它具有更高级次的转动对称性.

一个静止不变的系统对任何间隔 Δt 的时间平移表现出不变性，而一个周期性变化的系统(例如单摆)只对周期 T 数倍的时间平移不变. 它们都具有一定的时间平移对称性.

A.2　物理定律的对称性

前面所述的种种对称性都是指某个系统或具体事物的对称性，另一类对称性是物理定律的对称性，它是指经过一定的操作后，物理定律的形式保持不变. 因此物理定律的对称性又叫不变性，这类对称性在物理学中具有更深刻的意义.

(1) 物理定律的空间平移对称性. 设想我们在空间某处做一个物理实验，然后将该套实验(连同影响该实验的一切外部因素)平移到另一处. 如果给予同样的起始条件，实验将会以完全相同的方式进行. 这说明物理定律没有因平移而发生变化. 这就是物理定律的空间平移对称性. 它表明空间各处对物理定律是一样的，所以又叫做空间的均匀性.

(2) 物理定律的转动对称性. 如果在空间某处做实验后，把整套仪器(连同影响实验的一切外部因素)转一个角度，则在相同的起始条件下，实验也会以完全相同的方式进行. 这说明物理定律并没有因转动而发生变化. 这就是物理定律的转动对称性. 它表明空间的各个方向对物理定律是一样的，所以又叫做空间的各向同性.

(3) 物理定律的时间平移对称性. 如果我们用一套仪器做实验，该实验进行的方式或秩序是和此实验开始的时刻无关的. 无论在什么时候开始做实验，我们得到完全一样的结果. 这个事实表示了物理定律的时间平移的对称性.

关于物理定律的对称性有一条很重要的定律——对应于每一种对称性都有一条守恒定律. 例如，对应于空间均匀性有动量守恒定律；对应于空间的各向同性有角动量守恒定律；对应于时间平移对称性有能量守恒定律；对应于空间反演对称的有宇称守恒定律；对应于量子力学相移对称的有电荷守恒定律等等.

A.3 空间均匀性与动量守恒

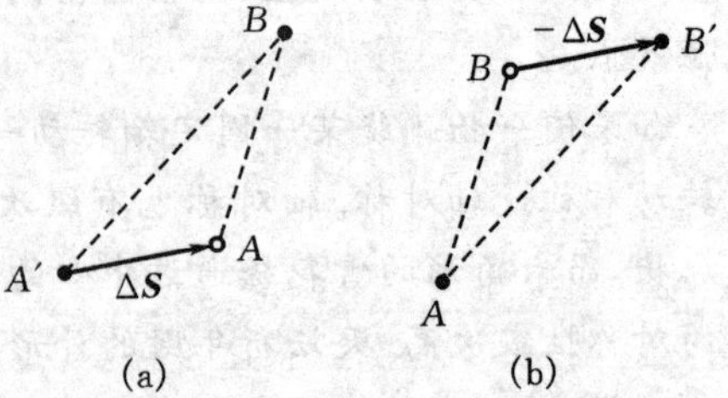

图 A.2 空间平移不变性与动量守恒

考虑一对粒子 A 和 B，它们的相互作用势能为 U_0. 现将 A 沿任意方向移动到 A'（见图 A.2(a)），这位移造成势能的改变 $\Delta U = -\boldsymbol{F}_{BA}\cdot\Delta\boldsymbol{S}$（抵抗 B 给 A 的力所做的功）；若 A 不动，将 B 沿反方向移动相等的距离到 B'（见图 A.2(b)），则势能的改变量为 $\Delta U' = -\boldsymbol{F}_{AB}\cdot(-\Delta\boldsymbol{S}) = \boldsymbol{F}_{AB}\cdot\Delta\boldsymbol{S}$（抵抗 A 给 B 的力所做的功）. 上述两种情况终态的区别仅在于由两粒子组成的系统整体在空间有个平移，它们的相对位置是一样的 $\overline{A'B} = \overline{AB'}$. 空间均匀性，或者说，空间平移不变性意味着，两粒子之间的相互作用势能只与它们的相对位置有关，与它们整体在空间的平移无关，从而两种情况终态的势能应相等，即

$$U + \Delta U = U + \Delta U'$$

亦即
$$\Delta U = \Delta U' \quad 或 \quad -\boldsymbol{F}_{BA}\cdot\Delta\boldsymbol{S} = \boldsymbol{F}_{AB}\cdot\Delta\boldsymbol{S}$$

因为 $\Delta\boldsymbol{S}$ 是任意的，故有

$$\boldsymbol{F}_{BA} = -\boldsymbol{F}_{AB}$$

根据牛顿第二定律，有

$$\boldsymbol{F}_{BA} = \frac{\mathrm{d}\boldsymbol{P}_A}{\mathrm{d}t},\ \boldsymbol{F}_{AB} = \frac{\mathrm{d}\boldsymbol{P}_B}{\mathrm{d}t}$$

由以上二式可得

$$\frac{\mathrm{d}\boldsymbol{P}_A}{\mathrm{d}t} + \frac{\mathrm{d}\boldsymbol{P}_B}{\mathrm{d}t} = \frac{\mathrm{d}}{\mathrm{d}t}(\boldsymbol{P}_A + \boldsymbol{P}_B) = 0$$

即二粒子体系的总动量 $(\boldsymbol{P}_A + \boldsymbol{P}_B)$ 不随时间改变. 这就是“动量守恒”. 这样，我们从空间的平移不变性推出了动量守恒定律.

A.4 空间各向同性与角动量守恒

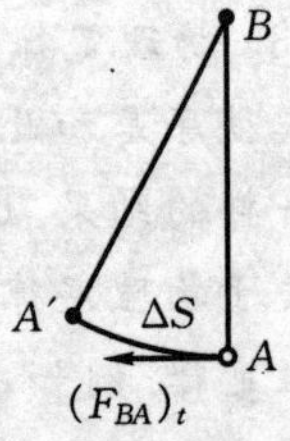

图 A.3 空间各向同性与角动量守恒

我们仍考虑一对粒子 A 和 B. 固定 B，将 A 沿以 B 为圆心的圆弧 ΔS 移动到 A'（见图 A.3），从而相互作用势能的改变 $\Delta U = -(F_{BA})_t\Delta S$. 空间各向同性意味着，两粒子之间的相互作用势能只与它们距离有关，与二者之间的联线在空间的取向无关. 所以上述操作不应改变它们之间的势能，从而有 $\Delta U = 0$，即相互作用力的切向分量 $(F_{BA})_t = 0$，或者说两粒子之间的相互作用力沿二者的

联线，也就是说力的作用线通过它们的质心，对质心的力矩为零，所以相对于质心，系统的角动量守恒．这就从空间的各向同性推出了角动量守恒定律．

A.5　时间均匀性与机械能守恒

在保守系统中，物体之间的相互作用可通过相互作用势能来表示，在一维的情形下，物体所受的力与势函数有如下关系

$$F=-\frac{\mathrm{d}E_{\mathrm{p}}}{\mathrm{d}x}$$

时间均匀性，或者说时间平移不变性意味着，这种相互作用势只与两粒子的相对位置有关，亦即对于同样的相对位置，粒子间的相互作用势不应随时间而变．在一维的情况下

$$E_{\mathrm{p}}=E_{\mathrm{p}}(x)$$

保守系统中的物体，在势场中从位置 x_1 移到位置 x_2 时所做的功为

$$W_{12}=\int_{x_1}^{x_2}F(x)\mathrm{d}x=-\int_{x_1}^{x_2}\frac{\mathrm{d}E_{\mathrm{p}}}{\mathrm{d}x}\mathrm{d}x=-\int_{x_1}^{x_2}\mathrm{d}E_{\mathrm{p}}$$

根据动能定理，力 $\boldsymbol{F}$ 对物体所做的功 W_{12} 等于物体终态与初态动能之差，即有

$$W_{12}=E_{\mathrm{k}2}-E_{\mathrm{k}1}$$

将以上二式联立，便得

$$E_{\mathrm{p}1}+E_{\mathrm{k}1}=E_{\mathrm{p}2}+E_{\mathrm{k}2}=\text{常量}$$

即系统机械能守恒．这就从时间均匀性推导出机械能守恒．

我们可以举一个例子来说明，在相反的情况下能量可能不守恒．比如某地已建的一个抽水蓄能电站，夜间用电低谷时抽水上山，白天用电高峰时放水发电．利用昼夜能源的价值不同，可以获得很好的经济效益．倘若昼夜变化的不仅有能源的价值，而且还有重力加速度 g（它代表着万有引力的强度），从而水库中同样水位所蓄的重力势能 mgh 作周期性的变化，则抽水蓄能电站获得的不仅是经济效益，而且是能量赢余．于是，永动机的梦想实现了．时间的平移不变性不允许出现这种情况．

由于三个守恒定律是与时空对称性相联系的，而时空性质的规律比一般力学规律有更大的普遍性，因此三个守恒定律比一般的力学规律有更大的适用范围．

第 3 章　刚体和流体

一般情况下，一个物体的运动是很复杂的，它不仅包括平动、转动，有时还有振动. 在质点力学的讨论中，只研究了物体运动中最常见的一种——平动，其他的运动被作为暂时的、次要的东西忽略了，结果物体被简化为质点. 在质点的平动问题解决以后，平动退居次要地位，质点也从没有形状大小的几何点变为有形状大小的物体. 在实践中我们都知道，物体在力的作用下形状和大小要发生变化. 例如，一块棉花，原来形状设为正方形，现在用双手捏可以将它捏成圆形、长方形或其他形状，也可以把它压得很小，放开后它的体积又较大，总之在力的作用下使它的形状和大小发生了变化. 但是在有些问题中，这种变化很不明显，我们眼睛几乎发现不了. 例如，人们经常爬在桌子上写字，但在短时间，我们并没有发现它的形状和大小有明显的变化. 这时就可以将它的微小形变忽略不计，又将此物体简化为一种理想的模型——**刚体**. 所谓刚体，就是在外力作用下，形状和大小都不改变的物体. 也就是说，刚体内各质点之间的距离保持不变，刚体的各部分之间没有相对运动. 本章前面部分主要研究刚体的基本运动规律.

§3.1　刚体的运动

刚体的基本运动形式是平动和绕定轴的转动. 由这两种基本运动可组合成复杂的刚体运动，如平面运动、定点转动等.

一、刚体的平动和转动

1. 平动

刚体在运动过程中，如果各个时刻刚体中任意一条直线始终保持彼此平行，这种运动称为**刚体的平动**(也称为平行移动). 刚体平动过程中，其上各点运动轨迹的形状相同，且彼此平行；每一瞬时各点的速度、加速度相等. 因此可用刚体上任意一点的运动来描述平动刚体的运动.

对上述结论可作如下解释，如图 3.1 所示，由刚体的定义及刚体的平动的定义知，矢量 $\boldsymbol{BA}$ 为常矢量. 由于 $\boldsymbol{r}_A=\boldsymbol{r}_B+\boldsymbol{BA}$，说明 A、B 两点的轨迹彼此平行. 而 A、B 两点是任意选定的，所以在刚体的平动中，其上各点的轨迹形状相同且彼此平行，

将 $\boldsymbol{r}_A=\boldsymbol{r}_B+\boldsymbol{BA}$ 两边对时间 t 求一阶导数得

$$\frac{\mathrm{d}\boldsymbol{r}_A}{\mathrm{d}t}=\frac{\mathrm{d}\boldsymbol{r}_B}{\mathrm{d}t}\quad 即\ \boldsymbol{v}_A=\boldsymbol{v}_B \tag{3.1}$$

式(3.1)对时间 t 再求一次导数得

$$\frac{\mathrm{d}\boldsymbol{v}_A}{\mathrm{d}t}=\frac{\mathrm{d}\boldsymbol{v}_B}{\mathrm{d}t}\quad 即\ \boldsymbol{a}_A=\boldsymbol{a}_B \tag{3.2}$$

式(3.1)、(3.2)说明任一瞬时平动刚体上各点的速度、加速度均相等.

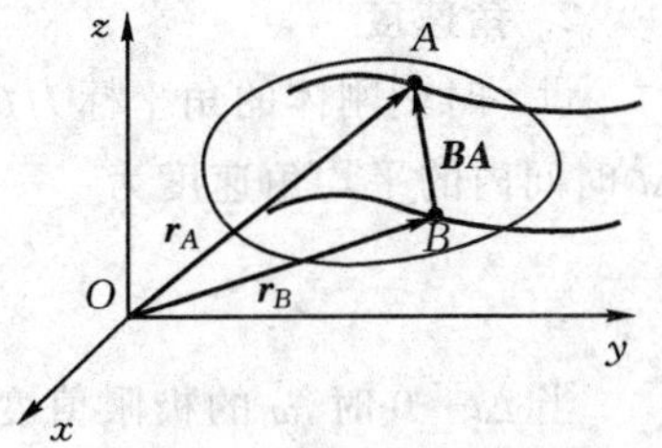

图 3.1　刚体的平动

2. 转动

如果刚体上各质点都绕同一直线作圆周运动就称这一运动为刚体**转动**,此直线称为**转轴**.转轴固定于参考系(即转轴的位置和方向相对于参考系是固定的)的情况称为定轴转动.例如门窗、钟表指针、砂轮、电机轴子等的转动都属于定轴转动.若转轴上有一点静止于参考系,而转轴的方向在变化,这种转动称为**定点转动**.例如气象雷达天线的转动,玩具陀螺的转动就属于定点转动.

刚体的定轴转动是转动中基本而普遍的情况,也是本章的重点内容,对于定点转动,只简单介绍陀螺的运动.

二、刚体的定轴转动

描述刚体的运动,首先要确定刚体的位置.在定轴转动的情况下,转轴已固定,取垂直于转轴的平面为转动平面,如图 3.2 所示,在此转动平面内取一坐标轴 Ox,这样就可以对刚体转动作定量描述.

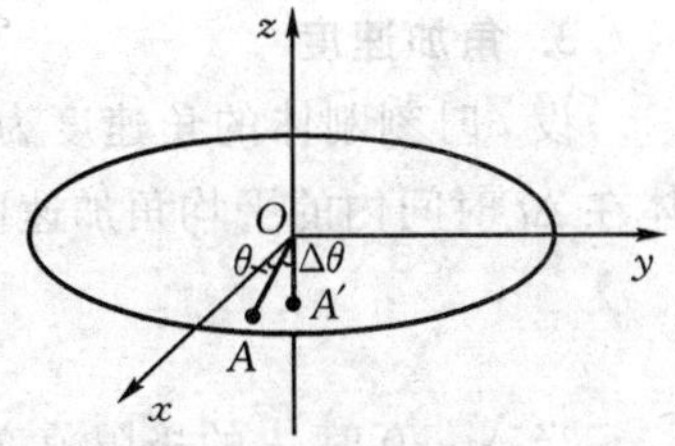

图 3.2　刚体定轴转动

1. 刚体角坐标和角位移

在转动平面内任选一点 A,设 A 的位置矢量为 $\boldsymbol{r}$,因其大小不变,故其位置可由自 x 轴转至 $\overline{OA}$ 的角 θ 表示,此 θ 称为定轴转动刚体的**角坐标**.规定自 x 轴逆时针转向 $\overline{OA}$ 时 θ 为正,刚体定轴转动可用函数

$$\theta=\theta(t) \tag{3.3}$$

描述,此即刚体绕定轴转动的**运动学方程**.

绕定轴转动的刚体在 Δt 时间内,角坐标的增量 $\Delta\theta$ 称为该时间内的**角位移**.面对 z 轴观察,若 $\Delta\theta>0$,刚体逆时针转动;若 $\Delta\theta<0$,刚体顺时针转动.在国际单位制中,角坐标和角位移单位为(rad).

2. 角速度

设 t 时刻刚体的角坐标为 θ，$t+\Delta t$ 时刻刚体的角坐标为 θ'，则定轴转动刚体在 Δt 时间内的平均角速度为

$$\bar{\omega}=\frac{\theta'-\theta}{\Delta t}=\frac{\Delta\theta}{\Delta t}$$

当 $\Delta t\to 0$ 时，$\bar{\omega}$ 的极限值变为刚体在 t 时刻的瞬时角速度，简称**角速度**，用 ω 表示，即

$$\omega=\lim_{\Delta t\to 0}\bar{\omega}=\lim_{\Delta t\to 0}\frac{\Delta\theta}{t}=\frac{\mathrm{d}\theta}{\mathrm{d}t} \tag{3.4}$$

上式说明定轴转动刚体的角速度等于其角坐标对时间 t 的一阶导数，而且刚体上各点的角速度都相同，因此角速度是描述整个刚体转动快慢的物理量. 角速度 ω 可以定义为矢量，以 $\boldsymbol{\omega}$ 表示. 它的方向规定为沿轴的方向，其指向用右手螺旋法则确定. 平时可看作代数量，ω 为正，表示刚体沿逆时针方向转动；ω 为负，表示刚体沿顺时针方向转动，后边的角加速度也相同. 角速度的单位为弧度/秒(rad/s)，量纲为 T^{-1}.

在工程中，把每分钟转动的圈数称为转速，用 n 表示，单位为转/分(r/min)，则 ω 与 n 的关系为

$$\omega=\frac{2\pi n}{60}=\frac{\pi n}{30}\approx 0.1n$$

3. 角加速度

设 t 时刻刚体的角速度为 ω，$t+\Delta t$ 时刻刚体的角速度为 ω'，则定轴转动的刚体在 Δt 时间内的平均角加速度为

$$\bar{\beta}=\frac{\omega'-\omega}{\Delta t}=\frac{\Delta\omega}{\Delta t}$$

当 $\Delta t\to 0$ 时，$\bar{\beta}$ 的极限值变为 t 时刻的瞬时值，即为 t 时刻的瞬时角加速度，简称角加速度. 用 β 表示即

$$\beta=\lim_{\Delta t\to 0}\bar{\beta}=\lim_{\Delta t\to 0}\frac{\Delta\omega}{\Delta t}=\frac{\mathrm{d}\omega}{\mathrm{d}t} \tag{3.5}$$

上式说明定轴转动刚体的角加速度等于其角速度对时间的一阶导数，亦等于角坐标对时间的二阶导数. 当 β 与 ω 同号时，刚体作加速转动，β 与 ω 异号时，刚体作减速转动.

角加速度的单位为弧度/秒^2(rad/s^2)，量纲为 T^{-2}.

角速度和角加速度在描述刚体定轴转动中所起的作用与质点运动中速度和加速度的作用相似. 因此常把它们对应起来看，速度与角速度相对应，加速度与角加

速度相对应.

与质点运动学相似,对于定轴转动的刚体,若已知运动方程 $\theta=\theta(t)$,容易求出角速度和角加速度;若已知角加速度和初始条件,亦很容易求出角速度和运动方程. 对于匀速定轴转动有

$$\omega = \text{常量},\ \theta = \theta_0 + \omega t$$

对于匀变速定轴转动($\beta=$常量),则有

$$\left.\begin{aligned} \omega &= \omega_0 + \beta t \\ \theta &= \theta_0 + \omega_0 t + \frac{1}{2}\beta t^2 \\ \omega^2 &= \omega_0^2 + 2\beta(\theta - \theta_0) \end{aligned}\right\} \tag{3.6}$$

式中 θ_0、ω_0 为初始时刻的角坐标和角速度.

4. 定轴转动的刚体上某点的速度和加速度

定轴转动刚体上的各点都在绕轴上的一点作圆周运动,具有相同的角速度 ω,设某点 M 到转轴的距离为 R,则由圆周运动的规律得该点 M 的速度大小为

$$v = R\omega \tag{3.7}$$

上式说明定轴转动的刚体上任意一点的速度大小等于转动半径 R 与刚体角速度 ω 的乘积,速度的方向指向该点转动的方向.

M 点的加速度分别用切向加速度 a_τ 和法向加速度 a_n 表示,由 a_τ 及 a_n 的定义得

$$\left.\begin{aligned} a_\tau &= \frac{\mathrm{d}v}{\mathrm{d}t} = R\frac{\mathrm{d}\omega}{\mathrm{d}t} = R\beta \\ a_n &= \frac{v^2}{\rho} = \frac{(R\omega)^2}{R} = R\omega^2 \end{aligned}\right\} \tag{3.8}$$

由式(3.7)、(3.8)可知,若已知角量(ω,β),就可以求出刚体上任意一点作圆周运动的线量(v,a_τ,a_n),可见,角量充分地描述了刚体绕定轴的转动状态.

例 3.1　某发动机转子在启动过程中的转动方程为 $\theta=\frac{1}{2}t^3$,式中 θ 以弧度计,t 以秒计,转子的半径为 $R=0.5$ m. 试求转子的外缘上 M 点在 $t=2$ s 时的速度和切向、法向加速度.

解　根据角速度和角加速度定义得

$$\omega = \frac{\mathrm{d}\theta}{\mathrm{d}t} = \frac{3}{2}t^2,\quad \beta = \frac{\mathrm{d}\omega}{\mathrm{d}t} = 3t$$

当 $t=2$ s 时可求得 $\omega=6\ \mathrm{rad\cdot s^{-1}}$,$\beta=6\ \mathrm{rad\cdot s^{-2}}$.

据线量与角量的关系得 M 点的速度和加速度在切向和法向的投影为

$$v = R\omega = 0.5\times 6 = 3\ \mathrm{m\cdot s^{-1}}$$

$$a_\tau = R\beta = 0.5\times 6 = 3\,\mathrm{m\cdot s^{-2}},\quad a_n = R\omega^2 = 0.5\times 6^2 = 18\,\mathrm{m\cdot s^{-2}}$$

v 与 a_τ 同号，说明 v 与 a_τ 同向，M 点作加速运动.

§3.2 刚体动力学

一、刚体的转动动能

刚体绕定轴转动时，构成刚体的所有质点的动能和，称为刚体的**转动动能**. 设某时刻刚体绕 z 轴转动的角速度为 ω，刚体中任一质元的质量为 Δm_i，离 z 轴的距离为 r_i，则其线速率为 $v_i = r_i\omega$. 该质元的动能为

$$\Delta E_i = \frac{1}{2}\Delta m_i v_i^2 = \frac{1}{2}\Delta m_i r_i^2\omega^2$$

将此式对所有质元求和即得整个刚体的动能

$$E_\mathrm{k} = \sum \Delta E_i = \frac{1}{2}\left(\sum \Delta m_i r_i^2\right)\omega^2 \tag{3.9a}$$

令 $\sum \Delta m_i r_i^2 = J_z$，叫做刚体对定轴（$z$ 轴）的转动惯量. 因此

$$E_\mathrm{k} = \frac{1}{2}J_z\omega^2 \tag{3.9b}$$

二、刚体的转动惯量

转动惯量 由前面讨论可知，刚体的转动惯量

$$J_z = \sum \Delta m_i r_i^2 \tag{3.10}$$

也就是说，转动惯量等于刚体中每个质元的质量与这一质元到转轴的距离的平方乘积之和，而与质元的运动速度无关. 将 $E_\mathrm{k} = \frac{1}{2}J_z\omega^2$ 与平动动能 $E_\mathrm{k} = \frac{1}{2}mv^2$ 比较可知，转动惯量相当于平动时的质量. 是物体在转动中惯性大小的量度.

如果刚体的质量是连续分布的，需将式(3.10)的求和变为积分

$$J = \int_V r^2\,\mathrm{d}m \tag{3.11}$$

式中 $\mathrm{d}m$ 为刚体某微元的质量，r 为该微元到转轴的距离，V 是刚体的体积，表示积分应遍及整个刚体. 若用 ρ 表示刚体的密度，$\mathrm{d}V$ 表示 $\mathrm{d}m$ 的体积，则上式可变为

$$J = \int_V r^2\rho\,\mathrm{d}V$$

转动惯量的单位在国际单位中为千克·米²（$\mathrm{kg\cdot m^2}$），其量纲为 $\mathrm{ML^2}$.

由转动惯量的定义式可知，刚体的转动惯量与刚体的质量、质量分布、转轴的

位置有关.因此,在谈及转动惯量时,必须明确哪一刚体对哪一转轴的转动惯量.

平行轴定理　刚体对任意轴的转动惯量 J,等于它对通过刚体质心且与该轴平行的轴的转动惯量 J_c,加上刚体的质量与两轴距离 d 的平方的乘积.即

$$J = J_c + md^2 \tag{3.12}$$

这一关系称为平行轴定理.

正交轴定理　薄板状刚体的质量均匀分布时,它对于板面内的两条正交轴的转动惯量之和,等于过这两轴的交点且垂直于板面的轴的转动惯量.

现对正交轴定理简单给出证明.取板平面为 xOy 坐标面,坐标轴即为三条正交轴,如图 3.3 所示.令 J_x、J_y 及 J_z 分别表示对 x 轴、y 轴及 z 轴的转动惯量,则有

$$J_z = \sum m_i r_i^2 = \sum m_i (x_i^2 + y_i^2) = \sum m_i x_i^2 + \sum m_i y_i^2$$

等号右端两项分别是刚体对 y 轴和 x 轴的转动惯量,因此有

$$J_z = J_x + J_y \tag{3.13}$$

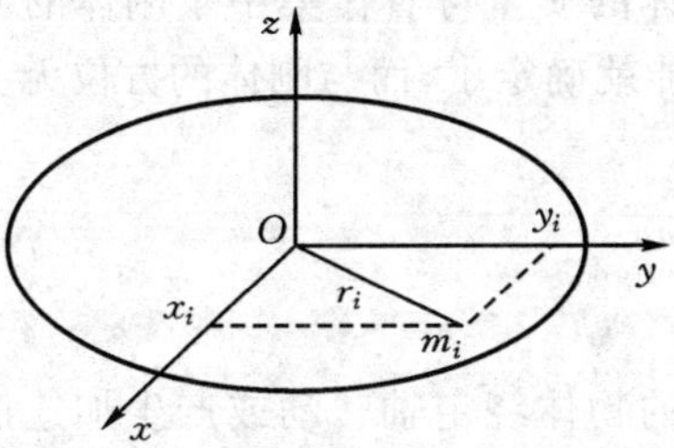

图 3.3　正交轴定理用图

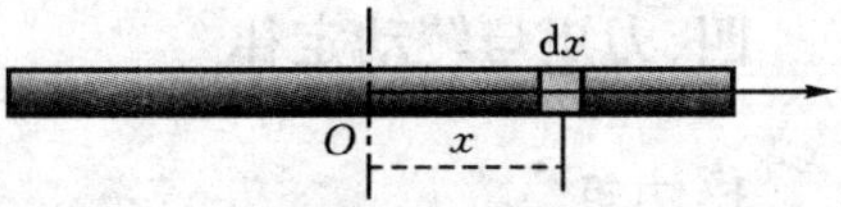

图 3.4　例 3.2 图

例 3.2　试求图 3.4 所示的质量为 m、长为 l 的匀质细棒对通过中心且与棒垂直的轴的转动惯量.

解　设细棒单位长度的质量(线密度)为 λ,则 $\lambda = m/l$.设想将细棒分成许多的小段,与轴的距离为 x、长为 $\mathrm{d}x$ 的微元质量为 $\mathrm{d}m = \lambda \mathrm{d}x$,由转动惯量的定义知

$$J = \int x^2 \mathrm{d}m = \int_{-l/2}^{l/2} \lambda x^2 \mathrm{d}x = \frac{1}{12} ml^2$$

若将轴移到左端,则　$J' = \frac{1}{3} ml^2$.

例 3.3　试求质量为 m、半径为 R 的匀质圆盘对过它边缘上一点且垂直于盘面的轴的转动惯量.

解　质量为 m、半径为 R 的匀质圆盘对过中心且垂直于盘面的轴的转动惯量为 $J_0 = \frac{1}{2} mR^2$.

根据平行轴定理有 $J=\frac{1}{2}mR^2+mR^2=\frac{3}{2}mR^2$.

三、刚体的重力势能

构成刚体的所有质点与地球组成的物体组的重力势能之和，称为刚体的重力势能.设第 i 个质元的质量为 Δm_i，其 z 坐标为 z_i，设 XOY 平面为参照水平面，则 z_i 即为该质元的高度，它和地球组成的物体组的重力势能为 $\Delta m_i g z_i$，刚体的重力势能为

$$E_p=\sum \Delta m_i g z_i=\left(\sum \Delta m_i z_i\right)g$$

设刚体质心 c 的坐标为 z_c. 由前面质心问题的讨论可知

$$z_c=\frac{\sum \Delta m_i z_i}{m} \qquad 即 \qquad \sum \Delta m_i z_i=mz_c$$

所以有
$$E_p=mgz_c \tag{3.14}$$

上式表明，在计算刚体的重力势能时，刚体的质量可看作集中于刚体的质心. 因此，只要确定了刚体的质心位置，其重力势能就确定了，而与刚体的方位无关.

四、力矩与转动定律

1. 力矩

在开门和关窗时，我们都知道，要使静止的物体绕定轴转动或产生加速度，必须给它一个作用力，但如果所施加的力的作用线通过转轴，或者虽不通过转轴但与转轴平行，那么，不管力有多大，也不能产生角加速度，说明施力不一定就能产生角加速度. 这显然与平动不同. 为了反映产生角加速度这一客观作用，引入力矩这一物理量.

如图 3.5 所示，设刚性轻杆所受外力 $\boldsymbol{F}$ 在垂直于转轴(转轴面向读者)的平面内，从转轴到力的作用线的垂直距离 d 为力对转轴的力臂. 则力的大小 F 和力臂 d 的乘积叫力对转轴的**力矩**，用 M 表示，则

$$M=Fd=F(r\sin\theta) \tag{3.15}$$

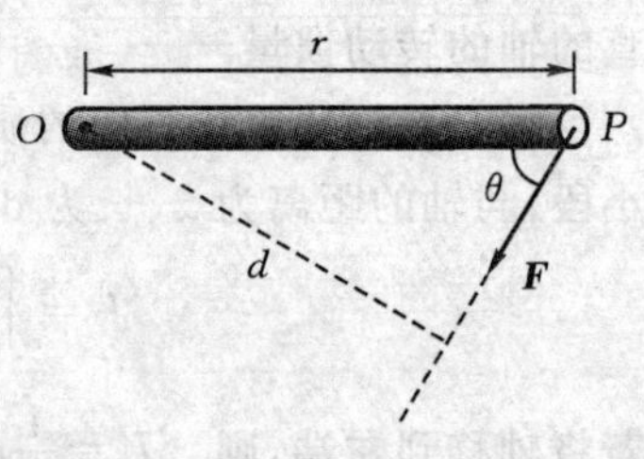

图 3.5 力矩

也可以认为是将 $\boldsymbol{F}$ 分解为垂直于 OP 的 $F_1=F\sin\theta$ 和平行于 OP 的 $F_2=F\cos\theta$ 两部分. 由于 F_2 通过转轴对转动不起作用，所以

$$M=(F\sin\theta)r$$

力矩是矢量，不仅有大小，而且有方向. 大小可由上式计算，方向与上章讨论的

质点角动量中力矩方向判断方法相同. 其矢量形式为

$$\boldsymbol{M} = \boldsymbol{r} \times \boldsymbol{F} \tag{3.16}$$

2. 转动定律

讨论质点运动时,根据牛顿第二定律知,当质点所受的合外力大于零时,质点将获得加速运动;对于刚体,由前面讨论可知,在外力矩的作用下获得角加速度,那么外力矩与角加速度之间服从怎样的规律?

下面先以一质点为研究对象进行讨论. 设有质量为 m 的质点与刚性轻杆相连,杆与转轴相连且垂直,现在对此质点作用一个大小为 $\boldsymbol{F}_\tau$ 的切向力,如图 3.6 所示,则质点在此力作用下作圆周运动. 根据牛顿第二定律有

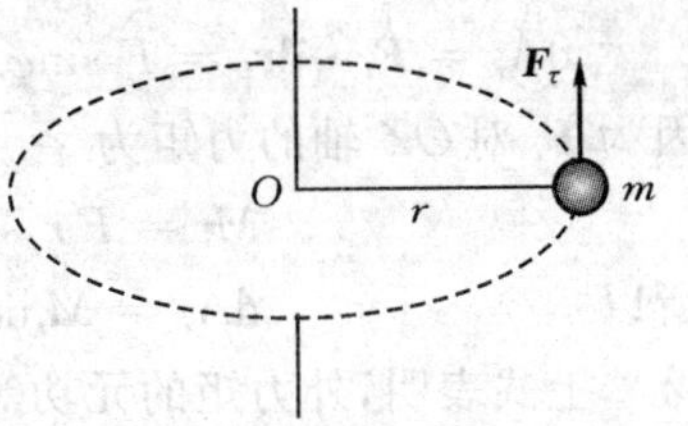

图 3.6　转动定律推导

$$F_\tau = ma_\tau = mr\beta \quad (a_\tau = r\beta)$$

力 F_τ 对转轴 O 的力矩为

$$M = F_\tau r = mr^2\beta$$

而对于任意的刚体,可认为是由无穷个质点组成. 设第 i 个质点的质量为 Δm_i,它到转轴的距离为 r_i. 则第 i 个质点所受的合外力矩为

$$M_i = (\Delta m_i r_i^2)\beta$$

对于作定轴转动的刚体,它的力矩只有两个方向,所以可求代数和

$$M = \sum M_i = (\sum \Delta m_i r_i^2)\beta = J\beta \tag{3.17a}$$

由于角加速度是矢量,转动惯量 J 是标量,所以力矩的方向与角加速度方向相同,因此其矢量式为

$$\boldsymbol{M} = J\boldsymbol{\beta} \tag{3.17b}$$

上式表明,作定轴转动的刚体所受的合外力矩等于刚体对该转轴的转动惯量与刚体在此合外力矩作用下所获得的角加速度的乘积. 此即为刚体定轴转动的**转动定律**.

刚体的转动定律在刚体转动中很重要. 把转动定律 $\boldsymbol{M}=J\boldsymbol{\beta}$ 与牛顿第二定律 $\boldsymbol{F}=m\boldsymbol{a}$ 比较可知,合外力矩 $\boldsymbol{M}$ 与合外力 $\boldsymbol{F}$ 对应;刚体的转动惯量 J 与质点的质量 m 对应. 因此,转动定律可以看成是刚体定轴转动时的牛顿定律,它反映了力矩对定轴转动刚体的瞬时作用规律,它是刚体动力学的基本规律.

五、力矩的功与动能定理

1. 力矩的功

在质点运动中,当外力作用于一质点上使它发生位移时,外力在做功. 在刚体

绕定轴转动的情况下，外力矩使刚体中的每一质元都作圆周运动，转过一定的角位移，我们就说外力矩对刚体做了功.

如图 3.7 所示，刚体绕 OZ 轴转动. 设外力 $\boldsymbol{F}_i$ 作用于 A 点处. 经 $\mathrm{d}t$ 时间后，A 沿半径为 r_i 的圆周移动了微小的圆弧 $\mathrm{d}s_i$，相应的角位移为 $\mathrm{d}\theta$，则有

$$\mathrm{d}s_i = r_i \mathrm{d}\theta$$

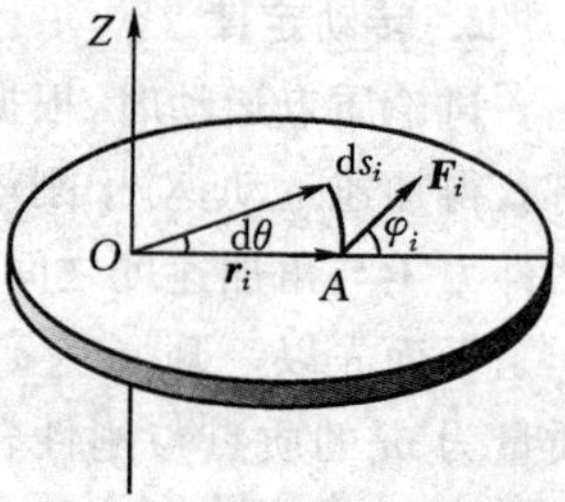

图 3.7　力矩的功

根据功的定义，外力 $\boldsymbol{F}_i$ 所做的元功为

$$\mathrm{d}A_i = \boldsymbol{F}_i \cdot \mathrm{d}\boldsymbol{r}_i = F_i \sin\varphi_i \mathrm{d}s_i = F_i \sin\varphi_i r_i \mathrm{d}\theta$$

因为 $\boldsymbol{F}_i$ 对 OZ 轴的力矩为

$$M_i = F_i r_i \sin\varphi_i$$

所以

$$\mathrm{d}A_i = M_i \mathrm{d}\theta$$

上式表明，外力矩的元功等于力矩与角位移的乘积. 因此，对于定轴转动的刚体，外力的功与力矩有关.

当刚体在外力矩作用下，从角位置 θ_0 转到角位置 θ 时，力矩对刚体所做的总功为

$$A = \int \mathrm{d}A = \int_{\theta_0}^{\theta} M \mathrm{d}\theta \tag{3.18}$$

由此可见，当刚体转动时，外力矩所做的总功等于外力对转轴的合力矩对角位移的积分. 式(3.18)是力矩对刚体做功的一般表达式. 力矩所做的功并不是新的概念，本质上仍然是力的功，只是在刚体转动的特殊情况下可表示为力矩对角位移的积分而已.

当力矩为常量时，力矩的功为

$$A = M\int_{\theta_0}^{\theta} \mathrm{d}\theta = M(\theta - \theta_0)$$

因此，恒力矩的功等于力矩与角位移的乘积.

对于内力矩的功也应有同样的形式，但由于刚体对转轴的合内力矩为零，内力矩的总功也为零. 因此只考虑刚体所受的合外力矩的功.

力矩的功率　与讨论质点做功类似，力矩的功率为单位时间内力矩所做的功，用 P 表示. 设刚体在恒力矩作用下绕定轴转动，在 $\mathrm{d}t$ 时间内转过角位移为 $\mathrm{d}\theta$，则根据功率的定义式有

$$P = \frac{\mathrm{d}A}{\mathrm{d}t} = \frac{M\mathrm{d}\theta}{\mathrm{d}t} = M\omega \tag{3.19}$$

即力矩的瞬时功率等于力矩与角速度的乘积. 当力矩与角速度同向时，力矩的功和功率为正值；当力矩与角速度方向相反时，力矩的功和功率为负值，称此力矩为阻力矩.

2. 动能定理

对质点来说，外力的功等于质点动能的增量.这是质点的动能定理.那么外力矩的功与刚体的转动动能有什么关系？这就是绕定轴转动的刚体的动能定理所要讨论的内容.对于绕定轴转动的刚体，在外力矩作用下，就要产生角加速度 β，从而引起角速度 ω 的大小的变化，使刚体的转动动能发生改变.由转动定律

$$\boldsymbol{M}=J\boldsymbol{\beta}\quad \text{即}\ M=J\beta$$

再利用 $\beta=\frac{\mathrm{d}\omega}{\mathrm{d}t}=\frac{\mathrm{d}\omega}{\mathrm{d}\theta}\frac{\mathrm{d}\theta}{\mathrm{d}t}=\omega\frac{\mathrm{d}\omega}{\mathrm{d}\theta}$得

$$M=J\omega\frac{\mathrm{d}\omega}{\mathrm{d}\theta}$$

于是有

$$M\mathrm{d}\theta=J\omega\mathrm{d}\omega=\mathrm{d}(\frac{1}{2}J\omega^2)\tag{3.20}$$

此式为刚体动能定理的微分表达式.假设在外力矩 $\boldsymbol{M}$ 作用下，刚体的角速度由 ω_0 变化到 ω，对式(3.20)积分就可得到在这段时间内合外力矩对刚体所做的功与其动能之间的关系为

$$A=\int M\mathrm{d}\theta=\int_{\omega_0}^{\omega}\mathrm{d}\left(\frac{1}{2}J\omega^2\right)=\frac{1}{2}J\omega^2-\frac{1}{2}J\omega_0^2$$

故有

$$A=\frac{1}{2}J\omega^2-\frac{1}{2}J\omega_0^2=\Delta E_{\mathrm{k}}\tag{3.21}$$

此式表明，合外力矩对定轴转动的刚体所做的功等于刚体转动动能的增量.此式称为刚体定轴转动的**动能定理**.

式(3.21)是力矩对空间的积累效应的结果，反映了外力矩对定轴转动刚体做功这一过程量与转动动能这一状态量之间的关系，从而为某些问题的求解带来了方便.但要注意，此式只对定轴转动的刚体适用，非刚体不再适用，因为非刚体内力矩的功不一定为零.

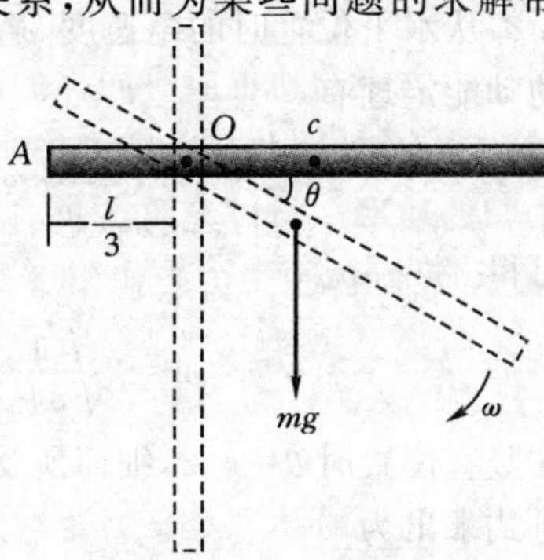

图 3.8　例 3.4 图

例 3.4　一根质量为 m，长为 l 的匀质棒 AB，如图 3.8 所示，棒可绕一水平的光滑转轴 O 在竖直平面内转动，O 轴离 A 端的距离为 $l/3$，今使棒从静止开始由水平位置绕 O 轴转动，求：

(1) 棒在水平位置（启动时）的角速度和角加速度.

(2) 棒转到竖直位置时的角速度和角加速度.

(3) 棒在竖直位置时,棒的两端和中点的速度和加速度.

解 先确定细棒 AB 对 O 轴的转动惯量 J_0,由于轴 O 与质心轴 c 的距离为 $d=l/2-l/3=l/6$,由平行轴定理得

$$J_0 = J_c + md^2 = \frac{1}{12}ml^2 + m\left(\frac{l}{6}\right)^2 = \frac{1}{9}ml^2$$

再对细棒 AB 进行受力分析:重力作用在棒中心(重心),方向竖直向下,重力的力矩是变力矩,大小等于 $mg\,\frac{l}{6}\cos\theta$,其中 θ 是棒的 B 端从水平位置下转的角度;轴与棒之间没有摩擦力,轴对棒作用的支撑力垂直于棒与轴的接触面而且通过 O 点,在棒的转动过程中,这力的方向和大小将是随时间改变的,但对轴的力矩等于零.

(1) 当棒在水平位置(刚启动)时,角速度 $\omega_0=0$. 此时 $\theta=0$,所受重力矩(合外力矩)$M=mg\,\frac{l}{6}$,由转动定律求得此时的角加速度为

$$\beta_0 = \frac{M}{J_0} = \frac{mg\,\frac{l}{6}}{\frac{1}{9}ml^2} = \frac{3g}{2l}$$

(2) 当棒从 θ 转到 $\theta+\mathrm{d}\theta$ 时,重力矩 $mg\,\frac{l}{6}\cos\theta$ 所做的元功为

$$\mathrm{d}A = \frac{1}{6}mgl\cos\theta\mathrm{d}\theta$$

棒从水平位置转到任意位置 θ 的过程中,合外力矩 M 所做总功为

$$A = \int\mathrm{d}A = \int_0^\theta \frac{1}{6}mgl\cos\theta\mathrm{d}\theta = \frac{1}{6}mgl\sin\theta$$

而棒从水平位置时的角速度 $\omega_0=0$,转到位置 θ 时的角速度为 ω,由定轴转动刚体的动能定理有

$$\frac{1}{6}mgl\sin\theta = \frac{1}{2}J_0\omega^2$$

由此可得

$$\omega = \sqrt{\frac{1}{3J_0}mgl\sin\theta} = \sqrt{\frac{3}{l}g\sin\theta}$$

在竖直位置时 $\theta=\pi/2$,细棒所受重力矩为零,此时的角加速度为 $\beta=0$,而角速度由上式求出为

$$\omega = \sqrt{\frac{3}{l}g\sin\theta} = \sqrt{\frac{3}{l}g}$$

(3) 在竖直位置下($\theta=\pi/2$)时,棒的 A、B 点和中点 c 的速度,加速度分别计算如下

$$v_c=\omega r_c=\omega\left(\frac{l}{2}-\frac{l}{3}\right)=\frac{l}{6}\sqrt{\frac{3}{l}g}=\frac{\sqrt{3gl}}{6}\text{(方向向左)}$$

$$v_A=\omega r_A=\omega\frac{l}{3}=\frac{l}{3}\sqrt{\frac{3}{l}g}=\frac{\sqrt{3gl}}{3}\text{(方向向右)}$$

$$v_B=\omega r_B=\omega\left(l-\frac{l}{3}\right)=\frac{2\sqrt{3gl}}{3}\text{(方向向左)}$$

由于 $\beta=0$,切向加速度 $a_\tau=\beta r=0$. 因此其各点的加速度均指向 O 点. 分别为

$$a_A=\omega^2 r_A=\frac{l}{3}\frac{3}{l}g=g$$

$$a_B=\omega^2 r_B=\frac{2l}{3}\frac{3}{l}g=2g$$

$$a_c=\omega^2 r_c=\frac{l}{6}\frac{3}{l}g=\frac{g}{2}$$

§3.3　定轴转动刚体的角动量守恒

在质点力学的讨论中,我们知道力作用于质点有时间积累效应和空间积累效应,而力的时间积累效应表现为力具有冲量,此冲量可使质点的动量发生变化;力的空间积累效应则为力对质点所做的功. 当力作用于定轴转动的刚体上时,力的两种效应将表现为力矩的两种效应,力矩的空间积累效应亦表现为力矩的功,而力矩的时间积累效应则为本节要讨论的内容.

一、角动量(动量矩)

刚体定轴转动时,刚体上所有质元都在转动平面上作圆周运动. 刚体上各个质元对轴的角动量的方向都相同,垂直于转动平面并沿转轴的方向. 因此,定轴转动刚体的角动量大小等于刚体中各个质元角动量大小的总和. 设刚体中某一质元的质量为 Δm_i,它到转轴的距离为 r_i,则该质元的角动量为

$$L_i=r_i\Delta m_i v_i=\Delta m_i r_i^2\omega$$

把刚体中所有质元的角动量相加,则得到刚体转动的角动量

$$\boldsymbol{L}=\sum\boldsymbol{L}_i=\left(\sum\Delta m_i r_i^2\right)\boldsymbol{\omega}=J\boldsymbol{\omega}\tag{3.22}$$

由上式可知,刚体绕定轴转动的角动量等于刚体对该转轴的转动惯量与角速度的乘积.

由于角速度是矢量，所以刚体的角动量也是矢量，它的方向与角速度的方向相同.

在国际单位制中，角动量的单位为千克·米²/秒（$\mathrm{kg\cdot m^2 s^{-1}}$），量纲为 $\mathrm{ML^2T^{-1}}$.

同理可定义在 $\mathrm{d}t$ 时间内刚体对转轴的元冲量矩为 $\boldsymbol{M}\cdot\mathrm{d}t$，那么在 t_1 到 t_2 时间内的冲量矩变为 $\int_{t_1}^{t_2}\boldsymbol{M}\mathrm{d}t$. 冲量矩也是矢量，其方向与力矩的方向相同.

在国际单位制中，冲量矩的单位为牛·米·秒（$\mathrm{N\cdot m\cdot s}$），量纲为 $\mathrm{ML^2T^{-1}}$. 可见冲量矩和动量矩的量纲相同，它们之间必有某种关系，下面讨论它们之间的关系.

二、动量矩定理

在刚体绕定轴转动中，若转动惯量为恒量，则刚体的转动定律 $\boldsymbol{M}=J\boldsymbol{\beta}$ 可以写成

$$\boldsymbol{M}=J\boldsymbol{\beta}=J\frac{\mathrm{d}\boldsymbol{\omega}}{\mathrm{d}t}=\frac{\mathrm{d}(J\boldsymbol{\omega})}{\mathrm{d}t}=\frac{\mathrm{d}\boldsymbol{L}}{\mathrm{d}t} \tag{3.23}$$

这样，刚体转动定律用动量矩可表述为：定轴转动物体的动量矩的时间变化率等于物体所受的合外力矩. 式(3.23)表示的转动定律比 $\boldsymbol{M}=J\boldsymbol{\beta}$ 具有广泛的适用性，它既适用于刚体. 又适用于一般物体，即也适用于质点间距离不恒定，转动惯量可变化的物体.

将式(3.23)变形后得 $\boldsymbol{M}\mathrm{d}t=\mathrm{d}\boldsymbol{L}$

当刚体的角速度从 t_1 时刻的 $\boldsymbol{\omega}_1$ 变为 t_2 时刻的 $\boldsymbol{\omega}_2$ 时对上式积分得：

(1) 对转动惯量不变化的物体

$$\int_{t_1}^{t_2}\boldsymbol{M}\mathrm{d}t=\int_{\omega_1}^{\omega_2}\mathrm{d}(J\boldsymbol{\omega})=J\boldsymbol{\omega}_2-J\boldsymbol{\omega}_1 \tag{3.24a}$$

(2) 对转动惯量变化的物体

$$\int_{t_1}^{t_2}\boldsymbol{M}\mathrm{d}t=\int_{L_0}^{L}\mathrm{d}(\boldsymbol{L})=\boldsymbol{L}-\boldsymbol{L}_0=J\boldsymbol{\omega}-J_0\boldsymbol{\omega}_0 \tag{3.24b}$$

式(3.24a)、(3.24b)说明，转动物体(刚体)所受合外力矩的冲量矩等于相应时间内转动物体动量矩的增量. 这一关系称为**动量矩(角动量)定理**. 此定理给出了冲量矩这一过程量与动量矩这一状态量之间的关系. 它是力矩对时间的积累效应.

三、动量矩守恒定律

如果刚体所受合外力矩 $\boldsymbol{M}=0$，由式(3.23)可得

$$\frac{\mathrm{d}\boldsymbol{L}}{\mathrm{d}t}=\frac{\mathrm{d}(J\boldsymbol{\omega})}{\mathrm{d}t}=0$$

所以

$$\boldsymbol{L} = J\boldsymbol{\omega} = \text{恒矢量} \tag{3.25}$$

即当物体所受合外力矩为零时，物体的动量矩 $J\boldsymbol{\omega}$ 保持不变，称为**动量矩守恒定律或角动量守恒定律**.

对于定轴转动，若取逆时针方向为正，瞬时针方向为负，式(3.23)、(3.24)、(3.25)都可用代数量表示.

在日常生活中，动量矩守恒的例子很多. 例如：

(1) 对于单个刚体，如果转动惯量为常数，在外力矩为零的条件下，角速度将保持不变. 如磨削用的砂轮，在切断电源后，由于阻力矩很小，还可以旋转很长的时间. 如果考虑其间一小段时间，可以认为外力矩为零，故角速度恒定，刚体靠惯性作匀角速度转动.

(2) 对于转动惯量可变的力学系统. 在外力矩为零的条件下，转动惯量减小，角速度增加；反之，转动惯量增加，角速度减小. 如舞蹈演员、溜冰运动员在作旋转动作时，往往出现两臂张开旋转，然后迅速把两臂收回靠拢身体，使自己的转动惯量迅速减小，从而使转速加快. 停止时，又把两臂和腿伸开，使转动惯量增加，以降低转速，运动员就可以平稳地停下来.

(3) 当转动物体由几个刚体组成时，若整个系统所受合外力矩为零，则系统的动量矩守恒，即有

$$J_1\omega_1 + J_2\omega_2 + J_3\omega_3 + \cdots = \text{恒量}$$

在工程上，两飞轮常用摩擦齿合器使它们以相同的转速一起转动，如图 3.9 所示，A、B 为两个飞轮，C 为齿合器，开始时，两飞轮分别以恒定的角速度 ω_A 和 ω_B 转动，在齿合过程中，系统受轴向正压力和齿合器间的切向摩擦力，前者对转轴的

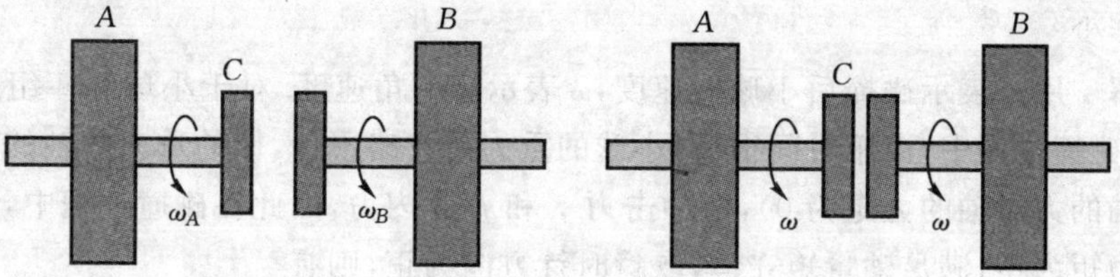

图 3.9 摩擦齿合装置

力矩为零，后者为内力，系统不受外力矩作用，所以系统的动量矩守恒，有

$$J_A\omega_A + J_B\omega_B = (J_A + J_B)\omega$$

两飞轮齿合后共同转动的角速度为

$$\omega = \frac{J_A\omega_A + J_B\omega_B}{J_A + J_B}$$

通过以上讨论,现将质点的直线运动(刚体的平动)与刚体的定轴转动的对应关系式列于表 3.1 中,跟质点力学相对照,以帮助我们对刚体转动的理解.

表 3.1 质点的直线运动与刚体的定轴转动的对应关系式

质点		刚体	
质量	m	转动惯量	$J=\int_V r^2\,\mathrm{d}m$
第二定律	$\boldsymbol{F}=m\boldsymbol{a}$	转动定律	$\boldsymbol{M}=J\boldsymbol{\beta}$
力的功	$A=\int_0^s \boldsymbol{F}\cdot\mathrm{d}\boldsymbol{s}$	力矩的功	$A=\int_{\theta_1}^{\theta_2} M\mathrm{d}\theta$
动能	$\frac{1}{2}mv^2$	转动动能	$\frac{1}{2}J\omega^2$
动能定理	$A=\frac{1}{2}mv_2^2-\frac{1}{2}mv_1^2$	动能定理	$A=\frac{1}{2}J\omega_2^2-\frac{1}{2}J\omega_1^2$
功率	$\boldsymbol{F}\cdot\boldsymbol{v}$	功率	$M\omega$
动量	$m\boldsymbol{v}$	角动量	$J\boldsymbol{\omega}$
冲量	$\int_{t_1}^{t_2}\boldsymbol{F}\mathrm{d}t$	冲量矩	$\int_{t_1}^{t_2}\boldsymbol{M}\mathrm{d}t$
动量定理	$\int_{t_1}^{t_2}\boldsymbol{F}\mathrm{d}t=m\boldsymbol{v}_2-m\boldsymbol{v}_1$	角动量定理	$\int_{t_1}^{t_2}\boldsymbol{M}\mathrm{d}t=J\boldsymbol{\omega}_2-J\boldsymbol{\omega}_1$

例 3.5 一根质量为 m,长为 $2l$ 的均匀细棒,可以在竖直平面内绕通过其中心的水平轴转动.开始时细棒在水平位置.一质量为 m_1 的小球以速度 u 垂直落到棒的端点.设小球与棒作完全弹性碰撞.求碰撞后小球的回跳速度以及棒的角速度各等于多少?

解 用 v 表示碰撞后小球的速度,ω 表示棒的角速度.对于小球和棒组成的系统,在碰撞过程中,由于时间很短,小球的重力可忽略不计,棒的重力对轴的力矩为0(过轴的力对轴的力矩为 0),而冲击力 f 和 f' 为内力,因此在碰撞过程中,系统的合外力矩为零,满足动量矩守恒,取瞬时针方向为正,则有

$$m_1ul=J\omega-m_1vl$$

即有

$$m_1(u+v)l=J\omega$$

又因为碰撞是完全弹性的,满足机械能守恒.则有

$$\frac{1}{2}m_1u^2=\frac{1}{2}m_1v^2+\frac{1}{2}J\omega^2$$

其中细棒的转动惯量 $J=\frac{1}{12}(2l)^2=\frac{1}{3}ml^2$ 代入上两式,并联立求解可得

$$v=\frac{u(m-3m_1)}{(m+3m_1)},\quad \omega=\frac{6m_1u}{(m+3m_1)l}$$

§3.4　刚体的自由度

确定一个物体的空间位置所需要的独立坐标数,称为这个物体的**自由度**.

在空间自由运动质点的位置需要三个独立坐标(如 x、y、z)来确定其位置,因此,具有三个自由度;限制在平面或曲面上运动的质点,需要两个独立的坐标,例如 x、y,或 r、θ,确定其位置,因此具有两个自由度;限制在直线或曲线上运动的质点,只需一个坐标确定其位置,因此具有一个自由度.如果将飞机、轮船、火车都看成质点,那么,它们分别具有三个、两个和一个自由度.

对于一个可以在空间自由运动的刚体,具有几个自由度呢?通常可将刚体的一般运动分解为刚体中任意一点 C(例如质心)的平动和绕 C 点的转动.确定 C 点的位置需要三个独立坐标,为确定绕 C 点的转动,除需要确定通过 C 点的任一转轴的三个方位角,例如 α、β、γ,还需确定刚体绕转轴转过的角度,如图 3.10 所示,由于三个方位角中只有两个是独立的,因此自由刚体具有 6 个自由度.当刚体的运动受到某种限制时,其自由度数将减少,例如沿直线滚动的车轮具有两个自由度(由于沿直线运动,质心需要一个自由度 x,另一个为绕转轴转过的角度 φ),见图 3.11(a),绕固定轴转动的刚体具有一个自由度,见图 3.11(b).完整地描述一个物体的运动所涉及到的坐标数不可能少于该物体的自由度数.通过对一个物体自由度的分析,有助于对该物体运动的描述.

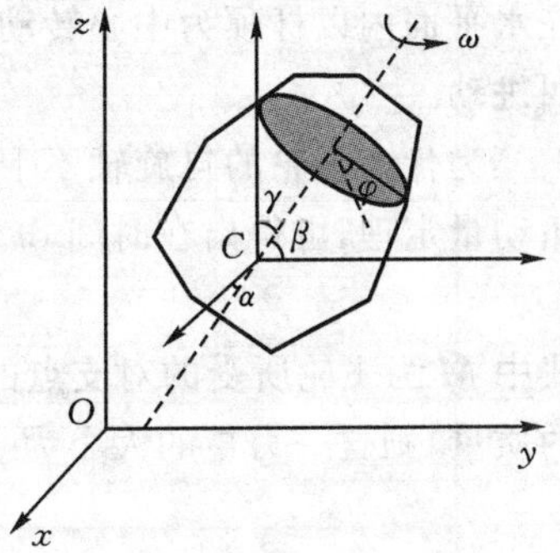

图 3.10　自由度

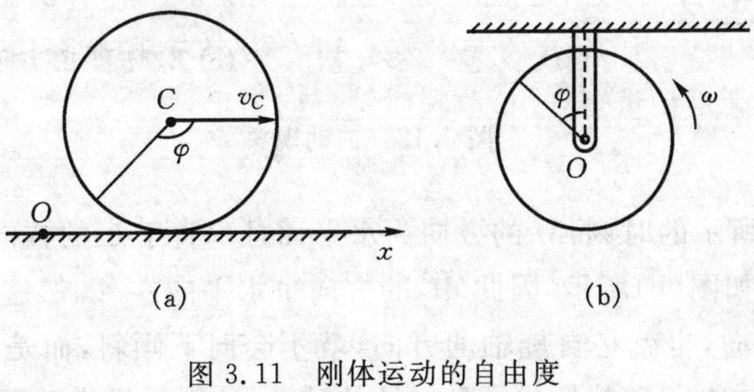

图 3.11　刚体运动的自由度

自由度概念不仅在力学中有重要的应用，而且在固体物理、分子物理等分支领域以及一些工程技术学科中也都有重要的应用.

* §3.5 刚体的进动和平面平行运动

一、刚体的进动

本节介绍一种刚体的转动轴不固定的情况，如图 3.12 所示，一个飞轮(实验室中常用一个自行车轮)的轴一端做成球形，放在一根固定竖直杆顶上的凹槽内. 先使轴保持水平，如果这时松手当然要下落. 如果使飞轮高速地绕自己的对称轴旋转起来(这种旋转叫自旋)，当松手后，则出乎意料地发现，飞轮并不下落，但它的轴会在水平面内以杆顶为中心转动起来. 这种高速自旋的物体的轴在空间转动的现象叫**进动**.

为什么飞轮的自旋轴不下落而转动呢？这可以用角动量定理加以解释. 根据角动量定理，可得出在时间 $\mathrm{d}t$ 内飞轮对支点的自旋角动量矢量 $\boldsymbol{L}$ 的增量为

$$\mathrm{d}\boldsymbol{L} = \boldsymbol{M}\mathrm{d}t$$

式中 $\boldsymbol{M}$ 为飞轮所受的对支点的外力矩. 在飞轮轴为水平的情况下，以 m 表示飞轮的质量，则这一力矩的大小为

$$M = rmg$$

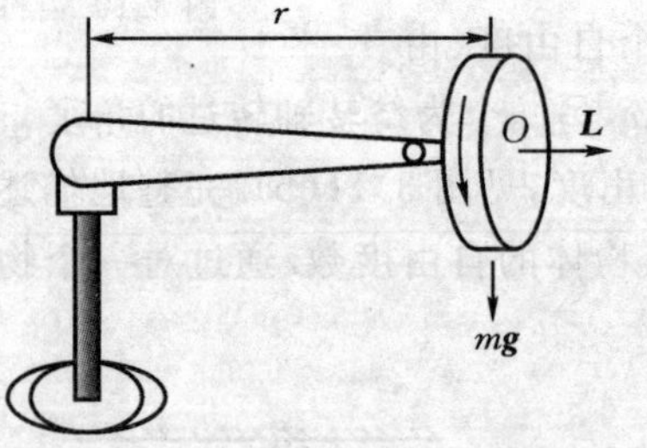

(a)

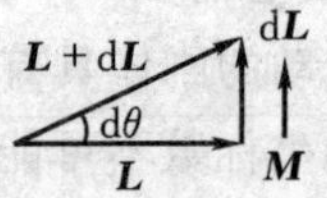

(b) L，M 和 $\mathrm{d}L$ 方向关系

图 3.12 进动现象

在图 3.12 所示的时刻，$\boldsymbol{M}$ 的方向为水平而且垂直于 $\boldsymbol{L}$ 的方向，顺着方向 $\boldsymbol{L}$ 看去指向 $\boldsymbol{L}$ 左侧，如图(b)所示. 因此 $\mathrm{d}\boldsymbol{L}$ 的方向也水平向左. 既然这增量是水平方向的，所以 $\boldsymbol{L}$ 的方向，也就是自旋轴的方向，就不会向下倾斜，而是要水平向左偏转了. 继续不断地向左偏转就形成了自旋轴的转动. 这就是说进动现象正是自旋的物体在外力矩的作用下沿外力矩方向改变其角动量矢量的结果.

在图 3.12(a)中，由于飞轮所受的力矩的大小不变，方向总是水平地垂直于 $\boldsymbol{L}$，所以进动是匀速的. 从图 3.12(b)可以看出，在时间 $\mathrm{d}t$ 内自旋轴转过的角度为

$$\mathrm{d}\theta = \frac{|\mathrm{d}\boldsymbol{L}|}{L} = \frac{M\mathrm{d}t}{L}$$

而相应的角速度，叫**进动角速度**，其值为

$$\omega_{\mathrm{p}} = \frac{\mathrm{d}\theta}{\mathrm{d}t} = \frac{M}{L} = \frac{M}{J\omega} \tag{3.26}$$

进动现象在实践中有广泛的应用. 例如，飞行中的子弹或炮弹，将受到空气阻力的作用，阻力的方向是逆着弹道的，而且一般又不作用在子弹或炮弹的质心上，这样阻力对质心的力矩就可能使弹头翻转. 为了保证弹头着地而不翻转，常利用枪堂或炮筒中来复线的作用，使子弹或炮弹绕自己的对称轴迅速旋转. 由于回转效应，空气阻力的力矩使子弹或炮弹的自转轴绕弹道方向进动，这样，子弹或炮弹的自转轴就将与弹道方向始终保持不太大的偏转，从而避免翻转的可能.

但是，任何事物都是一分为二的，回转效应有时也引起有害的作用. 例如，在轮船转弯时，由于回转效应，涡轮机的轴承将受到附加的力，这在设计和使用中是必须考虑的.

二、刚体平面平行运动

1. 刚体平面运动的基本动力学方程

当刚体运动时，其中各点始终和某一平面保持一定的距离，这就是刚体的平面平行运动. 刚体的平面平行运动的自由度有三个(两个平动自由度和一个转动自由度). 在运动学中，可将刚体平面运动视做随任意选定的基点的平动和绕基点轴的转动. 讨论动力学问题时，这基点选在质心上，以便应用质心运动定理和对质心的角动量定理.

在惯性系中建立直角坐标系 $O\text{-}xyz$，Oxy 坐标平面与讨论刚体平面运动时提到的固定平面平行. 又选择刚体质心为坐标原点，建立质心坐标系 $C\text{-}x'y'z'$，二坐标系对应的坐标轴始终两两平行. 一般说来，质心作变速运动，故质心系为平动的非惯性系. 如图 3.13 所示，两坐标系的 z 和 z' 轴均与纸面垂直且指向读者.

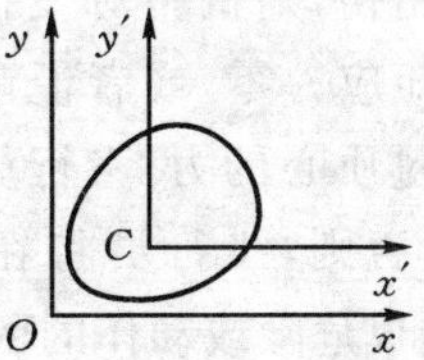

图 3.13　惯性系 $O\text{-}xyz$ 和质心参考系 $C\text{-}x'y'z'$

首先，在 O 系中对刚体应用质心运动定理

$$\sum \boldsymbol{F}_i = m\boldsymbol{a}_C \tag{3.27a}$$

m 为刚体的质量. 设作用于刚体的力均在 Oxy 坐标平面内，得投影式

$$\sum F_{ix} = ma_{cx}, \quad \sum F_{iy} = ma_{cy} \tag{3.27b}$$

刚体绕着通过质心并垂直于固定平面的转轴的转动，可证明定轴转动的转动定律也适用，即

$$M_c = J_c\beta \tag{3.28}$$

式中 M_c、J_c 和 β 分别是刚体所受的总力矩、转动惯量和角加速度，它们都是对通过质心并垂直于平面的轴而言的.

式(3.27)给出了刚体随质心平动的动力学方程，式(3.28)是刚体绕质心轴转动的动力学方程. 两者合在一起称刚体平面运动的基本动力学方程.

2. 作用于刚体上的力

根据式(3.27)和(3.28)可得作用于刚体上的力的特征如下.

(1) 作用于刚体上的力的两种效果——滑移矢量

根据式(3.27)，作用刚体之力使质心作加速运动；根据式(3.28)，它对质心轴的力矩使刚体产生角加速度. 因此作用于刚体的力有两种效果. 如图 3.14 所示，将力 f 大小方向不变地沿作用线滑移至 f'，不改变力对刚体上述两方面的效果. 因此，刚体所受的力可沿作用线滑移而不改变其效果，即作用于刚体的力是滑移矢量. 力有三要素，即大小、方向和作用点. 对于刚体，力固然有其作用点，但力可以滑移，力的作用点不再是决定力的效果的重要因素. 可以说，作用于刚体的力的三要素是大小、方向和作用线.

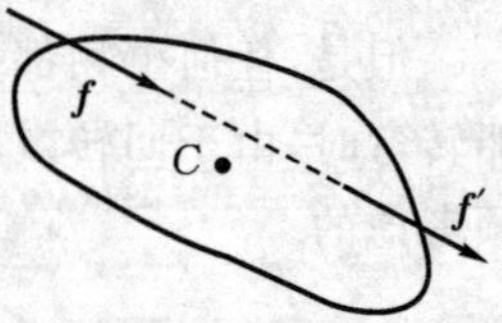

图 3.14　滑移矢量

若力的作用线通过质心，该力对质心轴力矩为零，故该力仅产生质心加速度. 如刚体最初静止，则作用线通过质心的力使刚体产生平动. 歼击机被击伤，则机座对飞行员的弹射力对人质心的合力矩应为零，或者说诸弹射力的总效果为作用线通过质心的力. 飞行员所受诸弹射力如图 3.15 所示. 否则，飞行员将在对质心的力矩下旋转不已，造成危险或动作的困难，宇航员离开空间站在空中行走需要助推小火箭的推力. 该推力亦需过质心. 否则，绕质心无休止的转动足以使它无法工作. 可见，测定和计算质心位置颇有意义，这成为运动生物力学的任务之一.

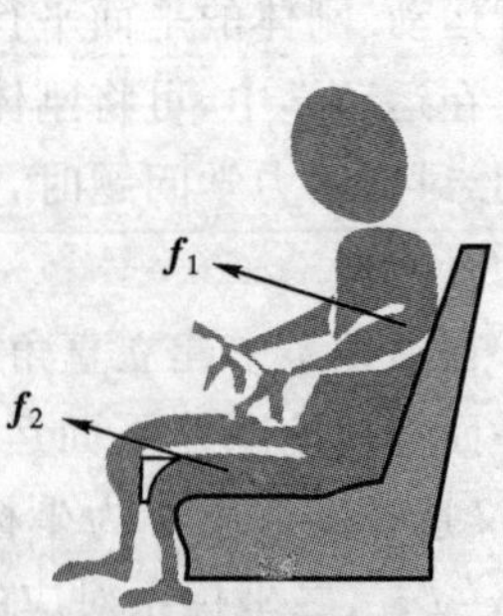

图 3.15　对驾驶员的弹射力应等效于作用线通过质心

(2) 力偶和力偶矩

大小相等方向相反彼此平行的一对力叫做**力偶**. 因其矢量和为零，故对质心运

动无影响. 如图 3.16 所示,二力对质心轴力矩之和的大小为

$$|\boldsymbol{M}_z| = F \cdot \overline{O''C} - F \cdot \overline{O'C} = Fd$$

d 称作力偶的力偶臂. 图 3.16 中二合力矩指向纸内,恰好与二力旋转方向呈右手螺旋. 力矩大小等于力偶中一力与力偶臂的乘积,而方向与力偶中二力成右手螺旋者称作该力偶的力偶矩. 它决定力偶对刚体运动的全部影响,即产生角加速度. 将二力的大小、方向和作用线挪动后,只要不改变力偶矩,且力偶矩方向不变,则与原力偶等效.

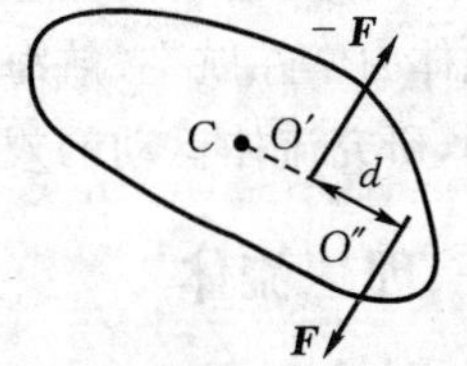

图 3.16　作用于刚体的力偶的作用由力偶矩作出完全的描述

考虑到作用于刚体的力的两种效果和力偶矩的概念,如图 3.17 所示,作用于刚体的力等效于一作用线通过质心的力和一力偶,这力的方向和大小与原力相同,而力偶的力偶矩等于原力对质心轴的力矩. 如设一力沿切线方向作用于静止的滑轮边缘. 其效果之一的力偶使滑轮加速转动,另一效果则为作用于质心的力,它将增加对支座的压力.

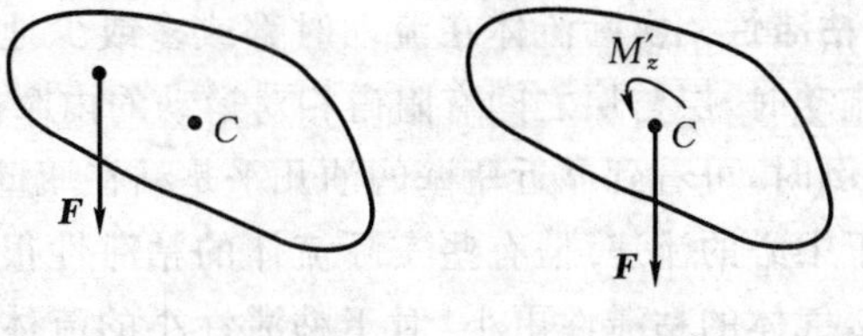

图 3.17　两刚体受力等效图

§3.6　流体的基本概念

前面学习了刚体的运动,刚体是指形状大小不变的物体. 只有固体才可以近似地认为是刚体. 气体和液体都是没有一定形状的,容器的形状就是它们的形状. 固体的分子虽然可以在它们的平衡位置上来回振动或旋转,但活动范围是很小的. 然而气体或液体的分子却可以以整体的形式从一个位置流动到另一个位置,这是它们与固体不同的一个特点,即具有流动性. 由于这种流动性,把气体和液体统称为**流体**. 流体是一种特殊的质点组,它的特殊性主要表现为连续性和流动性. 因而仍可用质点组的规律处理流体的运动情况. 研究静止流体规律的学科称为**流体静力学**,大家熟悉的阿基米德原理、帕斯卡原理等都是它的内容. 研究流体运动的学科

叫**流体动力学**,它的一些基本概念和规律即为本章后几节要介绍的内容.

流体力学在航空、航海、气象、化工、煤气、石油的输运等工程部门中都有广泛的应用,研究流体运动的规律具有重要的意义.

一、理想流体

实际流体的运动是很复杂的.为了抓住问题的主要矛盾,并简化我们的讨论,即对实际流体的性质提出一些限制,然而这些限制条件并不影响问题的主要方面.在此基础上用一个理想化的模型来代替实际流体进行讨论.此理想化的模型即为理想流体.

1. 理想流体

理想流体是不可压缩的 实际流体是可压缩的,但就液体来说,压缩性很小.例如 10℃的水,每增加一个大气压,水体积只减小约二万分之一,这个数值十分微小,可忽略不计,所以液体可看成是不可压缩的.气体虽然比较容易压缩,但对于流动的气体,很小的压强改变就可导致气体的迅速流动,因而压强差不引起密度的显著改变,所以在研究流动的气体问题时,也可以认为气体是不可压缩的.

理想流体没有粘滞性 实际流体在流动时都或多或少地具有粘滞性.所谓粘滞性,就是当流体流动时,层与层之间有阻碍相对运动的内摩擦力(粘滞力).例如,若将瓶中的油向下倒时,可看到靠近瓶壁的油几乎是粘在瓶壁上,靠近中心的油流速最大,其他均小于中心的流速.但有些实际流体的粘滞性很小,例如水和酒精等流体的粘滞性很小,气体的粘滞性更小,对于粘滞性小的流体在小范围内流动时,其粘滞性可以忽略不计.

为了突出流体的主要性质——流动性,在上述条件下忽略它的次要性质——可压缩性和粘滞性,我们得到了一个理想化的模型:不可压缩、没有粘滞性的流体,此流体即为**理想流体**.

2. 稳定流动

流线 流体的流动,可看做组成流体的所有质点的运动的总和,在某一时刻,流过空间任一点(对一定参照系如地球而言)的流体质点都有一个确定的速度矢量,一般情况下,这个速度矢量是随时间改变的.但在任一瞬间,可以在流体中画出这样一些线,使这些线上各点的切线方向与流体质点在这一点的速度方向相同,这些线就叫这一时刻的**流线**.

稳定流动 如果流体中流线上各点的速度都不随时间变化,这样的流动称为**稳定流动**.例如在图3.18中,A、B、C 三点处在同一流线上,虽然三点上质点的速度不同,但这三个速度都不随时间变化.也就是说,任何时刻位于点 A 处质点的速度

总是 $\boldsymbol{v}_A$，位于 B 处质点速度总是 $\boldsymbol{v}_B$，位于点 C 处质点的速度总是 $\boldsymbol{v}_C$，这就是稳定流动. 流体作稳定流动时，流线的形状不会发生变化，流线也就成了流体质点的运动轨迹（只在稳定流动情况下，流线与轨迹重合）. 例如，化工生产中常用管道输运流体物料. 开始时，管内各处的流速都随时间变化，这时物料的流动就不是稳定流动；但在转入正常工作后，管内各处流速随时间变化就不显著了，这时物料的流动就可以看做稳定流动. 又如水龙头流出的细水，水缓慢地流过堤坝等现象，在不太长的时间内都可以看做稳定流动.

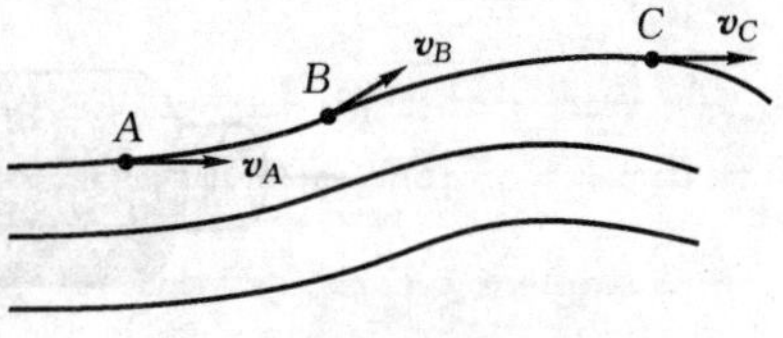

图 3.18　流线

流管　如果在稳定流动的流体中划出一个小截面 S，如图 3.19 所示，并且通过它的周边各点作许多流线，由这些流线所组成的管状体叫**流管**. 流管是为了讨论问题方便所设想的. 因为在稳定流动的流体中一点只能有一个速度，所以流线是不能相交的. 又由于速度矢量相切于流线，所以管内流体不会流出管外，管外流体也不可能流入流管里面，流管确实和真实的管道相似. 我们可以把整个流动的流体看成是由许多流管组成的，只要知道每一个流管中流体的运动规律，就可以知道流体的运动规律.

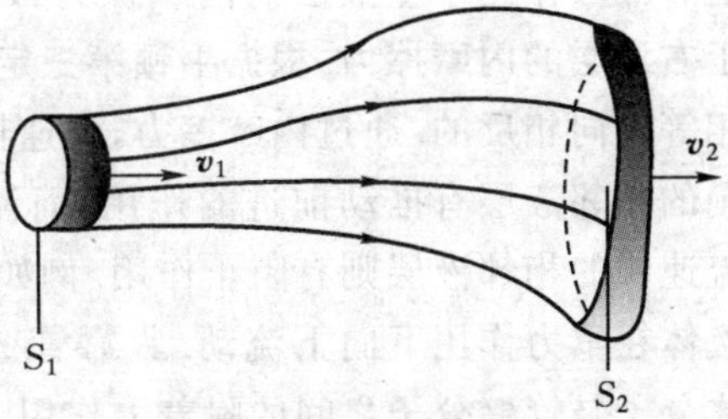

图 3.19　流管

二、实际流体

在前面的讨论中，我们把流体当作理想流体看待. 理想流体是不可压缩，没有粘滞性或粘滞性可忽略的流体. 但是有些液体，例如前面讲过的油类，粘滞性较大，内摩擦阻力就必须考虑，既使粘滞性较小，内摩擦较小，但在长距离流动中，内摩擦力所引起的能量损失也不能忽略. 所以我们还需要研究实际流体.

1. 层流

如果在一支垂直的滴定管中倒入无色甘油，在上面加上一段着色的甘油，然后打开管下端的活塞让甘油流出. 从上面着色甘油的形状变化可以看出，甘油流动的速度并不是完全一致的，愈靠近管壁，液体的速度愈慢，和管壁接触的液粒附着在管壁上，速度为零. 在中央轴线上的液粒速度最大. 这种现象说明管内的液体是分层流动的，称为**层流**. 图 3.20 是层流的示意图.

实际液体作层流时，相邻液层作相对滑动，两层之间存在着切向的相互作用

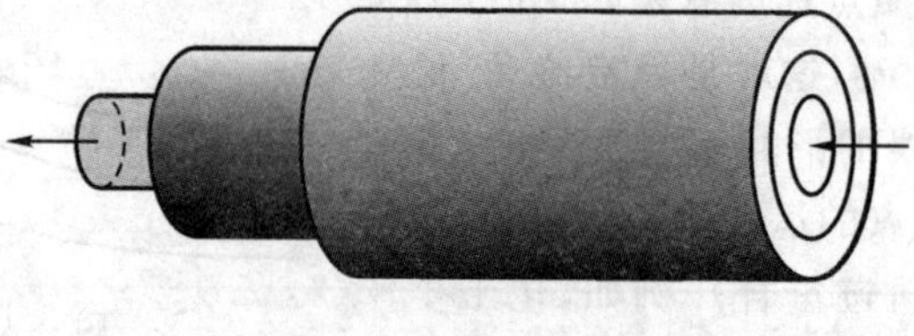

图 3.20 层流示意图

力，称为**内摩擦力**或**粘滞力**. 在图 3.21 中，为了表示得清楚一些，我们把相邻的两个液层画得分开远一点，并假设左边的液层流速 $\boldsymbol{v}$ 比右边的液层流速 $\boldsymbol{v}'$ 要大. $\boldsymbol{F}$ 是右液层作用于左液层的内摩擦力，$\boldsymbol{F}'$ 是左液层作用于右液层的内摩擦力. 根据牛顿第三定律，它们是大小相等方向相反的. 通过内摩擦力，流速快的液层对流速慢的相邻液层有推动前进的作用，而流速慢的液层对流速快的相邻液层则有阻止作用. 例如，在图 3.20 中，液体在重力作用下向下流动. 紧靠管壁的液层由于液体分子与管壁分子之间的附着力作用，流速为零. 这一液层(让我们称它为第一层)通过内摩擦对相邻的液层(即第二层)起阻止作用，但不能完全制止它的流动，与此同时第二层还受到第三层的推动作用，结果第二层相对于第一层有一定的流速. 同样，第三层要受到第二层的阻止作用和第四层的推动作用，流速要比第二层快些. 如此类推，离管壁愈远的液层，流速愈大. 在中心轴的液体，流速最大.

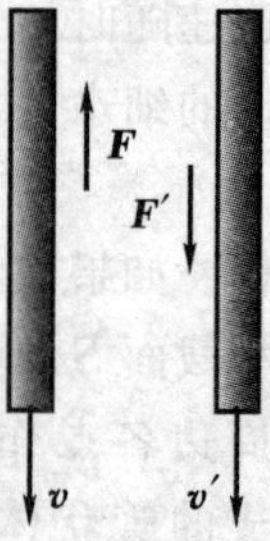

图 3.21 内摩擦力示意图

内摩擦力是由分子间的相互作用力引起的. 液体的内摩擦力比气体大得多. 内摩擦力和温度密切相关. 液体的温度越高，内摩擦力越小，而气体则相反，内摩擦力随温度增加而增加.

2. 粘滞系数

在层流中，内摩擦力的大小与从一层到另一层液体流速变化的快慢程度密切相关. 图 3.22 表示相距 Δx 的两个液层，它们的速度差为 $\Delta \boldsymbol{v}$，比值 $\Delta \boldsymbol{v}/\Delta x$ 的极限 $\frac{\mathrm{d}\boldsymbol{v}}{\mathrm{d}x}$ 表示在 A 点速度沿 x 方向的变化率，称为在 x 方向上的**速度梯度**. 实验证明，内摩擦力 $\boldsymbol{F}$ 的大小是和液层的接触面积 S 以及被考虑地点的速度梯度 $\frac{\mathrm{d}v}{\mathrm{d}x}$ 成正比的，即

$$F = \eta S \frac{\mathrm{d}\boldsymbol{v}}{\mathrm{d}x} \tag{3.29}$$

图 3.22 粘滞系数

式中的比例系数 η 称为液体的粘滞系数或内摩擦系数. 其值取决于液体的性质,并和液体的温度有关. 粘滞系数的 SI 制单位是 $N \cdot s \cdot m^{-2}$ 或 $Pa \cdot s$. 有时也用泊为单位,$1\ p = 10^{-1}\ Pa \cdot s$. 表 3.2 列出几种液体的 η 值.

表 3.2　流体的粘滞系数

物质	水	甘油	酒	血液	氧	氦	氮
绝对温度(K)	293	293	293	310	288	296	296
$\eta(10^{-3}\ Pa \cdot s)$	1.005	830	16	2～4	0.0196	0.0196	0.0177

3. 湍流

当流体流动的速度超过一定数值时,流体将不能再保持分层流动. 外层的流体粒子不断卷入内层,形成漩涡. 整个流动显得杂乱而不稳定,称为**湍流**. 在水管及河流中都可以看到这种现象.

在一根管子中,影响湍流出现的因素除速度 v 外,还有流体的密度 ρ、粘滞系数 η 以及管子的半径 r. 我们可以把这些因素写成

$$\frac{\rho v r}{\eta} = R_e \tag{3.30}$$

R_e 称为**雷诺数**,它是一个无量纲的值. 实验结果表明,当 $R_e < 1000$ 时,流体作层流;$R_e > 2000$ 时,流体作湍流.

从式(3.30)可以看出,流体的粘滞性愈小,密度愈大愈容易发生湍流. 细的管子不容易出现湍流.

流体在作湍流时所消耗的能量要比层流多. 另外湍流还有一个区别于层流的特点,就是它能发出声音.

§3.7　理想流体的流动

一、连续性方程

在一个流管中任意取两个与流管垂直的截面 S_1 和 S_2,如图 3.19 所示. 设流体在这两个截面处的速度分别是 $\boldsymbol{v}_1$ 和 $\boldsymbol{v}_2$. 则在单位时间内流过截面 S_1 和 S_2 的体积应分别等于 $S_1 v_1$ 和 $S_2 v_2$. 对于作稳定流动的理想流体来说,在同样的时间内流过两截面的流体体积应该是相等的. 由此得

$$S_1 v_1 \Delta t = S_2 v_2 \Delta t$$

或

$$S_1 v_1 = S_2 v_2 \tag{3.31}$$

这就是说，不可压缩的流体在管中作稳定流动时，流体流动的速度 $\boldsymbol{v}$ 和管的横截面积 S 成反比，粗处流速较慢，细处流速较快. 式(3.31)称为流体的**连续性方程**. 这一关系对任何垂直于流管的截面都成立. 式(3.31)表明，理想流体作稳定流动时，流管的任一截面与该处流速的乘积为一恒量. Sv 表示单位时间流过任一截面的流体体积，称为**流量**. 单位为米³/秒($\mathrm{m^3 \cdot s^{-1}}$)，量纲为 $\mathrm{L^3T^{-1}}$. 式(3.31)表示"沿一流管，流量守恒". 这一关系称为**连续性原理**.

理想流体是不可压缩的，流管内各处的密度 ρ 是相同的.

所以

$$\rho S_1 v_1 = \rho S_2 v_2 \tag{3.32}$$

即单位时间内流过流管中任何截面的流体质量都相同. 进入截面 S_1 的流体质量等于由截面 S_2 流出的流体质量. 所以式(3.32)表示的是流体动力学中的质量守恒定律.

二、伯努利方程

伯努利方程式是流体动力学中一个重要的基本规律，用处很广，本质上它是质点组的功能原理在流体流动中的应用. 当流体由左向右作稳定流动时，取一细流管，将其中的 XY 这一流体块作为我们研究的对象，如图 3.23(a)所示. 设流体在 X 处的截面为 S_1，压强为 P_1，速度为 $\boldsymbol{v}_1$，高度(距参考面)为 h_1；在 Y 处的截面积为 S_2，压强为 P_2，速度为 $\boldsymbol{v}_2$，高度为 h_2. 经过很短的一段时间 Δt 后，此段流体的位置由 XY 移到了 $X'Y'$，如图 3.23(b)所示，实际情况是截面 S_1 前进了 Δl_1 距离，截面 S_2 前进了 Δl_2. 在 $\Delta t \to 0$ 的情况下，$\Delta l_1 \to 0$，$\Delta l_2 \to 0$. 可以认为在这样微小距离内，$\boldsymbol{v}_1$ 和作用于 S_1 上的压强 P_1 是不变的；$\boldsymbol{v}_2$ 和作用于 S_2 上的压强 P_2 也是不变的，高度亦为 h_1、h_2. 同时设想 S_1 和 S_2 面积都未变，而且作用于它们上的压强是均匀的. 让我们来分析一下在这段时间内各种力对这段流体所做的功以及由此而引起的能量变化.

对这段流体做功的一种外力就是段外流体对它的压力，在图上用 $\boldsymbol{F}_1$ 和 $\boldsymbol{F}_2$ 表示，则

$$F_1 = P_1 S_1, \quad F_2 = P_2 S_2$$

$\boldsymbol{F}_1$ 是沿着流体流动的方向，而 $\boldsymbol{F}_2$ 则逆着流体流动的方向，X 面的位移是 $\Delta l_1 = v_1 \Delta t$，$Y$ 面的位移 $\Delta l_2 = v_2 \Delta t$，因此当流体从 XY 移至 $X'Y'$ 时，外力所作的净功应为

$$W = F_1 v_1 \Delta t - F_2 v_2 \Delta t = P_1 S_1 v_1 \Delta t - P_2 S_2 v_2 \Delta t \tag{3.33a}$$

式(3.33a)中的 $S_1 v_1 \Delta t$ 和 $S_2 v_2 \Delta t$ 分别等于包围在 XX' 和 YY' 之间的流体体积. 因为我们讨论的是不可压缩的流体，所以有

$$S_1 v_1 \Delta t = S_2 v_2 \Delta t = V$$

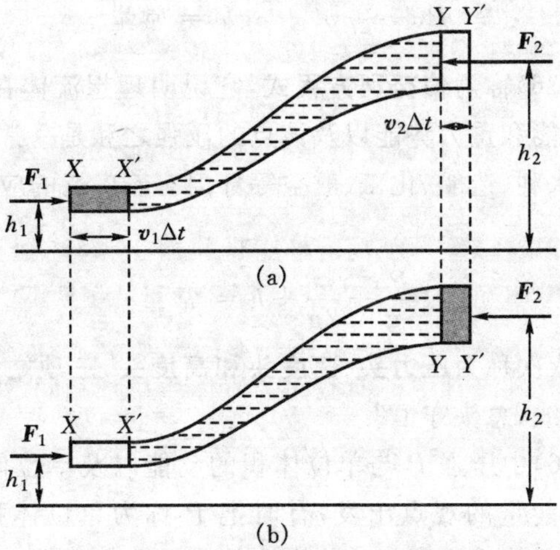

图 3.23　伯努利方程的推导

式(3.33a)变为

$$W = P_1V - P_2V \tag{3.33b}$$

根据功能原理，外力对这段流体系统所做的净功，应等于这段流体机械能的增量，即

$$W = \Delta E_k + \Delta E_p \tag{3.34}$$

仔细分析一下流动过程中所发生的变化可知，过程前后 X' 与 Y 之间的流体状态并未出现任何变化. 变化的仅仅是表现在截面 X 与 X' 之间流体的消失和截面 Y 和 Y' 之间流体的出现. 显然，这两部分流体的质量是相等的. 以 m 表示这一质量，则此段流体的动能和势能的增量分别为

$$\Delta E_k = \frac{1}{2}mv_2^2 - \frac{1}{2}mv_1^2, \quad \Delta E_p = mgh_2 - mgh_1$$

于是，将 W、ΔE_k、ΔE_p 值代入式(3.34)，可以得

$$P_1V - P_2V = \left(\frac{1}{2}mv_2^2 - \frac{1}{2}mv_1^2\right) + (mgh_2 - mgh_1)$$

移项得

$$P_1V + \frac{1}{2}mv_1^2 + mgh_1 = P_2V + \frac{1}{2}mv_2^2 + mgh_2$$

以 V 除各项得

$$P_1 + \frac{1}{2}\rho v_1^2 + \rho gh_1 = P_2 + \frac{1}{2}\rho v_2^2 + \rho gh_2 \tag{3.35}$$

式中 $\rho = \frac{m}{V}$ 是液体的密度. 因为 X 和 Y 这两个截面是在流管上任意选取的，可见对同一流管的任一截面来说，均有

$$P + \frac{1}{2}\rho v^2 + \rho g h = \text{常量} \tag{3.36}$$

式(3.35)和(3.36)称为**伯努利方程式**，它说明理想流体在流管中作稳定流动时，每单位体积的动能和重力势能以及该点的压强之和是一常量.

伯努利方程在水利、造船、化工、航空等部门有着广泛的应用. 在工程上伯努利方程常写成

$$\frac{P}{\rho g} + \frac{v^2}{2g} + h = \text{常量} \tag{3.37}$$

上式左端三项依次称为**压力头**、**速度头**和**高度头**，三项之和称为总头. 于是式(3.37)说明“沿一流线，总头守恒”.

很明显，式(3.36)中压强 P 与单位体积的动能以及单位体积的重力势能 $\rho g h$ 的量纲是相同的. 从能量的观点出发，有时把 P 称为单位体积的压强能. 这样以来，伯努利方程的意义就成为理想流体在流管中作稳定流动时，流管中各点单位体积的压强能、动能与重力势能之和保持不变. 具有能量守恒的性质.

应用伯努利方程式时应注意以下几点：

(1) 取一流线，在适当地方取两个点，在这两个点的 V、h、P 或为已知或为所求，根据(3.35)式可列出方程.

(2) 在许多问题中，伯努利方程式常和连续性方程联合使用，这样便有两个方程式，可解两个未知数.

(3) 方程中的压强 P 是流动流体中的压强，不是静止流体中的压强，不能用静止流体中的公式求解. 除与大气接触处压强近似为大气压外，在一般情况下，P 是未知数，要用伯努利方程去求解.

(4) 为了能正确使用这个规律，再次强调，应用伯努利方程式时，必须同时满足三个条件：理想流体、稳定流动、同一流线.

三、伯努利方程式的应用

1. 水平管

在许多问题中，流体常在水平或接近水平的管子中流动. 这时 $h_1 = h_2$，式(3.35)变为

$$P_1 + \frac{1}{2}\rho v_1^2 = P_2 + \frac{1}{2}\rho v_2^2$$

从这一公式可以得出，在水平管中流动的流体，流速小处压强大，流速大处压强小的结论. 如图 3.24 所示. 这个结论和连续性原理：截面积大处速度小，截面积小处速度大联合使用，可定性说明许多问题. 例如，空吸作用、水流抽气机、喷雾器

等都是根据这一原理制成的.

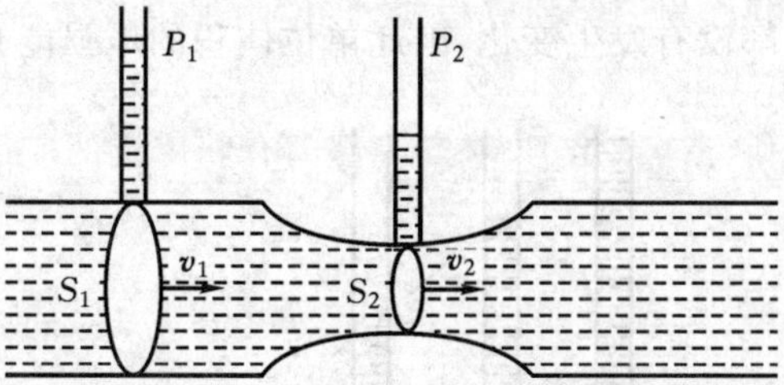

图 3.24　水平管中的流动

2. 流速计

如图 3.25 所示，a、b 两管并排平行放置，小孔 c 在 a 管的底面，流体平行于管孔流过，这时液体在直管中上升高度为 h_1；在 b 管中小孔 d 在管的一端，正对流动方向，进入管内的流粒被阻止，形成流速为零的“滞止区”，这时流体在管中的高度就比 a 管高，设为 h_2，令 P_1、P_2 分别为与 h_1、h_2 对应点处的压强，根据伯努利方程有

$$P_1 + \frac{1}{2}\rho v^2 = P_2 + \frac{1}{2}\rho \times 0$$

即
$$P_2 - P_1 = \frac{1}{2}\rho v^2$$

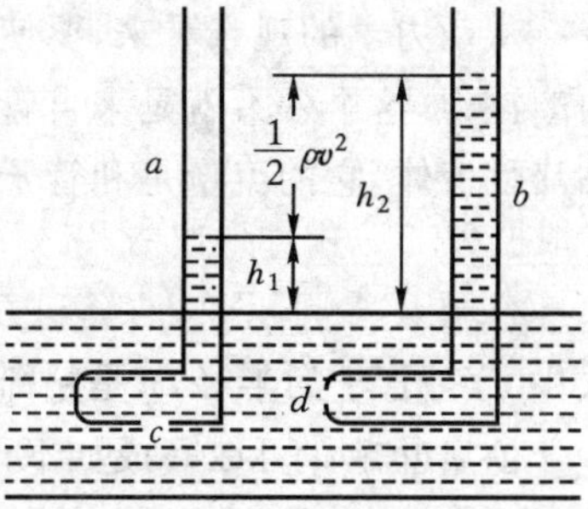

图 3.25　流速计原理

在流体力学中，经常用液柱或流体柱高度（高度差）来表示压强（压强差）的大小. 所以上式就可表示为

$$P_2 - P_1 = \frac{1}{2}\rho v^2 = \rho' g h$$

若表示压强差的流体与管中流体相同，则 $v = \sqrt{2gh}$，若两者不同，则 $v = \sqrt{\frac{2\rho' gh}{\rho}}$. 因此，用液柱高度表示流体压强时，必须注意二者相同与否.

* §3.8　实际流体的流动

一、泊肃叶公式

如图 3.26 所示为实际流体在粗细均匀的水平管子中作层流时的情况. 几条竖

立直管的液面说明,沿着液流方向流体的压强是逐渐降低的.在这里伯努利方程显然是不适用.实际流体流动过程中需要克服内摩擦力做功.但是在我们的具体条件下,动能和重力势能都没有发生变化,因此单位体积的压强能必须减小.

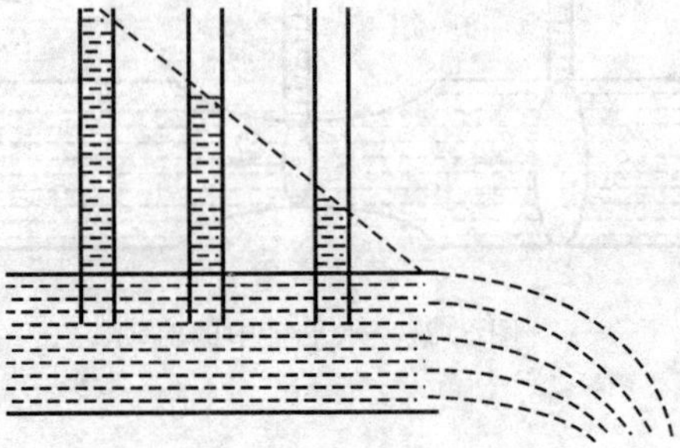

图 3.26 实际流体的流动

从动力学的观点看来,要使管子内的流体作匀速运动,必须有一个外力来抵消内摩擦力.这个外力就是来自管子两端的压力差.实践表明,在水平管内作层流的粘滞性流体,它的流量是和管子两端的压强差 ΔP 成正比的

$$Q=\frac{\pi r_0^4\Delta P}{8\eta L} \tag{3.38}$$

式中 r_0 是管子的半径,η 是粘滞系数,L 是管子的长度.式(3.38)称为**泊肃叶公式**.

泊肃叶定律可以写成如下形式

$$Q=\frac{\Delta P}{R} \tag{3.39}$$

式中 $R=\frac{8\eta L}{\pi r_0^4}$,对于一定长度和半径的管子以及一定的流体,式(3.39)的物理意义是:当实际流体流过一个水平均匀细管时,流量 Q 与管子两端的压强差 ΔP 成正比,与 R 成反比.这公式与电流的欧姆定律类似,我们把 R 称为**流阻**.

如果流体连续通过 n 个流阻不同的管子,则总流阻等于各流阻的总和

$$R_{总}=R_1+R_2+\cdots+R_n$$

这种情况相当于电阻的串联.同样,当 n 个管子"并联"时,总流阻与各流阻的关系是

$$\frac{1}{R_{总}}=\frac{1}{R_1}+\frac{1}{R_2}+\cdots+\frac{1}{R_n}$$

二、斯托克斯定律

当物体在粘滞性流体中作匀速运动时,物体表面附着一层液体,这一液层与其

相邻液层之间有内摩擦力，因此物体在移动过程中必须克服这一阻滞力. 如果物体是球形的，而且液体相对于球体作层流运动，则根据斯托克斯的计算，球体所受的阻力为

$$F = 6\pi\eta vR \tag{3.40}$$

式中 R 是球体的半径，v 是它相对于液体的速度，η 是液体的粘滞系数，式(3.40)称为**斯托克斯定律**.

设有质量为 m，半径为 r 的小球，在粘滞系数为 η 的流体中下沉. 小球在静止时速度为零，其所受粘滞阻力亦为零. 若小球所受的重力大于所受的浮力，则小球加速地下沉，速度增加，粘滞阻力亦增加. 当达到重力、浮力和阻力平衡时，小球则匀速下沉. 设这时小球相对于粘滞液体的速度为 v，并令 ρ 代表小球的密度，ρ_0 代表流体的密度，那么小球的重力 $mg=\frac{4}{3}\pi r^3\rho g$，小球所受浮力 $\frac{4}{3}\pi r^3\rho_0 g$，小球所受阻力 $6\pi\eta rv$，则平衡方程为

$$\frac{4}{3}\pi r^3\rho g = \frac{4}{3}\pi r^3\rho_0 g + 6\pi\eta rv$$

由此得

$$v = \frac{2}{9}\frac{r^2 g}{\eta}(\rho - \rho_0) \tag{3.41}$$

速度 v 称为**收尾速度**或**沉降速度**. 从式(3.41)可知，当小球在粘滞流体中下沉时，若小球半径 r、ρ 和 ρ_0 为已知，则可通过测量 v，求出流体的粘滞系数. 若 ρ_0、η 和 ρ 为已知，也可通过测量 v，求小球的半径或质量. 在用油滴法测电子电量的实验中，就是用这个方法测油滴质量的.

* §3.9　液体的表面现象

液体在生产、生活中占有重要的地位. 除具有一般流体的流动及其性质外，其最重要的特征之一是它和空气接触处有一自由表面，和固体接触处有一附着层，因而表现出一系列表面现象.

一、表面张力

在中学我们已经知道，把硬币或钢针轻轻地水平放在水面上，发现它们不会下沉，而仅仅将水面压下略成凹形；游泳者的头进入水中时头发会向四面散开，但当头伸出水面后头发又粘在一起等等，这些现象说明液体存在着一个具有特殊性质的表面层，该表面层具有收缩的倾向. 荷叶上的小水珠、焊接金属时熔化了的小滴熔锡之所以呈现球形，也是由于液体表面具有收缩的趋势. 我们知道，体积一定时表面积最小的是球形. 上述现象告诉我们，液体表面具有自动收缩的倾向，很像一

张绷紧的弹性膜.液体表面所具有的收缩倾向以及由此种收缩倾向而产生的种种效应就统称为液体的**表面张力现象**.

为了定量研究沿着液体表面作用的收缩力,我们在液面想象地画出一长为 L 的边界线 AB,将液面划分为左右两部分,如图 3.27 所示.左侧液面对右侧液面有力 f 作用,右侧液面对左侧液面则有力 f' 作用,二者等大反向是一对作用与反作用力.按其性质,这是一种表面张力,它们的方向沿着液面切面且垂直于 AB;由于表面张力在边界线上均匀分布,故它们的大小必与 AB 的长 L 成正比,即

$$f = \alpha L \tag{3.42}$$

式中系数 α 表示液面上每单位长度边界线两旁的液体相互作用的拉力,称为**表面张力系数**.α 的值随液体的性质和温度而定,单位为 $\mathrm{N \cdot m^{-1}}$.

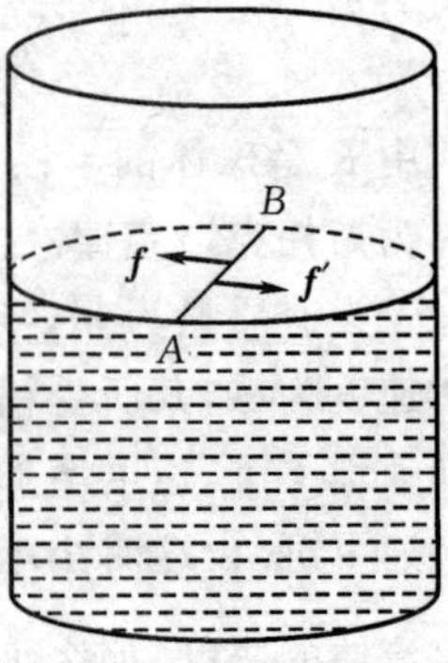

图 3.27 表面张力

液体的表面张力系数可以通过如图 3.28 实验装置测定.边长为 L 的金属丝框架重量预先用灵敏测力计测出,将框架挂在灵敏测力计下端并浸入某种液体(如水)后,缓慢而又匀速地向上提起测力计.当框架的水平部分 ab 露出液面时框架上液体薄膜的表面张力就会把框架向下拉,从而使弹簧(测力计的主体)伸长.当测力计被提升到某一高度时薄膜破裂,记下此时测力计的读数 F,其值等于框架重力与液体表面张力之和(注意液体薄膜有两个表面),则有

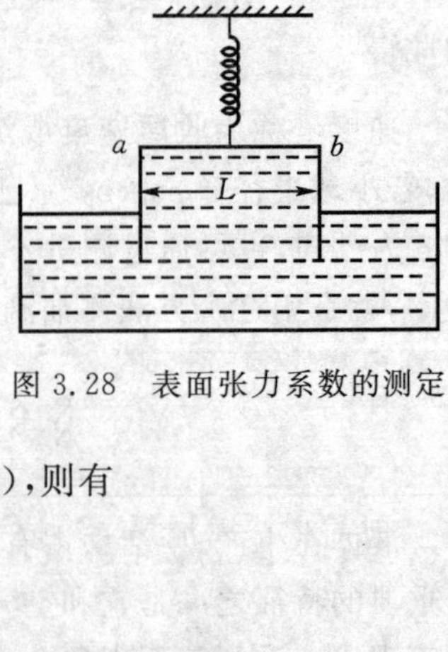

图 3.28 表面张力系数的测定

$$F = mg + 2\alpha L$$

所以得

$$\alpha = \frac{F - mg}{2L}$$

例 3.6 如图 3.29 所示,调节开关使液滴从滴管中缓慢滴出.液体先形成小袋形状,然后逐渐增大,滴落之前其上部形成较细的颈部 AB,颈部越来越细直到液滴离开管口为止.已知滴出 50 滴液体的总质量为 1.65 g,滴管口内径为 1.35 mm,试求液体的表面张力系数.

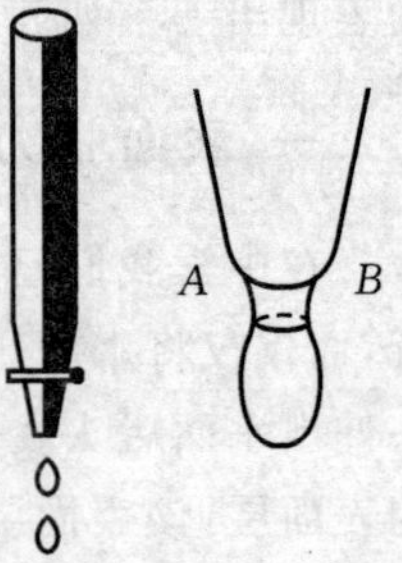

图 3.29 例 3.6 图

解 设液滴颈部的直径等于滴管口内径 d,此时作用在液滴上的重力 mg 与表面张力 F 相平衡,于是有

$$F = mg \quad 亦即 \quad \pi d\alpha = mg$$

所以

$$\alpha = \frac{mg}{\pi d} = \frac{\frac{1.65}{50} \times 10^{-3} \times 9.8}{3.14 \times 1.35 \times 10^{-3}} = 76.3 \times 10^{-3}\,(\mathrm{N \cdot m^{-1}})$$

此例实际上是测定液体表面张力系数的又一实验方法.

表 3.3　几种流体的表面张力系数

液体	温度(℃)	$\alpha(10^{-3}\,\mathrm{N \cdot m^{-1}})$	液体	温度(℃)	$\alpha(10^{-3}\,\mathrm{N \cdot m^{-1}})$
肥皂液	20	40	水	0	75.34
酒精	20	22	水	20	72.60
乙醚	20	17	水	35	70.24
水银	20	470	水	100	59.21

表 3.3 给出了几种液体的表面张力系数. 由表中可以看出,第一,密度小、易挥发的液体其 α 值较小;第二,同一种液体的 α 值随温度的升高而减小;第三,α 的大小还与液体表面的纯净度有关,污染后液体的 α 值减小,污染部分的边界线上受力不再平衡,使得这部分的面积扩大. 此外,α 还与相邻物质有关. 例如,在 20℃ 下与苯为界时水的 α 值为 $33.6\times10^{-3}\,\mathrm{N \cdot m^{-1}}$;与乙醚为界时 α 值减小为 $12.2\times10^{-3}\,\mathrm{N \cdot m^{-1}}$.

表面张力在冶金、机械制造、半导体材料等方面都有重要的应用. 例如,粉末冶金法将熔化金属喷入雾化室,在高压空气流的冲击下被粉碎,粉碎的金属液滴在表面张力的作用下收缩成椭圆形,然后喷水冷却即可. 金属颗粒的形状主要取决于金属液体的表面张力和粘滞性:当表面张力大而粘滞性小时,喷成的颗粒凝固成椭球形;当表面张力小而粘滞性大时,就会凝固成碎片形. 而表面张力又与温度有关,因此喷射前将金属加热到不同温度,就可达到控制金属颗粒形状的目的. 因为液体的表面张力系数与液体表面的清洁度有关,凡可使表面张力系数减小的杂质,称为表面活性物质,例如肥皂就是最常见的表面活性物质. 冶金工业中为了减小金属液体的表面张力以促使液态金属的结晶速度加快,常在其中加入表面活性物质. 例如,在钢液结晶时加入少量的硼,就是为了这个目的.

二、弯曲液面下的附加压强

我们知道,表面张力的方向总是沿着液体表面的切面的. 如果液体是水平表面,则表面张力必然沿着水平方向作用;若在液面取一面积元 dS 来考虑,则 dS 所受表面张力的合力为零,对液体内部的压力没有影响,如图 3.30(a)所示;如果液面是弯曲的,取一面积元来考虑时,其所受合力就不再为零了. 在凸形液面的情况下，表面张力的合力指向液体内部，对液体施加压力作用，如图 3.30(b)所示；在凹形液面的情况下，表面张力的合力指向液体外部，对液体施加拉力作用，如图 3.30(c)所示.这就是说，表面张力的作用使得弯曲液面都对液体能够施以附加压强：在凸形液面的情况下与平液面相比，液体内部将有较大的压强，我们说附加压强为正；在凹形液面的情况下附加压强为负，亦即与平液面相比液体内部将有较小的压强.

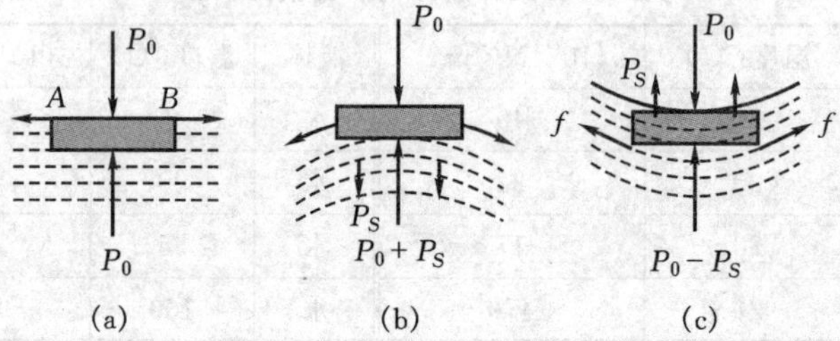

图 3.30 弯曲液面的附加压强指向

从球形液面隔离出一球帽形小液面 ΔS，如图 3.31(a)中的 $CN_1N_2M_1M_2$，ΔS 周界外的液面对 ΔS 有表面张力作用，其方向沿周界上的切平面且与周界垂直，如图 3.31(b)所示.通过周界上每一小段 $\mathrm{d}l$ 作用在 ΔS 上的表面张力 $\mathrm{d}f=\alpha\mathrm{d}l$ 可分解为 $\mathrm{d}f_1$ 和 $\mathrm{d}f_2$ 两个分力.$\mathrm{d}f_2$ 与 OC 垂直，于是沿整个周界的这一分力互相抵消；而 $\mathrm{d}f_1$ 则与 OC 平行并指向液体内部，其大小为 $\mathrm{d}f_1=\mathrm{d}f\cdot\sin\varphi=\alpha\mathrm{d}l\sin\varphi$，沿 ΔS

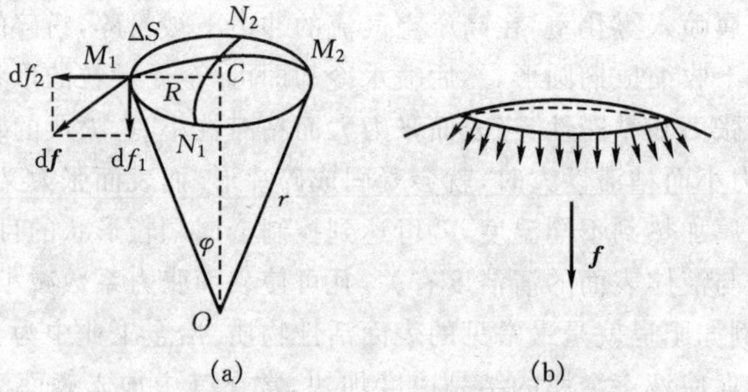

图 3.31 附加压强的计算

整个周界对 $\mathrm{d}f_1$ 求和，则有

$$f_1=\int\mathrm{d}f_1=\int\alpha\mathrm{d}l\sin\varphi=\alpha\sin\varphi\int\mathrm{d}l=\alpha\sin\varphi\cdot2\pi R$$

将 $\sin\varphi=R/r$ 代入上式，有 $$f_1=\frac{2\pi\alpha R^2}{r}$$

ΔS 很小时可近似地看成圆形，且有 $\Delta S\approx\pi R^2$，用 ΔS 去除即可得到弯曲液面

对液体所施加的附加压强

$$P_S = \frac{f_1}{\Delta S} = \frac{2\pi\alpha R^2}{\pi R^2 r} = \frac{2\alpha}{r} \tag{3.43}$$

需要特别指出的是，附加压强是弯曲液面内外压强差. 设液体外的压强为 P_0（例如大气压），液体内部的压强为 P，则对于凸形液面有下式成立

$$P_S = P - P_0 = \frac{2\alpha}{r}，亦即\ P = P_0 + \frac{2\alpha}{r}$$

对于凹形液面，有下式成立

$$P_S = P - P_0 = -\frac{2\alpha}{r}，亦即\ P = P_0 - \frac{2\alpha}{r}$$

三、毛细现象

在玻璃板上放一小滴水银，它总是缩成近似球形，能够在玻璃板上滚来滚去而不附着在上面，这种现象叫不润湿. 对于玻璃来说，水银是不润湿液体. 在无油脂的玻璃上洒一滴水，它不但不收缩成球形，而且要向外扩展并附着在玻璃上，形成薄膜，这种现象叫润湿. 对于玻璃来说，水是润湿物体. 同一种液体，对某些固体来说是润湿的，对另一些固体来说则可能是不润湿的. 例如，水能润湿玻璃，却不能润湿石腊；水银不能润湿玻璃，却能润湿干净的锌板、铜板、铁板.

润湿或不润湿，本质上是由液、固分子间的相互作用力（附着力）是大于还是小于液、液分子间的相互作用力（内聚力）决定的. 当附着力大于内聚力时，发生的是润湿现象；而当附着力小于内聚力时，则发生的是不润湿现象.

将细玻璃管插入水中时，管内的水面比容器里的水面高，而且管的内径越小时里面的水面就越高. 但如果把玻璃管插入水银时，情况则恰恰相反，如图 3.32 所示，这种润湿管壁的液体在内径很小的管里升高，而不润湿管壁的液体在内径很小的管里降低的现象叫做**毛细现象**，能够发生毛细现象的管子叫做**毛细管**. 毛细现象是普遍存在的，许多具有细孔的物体都可以认为含有这种"毛细管". 例如灯芯、纸

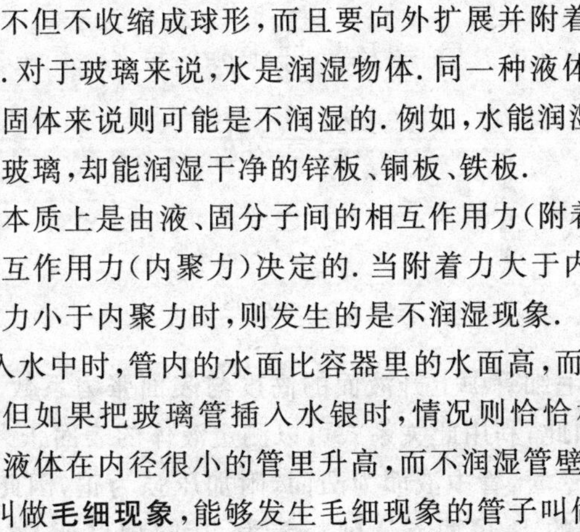

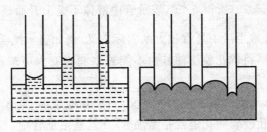

图 3.32　毛细现象

张、土壤、木材以及植物的根茎等.

毛细现象是由薄膜张力和接触角所决定的.在液、固接触处,液体表面的切线和固体表面的切线通过液体内部所成的角 θ,亦即两切线所夹的角叫接触角.下面首先研究液体润湿管壁的情形.如图 3.33 所示,当截面为圆形的毛细管插入液体中后,由于液体润湿管壁,接触角为锐角,液面变为凹形弯月面并且可以近似地看成半径为 R 的球面,因此根据附加压强公式可知 A 点的压强为

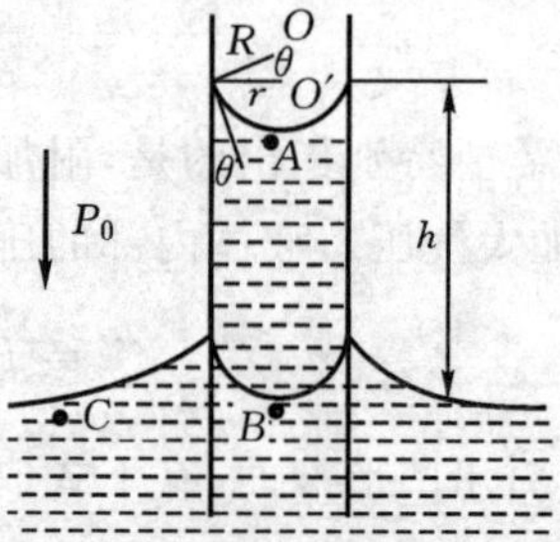

图 3.33　毛细管中液体上升高度

$$P_A = P_0 - \frac{2\alpha}{R}$$

式中 P_0 为大气压强,α 是液体的表面张力系数.又因 A、B 两点的高度差为 h,故由流体静力学原理可得 B 点的压强为

$$P_B = P_0 - \frac{2\alpha}{R} + \rho g h = P_0$$

由此得

$$\frac{2\alpha}{R} = \rho g h$$

将 $R=\dfrac{r}{\cos\theta}$代入该式可得

$$h = \frac{2\alpha\cos\theta}{\rho g r} \tag{3.44}$$

式(3.44)说明毛细管中上升液面的高度与表面张力系数 α 成正比,与毛细管的半径 r 成反比.因此,利用此关系式可以测定液体的表面张力系数.

液体不润湿管壁时,管中液面为凸面,附加压强为正,因此液面要下降一段距离 h,直到使同高度的 B、C 两点压强相等为止.同理可证,这时式(3.44)仍然成立.但因 $\theta>\dfrac{\pi}{2}$,$\cos\theta<0$,所得 $h<0$,表示管中液体不是上升而是下降.

毛细现象在日常生活中具有很大的实际意义.例如吸水纸吸取墨水,煤油可沿灯芯上升以便点燃,将棉花脱脂使其由不能被水润湿变为可被润湿从而吸取药水等.

毛细现象在石油生产中也有重要意义.石油和地层水、天然气一起存储于多孔砂层的地层中,多孔砂岩的孔道就是毛细管.在这些毛细管中,石油、水与天然气的接触处形成弯形液面,所产生的附加压强阻碍石油的流动,进而使产量降低.因此,人们将热水或泥浆打入岩层以减小石油的表面张力,同时腐蚀岩石孔道使毛细管

径增大,附加压强减小,石油就容易流出了.

保持土壤水分是农业生产极为重要的问题. 表面土壤因为存在许多毛细管,地层深处的水就会沿着这些毛细管上升到地面并蒸发掉. 为了保持土壤水分,天旱时锄地切断表面土壤的毛细管,土壤深层的水分就不能上升到地面了. 所以有农谚"锄头底下有水". 雨水太多时也要锄地,这时却是为了减少土壤中的水分. 因为雨水太多使表面土壤板结,毛细管破坏,水分就不易通过毛细管上升而蒸发. 这时通过锄地使毛细管恢复,可以加速地面表层的水分蒸发,所以又有农谚说"锄头底下有火".

毛细现象在生理过程中有着特殊的重要作用,因为植物和动物的大部分组织都是以各种各样的管道连通起来的.

章后结束语

一、本章内容小结

1. 刚体的平动和转动

平动　刚体上任意两点确定的直线在运动中始终保持方向不变. 刚体平动时各点的 $\Delta\boldsymbol{r}$、$\boldsymbol{v}$、$\boldsymbol{a}$ 相同,可以用质点力学的方法处理其运动情况.

定轴转动　刚体上一条直线在运动中保持不变,其他各点绕此直线作圆周运动. 刚体作定轴转动时,各点的 $\Delta\theta$、ω、β 相同.

2. 力矩和转动惯量

力矩　$\boldsymbol{M}=\boldsymbol{r}\times\boldsymbol{F}$(使刚体产生角加速度的外来作用)

转动惯量是刚体转动惯性大小的量度　$J=\int r^2\mathrm{d}m$

平行轴定理　$J=J_c+md^2$

正交轴定理　$J_z=J_x+J_y$

3. 转动定律

$$\boldsymbol{M}=J\boldsymbol{\beta}=J\frac{\mathrm{d}\boldsymbol{\omega}}{\mathrm{d}t}(\boldsymbol{M}、\boldsymbol{\beta}、J\ \text{均相对于同一转轴})$$

4. 转动动能定理

力矩的功　$A=\int M\mathrm{d}\theta$

转动动能　$E_\mathrm{k}=\frac{1}{2}J\omega^2$

转动动能定理 $\int M\mathrm{d}\theta=\frac{1}{2}J\omega^2-\frac{1}{2}J\omega_0^2$

刚体的重力势能 $E_\mathrm{p}=mgh_c$

5. 角动量(动量矩)定理

角动量定理 $\int \boldsymbol{M}\mathrm{d}t=J\boldsymbol{\omega}-J\boldsymbol{\omega}_0$

角动量守恒定律 当 $\boldsymbol{M}=0$ 时，$J\boldsymbol{\omega}=$常量，J、$\boldsymbol{\omega}$ 均相对于同一转轴.

6. 流体力学的基本概念

理想流体 不可压缩、没有粘滞性的流体.

稳定流动 流体在流动过程中，某一位置的流速不随时间 t 变化的流动.

实际流体 可压缩、有粘滞性的流体.

层流 当流体的流速不太大时，相邻流层间有相对滑动且各层流速不等的流动.

7. 流体力学的基本定律

连续性方程 $S_1\boldsymbol{v}_1=S_2\boldsymbol{v}_2$（对理想流体的稳定流动）

伯努利方程 $P+\frac{1}{2}\rho v^2+\rho gh=$常量（理想流体的稳定流动，选同一流线）

泊肃叶公式 $Q=\frac{\pi r_0^4\Delta P}{8\eta L}$（实际流体作分层流动）

斯托克斯定律 $F=6\pi\eta vR$（半径为 R 的球体在液体中所受阻力）

二、应用及前沿发展

刚体力学的应用比起质点力学来讲更加广泛，因为刚体力学不仅讨论了质点力学中的平动问题，还讨论了物体的转动问题，当然它也是一种近似，因为就运动形式而言还有振动，但此近似更接近于实际运动情况.

刚体力学的转动问题.在工业中用的比较多，如各种机械的转动需要遵从转动定律，各种刚体转动惯量的变化需要遵从与转动惯量有关的条件等等.其他行业中，如体育、花样滑冰、跳台跳水等都离不开转动中的角动量守恒定律.宇宙天体的运动比较复杂，但其运动也离不开转动，如地球绕太阳的公转与绕自身轴的自转，太阳绕银河系的公转与绕自身轴的自转；微观粒子的运动除了平动外，还有转动.而转动就必须遵从转动中的各个力学定律.

刚体转动的另一用途可将高速转动的飞轮作为贮能系统，这是新一代高效、长寿命空间能源，其贮能密度可达 88 瓦 · 小时/千克（化学电池贮能密度小于 10 瓦 · 小时/千克）.而且这种贮能系统还有相当大的潜力，有人预言，此种贮能系统的最高贮能密度可达 250 瓦·小时/千克. 所以，飞轮贮能系统对未来的卫星能源将起很大的作用.

气体与液体统称为流体. 流体力学又分为流体静力学与流体动力学. 流体力学在工农业生产、日常生活、生命科学诸多领域均有应用. 如航空航天技术中，如何减小流体阻力及涡流；化学工程中，石油开采及运输及一些机械系统的冷却；农业灌溉、打坝修堤；生命科学中血液的流动，对心脏做功，血流速度、血流过程中血压分布等的研究；日常生活中水的应用、暖气的供应等等都要用到流体力学的规律.

流体力学的一个分支——流变学，它是研究材料在应力、应变、温度、湿度、辐射等条件下，与时间有关的变形和流动规律的学科. 流变学为研究地球内部过程，如岩浆活动、地幔热对流提供了物理—数学工具. 现在可用高温、高压岩石流变试验来模拟，从而发展起了地球动力学.

另外流体还可以作为能源来用. 如：风能是空气流动的动能，它是太阳照射地球，地球各处受热不同而产生温差，从而形成大气对流运动便产生了风能；海洋能中的波力发电（太阳能转换成风能，风与海面作用产生波浪，再将这一机械能转换成电能）；海流发电（是由于海洋气候、地理等原因形成海流能，再将此能转换成电能）；潮汐发电（利用潮水的涨落驱动水轮机来发电）. 除此之外，还有海水温差发电、海水盐差发电等等.

随着科学技术的发展，自然能源的相对减少，开发和利用其他能源已为世界各国重视，利用流体力学原理，开发其他形式能源将造福子孙万代.

习题于思考

3.1　在描述刚体转动时，为什么一般都采用角量，而不采用质点力学中常采用的线量？

3.2　当刚体绕定轴转动时，如果角速度很大，是否作用在它上面的合外力一定很大？是否作用在它上面的合外力矩一定很大？当合外力矩增加时，角速度和角加速度怎样变化？当合外力矩减小时，角速度和角加速度又怎样变化？

3.3　有人把握着哑铃的两手伸开，坐在以一定角速度转动着的（摩擦不计）凳子上，如果此人把手臂缩回，使转动惯量减为原来的一半. 求：

(1) 角速度增加多少？

(2) 转动动能会发生改变吗？

3.4　什么是流体？流体为什么会流动？

3.5　连续性原理和伯努利方程成立的条件是什么？在推导过程中何处用过？

3.6　为什么从消防栓里向天空打出来的水柱，其截面积随高度增加而变大？

用水壶向水瓶中灌水时，水柱的截面积却愈来愈小？

3.7　两船同向并进时，会彼此越驶越靠拢，甚至导致船体相撞，这是为什么？

*　*　*　*　*　*

3.8　转速为 $2940\,\mathrm{r\cdot min^{-1}}$ 的砂轮，制动后于 140 s 内停止转动. 求：

(1) 砂轮的平均角加速度；

(2) 在制动过程中砂轮转过的转数.

3.9　一飞轮以 $n=1500\,\mathrm{r\cdot min^{-1}}$ 的转速转动，受到制动后均匀地减速，经 $t=50\,\mathrm{s}$ 后静止. 求：

(1) 角加速度和制动后 25 s 时飞轮的角速度；

(2) 从制动到停止转动，飞轮共转了多少转？

(3) 若飞轮半径为 $r=0.5\,\mathrm{m}$，求 $t=25\,\mathrm{s}$ 时，飞轮边缘上一点的速度和加速度.

3.10　一砂轮的直径为 20 cm，厚为 $b=2.5\,\mathrm{cm}$，砂轮的密度为 $\rho=2.4\,\mathrm{g/cm^{-3}}$. 求：

(1) 砂轮的转动惯量；

(2) 当转速为 $2940\,\mathrm{r\cdot min^{-1}}$ 时，砂轮的转动动能(砂轮可当作实心圆盘).

3.11　一块均匀的长方形薄板，边长为 a、b，中心 O 取为原点，坐标为 $OXYZ$，如图 3.34 所示，设薄板的质量为 M，则薄板对 OX 轴、OY 轴和 OZ 轴的转动惯量分别为 $J_{ox}=\frac{1}{12}Mb^2$，$J_{oy}=\frac{1}{12}Ma^2$，$J_{oz}=\frac{1}{12}M(a^2+b^2)$，证明此结论，并给出 J_{ox}、J_{oy}、J_{oz} 之间的关系.

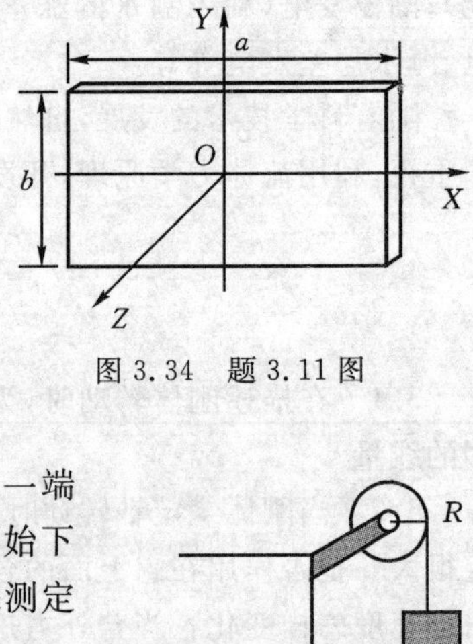

图 3.34　题 3.11 图

3.12　一圆盘半径为 R，装在桌子边缘上，可绕一水平中心轴转动. 圆盘上绕着细线，细线的一端系一个质量为 m 的重物，m 距地面为 h，从静止开始下落到地面，需时间为 t，如图 3.35 所示，用此实验来测定圆盘的转动惯量，测得当 $m=m_1$ 时，$t=t_1$；当 $m=m_2$ 时，$t=t_2$. 证明：

$$J=\frac{\left[(m_1-m_2)g-2h\left(\frac{m_1}{t_1^2}-\frac{m_2}{t_2^2}\right)\right]R^2}{2h\left(\frac{1}{t_1^2}-\frac{1}{t_2^2}\right)}$$

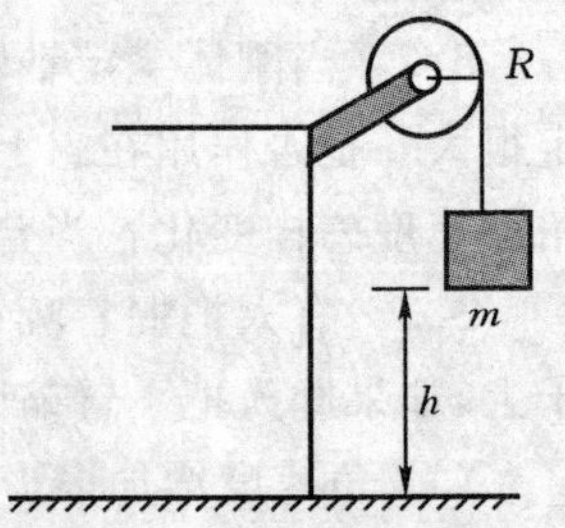

图 3.35　题 3.12 图

在实验过程中，假定摩擦力不变，绳子质量可忽略不计，绳子长度不变.

3.13　如图 3.36 所示，有质量为 m_1 和 m_2 的两物体，分别悬挂在两个不同半径的组合轮上，求物体的加速度与绳之张力. 两轮的转动惯量分别为 J_1 与 J_2，半径为 r 与 R，轮与轴承间摩擦不计.（$m_2>m_1$）

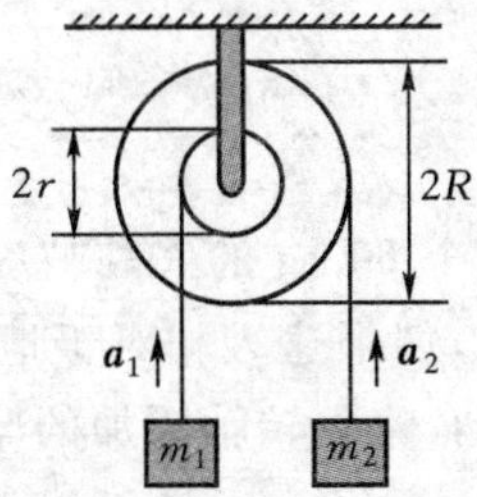

图 3.36　题 3.13 图

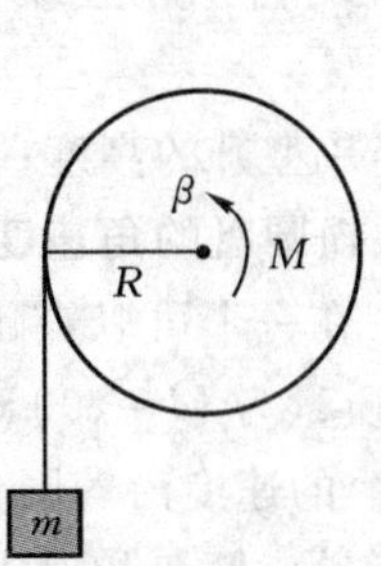

图 3.37　题 3.14 图

3.14　一匀质圆盘，半径为 $R=0.20\ \mathrm{m}$，质量为 $M=2.50\ \mathrm{kg}$，可绕中心轴转动，如图 3.37 所示，在圆盘的边缘上绕一轻绳，绳的一端挂一质量 $m=0.50\ \mathrm{kg}$ 的砝码. 试求：

（1）试计算绳的张力和圆盘的角加速度；

（2）作用在圆盘上的力矩在 2.0 s 内所做的功以及圆盘所增加的动能.

3.15　如图 3.38 所示，在质量为 M，半径为 R 可绕一水平光滑轴 OO' 转动的匀质圆柱形鼓轮上绕有细绳，绳的一端挂有质量为 m 的物体，m 从高 h 处由静止下降. 设绳子不在鼓轮上滑动，绳子长度不变，绳的质量可略去不计. 试求：

（1）m 下降的加速度 a；

（2）绳的张力 T；

（3）m 达到地面时的速度 v；

（4）m 达到地面所需的时间 t.

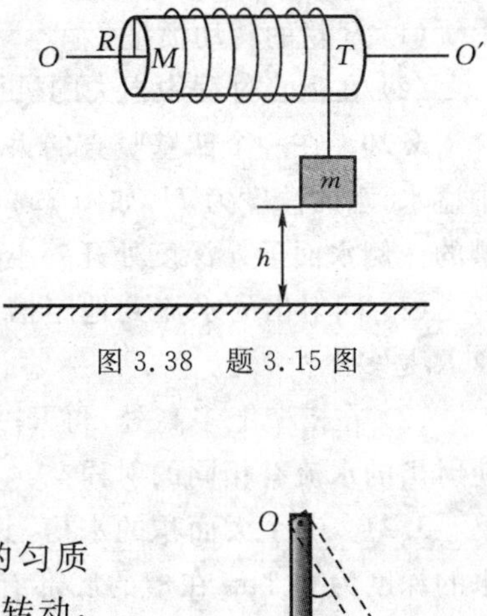

图 3.38　题 3.15 图

3.16　如图 3.39 所示，质量为 M，长为 l 的匀质直杆，可绕垂直于杆的一端的水平轴 O 无摩擦地转动，它原来静止于平衡位置上，现有一质量为 m 的弹性小球飞来，正好在杆的下端与杆垂直相碰撞. 相碰后，使杆从平衡位置处摆动到最大角度 $\theta=30^\circ$ 处.

（1）若碰撞为弹性碰撞，试计算小球的初速度 v_0 的值.

（2）相碰时小球受到多大的冲量？

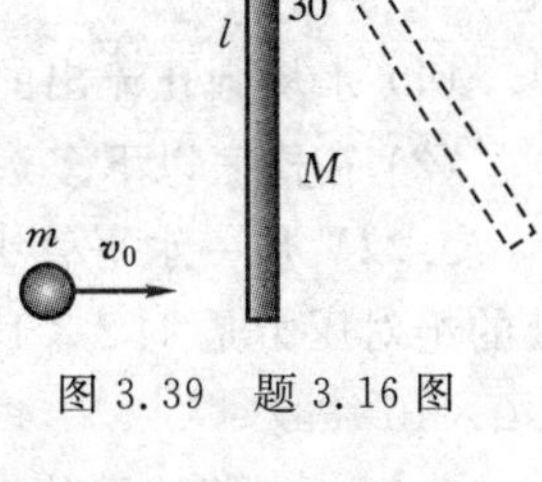

图 3.39　题 3.16 图

3.17 一质量为 M,半径为 R 并以角速度 ω 旋转着的飞轮,在某一瞬时,有一质量为 m 的碎片从轮边缘飞出.假设碎片脱离圆盘时的瞬时速度方向正好竖直向上,求:

(1) 碎片上升的高度;

(2) 缺损圆盘的角速度和动量矩.

3.18 在一个可以自由转动的圆盘上,站着一个 60 kg 的人,圆盘的半径为 $r=2.0\,\mathrm{m}$,质量为 $M=200\,\mathrm{kg}$.开始它们都是静止的,如果这人相对于地面以 $v=1.20\,\mathrm{m\cdot s^{-1}}$ 的速度沿着圆盘边缘以反时针方向运动,略去转轴施加的摩擦,问圆盘将怎样运动?圆盘相对于地面的角速度多大?

3.19 如图 3.40 所示,A 与 B 两飞轮的轴杆可由摩擦齿合器 C 使之连接,A 轮的转动惯量为 $J_A=10\,\mathrm{kg\cdot m^2}$.开始时 B 轮静止,A 轮以 $n_1=600\,\mathrm{r\cdot min^{-1}}$ 的速度转动,然后使 A 与 B 连接,因此 B 轮得到加速而 A 轮减速,直到两轮的转速都等于 $n=200\,\mathrm{r\cdot min^{-1}}$ 为止.求:

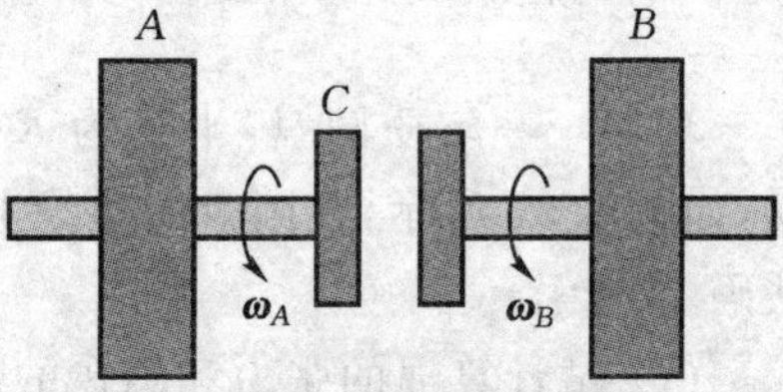

图 3.40 题 3.19 图

(1) B 轮的转动惯量 J_B;

(2) 在齿合过程中损失的机械能 ΔE_K 为多少?

3.20 在一个四壁竖直的大开口水槽中盛水,水的深度为 H,如图 3.41 所示.在槽的一侧水面下 h 深度处开一小孔.

(1) 问射出的水流到地距槽底边的距离 R 是多少?

(2) 在槽壁上多高处,再开一小孔,能使射出的水流有相同的射程?

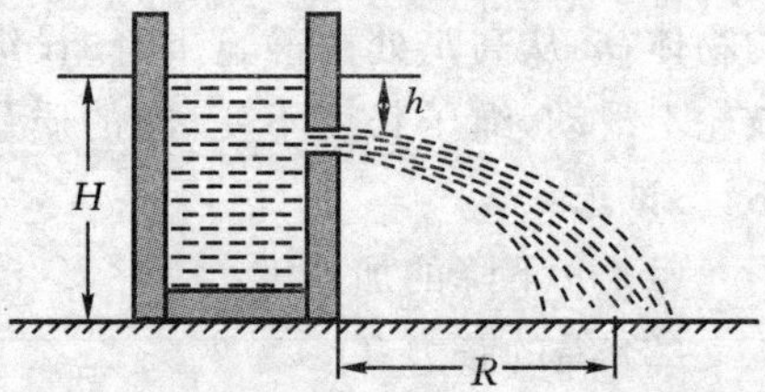

图 3.41 题 3.20 图

3.21 一个大面积的水槽,其中盛水,水的深度为 0.3 m.在槽的底部有一面积为 $5\,\mathrm{cm^2}$ 的圆孔,水从圆孔连续流出.试求:

(1) 水从圆孔流出的流量是多少 $\mathrm{m^3\cdot s^{-1}}$?

(2) 在槽底以下多远的地方,水流的横截面积为圆孔面积的二分之一?

3.22 从一水平管中排水的流量是 $0.004\,\mathrm{m^3\cdot s^{-1}}$.管的横截面积为 $0.001\,\mathrm{m^2}$ 处的绝对压力是 1.2×10^5 Pa.问管的横截面积应缩为多大时,才能使压强减为 1.0×10^5 Pa?

3.23 水管的横截面积在粗处为 $40\,\mathrm{cm^2}$,在细处为 $10\,\mathrm{cm^2}$,如图 3.42 所示.排

水的速率为 3 000 $cm^3 \cdot s^{-1}$. 试求：

(1) 粗处和细处的流速；

(2) 求两处的压强差；

(3) 求 U 形管中水银柱的高度差.

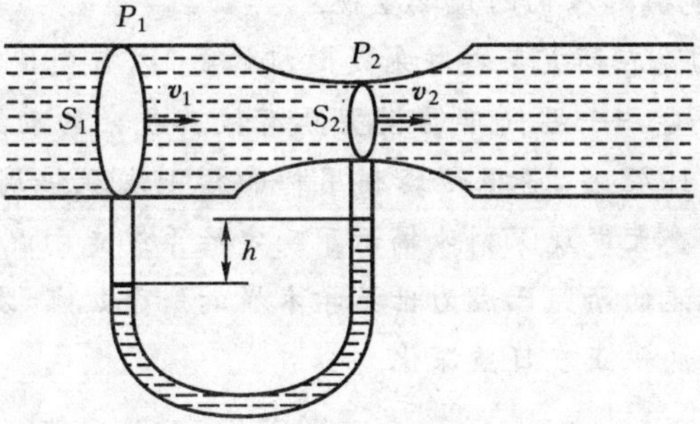

图 3.42　题 3.23 图

* **3.24**　有 20℃的水在半径为 1.0 cm 的管内流动. 如果在管的中心处流速为 10 $cm \cdot s^{-1}$. 求由于粘滞性使得沿管长为 2 m 的两个截面间的压力降落是多少？

* **3.25**　有 20℃的水以 50 $cm \cdot s^{-1}$的速率，在半径为 3 mm 的管内流动. 试问：

(1) 雷诺数是多少？

(2) 是哪一种类型的流动？

阅读材料 B：混沌简介

混沌理论近十几年来发展迅速，正在形成一门新学科. 混沌的发展和研究使人们认识到，确定性系统存在内在的随机性，确定性系统和随机性系统之间并没有不可逾越的鸿沟，从而突破了经典力学描述运动的局限性，改变了人们对宇宙的认识.

300 年前，牛顿建立了经典力学. 牛顿定律用确定论的观点来认识和描述系统的运动，系统运动微分方程在初始条件给定之后，它的解是唯一的，即以后任何时刻系统的状态是完全确定的. 然而，随着科学技术的发展，越来越多的研究结果对牛顿力学的"确定论"作出了否定的回答，使人们认识到牛顿力学的有效性仅建立在有限的时空区域上，而更普遍的情况下，它所包含的随机性，即"不确定行为"，远多于由它所给出的"确定行为". 确定性系统能够产生不确定行为，是和混沌的发展与研究紧密联系在一起的.

早在 19 世纪末，法国数学家彭加勒就曾预言过动力学系统出现混沌的一些行为，但当时未能引起人们的注意. 1963 年美国气象学家洛伦兹在研究一个描述某物理过程的、完全确定的三阶常微分方程组时，通过调整方程组中的控制参数，经过数值计算发现，方程组的解会出现非周期性的、看起来完全混乱的现象. 洛伦兹由此提出解的长期行为是不可预测的，这一发现应该说是最早发现的混沌现象，但这一发现当时亦未能引起人们的广泛重视.

1975 年，李和约克在研究某些映射是随机的解时，首先使用了混沌这个术语. 1976 年，梅发现生态学中一些简单的模型具有极其复杂的动力学行为，包括倍周期分叉和出现混沌. 1978 年，菲根鲍姆利用梅的模型发现倍周期分叉通向混沌的两个普适常数，这个重大发现深刻地揭示了确定性系统走向混沌的规律.

近几十年来，混沌的研究已成为世界学术界的一个热点，发表了大量的论文和专著，人们对混沌的认识正在日益深化.

B.1 混沌的典型模型

对描述系统的运动微分方程进行数值计算时，常把它化为代数方程进行迭代计算，确定性系统出现混沌的典型模型是如下的非线性迭代方程

$$x_{n+1} = \lambda x_n(1 - x_n) \quad n = 0,1,2,\cdots \tag{B.1}$$

式中 λ 是控制参数.

实际上，式(B.1)所表示的，可理解为是一个描述昆虫繁殖的生态过程，在一确定的区域中，生存着某种昆虫，这种昆虫头年夏产卵，次年夏孵化，今以 x_n、x_{n+1} 分别表示在第 n 年夏季和第 $n+1$ 年夏季昆虫布居数与某一参考布居数之比，假定它们之间存在着如下的非线性关系

$$x_{n+1} = \lambda x_n - Sx_n^2$$

显然，在这一关系式中，右边第一项 λx_n 表示昆虫布居数的自然增长率，第二项则表示由于死亡、逃逸等原因引起的昆虫布居数自然衰减率. 改变上式中变量 x 的比例尺度，用 $\frac{\lambda}{S}x$ 代替 x，则得

$$x_{n+1} = \lambda x_n(1 - x_n)$$

这就是式(B.1)，称为逻辑斯谛映射. 通常变量 x 取值范围为从 0 到 1，λ 取值范围定为从 0 到 4.

B.2 倍周期分叉

人们有兴趣的是，给定的初始值 x_0，λ 迭代后的结果是什么？从任何初始值出发迭代时，一般有个暂态过程. 但我们关心的不是暂态过程，而是它所趋向的终态集. 终态集的情况与控制参数 λ 有很大关系. 增加 λ 值就意味着增加系统的非线性

的程度.改变 λ 值,不仅仅是改变了终态的量,而且也改变了终态的质.它所影响的不仅仅是终态所包含的定态的个数和大小,而且也影响到终态究竟会不会达到稳定.

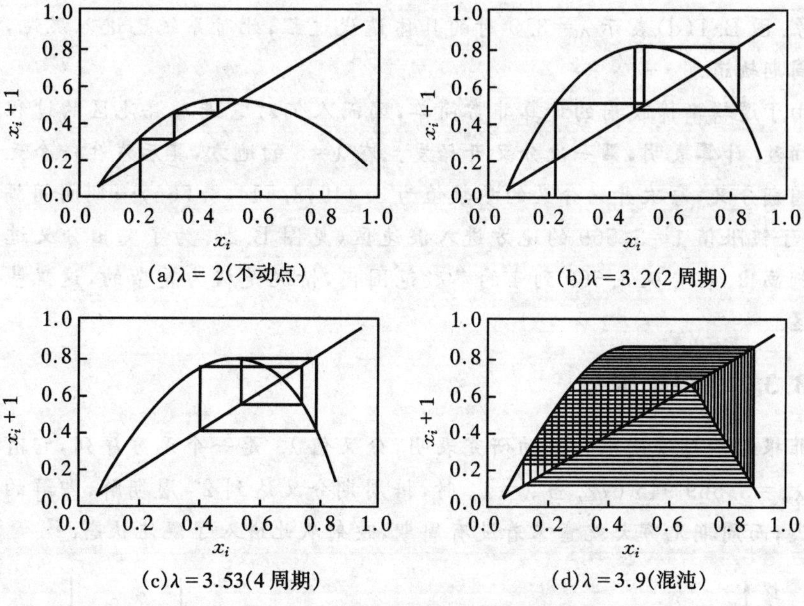

图 B.1　逻辑斯谛映射的迭代图解与终态集

当 $1<\lambda<3$ 时,迭代结果的归宿是一个确定值,趋于一个不动点,即抛物线与 45°线的交点,这相当于系统处于一个稳定态,如图 B.1(a)所示.此值与 λ 有关,且与 λ 值有一一对应的关系.当 $\lambda=2.4$ 时,$x_i=x_{i+1}=7/12$.迭代的结果为一个不动点的情况,其周期为 1,这表示从 x_i 出发,迭代一次就回到 x_i.

当 $3<\lambda<3.449$ 时,迭代的终态在一个正方形上循环,亦即 x_i 在两个值之间往复跳跃,与一个 λ 值对应将有两个 x_i 值,即其归宿轮流取两个值,如图 B.1(b)所示.当 $\lambda=3.2$ 时,此值为 $0.5130\rightleftharpoons 0.7995$,$x_{i+2}=x_i$,周期为 2,表示从 x_i 出发,迭代二次后回到 x_i.所以,从图 B.1 的图(a)到(b)中间发生了一个周期分叉,一个稳定态分裂成为两种状态,而系统便在两个交替变动的值间来回振荡.

当 $3.449<\lambda<3.54$ 时,最终 x_i 在四个值之间循环跳跃,如图 B.1(c)所示.$x_{i+4}=x_i$,即终态集是四个周期解,表示从 x_i 出发,迭代四次后回到 x_i.所以,从图 B.1 的图(b)到图(c)时,中间又发生了一个倍周期分叉,两种状态分裂成四种状态,而系统便在四个交替变动的值间来回振荡.当 $\lambda=3.5$ 时,四个值为

$$0.3829 \longrightarrow 0.8269$$
$$0.8750 \longleftarrow 0.5009$$

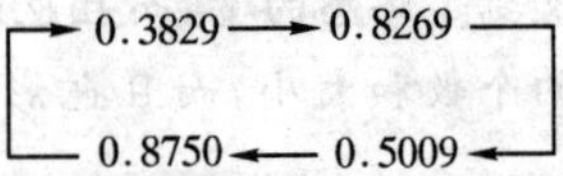

当 $3.569 < \lambda < 4$，周期变为 ∞，最后归宿可取无穷多的各种不同值，即出现混沌现象．图 B.1(d) 表示 $\lambda = 3.9$ 时的具体迭代过程，此时系统已进入混沌，没有稳定的周期轨道．

由于逻辑斯谛映射的计算非常简单，因而人们对它进入混沌区的过程研究得非常细致．计算表明，第一次分叉开始发生在 $\lambda = 3$ 的地方，其后发生一个无穷系列的倍周期分叉，每次开始分叉的参数值为 $3.449, 3.544, 3.564, \cdots$ 期间间隔越来越小，到了极限值 $\lambda = 3.569$ 的地方进入混沌区（见图 B.2）．为了突出分叉过程没有按比例画出．在 λ 从 3.569 到 4 的参数范围内，情况是极为复杂的，这里基本上是混沌区．

B.3　菲根鲍姆数

菲根鲍姆对倍周期分叉的研究表明，分叉值 λ_m 是一个无穷序列，它有一个极限值 $\lambda_m = 3.569\,945\,672$．当 $\lambda = \lambda_m$ 时，倍周期分叉达到 2^{∞} 周期解，即解的周期为无穷大，而周期无穷大就意味着没有周期，映射从此进入了混沌状态．

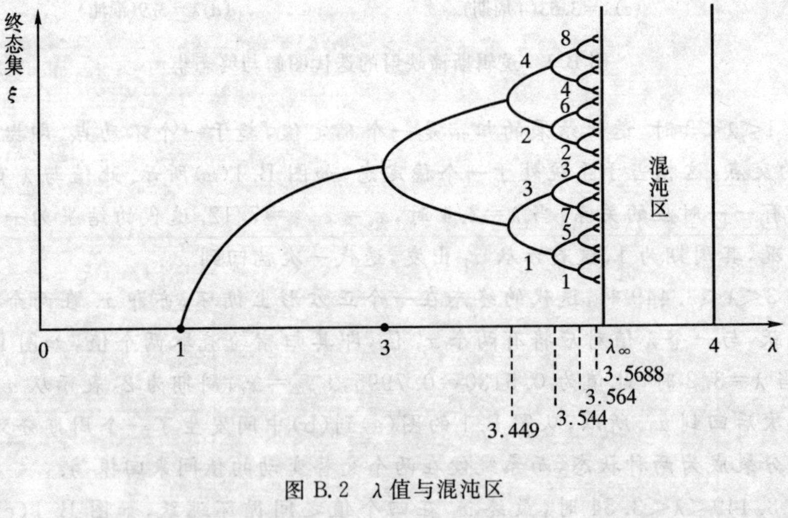

图 B.2　λ 值与混沌区

菲根鲍姆发现，映射的倍周期分叉过程是几何收敛的，即随着控制参数 λ 的增大，沿图 B.2 横轴方向的分叉间距衰减，且有

$$\delta = \lim_{m \to \infty} \frac{\lambda_m - \lambda_{m-1}}{\lambda_{m+1} - \lambda_m} = 4.6692\cdots \tag{B.2}$$

即前一次分叉间距约为下一次分叉间距的 4.6692…倍，数值越到后来越精确. 映射沿纵轴方向的分叉间距衰减，且有

$$a = \lim_{m\to\infty} \frac{\varepsilon_m}{\varepsilon_{m+1}} = 2.5029\cdots \tag{B.3}$$

即前一次的分叉间距约为下一次分叉间距的 2.5029…倍，数值越到后来越精确. 整个系统在倍周期分叉的运行过程中，在越来越小的尺度重复出现近似的自相似结构.

这里要着重指出的是，实验和计算结果表明，对于各种不同的非线性系统，例如 $x_{n+1}=1-\lambda x_n^2$，$x_{n+1}=\lambda\sin\pi x_{n-1}$，$x_{n+1}=\exp[\lambda(1-x_n)]$等，当系统发生倍周期分叉都得到如上同样的结果. 可见，非线性迭代系统本身的结构尽管不同，但却遵循同样的方式走向混沌. 目前，科学界已普遍认为，以菲根鲍姆的名字命名的 δ 和 α 两个常数，是如同圆周率 π 和自然对数的底 e 那样反映宇宙本质的两个新的普适常数. 菲根鲍姆的这一重要发现，揭示了确定性系统走向混沌的规律.

B.4　倒分叉

从 $\lambda=3.569\,945\,672$ 到 $\lambda=4$，基本上是映射式(B.1)的混沌区，前面已讲过在其内部有复杂的结构. 考察 λ 由 4 逐渐减小趋近于 3.569 945 672…时，混沌区中的演变情况，发现出现倒分叉现象.

当 $\lambda=4$ 时，迭代结果的 x 值遍及[0,1]整个区间，称为单片混沌. 当 λ 逐渐减小时，起初混沌也是单片的，只是数值范围略小于[0,1]整个区间. 但当 λ 减小到等于 $\lambda_{(1)}=3.678\,6$ 时，迭代结果开始分布在两个区间内，每次迭代所得数值从其中一个区间到另一个区间，此时混沌由单片变成双片. λ 值再减小到 $\lambda_{(2)}=3.592\,6$ 时，双片混沌又分为四片. λ 继续减小，混沌将相应发生 4 分为 8，8 分为 16……这种现象称为倒分叉，如图 B.3 所示.

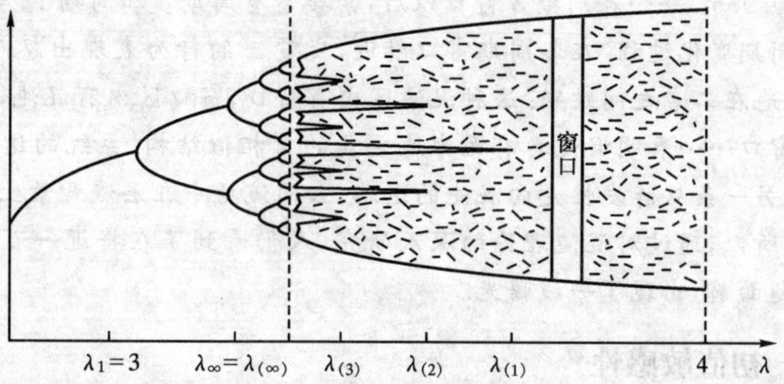

图 B.3　倒分叉

根据实验和计算,倒分叉点的 $\lambda_{(m)}$ 值如表 B.1 所示.

表 B.1

m	倒分叉情况	分叉值 $\lambda_{(m)}$	间距比值 $\frac{\lambda_{(m-1)}-\lambda_{(m)}}{\lambda_{(m)}-\lambda_{(m+1)}}$
1	1 分为 2	3.678 573 510	
2	2 分为 4	3.592 572 184	4.840 442
3	4 分为 8	3.574 804 939	4.652 331
4	8 分为 16	3.570 985 940	4.671 741
5	16 分为 32	3.570 168 472	4.669 033
6	32 分为 64	3.569 993 390	4.669 099
⋮	⋮	⋮	⋮
∞	混沌→周期解	3.569 945 672	4.669 201

可见,倒分叉沿横轴方向的间距比 $(\lambda_{(m-1)}-\lambda_{(m)})/(\lambda_{(m)}-\lambda_{(m+1)})$ 的收敛极限值与倍周期分叉的 $(\lambda_{(m)}-\lambda_{(m-1)})/(\lambda_{(m+1)}-\lambda_{(m)})$ 的极限值是一致的,等于菲根鲍姆常数 δ,这表明混沌区的结构是有规律的.

B.5 周期窗口

混沌区的结构除了倒分叉以外,还有周期窗口. 图 B.3 中画出了其中一个窗口. 它代表在混沌区 $\lambda_{\infty}<\lambda\leqslant 4$ 中,映射有稳定的周期解. 例如,当 $\lambda=1+\sqrt{8}=3.828\,427\cdots$ 时,3 次迭代方程 $x=f(f(f(x)))$,或 $x_{n+3}=x_n$ 有 8 个实根,除去原有的两个不动点外,有 3 对重根,组成一个周期 3 解,即周期 3 窗口:0.159 9→0.513 6→0.956 3→…在周期 3 窗口以后,紧接着有周期 6 和周期 12 等窗口,也相当一个倍周期变化过程. 在各周期窗口附近,变量 x 的行为表现出忽而周期,忽而混沌,随机地在二者之间跳跃. 这种混沌区内有窗口,窗口区内有混沌,窗口的混沌区内还有窗口……表明混沌具有无穷地重复的自相似结构. 系统的这种动力学行为,开辟了另一条从阵发性走向混沌的道路,如同流场中在层流背景上随机爆发湍流的现象. 所以,通过对混沌理论的深入研究,人们看到了在将近一百年没有解决的湍流问题面前,出现了一线曙光.

B.6 初值敏感性

设 λ 取定值 $\lambda=4$,并给定 3 个不同的初值 x_0,对映射式(B.1)中进行迭代运算,将所得数据列表如表 B.2 所示.

表 B.2

n	$x_{n+1}=4x_n(1-x_n)$		
	x_0	x_0	x_0
1	0.1	0.100 000 01	0.100 000 1
2	0.36	0.360 000 003 2	0.360 000 032 0
3	0.921 6	0.921 600 035 8	0.921 600 358 4
⋮	⋮	⋮	⋮
10	0.147 836 559 9	0.147 824 444 9	0.147 715 428 1
⋮	⋮	⋮	⋮
50	0.277 569 081 0	0.435 057 399 7	0.793 249 588 2
51	0.802 094 386 2	0.983 129 834 6	0.104 139 309 1
52	0.634 955 927 4	0.066 342 251 5	0.373 177 253 6

从表中看出,给定的 3 个初值差别非常小,仅在小数点后第七位、第八位有所不同.开头几次迭代结果没有什么差别,迭代至第 10 次结果差别也不显著.但经过 50 次迭代后,结果就出乎意料,其数值飘忽不定,似有随机性. $x_n=4x_n(1-x_n)$ 是一个确定性的非线性迭代系统,但初值相差一点点,迭代几十次后结果就"差之毫厘,失之千里",变得不可捉摸,与初值之间看不出有什么关系.

在实际物理量的测量中,精度总是有限的.由于误差的存在和非线性系统固有的内在随机性,非线性确定性系统长期运行下去,将跑到什么地方,变得完全不可捉摸,即人们将看到系统对确定的初值所表现出来的"不确定行为",结果出现混沌.

由上面的介绍可以看出,混沌现象至少具有如下特征:

(1) 混沌现象只在非线性系统中发生,且只有当非线性系统的某个参量达到某一阈值时,系统才会进入混沌状态.

(2) 混沌行为对初值极为敏感,只要初值略有差异,其行为结果便有极大的不同.

(3) 混沌是确定性的混乱,即混沌既有确定性的一面,又有混乱(随机)的一面.所以,混沌系统是确定性与随机性并存的系统.

随着对非线性系统和混沌研究的进展,对混沌特征的认识必将进一步深化.人们有理由期望,混沌理论的发展将有助于揭示从流体、气象、地震、直至心脏和神经生理这样一些高度非线性问题的秘密.

第二篇 电磁学

电磁运动是物质的又一种基本运动形式.电磁学就是研究物质电磁运动规律及其应用的科学.它具体研究电荷和电流产生电场和磁场的规律,电场和磁场的相互联系,电磁场对电荷和电流的作用,电磁场对实物的作用及所引起的各种效应等.

1820 年以前,人们对电现象和磁现象是分别进行研究的,直到奥斯特发现了电流的磁效应后才结束了这种状态.1831 年,英国物理学家法拉第发现了电磁感应现象及其规律,将人类关于电、磁之间联系的认识推到了一个新阶段.1865 年,英国物理学家麦克斯韦总结了前人研究电、磁现象的成果,提出了感生电场和位移电流假设,建立了完整的电磁场理论基础——麦克斯韦方程组,并预言了电磁波的存在.1888 年赫兹从实验上给予了证明.100 多年来,随着科学技术的飞跃发展,又从许多方面更加充分证明了麦克斯韦电磁理论的正确性.

电磁现象是自然界中普遍存在的一种现象,它涉及从日常生活、一般的生产部门、各种新技术开发和应用到尖端科学研究等极其广泛的领域.因此,学好电磁学对今后更好地认识物质世界和学习好其他专业知识都是非常有用的.

本书中电磁学部分包括:静电场、稳恒磁场和电磁感应、电磁场三章.

第 4 章　静电场

§4.1　物质的电结构

实验证明，自然界中存在两种电荷，分别称为正电荷和负电荷. 它们之间存在相互作用力，同种电荷相互排斥，异种电荷相互吸引. 物体所带电荷的多少称为电量，用 q 或 Q 表示，在 SI 单位制中电量的单位是库仑(C).

实验还表明，在自然界中，存在着最小的电荷基本单元 e，任何带电体所带的电量只能是这个基本单元的整数倍，即

$$Q = ne(n = \pm 1, \pm 2, \pm 3, \cdots) \tag{4.1}$$

电荷的这一特性称为**电荷的量子性**. 实验测得这基本单元的电量为

$$e = 1.602\ 176\ 462(63) \times 10^{-19}\ \mathrm{C}$$

近似可取为

$$e = 1.602 \times 10^{-19}\ \mathrm{C} \tag{4.2}$$

由于 e 的量值非常小，在宏观现象中不易观察到电荷的量子性，常将电量 Q 看成是可以连续变化的物理量，它在带电体上的分布也看成是连续的.

由物质的电结构可知，原子中一个电子带一个单位负电荷，一个质子带一个单位正电荷，其量值就是 $e = 1.602 \times 10^{-19}\ \mathrm{C}$，原子失去电子带正电，原子得到电子带负电.

随着人们对物质结构的认识，1964 年盖尔曼(M. Gell - Mann)等人提出了夸克模型，认为夸克粒子是物质结构的基本单元，强子(质子、中子等)是由夸克组成的，而不同类型的夸克带有不同的电量，分别为 $\pm\frac{1}{3}e$ 或 $\pm\frac{2}{3}e$. 1995 年，核子的 6 个夸克已全部被实验发现，可靠的依据也证明了分数电荷的存在. 但到目前为止还没有发现自由状态存在的夸克.

我们已经知道，在正常情况下物体不带电，呈电中性，即物体上正、负电荷的代数和为零. 当物体呈带电状态时，是由于电子转移或电子重新分配的结果，在电子转移或重新分配的过程中，正、负电荷的代数和并不改变. 大量实验表明，把参与相互作用的几个物体或粒子作为一个系统，若整个系统与外界没有电荷交换，则不管在系统中发生什么变化过程，整个系统电荷量的代数和将始终保持不变. 这一结论

称为**电荷守恒定律**,它是自然界中一条基本定律.实验还发现,一切宏观的、微观的、物理的、化学的、生物的等过程都遵守电荷守恒定律.

§4.2 库仑定律

实验表明,带电体之间的相互作用与带电体之间的距离和所带电量有关,也与带电体的大小、形状、电荷在带电体上的分布情形以及周围介质的性质有关.所以在通常情况下,两个带电体之间的相互作用表现出与多种因素有关的复杂情形.当带电体的线度与带电体之间的距离相比小得多时,带电体的大小、形状对所研究问题的影响可以忽略,这样的带电体称为**点电荷**.显然,点电荷的概念与质点、刚体等概念一样,是对实际情况的抽象,是一种理想化的物理模型.一个带电体能否看成点电荷,必须根据具体情况来决定.一般的带电体不能看成点电荷,但总可以把它看成是许多点电荷的集合体,从而能由点电荷所遵从的规律出发,得出我们所要寻找的结论.本节我们讨论真空中点电荷间的相互作用.

两点电荷之间的相互作用是库仑(C. A. de Coulomb,1736—1806)通过扭秤实验于1785年总结出来的,其内容为:真空中两静止点电荷之间的相互作用力的大小与它们所带电量的乘积成正比,与它们之间距离的平方成反比;作用力的方向沿着两电荷的连线,同号电荷相斥(为正),异号电荷相吸(为负),这一结论称为**库仑定律**.其数学表达式为

$$\boldsymbol{F}=k\frac{q_1 q_2}{r^2}\hat{\boldsymbol{r}} \tag{4.3}$$

式中 q_1、q_2 分别是两电荷的电量,r 为两点电荷之间的距离,$\hat{\boldsymbol{r}}$ 为施力电荷指向受力电荷的单位矢量.k 为比例系数,在SI单位制中,实验测得其数值为

$$k=8.987\,551\,8\times10^9\ \mathrm{N\cdot m^2\cdot C^{-2}}\approx 9\times10^9\ \mathrm{N\cdot m^2\cdot C^{-2}}$$

为使由库仑定律导出的其他公式具有较简单的形式,通常将库仑定律中的比例系数写为

$$k=\frac{1}{4\pi\varepsilon_0} \tag{4.4}$$

其中,ε_0 为真空的电容率(或真空中的介电常数),于是库仑定律又可写为

$$\boldsymbol{F}=\frac{1}{4\pi\varepsilon_0}\cdot\frac{q_1 q_2}{r^2}\hat{\boldsymbol{r}} \tag{4.5}$$

图4.1(a)表示两个同号电荷的作用力是排斥力;图4.1(b)表示两个异号电荷的作用力是吸引力.

值得指出的是,库仑定律只适用于描述两个相对于观察者为静止的点电荷之间的相互作用,这种静止电荷的作用力称为**静电力**(或**库仑力**).空气对电荷之间的

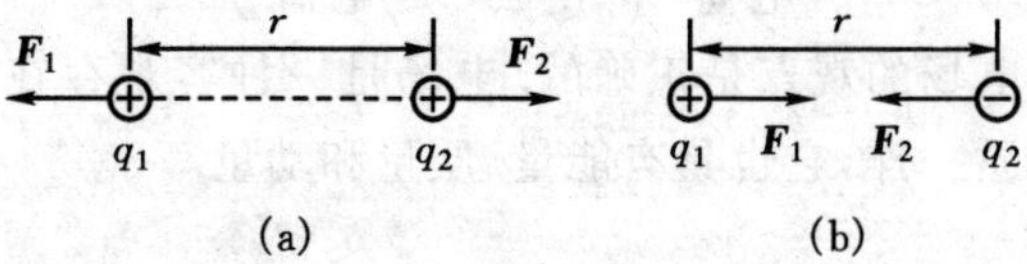

图 4.1　同号电荷相斥，异号电荷相吸

作用影响较小，可看成是真空.

例 4.1　三个点电荷 q_1、q_2 和 Q 所处的位置如图 4.2 所示，它们所带的电量分别为 $q_1=q_2=2.0\times10^{-6}$ C，$Q=4.0\times10^{-6}$ C. 求 q_1 和 q_2 对 Q 的作用力.

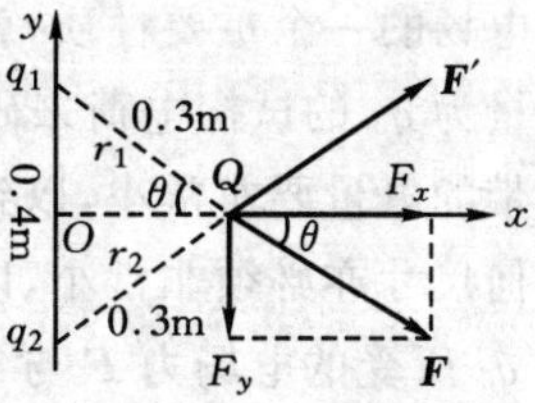

图 4.2　例 4.1 图

解　本类问题一般是先利用库仑定律求出 q_1、q_2 分别对 Q 的作用力 $\boldsymbol{F}$ 和 $\boldsymbol{F}'$，然后求出它们的合力.

由本问题的对称性可知 $\boldsymbol{F}$ 和 $\boldsymbol{F}'$ 的 y 分量大小相等，方向相反，因而互相抵消. Q 所受 q_1、q_2 之合力方向沿 x 轴正向. 由库仑定律得 q_1 对 Q 的作用力大小为

$$F=\frac{1}{4\pi\varepsilon_0}\frac{q_1Q}{r_1^2}=8.99\times10^9\times\frac{2.0\times10^{-6}\times4.0\times10^{-6}}{0.3^2+0.4^2}=0.29\,\mathrm{N}$$

$$F_x=F\cos\theta=0.29\times\frac{0.4}{0.5}=0.23\,\mathrm{N}$$

所以 Q 所受 q_1、q_2 之合力大小为

$$f=F_x+F'_x=2F_x=2\times0.23=0.46\,\mathrm{N}$$

§4.3　电场和电场强度

一、静电场

关于电荷之间如何进行相互作用，历史上曾经有过两种不同的观点. 一种观点认为这种相互作用不需要媒质，也不需要时间，而是直接从一个带电体作用到另一个带电体上的. 即电荷之间的的相互作用是一种“超距作用”. 这种作用方式可表示为

$$\text{电荷}\Longleftrightarrow\text{电荷}$$

另一种观点认为，任一电荷都在自己的周围空间产生电场，并通过电场对其他电荷施加作用力，这种作用方式可表示为

电荷$\rightleftharpoons$电场$\rightleftharpoons$电荷

大量事实证明，电场的观点是正确的. 电场是一种客观存在的特殊物质，与由分子、原子组成的物质一样，它也具有能量、质量和动量.

二、电场强度

不同的带电体系具有不同的电场，同一电荷体系的电场在空间具有一定的分布. 为了定量地描述电场中各点电场的性质，引入一个新的物理量——电场强度.

电场的一个重要性质，就是对置于其中的电荷施加作用力. 为此，在电场中引入电量为 q_0 的试探电荷来研究电场的性质. 所谓试探电荷是这样一种电荷，首先它所带的电量要非常小，以致由于它的引入使原电场发生的改变可以忽略；其次它的几何尺寸亦必须非常小，以致可以看做点电荷. 实验证明，在给定的场点处，试探电荷 q_0 所受的电场力 $\boldsymbol{F}$ 与 q_0 之比为一常矢量，与 q_0 的大小无关；不同的场点，比值不同. 可见比值 $\boldsymbol{F}/q_0$ 揭示了电场的性质，所以我们可将这一比值定义为**电场强度**，简称**电场**，用 $\boldsymbol{E}$ 表示，即

$$\boldsymbol{E} = \frac{\boldsymbol{F}}{q_0} \tag{4.6}$$

上式说明，静电场中任意一点的电场强度大小等于单位试探电荷在该点所受到的电场力，其方向与正电荷在该点的受力方向相同.

通常 $\boldsymbol{E}$ 是空间坐标的函数. 若 $\boldsymbol{E}$ 的大小和方向均与空间坐标无关，这种电场称为**匀强电场**. 在 SI 单位制中，电场强度的单位为牛顿/库仑($\mathrm{N \cdot C^{-1}}$)或伏特/米($\mathrm{V \cdot m^{-1}}$).

三、叠加原理和电场强度的计算

1. 单个点电荷产生的电场

考虑真空中的静电场是由电量为 q 的点电荷产生的，试探电荷 q_0 在其中的 P 点所受的电场力可由库仑定律式(4.5)得

$$\boldsymbol{F} = \frac{1}{4\pi\varepsilon_0} \cdot \frac{q_0 q}{r^3}\boldsymbol{r}$$

式中 $\boldsymbol{r}$ 是点 P 相对于点电荷的位置矢量，r 是这位置矢量的大小，由电场强度的定义式(4.6)得 P 点处的电场强度为

$$\boldsymbol{E} = \frac{\boldsymbol{F}}{q_0} = \frac{1}{4\pi\varepsilon_0} \cdot \frac{q}{r^3}\boldsymbol{r} \tag{4.7}$$

上式表示，点电荷在空间任一点 P 所产生的电场强度 $\boldsymbol{E}$ 的大小，决定于这个点电荷的电量和点 P 到该点电荷的距离. 电场强度 $\boldsymbol{E}$ 的方向与这个点电荷的符号有

关，q 为正，电场强度 $\boldsymbol{E}$ 的方向与位置矢量 $\boldsymbol{r}$ 的方向相同；q 为负，电场强度 $\boldsymbol{E}$ 的方向与位置矢量 $\boldsymbol{r}$ 的方向相反. 电场强度在空间呈球对称分布.

2. 场强的叠加原理　多个点电荷的电场强度

考虑空间存在 n 个点电荷 $q_1, q_2, \cdots, q_n$. 实验证明，在它们的电场中任一点 P 处，试探电荷 q_0 所受的电场力 $\boldsymbol{F}$ 等于各点电荷分别单独存在时 q_0 所受电场力的矢量和，即

$$\boldsymbol{F} = \boldsymbol{F}_1 + \boldsymbol{F}_2 + \cdots + \boldsymbol{F}_n = \sum_{i=1}^{n} \boldsymbol{F}_i$$

由电场强度的定义，点 P 的电场强度应表示为

$$\boldsymbol{E} = \frac{\boldsymbol{F}}{q_0} = \sum_{i=1}^{n} \frac{\boldsymbol{F}_i}{q_0} = \sum_{i=1}^{n} \boldsymbol{E}_i \tag{4.8}$$

式中 $\boldsymbol{E}_i$ 表示点电荷 q_i 单独存在时在 P 点产生的电场强度. 上式表明，在点电荷系的电场中，任意一点的电场强度等于每个点电荷单独存在时在该点所产生的电场强度的矢量和，这一结论称为**场强的叠加原理**.

设第 i 个点电荷 q_i 到场点 P 的矢量为 $\boldsymbol{r}_i$，由式(4.7)、(4.8)可得点电荷系的电场强度为

$$\boldsymbol{E} = \frac{1}{4\pi\varepsilon_0} \sum_{i=1}^{n} \frac{q_i}{r_i^3} \boldsymbol{r}_i \tag{4.9}$$

3. 任意带电体产生的电场

任意带电体的电荷可以看成是很多极小的电荷元 $\mathrm{d}q$ 的集合，每一个电荷元 $\mathrm{d}q$ 在空间任意一点 P 所产生的电场强度，与点电荷在同一点产生的电场强度相同. 整个带电体在 P 点产生的电场强度就等于带电体上所有电荷元在 P 点场强的矢量和. 如果点 P 相对于电荷元 $\mathrm{d}q$ 的位置矢量为 $\boldsymbol{r}$，则电荷元 $\mathrm{d}q$ 在 P 点产生的电场强度应表示为

$$\mathrm{d}\boldsymbol{E} = \frac{1}{4\pi\varepsilon_0} \cdot \frac{\mathrm{d}q}{r^3} \boldsymbol{r}$$

整个带电体在 P 点产生的电场强度为

$$\boldsymbol{E} = \frac{1}{4\pi\varepsilon_0} \int \frac{\mathrm{d}q}{r^3} \boldsymbol{r} \tag{4.10}$$

如果电荷连续地分布在体积为 V 的带电体上，其电荷体密度(体积元所带电量 $\mathrm{d}q$ 与其体积 $\mathrm{d}V$ 之比)为 ρ. 则可将 V 分为许多小体元 $\mathrm{d}V$，每个体元所带电量 $\mathrm{d}q = \rho\,\mathrm{d}V$，由式(4.10)得带电体 V 产生的电场强度

$$\boldsymbol{E} = \frac{1}{4\pi\varepsilon_0} \int_V \frac{\rho\,\mathrm{d}V}{r^3} \boldsymbol{r} \tag{4.11}$$

上式积分要对整个带电体进行.

如果电荷连续地分布在曲面 S 上,其电荷面密度(面元所带电量 dq 与其面积 dS 之比)为 σ. 则可将曲面 S 分为许多小面元 dS,每个小面元所带电量 $dq=\sigma dS$,由式(4.10)便得带电曲面 S 产生的电场强度

$$\boldsymbol{E}=\frac{1}{4\pi\varepsilon_0}\int_S\frac{\sigma dS}{r^3}\boldsymbol{r} \tag{4.12}$$

上式积分要对整个带电曲面进行.

如果电荷连续地分布在一条曲线 L 上,其电荷线密度(线元所带电量 dq 与其长度 dl 之比)为 λ,则可将 L 分成许多小线元 dl,每个线元所带电量 $dq=\lambda dl$,由式(4.10)便得带电曲线 L 产生的电场强度

$$\boldsymbol{E}=\frac{1}{4\pi\varepsilon_0}\int_L\frac{\lambda dl}{r^3}\boldsymbol{r} \tag{4.13}$$

上式积分要对整个带电曲线进行.

应该注意,式(4.10)—(4.13)都为矢量式. 实际应用中多用标量式(投影式),如 $\boldsymbol{E}$ 沿 X 轴的投影式为

$$E_x=\int dE_x=\int\frac{dq}{4\pi\varepsilon_0 r^2}\cos\alpha$$

式中 α 表示 $\boldsymbol{r}$ 与 X 轴的夹角.

例 4.2 如图 4.3 所示,有两个电量相等而符号相反的点电荷 $+q$ 和 $-q$,相距 l. 求在两点电荷的中垂面上任意一点 P 的电场强度.

解 以 l 的中点为原点建立坐标系,如图设点 P 到点 O 的距离为 r. 电荷 $+q$ 和 $-q$ 在点 P 产生的电场强度分别用 $\boldsymbol{E}_+$ 和 $\boldsymbol{E}_-$ 表示,它们的大小相等为

$$E_+=E_-=\frac{1}{4\pi\varepsilon_0}\cdot\frac{q}{r^2+(l/2)^2}$$

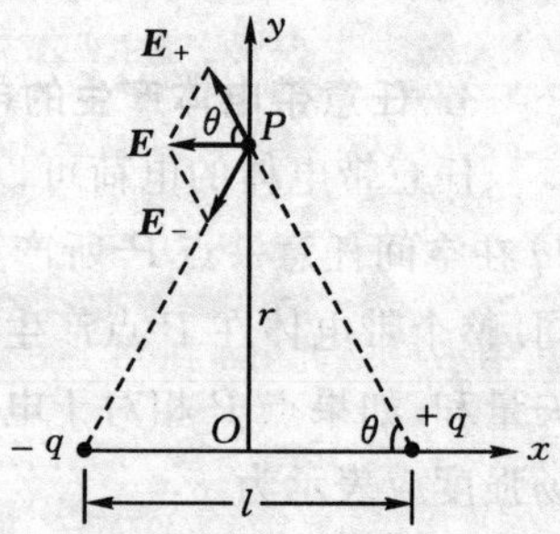

图 4.3　例 4.2 图

它们的方向如图所示.

点 P 的电场强度 $\boldsymbol{E}$ 为 $\boldsymbol{E}_+$ 和 $\boldsymbol{E}_-$ 的矢量和,即

$$\boldsymbol{E}=\boldsymbol{E}_++\boldsymbol{E}_-$$

$\boldsymbol{E}$ 的 x 分量为

$$E_x=E_{+x}+E_{-x}=-E_+\cos\theta-E_-\cos\theta=-\frac{1}{4\pi\varepsilon_0}\cdot\frac{ql}{[r^2+(l/2)^2]^{3/2}}$$

$\boldsymbol{E}$ 的 y 分量为

$$E_y=E_{+y}+E_{-y}=E_+\sin\theta-E_-\sin\theta=0$$

所以,点 P 的电场强度 $\boldsymbol{E}$ 大小为

$$E = |E_x| = \frac{1}{4\pi\varepsilon_0} \cdot \frac{ql}{[r^2 + l^2/4]^{3/2}}$$

$\boldsymbol{E}$ 的方向沿 x 轴负方向.

当 $r \gg l$ 时,这样一对电量相等、符号相反的点电荷所组成的系统,称为**电偶极子**.从负电荷到正电荷所引的有向线段 $\boldsymbol{l}$ 称为电偶极子的轴.电量 q 与电偶极子的轴 $\boldsymbol{l}$ 的乘积,定义为电偶极子的**电矩**,用 $\boldsymbol{p}$ 表示,即

$$\boldsymbol{p} = q\boldsymbol{l} \tag{4.14}$$

由于 $r \gg l$,故有 $(r^2 + l^2/4)^{3/2} \approx r^3$,所以在电偶极子轴的中垂面上任意一点的电场强度可表示为

$$\boldsymbol{E} = -\frac{\boldsymbol{p}}{4\pi\varepsilon_0 r^3} \tag{4.15}$$

电偶极子是一个很重要的物理模型,在研究电介质极化,电磁波的发射和吸收等问题中都要用到该模型.

例 4.3　有一均匀带电细直棒,长为 L,带总电量为 q.棒外一点 P 到直棒的距离为 a,求点 P 的电场强度.

解　如图 4.4 所示,设直棒两端至点 P 的连线与 x 轴正向间的夹角分别为 θ_1 和 θ_2,考虑棒上 x 处的元段 $\mathrm{d}x$,其带电量 $\mathrm{d}q = \lambda \mathrm{d}x = \frac{q}{L}\mathrm{d}x$,它在 P 点产生的电场强度大小为

$$\mathrm{d}E = \frac{\lambda \mathrm{d}x}{4\pi\varepsilon_0 l^2}$$

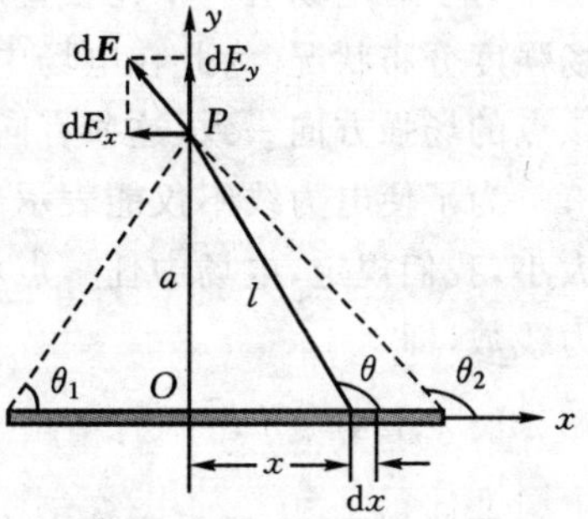

图 4.4　例 4.3 图

其中 l 是微元 $\mathrm{d}x$ 到 P 点的距离,$\mathrm{d}\boldsymbol{E}$ 的方向如图所示.它沿 x 轴和 y 轴的分量分别为

$$\mathrm{d}E_x = \mathrm{d}E\cos\theta = \frac{\lambda}{4\pi\varepsilon_0} \cdot \frac{\cos\theta}{l^2}\mathrm{d}x$$

$$= \frac{\lambda}{4\pi\varepsilon_0} \cdot \frac{\cos\theta}{a^2\csc^2\theta} a\csc^2\theta \mathrm{d}\theta = \frac{\lambda}{4\pi\varepsilon_0 a}\cos\theta \mathrm{d}\theta$$

$$\mathrm{d}E_y = \frac{\lambda}{4\pi\varepsilon_0 a}\sin\theta \mathrm{d}\theta$$

对以上两式积分得

$$E_x = \int \mathrm{d}E_x = \int_{\theta_1}^{\theta_2} \frac{\lambda}{4\pi\varepsilon_0 a}\cos\theta \mathrm{d}\theta$$

$$= \frac{\lambda}{4\pi\varepsilon_0 a}(\sin\theta_2 - \sin\theta_1) = \frac{q}{4\pi\varepsilon_0 aL}(\sin\theta_2 - \sin\theta_1)$$

$$E_y = \frac{\lambda}{4\pi\varepsilon_0 a}(\cos\theta_1 - \cos\theta_2) = \frac{q}{4\pi\varepsilon_0 aL}(\cos\theta_1 - \cos\theta_2)$$

讨论:(1) 对于半无限长均匀带电细棒($\theta_1=0, \theta_2=\pi/2$ 或 $\theta_1=\pi/2, \theta_2=\pi$)则有

$$E_x = \pm\frac{\lambda}{4\pi\varepsilon_0 a};\quad E_y = \frac{\lambda}{4\pi\varepsilon_0 a}$$

(2) 对于无限长均匀带电细棒($\theta_1=0, \theta_2=\pi$)则有

$$E_x = 0;\quad E_y = \frac{\lambda}{2\pi\varepsilon_0 a} \tag{4.16}$$

§4.4 高斯定理

一、电力线(电场线)

为了对电场有一个比较直观的了解,可用图示的方法形象地描绘电场中的电场强度分布状况.为此在电场中作一系列有向曲线,使曲线上每一点的切线方向与该点的场强方向一致,这些有向曲线称为**电力线**(又称**电场线**),简称 E 线.

为了使电力线不仅能表示出电场中各点场强的方向,而且还能表示出场强的大小,我们规定,电场中任一点场强的大小等于在该点附近垂直通过单位面积的电力线数,即

$$\frac{\mathrm{d}N}{\mathrm{d}S} = E \tag{4.17}$$

按此规定,电场强度的大小 E 就等于电力线密度,电力线的疏密描述了电场强度的大小分布,电力线稠密处电场强,电力线稀疏处电场弱.匀强电场的电力线是一些方向一致、距离相等的平行线.

静电场的电力线具有以下特点:

(1) 电力线起自正电荷(或来自无穷远),终止负电荷(或伸向无穷远),但不会在无电荷的地方中断,也不会形成闭合线.

(2) 因为静电场中的任一点,只有一个确定的场强方向,所以任何两条电力线都不可能相交.

二、电通量

通过电场中某一个曲面的电力线数称为通过该曲面的**电通量**,用符号 Φ_e 表示.

对于匀强电场,想象一个垂直于电场 $\boldsymbol{E}$ 的面积为 S 的平面,则通过该平面的电通量(电力线条数)为

$$\Phi_e = ES$$

仍对均匀场，若平面法向 $\boldsymbol{n}$ 与电场 $\boldsymbol{E}$ 成 θ 角，如图 4.5(b)所示，则通过 S 面的电通量为

$$\Phi_e = ES\cos\theta = \boldsymbol{E}\cdot S\boldsymbol{n}$$

这里用到两矢量 $\boldsymbol{E}$ 和 $\boldsymbol{n}$ 的点乘 $\boldsymbol{E}\cdot\boldsymbol{n}=En\cos\theta$.

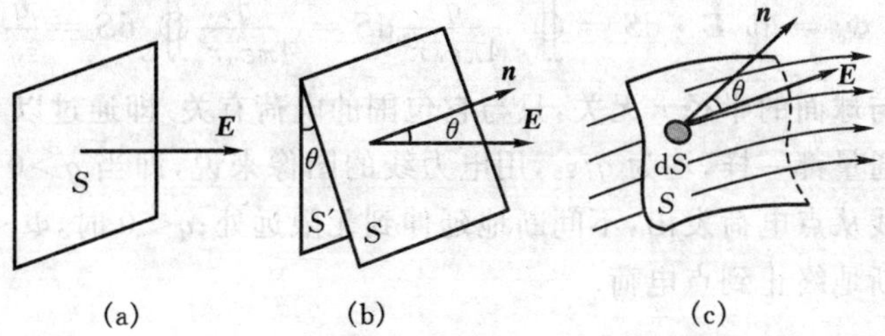

图 4.5　电通量

若场强是非均匀的，且 S 为一曲面，如图 4.5(c)所示，这时可将曲面分为无限多个面元 $\mathrm{d}S$，每个面元 $\mathrm{d}S$ 可看成为小平面，各面元上的电场强度 $\boldsymbol{E}$ 可看成是均匀的，设面元法向单位矢为 $\boldsymbol{n}$，并定义面元矢量 $\mathrm{d}\boldsymbol{S}=\mathrm{d}S\boldsymbol{n}$，则穿过面元 $\mathrm{d}S$ 的电通量为

$$\mathrm{d}\Phi_e = E\mathrm{d}S\cos\theta = \boldsymbol{E}\cdot\boldsymbol{n}\mathrm{d}S = \boldsymbol{E}\cdot\mathrm{d}\boldsymbol{S}$$

通过有限曲面 S 的电通量为

$$\Phi_e = \int_S \mathrm{d}\Phi_e = \iint_S E\cos\theta\mathrm{d}S = \iint_S \boldsymbol{E}\cdot\mathrm{d}\boldsymbol{S} \tag{4.18}$$

若对封闭曲面，并规定面元法向 $\boldsymbol{n}$ 的正向为从面内指向面外，则上式可表示为

$$\Phi_e = \oiint_S \boldsymbol{E}\cdot\mathrm{d}\boldsymbol{S} \tag{4.19}$$

可以看出，当电力线从内部穿出时 $0\leqslant\theta\leqslant\pi/2$，$\mathrm{d}\Phi_e$ 为正；当电力线从外面穿入时 $\pi/2\leqslant\theta\leqslant\pi$，$\mathrm{d}\Phi_e$ 为负. 闭面通量为正，则表示从闭面穿出的电力线数大于从闭面穿入的电力线数；否则，表示从闭面穿出的电力线数小于从闭面穿入的电力线数.

三、高斯定理

高斯(K. F. Gauss，1777—1855)是德国物理学家和数学家，他在实验物理和理论物理以及数学方面都作出了很多贡献，他导出的高斯定理是电磁学的一条重要规律. 定理反映了静电场中任一闭面电通量和该闭面所包围的电荷之间的确定数量关系. 下面在电通量概念的基础上，利用场的叠加原理推导高斯定理.

1. 包围点电荷 q 的球面的电通量

以点电荷 q 所在点为中心，取任意长度 r 为半径，作一球面 S 包围这个点电荷 q，如图 4.6(a)所示，据点电荷电场的球对称性可知，球面上任一点的电场强度 $\boldsymbol{E}$ 的大小为$\frac{q}{4\pi\varepsilon_0 r^2}$，方向都是以 q 为原点的径向，则电场通过这球面的电通量为

$$\Phi_e = \oiint_S \boldsymbol{E}\cdot d\boldsymbol{S} = \oiint_S \frac{q}{4\pi\varepsilon_0 r^2}dS = \frac{q}{4\pi\varepsilon_0 r^2}\oiint_S dS = \frac{q}{\varepsilon_0}$$

此结果与球面的半径 r 无关，只与它包围的电荷有关. 即通过以 q 为中心的任意球面的电通量都一样，均为 q/ε_0，用电力线的图像来说，即当 $q>0$ 时，$\Phi_e>0$，点电荷的电力线从点电荷发出，不间断地延伸到无限远处；$q<0$ 时，$\Phi_e<0$，电力线从无限远不间断地终止到点电荷.

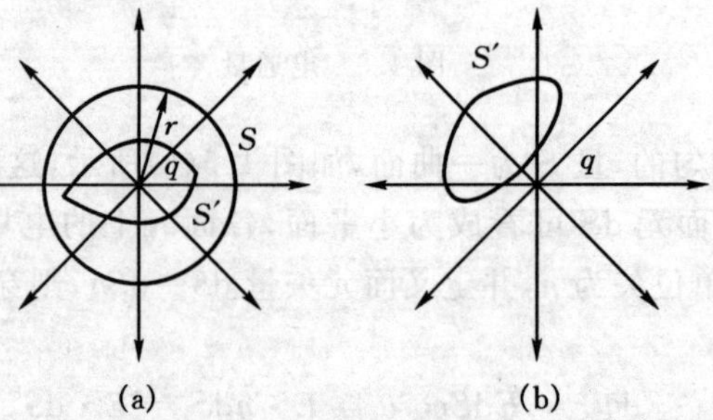

图 4.6　说明高斯定理示图

2. 包围点电荷的任意封闭曲面 S' 的电通量

S'和球面 S 包围同一个点电荷 q，如图 4.6(a)所示，由于电力线的连续性，可以得出通过任意封闭曲面 S'的电力线条数就等于通过球面 S 的电力线条数. 所以通过任意形状的包围点电荷 q 的封闭曲面的电通量都等于 q/ε_0.

3. 如果闭面 S' 不包围点电荷 q

如图 4.6(b)所示，则由电力线的连续性可得，由一侧穿入 S' 的电力线数就等于从另一端穿出 S'的电力线数，所以净穿出 S'的电力线数为零，即

$$\Phi_e = \oiint_S \boldsymbol{E}\cdot d\boldsymbol{S} = 0$$

4. 任意带电系统的电通量

以上只讨论了单个点电荷的电场中，通过任一封闭曲面的电通量. 我们把上面结果推广到任意带电系统的电场中，把其看成是点电荷 $q_1, q_2, \cdots, q_n, q_{n+1}, \cdots, q_s$ 的集合. 设一任意封闭曲面 S 包围了 n 个点电荷 $q_1, q_2, \cdots, q_n$，按电场叠加原理，曲

面 S 上任一点的电场强度为

$$\boldsymbol{E}=(\boldsymbol{E}_1+\boldsymbol{E}_2+\cdots+\boldsymbol{E}_n)+(\boldsymbol{E}_{n+1}+\cdots+\boldsymbol{E}_s)=\sum_{i=1}^{n}\boldsymbol{E}_i+\sum_{j=n+1}^{s}\boldsymbol{E}_j$$

因此，通过闭面 S 的电通量为

$$\begin{aligned}\Phi_e&=\oiint_S \boldsymbol{E}\cdot d\boldsymbol{S}=\oiint_S\left(\sum_{i=1}^{n}\boldsymbol{E}_i\right)\cdot d\boldsymbol{S}+\oiint_S\left(\sum_{j=n+1}^{S}\boldsymbol{E}_j\right)\cdot d\boldsymbol{S}\\&=\sum_{i=1}^{n}\oiint_S \boldsymbol{E}_i\cdot d\boldsymbol{S}+\sum_{j=n+1}^{S}\oiint_S \boldsymbol{E}_j\cdot d\boldsymbol{S}\\&=\frac{1}{\varepsilon_0}\sum_{i=1}^{n}q_i\end{aligned}$$

5. 高斯定理

综上可得如下结论：在真空中通过任意闭合曲面的电通量等于该曲面内电荷电量的代数和除以 ε_0. 这便是**高斯定理**. 其数学表达式为

$$\oiint_S \boldsymbol{E}\cdot d\boldsymbol{S}=\frac{1}{\varepsilon_0}\sum_{i=1}^{n}q_i \tag{4.20}$$

式中 $\sum_{i=1}^{n}q_i$ 是曲面 S 内电荷电量的代数和，当其电荷连续分布时，求和变为积分. 通常可将它们直接用 q 表示.

应当注意，高斯定理说明了通过封闭面的电通量，只与该封闭面所包围的电荷有关，并没有说封闭曲面上任一点的电场强度只与所包围的电荷有关. 封闭面上任一点的电场强度应该由激发该电场的所有场源电荷（包括封闭面内、外所有的电荷）共同决定.

四、高斯定理的应用

高斯定理是反映静电场性质的一条普遍定律，它对后面要讨论的变化电场也是成立的. 另外，在电荷分布具有某种对称性时，也可用高斯定理求该种电荷系统的电场分布，而且利用这种方法求电场要比库仑定律简便得多. 下面通过例子来说明.

例 4.4　内、外半径分别为 R_1 和 R_2 的均匀带电球壳，总电荷为 Q. 求空间各点的电场强度.

解　本题电荷分布具有球对称性，在以 O 为心的任一球面上，各点的电场强度大小相等，方向沿径向.

在如图 4.7(a) 的 Ⅰ 区（$r>R_2$）中，过场点 P 作以 O 为心的球形高斯面. 应用高斯定理便得

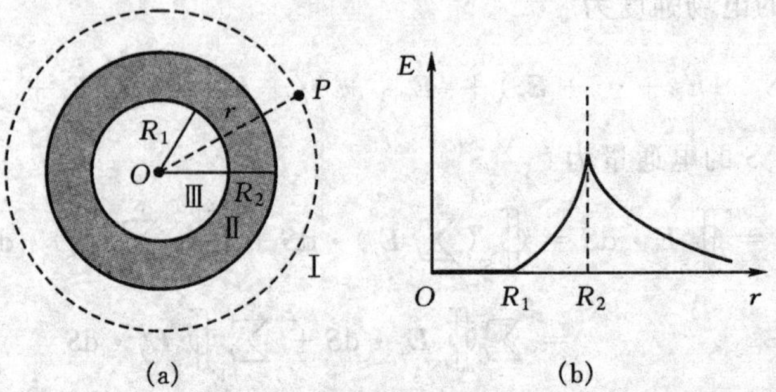

(a)　　　　　　(b)

图 4.7　例 4.4 图(一)

$$4\pi r^2 E = \frac{Q}{\varepsilon_0}$$

所以Ⅰ区($r>R_2$)中电场强度分布为

$$\boldsymbol{E} = \frac{Q\boldsymbol{r}}{4\pi\varepsilon_0 r^3}$$

在Ⅱ区($R_2>r>R_1$)中,以 O 为心,半径为 r 的高斯面内的电荷为

$$q = \frac{r^3 - R_1^3}{R_2^3 - R_1^3}Q$$

所以Ⅱ区($R_2>r>R_1$)中电场强度分布为

$$\boldsymbol{E} = \frac{Q(r^3 - R_1^3)\boldsymbol{r}}{4\pi\varepsilon_0(R_2^3 - R_1^3)r^3}$$

在Ⅲ区($r<R_1$)中,高斯面内没有电荷,所以该区相应的电场强度为零,即 $\boldsymbol{E}=0$. 电场强度大小随径向坐标变化的曲线如图 4.7(b)所示.

讨论:(1) 当 $R_1=0$ 时,即为均匀带电球体.若让 $R_2=R$,上述结果为

$$\boldsymbol{E} = \frac{Q\boldsymbol{r}}{4\pi\varepsilon_0 r^3} \quad (r>R)$$

$$\boldsymbol{E} = \frac{Q\boldsymbol{r}}{4\pi\varepsilon_0 R^3} \quad (r<R)$$

这便是均匀带电球体的电场强度分布,其大小随径向坐标变化的曲线如图 4.8(a)所示.

(2) 当 $R_1=R_2=R$ 时,即对于均匀带电球面,上结果为

$$\boldsymbol{E} = \frac{Q\boldsymbol{r}}{4\pi\varepsilon_0 r^3} \quad (r>R)$$

$$\boldsymbol{E} = 0 \quad (r<R)$$

均匀带电球面的电场强度大小随径向坐标变化的曲线如图 4.8(b)所示.

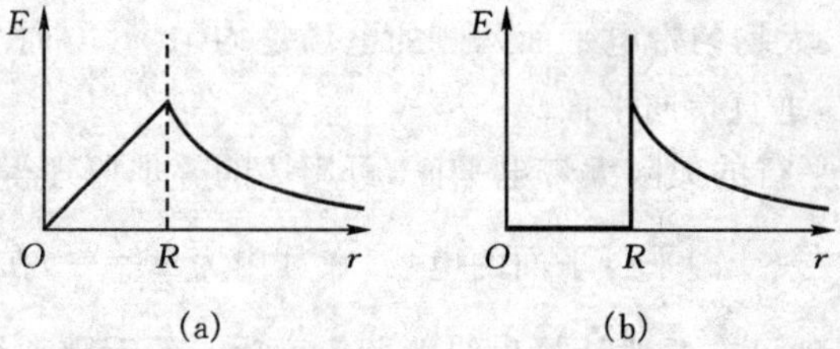

图 4.8　例 4.4 图(二)

(3) 以上三种情况中,球(壳)外的电场强度分布都为

$$\boldsymbol{E}=\frac{Q\boldsymbol{r}}{4\pi\varepsilon_0 r^3}$$

这结果与把总电量集中在球心时所构成的点电荷所得的结果一样.

例 4.5　求无限大均匀带电平面的电场分布. 已知带电平面上面电荷密度为 σ.

解　考虑距带电平面为 r 的 P 点的场强 $\boldsymbol{E}$(如图 4.9 所示). 由于电荷分布对于垂线 OP 是对称的,所以 P 点的场强必然垂直于该带电平面. 又由于电荷均匀分布在一个无限大平面上,所以电场分布必然对该平面对称,且在带电平面两侧距平面等远处场强大小相等,方向垂直指离平面(当 $\sigma>0$ 时).

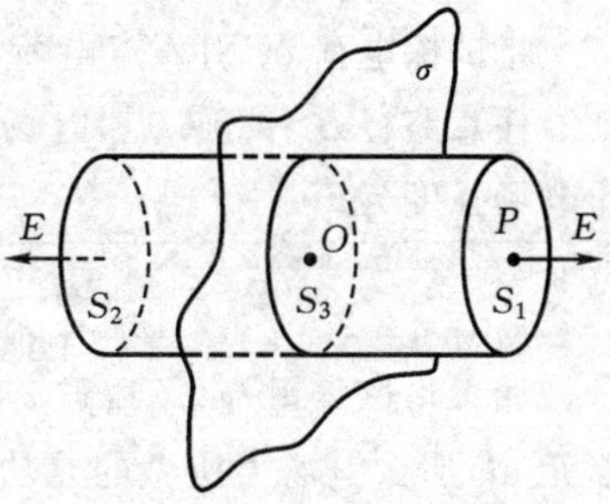

图 4.9　例 4.5 图

现选一个其轴垂直于带电平面的圆筒式封闭面作为高斯面 S,带电平面平分此圆筒,而 P 点位于它的一个底上. 由于圆筒的侧面上各点的 $\boldsymbol{E}$ 与侧面平行,所以通过侧面的电通量为零. 因而只需要计算通过底面的电通量. 以 ΔS 表示一个底的面积,则

$$\Phi_e=\oiint_S \boldsymbol{E}\cdot \mathrm{d}\boldsymbol{S}=2E\Delta S$$

由于

$$\sum q=\sigma\Delta S$$

由高斯定理便得

$$2E\Delta S=\sigma\Delta S/\varepsilon_0$$

从而

$$E=\frac{\sigma}{2\varepsilon_0} \tag{4.21}$$

讨论：(1) 无限大均匀带电平面两侧的电场是均匀场，方向当 $\sigma>0$ 时，垂直指离平面，当 $\sigma<0$ 时，垂直指向平面.

(2) 对于几个平行的无限大带电平面，可用场的叠加原理得其电场分布. 例如两无限大带等量异号($\pm\sigma$)平行平面的电场，在其内为 $E=\frac{\sigma}{\varepsilon_0}$，在其外为 $E=0$.

同样用高斯定理可方便地计算出线电荷密度为 λ 的无限长均匀带电细棒和无限长均匀带电圆筒等的电场分布.

§4.5 静电场的功 电势

一、静电场力的功 静电场的环路定理

将试探电荷 q_0 引入点电荷 q 的电场中，如图 4.10 所示，现在来考察把 q_0 由 a 点沿任意路径 L 移至 b 点，电场力所做的功. 路径上任一点 c 到 q 的距离为 r，此处的电场强度为

$$\boldsymbol{E}=\frac{1}{4\pi\varepsilon_0}\cdot\frac{q}{r^3}\boldsymbol{r}$$

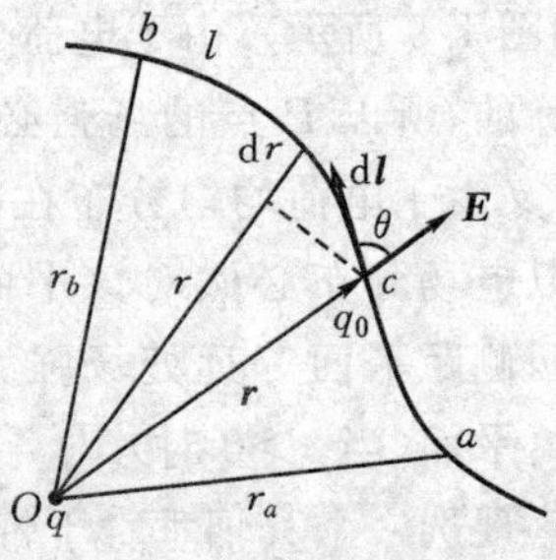

图 4.10 静电场力的功示图

如果将试探电荷 q_0 在点 c 附近沿 L 移动了位移元 $\mathrm{d}\boldsymbol{l}$，那么电场力所做的元功为

$$\begin{aligned}\mathrm{d}A&=q_0\boldsymbol{E}\cdot\mathrm{d}\boldsymbol{l}=q_0E\mathrm{d}l\cos\theta\\&=q_0E\mathrm{d}r=q_0\frac{q}{4\pi\varepsilon_0r^2}\mathrm{d}r\end{aligned}$$

式中 θ 是电场强度 $\boldsymbol{E}$ 与位移元 $\mathrm{d}\boldsymbol{l}$ 间的夹角，$\mathrm{d}r$ 是位移元 $\mathrm{d}\boldsymbol{l}$ 沿电场强度 $\boldsymbol{E}$ 方向的分量. 试探电荷 q_0 由 a 点沿 L 移到 b 点电场力所做的功为

$$A=\int_L\mathrm{d}A=\frac{q_0}{4\pi\varepsilon_0}\int_{r_a}^{r_b}\frac{q\,\mathrm{d}r}{r^2}=\frac{q_0q}{4\pi\varepsilon_0}\left(\frac{1}{r_a}-\frac{1}{r_b}\right) \tag{4.22}$$

其中 r_a 和 r_b 分别表示电荷 q 到点 a 和点 b 的距离. 上式表明在点电荷的电场中，移动试探电荷时，电场力所做的功除与试探电荷 q_0 成正比外，还与试探电荷的始、末位置有关，而与路径无关.

利用场的叠加原理可得，在点电荷系的电场中，试探电荷 q_0 从点 a 沿 L 移到点 b 电场力所做的总功为

$$A=\int_L q_0\boldsymbol{E}\cdot\mathrm{d}\boldsymbol{l}=\int_L q_0(\boldsymbol{E}_1+\boldsymbol{E}_2+\cdots+\boldsymbol{E}_n)\cdot\mathrm{d}\boldsymbol{l}$$

$$= \int_L q_0 \boldsymbol{E}_1 \cdot d\boldsymbol{l} + \int_L q_0 \boldsymbol{E}_2 \cdot d\boldsymbol{l} + \cdots + \int_L q_0 \boldsymbol{E}_n \cdot d\boldsymbol{l}$$
$$= A_1 + A_2 + \cdots + A_n$$

上式中的的每一项都表示试探电荷 q_0 在各个点电荷单独产生的电场中从点 a 沿 L 移到点 b 电场力所做的功. 由此可见,点电荷系的电场力对试探电荷所做的功也只与试探电荷的电量以及它的始末位置有关,而与移动的路径无关.

任何一个带电体都可以看成由许多很小的电荷元组成的集合体,每一个电荷元都可以认为是点电荷. 整个带电体在空间产生的电场强度 $\boldsymbol{E}$ 等于各个电荷元产生的电场强度的矢量和. 于是我们得到这样的结论:在任何静电场中,电荷运动时电场力所做的功只与始末位置有关,而与电荷运动的路径无关. 即**静电场是保守力场**.

若使试探电荷在静电场中沿任一闭合回路 l 绕行一周,则静电场力所做的功为零,即

$$A = \oint_l q_0 \boldsymbol{E} \cdot d\boldsymbol{l} = 0 \tag{4.23}$$

由于 $q_0 \neq 0$,所以有

$$\oint_l \boldsymbol{E} \cdot d\boldsymbol{l} = 0 \tag{4.24}$$

上式左边的积分称为电场强度 $\boldsymbol{E}$ 的**环量**,上式表明,在静电场中场强沿任一闭合回路的环量都为零. 静电场的这一特性称为**静电场的环路定理**,它连同高斯定理构成描述静电场的两个基本定理.

二、电势能和电势

1. 电势能

在力学中已经知道,对于保守力场,总可以引入一个与位置有关的势能函数,当物体从一个位置移到另一个位置时,保守力所做的功等于这个势能函数增量的负值. 静电场是保守力场,所以在静电场中也可以引入势能的概念,称为**电势能**. 设 W_a、W_b 分别表示试探电荷 q_0 在起点 a、终点 b 的电势能,当 q_0 由 a 点移至 b 点时,据功能原理便可得电场力所做的功为

$$A_{ab} = \int_a^b q_0 \boldsymbol{E} \cdot d\boldsymbol{l} = -(W_b - W_a) \tag{4.25}$$

当电场力做正功时,电荷与静电场间的电势能减小;做负功时,电势能增加. 可见,电场力的功是电势能改变的量度.

电势能与其他势能一样,是空间坐标的函数,其量值具有相对性,但电荷在静电场中两点的电势能差却有确定的值. 为确定电荷在静电场中某点的电势能,应事

先选择某一点作为电势能的零点.电势能的零点选择是任意的,一般以方便合理为前提.若选 c 点为电势能零点,即 $W_c=0$,则场中任一点 a 的电势能为

$$W_a = q_0\int_a^c \boldsymbol{E}\cdot \mathrm{d}\boldsymbol{l} \tag{4.26}$$

2. 电势与电势差

电势能是电荷与电场间的相互作用能,是电荷与电场所组成的系统共有的,与试探电荷的电量有关.因此,电势能不能用来描述电场的性质.但比值 $\frac{W_a}{q_0}$ 却与 q_0 无关,仅由电场的性质及 a 点的位置来确定,为此我们定义此比值为电场中 a 点的**电势**,用 V_a 表示,即

$$V_a = \frac{W_a}{q_0} = \int_a^c \boldsymbol{E}\cdot \mathrm{d}\boldsymbol{l} \tag{4.27}$$

这表明,电场中任一点 a 的电势 V_a,在数值上等于单位正电荷在该点所具有的电势能;或等于单位正电荷从该点沿任意路径移至电势能零点处的过程中,电场力所做的功.式(4.27)就是电势的定义式,它是电势与电场强度的积分关系式.

静电场中任意两点 a、b 的电势之差,称为这两点间的**电势差**,也称为**电压**,用 ΔV 或 U 表示,则有

$$U = V_a - V_b = \int_a^c \boldsymbol{E}\cdot \mathrm{d}\boldsymbol{l} - \int_b^c \boldsymbol{E}\cdot \mathrm{d}\boldsymbol{l} = \int_a^b \boldsymbol{E}\cdot \mathrm{d}\boldsymbol{l} \tag{4.28}$$

该式反映了电势差与场强的关系.它表明**静电场中任意两点的电势差,其数值等于将单位正电荷由一点移到另一点的过程中,静电场力所做的功**.若将电量为 q_0 的试探电荷由 a 点移至 b 点,静电场力做的功用电势差可表示为

$$A_{ab} = W_a - W_b = q_0(V_a - V_b) \tag{4.29}$$

由于电势能是相对的,电势也是相对的,其值与电势的零点选择有关,定义式(4.27)中是选 c 点为电势零点的.但静电场中任意两点的电势差与电势的零点选择无关.

在国际单位制中,电势和电势差的单位都是伏特(V).

等势面 在电场中电势相等的点所构成的面称为**等势面**.不同电场的等势面的形状不同.电场的强弱也可以通过等势面的疏密来形象地描述,等势面密集处的场强数值大,等势面稀疏处场强数值小.电力线与等势面处处正交并指向电势降低的方向.电荷沿着等势面运动,电场力不做功.等势面概念的用处在于实际遇到的很多问题中,等势面的分布容易通过实验条件描绘出来,并由此可以分析电场的分布.

三、电势的计算

1. 点电荷的电势

在点电荷 q 的电场中，若选无限远处为电势零点，由电势的定义式(4.27)可得在与点电荷 q 相距为 r 的任一场点 P 上的电势为

$$V_P = \int_P^{\infty} \boldsymbol{E} \cdot \mathrm{d}\boldsymbol{l} = \int_r^{\infty} \frac{q}{4\pi\varepsilon_0 r^2} dr = \frac{q}{4\pi\varepsilon_0 r} \tag{4.30}$$

上式是点电荷电势的计算公式，它表示，在点电荷的电场中任意一点的电势，与点电荷的电量 q 成正比，与该点到点电荷的距离成反比.

2. 多个点电荷的电势

设在真空中有 N 个点电荷，其电量分别为 $q_1, q_2, \cdots, q_N$，它们各自单独存在时产生的场强依次为 $\boldsymbol{E}_1, \boldsymbol{E}_2, \cdots, \boldsymbol{E}_N$. 由场强叠加原理及电势的定义式得场中任一点 P 的电势为

$$\begin{aligned} V_P &= \int_P^{\infty} \boldsymbol{E} \cdot \mathrm{d}\boldsymbol{l} = \int_P^{\infty} (\boldsymbol{E}_1 + \boldsymbol{E}_2 + \cdots + \boldsymbol{E}_N) \cdot \mathrm{d}\boldsymbol{l} \\ &= \sum_{i=1}^{N} \int_P^{\infty} \boldsymbol{E}_i \cdot \mathrm{d}\boldsymbol{l} = \sum_{i=1}^{N} V_i \end{aligned} \tag{4.31}$$

式中 $\boldsymbol{E}_i$ 和 V_i 分别是第 i 个点电荷 q_i 单独在点 P 产生的电场强度和电势，因此上式表示，在多个点电荷产生的电场中，任意一点的电势等于各个点电荷在该点产生的电势的代数和. 电势的这一性质，称为电势的叠加原理. 设第 i 个点电荷到点 P 的距离为 r_i，P 点的电势可表示为

$$V_P = \sum_{i=1}^{N} V_i = \frac{1}{4\pi\varepsilon_0} \sum_{i=1}^{N} \frac{q_i}{r_i} \tag{4.32}$$

3. 任意带电体的电势

对电荷连续分布的带电体，可看成由许多电荷元组成，而每一个电荷元都可按点电荷对待. 所以，整个带电体在空间某点产生的电势，等于各个电荷元在同一点产生电势的代数和. 因此将式(4.32)中的求和用积分代替就得到带电体产生的电势，即

$$V_P = \frac{1}{4\pi\varepsilon_0} \int \frac{\mathrm{d}q}{r} \tag{4.33}$$

式中 $\mathrm{d}q$ 是电荷元的电量，r 是电荷元 $\mathrm{d}q$ 到所讨论点 P 的距离.

具体到带电体是体电荷、面电荷或线电荷分布时，$\mathrm{d}q$ 分别为 $\rho\,\mathrm{d}V$、$\sigma \mathrm{d}S$ 或 $\lambda \mathrm{d}l$. 在计算电势时，如果已知电荷的分布而尚不知电场强度的分布时，总可以利用式(4.33)直接计算电势. 对于电荷分布具有一定对称性的问题，往往先利用高斯定理

求出电场的分布,然后通过式(4.27)来计算电势.

例4.6 求电偶极子电场中的电势分布,已知电偶极子的电偶极矩 $\boldsymbol{P}=q\boldsymbol{l}$.

解 如图4.11所示,P 点的电势为电偶极子正负电荷分别在该点产生电势的叠加(求代数和),即

$$V_P=\frac{1}{4\pi\varepsilon_0}\frac{q}{r_+}-\frac{1}{4\pi\varepsilon_0}\frac{q}{r_-}$$

由于 $r\gg l$,因此 $r_+r_-\approx r^2$,$r_--r_+\approx l\cos\theta$,因而有

$$V_P=\frac{1}{4\pi\varepsilon_0}\frac{ql}{r^2}\cos\theta=\frac{1}{4\pi\varepsilon_0}\frac{\boldsymbol{P}\cdot\boldsymbol{r}}{r^3}$$

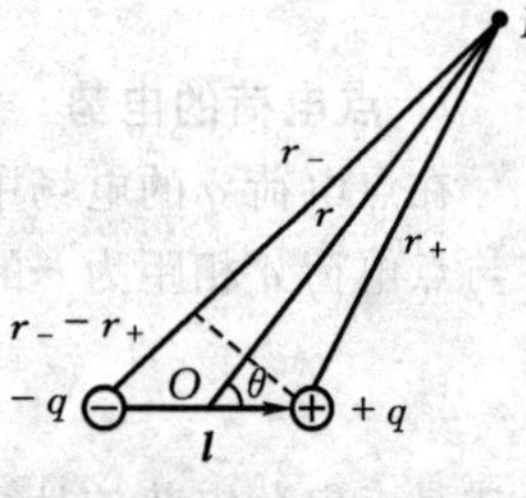

图4.11 例4.6图

由此可见,在轴线上的电势为 $V_P=\frac{1}{4\pi\varepsilon_0}\frac{P}{r^2}$;在中垂面上一点的电势为 $V_P=0$.

例4.7 电量为 q 的电荷任意地分布在半径为 R 的圆环上,求圆环轴线上任一点 P 的电势.

解 取坐标轴如图4.12所示,X 轴沿着圆环的轴线,原点 O 位于环中心处.设 P 点距环心的距离为 x,它到环上任一点的距离为 r;在环上任取一电荷元 dq,它在 P 点的电势

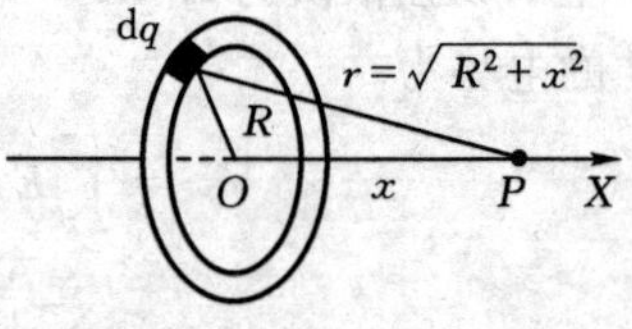

图4.12 例4.7图

$$dV=\frac{dq}{4\pi\varepsilon_0 r}$$

于是整个带电圆环在 P 点的电势

$$V=\oint_L\frac{dq}{4\pi\varepsilon_0 r}=\frac{q}{4\pi\varepsilon_0\sqrt{R^2+x^2}}$$

在 $x=0$ 处,即圆环中心处的电势

$$V=\frac{q}{4\pi\varepsilon_0 R}$$

例4.8 半径为 R 的球面均匀带电,所带总电量为 q.求电势在空间的分布.

解 先由高斯定理求得电场强度在空间的分布

$$E_1=0\qquad(r<R)$$

$$E_2=\frac{1}{4\pi\varepsilon_0}\cdot\frac{q}{r^2}\qquad(r>R)$$

方向沿球的径向向外.

对于球外任一点,距球心为 $r(r>R)$处,则电势为

$$V_2=\int_r^\infty\boldsymbol{E}\cdot d\boldsymbol{l}=\frac{1}{4\pi\varepsilon_0}\int_r^\infty\frac{q}{r^2}dr=\frac{1}{4\pi\varepsilon_0}\cdot\frac{q}{r}$$

对于球内的任一点,若距球心为 $r(r<R)$,则电势为

$$V_1=\int_r^{\infty}\boldsymbol{E}\cdot \mathrm{d}\boldsymbol{l}$$
$$=\int_r^R \boldsymbol{E}_1\cdot \mathrm{d}\boldsymbol{l}+\int_R^{\infty}\boldsymbol{E}_2\cdot \mathrm{d}\boldsymbol{l}$$
$$=\frac{1}{4\pi\varepsilon_0}\int_R^{\infty}\frac{q}{r^2}\mathrm{d}r$$
$$=\frac{1}{4\pi\varepsilon_0}\frac{q}{R}$$

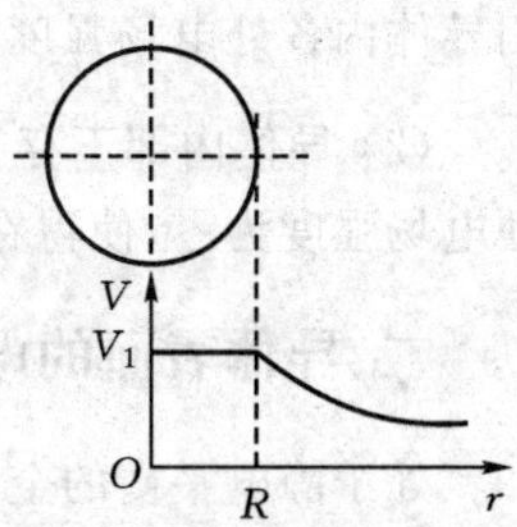

图 4.13　例 4.8 图

结果表明，在球面外部的电势，如同把电荷集中在球心的点电荷的电势；在球内部，电势为一恒量. 电势随离开球心的距离 r 的变化情形如图 4.13 所示.

§4.6　静电场中的导体

前面已经讨论了真空中的静电场. 在实际中，电场中总有导体或电介质（即绝缘体）存在. 下面将讨论静电场与导体、电介质的相互作用和影响. 对于导体只限于讨论各向同性的均匀金属导体.

一、导体的静电平衡

金属导体的电结构特征是在它的内部有可以自由移动的电荷——自由电子，将金属导体放在静电场中，它内部的自由电子将受静电场的作用而产生定向运动，并在导体侧面集结，使该侧面出现负电荷，而相对的另一侧面出现正电荷，这就是**静电感应现象**. 由静电感应现象所产生的电荷，称为**感应电荷**. 感应电荷同样在空间激发电场，将这部分电场称为**附加电场**，而空间任一点的电场强度是外加电场和附加电场的矢量和. 在导体内部附加电场与外电场方向相反，随着感应电荷的增加，附加电场也随之增加，直至附加电场与外电场完全抵消，使导体内部的场强为零，这时自由电子的定向运动也就停止了. 在金属导体中，自由电子没有定向运动的状态，称为**静电平衡**. 所以有如下的静电平衡条件：

(1) 导体内部的场强处处为零（否则自由电子的定向运动不会停止）；

(2) 导体表面上的场强处处垂直于导体表面（否则自由电子将会在沿表面分量的电场力的作用下作定向运动）.

由导体的静电平衡条件容易推出处于静电平衡状态的金属导体必具有下列性质：

(1) 整个导体是等势体，导体表面是等势面（这是由于导体上的任意两点 a 和 b，因导体内各处电场强度为零而使其电势差 $V_a - V_b = \int_a^b \boldsymbol{E} \cdot \mathrm{d}\boldsymbol{l} = 0$）；

(2) 导体内部不存在净电荷，电荷都分布在导体的表面上（这是由于导体内各处电场强度为零，使得在导体内任意一闭面的电通量为零）.

二、导体表面的电荷和电场

处于静电平衡的金属导体，电荷只分布在导体的表面上，在导体表面上电荷的分布与导体本身的形状以及附近带电体的状况等多种因素有关. 对于孤立导体，实验表明，导体曲率愈大处（例如尖端部分），表面电荷面密度也愈大；导体曲率较小处，表面电荷面密度也较小；在表面凹进去的地方（曲率为负），电荷密度更小. 另外由高斯定理可以求出导体表面附近的场强与该表面处电荷面密度的关系.

在导体表面紧邻处取一点 P，以 $\boldsymbol{E}$ 表示该处的电场强度，如图 4.14 所示. 过 P 点做一个平行于导体表面的小面积元 ΔS，并以此为底，以过 P 点的导体表面法线为轴做一个封闭的扁筒，扁筒的另一底面 $\Delta S'$ 在导体的内部. 由于导体内部的场强为零，而表面紧邻处的场强又与表面垂直，所以通过此封闭扁筒的电通量就是通过 ΔS 面的电通量，以 σ 表示导体表面上 P 点附近的面电荷密度，据高斯定理可得

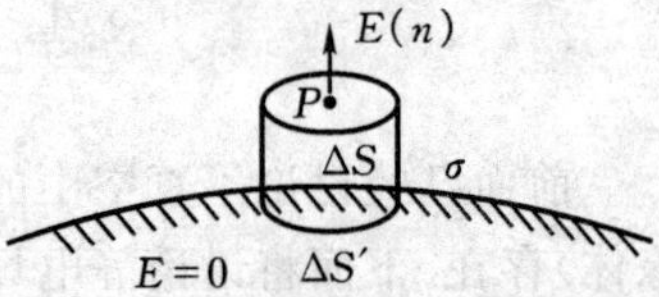

图 4.14 说明导体表面的电荷和电场示图

$$E\Delta S = \frac{\sigma \Delta S}{\varepsilon_0}$$

由此并考虑到表面紧邻处的场强与表面垂直，得

$$\boldsymbol{E} = \frac{\sigma}{\varepsilon_0}\boldsymbol{n} \tag{4.34}$$

其中 $\boldsymbol{n}$ 是导体表面法线方向. 上式表明，带电导体表面附近的电场强度大小与该处面电荷密度成正比.

对于有尖端的导体，由于尖端处电荷密度很大，尖端处的电场也很强，当这里的电场强到一定值时，就可使空气中残留的离子在电场作用下发生激烈运动，使得空气电离而产生大量的带电粒子. 与尖端上电荷异号的带电粒子受尖端电荷的吸引，飞向尖端，使尖端上的电荷中和掉；与尖端上电荷同号的带电粒子受到排斥而从尖端附近飞开. 从外表上看，就好像尖端上的电荷被“喷射”出来放掉一样，这现象称为**尖端放电**. 在尖端放电过程中，还可使原子受激发光而出现电晕. 避雷针就是根据尖端放电的原理制成的. 在高压设备中，为了防止因尖端放电而引起的危险和电能的浪费，可采取表面光滑的曲率较大的导体.

三、静电屏蔽

1. 导体空腔

对于腔内没有带电体的空腔导体，如图 4.15(a)所示，在导体内部作一包围空腔的高斯面 S，由于 S 面上的场强在导体处于静电平衡状态时处处为零，由高斯定理可知，导体空腔内表面上的电荷代数和为零，导体空腔内表面没有电荷分布，如图 4.15(a)所示，否则，若在导体内表面分布着等量异号电荷，如图 4.15(b)所示，这时电力线就从导体空腔内表面某正电荷处出发，而终止到导体空腔内表面负电荷处，这与静电平衡时导体为等势体相矛盾；内表面上电荷密度为零，内表面附近也不会有电场. 否则，若腔内空间存在电场，那么这种电场的电力线就只能在腔内空间闭合，这也是与静电场的性质相矛盾的，所以，腔内没有电荷的导体空腔在静电平衡时，其内表面没有电荷分布，空腔内没有电场、电势处处相等并等于导体的电势.

对于腔内有带电体的空腔导体，用高斯定理也不难证明，空腔内表面必定带有与腔内带电体等量异号的电荷.

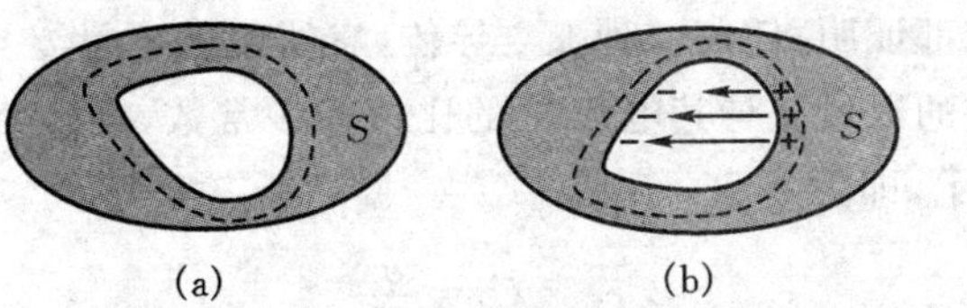

图 4.15　空腔导体

2. 静电屏蔽

根据导体空腔的性质，在导体空腔内部若不存在其他带电体，则无论导体外部电场如何分布，也不管导体空腔自身带电情况如何，只要处于静电平衡，腔内必定不存在电场. 另外，如果空腔内部存在电量为 $+q$ 的带电体，则在空腔内、外表面必将分别产生 $-q$ 和 $+q$ 的电荷，外表面的电荷 $+q$ 将会在空腔外空间产生电场，如图 4.16(a)所示. 若将导体接地，则由外表面电荷产生的电场随之消失，于是腔外空间将不再受腔内电荷的影响，如图 4.16(b)所示. 这种利用导体静电平衡性质使导体空腔内部空间不受腔外电荷和电场的影响，或者将导体空腔接地，使腔外空间免受腔内电荷和电场影响的现象，称为**静电屏蔽**.

静电屏蔽在电磁测量和无线电技术中有广泛的应用. 如常把测量仪器或整个实验室用金属壳或金属网罩起来，使测量免受外部的影响.

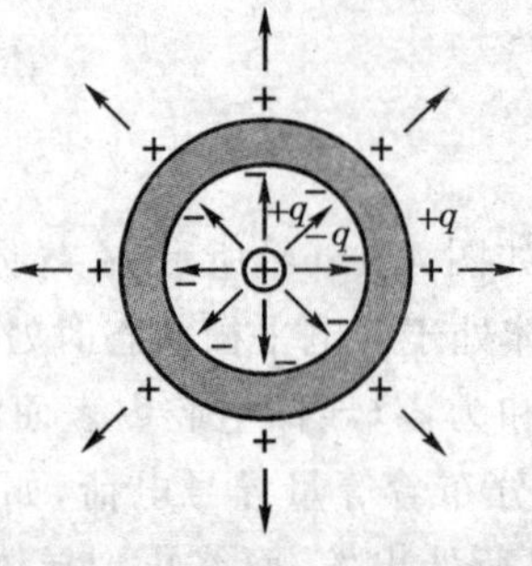

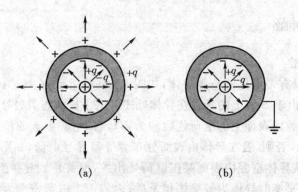

图 4.16　静电屏蔽

§4.7　电容　电容器

一、孤立导体的电容

理论和实践都证明，任何一种孤立导体，它所带的电量 q 与其电势 V 成正比，则孤立导体所带的电量 q 与其电势 V 的比值为一常数，把这个比值称为孤立导体的电容，用 C 表示，即为

$$C=\frac{q}{V} \tag{4.35}$$

可见，孤立导体的电容 C 只决定于导体自身的几何因素，与导体所带的电量及电势无关，它反映了孤立导体储存电荷和电能的能力.

例如，一半径为 R，带电为 Q 的孤立导体球，其电势可表示为

$$V=\frac{Q}{4\pi\varepsilon_0 R}$$

根据式(4.35)可得这孤立导体的电容为

$$C=\frac{Q}{V}=4\pi\varepsilon_0 R$$

在国际单位制中，电容的单位为法拉(F)，常用微法(μF)和皮法(pF).

$$1\mu F=10^{-6}F,\quad 1pF=10^{-12}F$$

二、电容器及其电容

实际的导体往往不是孤立的，在其周围还常存在着别的导体，且必然存在着静电感应现象，这时导体的电势 V 不仅与其所带的电量 Q 有关，而且还与其他导体

的位置、形状以及所带电量有关. 也就是说，其他导体的存在将会影响导体的电容. 在实际中，根据静电屏蔽原理常常设计一导体组，使其电容不受外界的影响，这种导体的组合就称为**电容器**. 常用的电容器是由中间夹有电介质的两块金属板构成.

设有两个导体 A 和 B 组成一电容器（常称导体 A、B 为电容器的两个极板）. 若 A、B 分别带电 $+q$ 和 $-q$，其电势分别为 V_1 和 V_2，电容器的电容定义为：一个极板的电量 q 与两极板间的电势差之比，即

$$C=\frac{q}{V_1-V_2}=\frac{q}{U_{AB}} \tag{4.36}$$

孤立导体实际上也是一种电容器，只不过另一导体在电势为零的无限远处.

三、几种常见的电容器及其电容

1. 平行板电容器及其电容

这种电容器是由两块彼此靠得很近的平行金属板构成. 设金属板的面积为 S，内侧表面间的距离为 d，在极板间距 d 远小于板面线度的情况下，平板可看成无限大平面，因而可忽略边缘效应. 若极板带等量异号电荷，电量大小为 q，面电荷密度为 σ，则两极板间的电势差为

$$U_{AB}=\int_A^B \boldsymbol{E}\cdot \mathrm{d}\boldsymbol{l}=Ed=\frac{\sigma}{\varepsilon_0}d=\frac{qd}{\varepsilon_0 S}$$

据式(4.36)得平行板电容器的电容为

$$C=\frac{q}{U_{AB}}=\frac{\varepsilon_0 S}{d} \tag{4.37}$$

可见，平行板电容器的电容与极板面积 S 成正比，与两极板间的距离 d 成反比.

2. 同心球形电容器及其电容

这种电容器是由两个同心放置的导体球壳构成. 设内、外球壳的半径分别为 R_A 和 R_B，内球壳上带电量 $+Q$，外球壳上带电量 $-Q$. 据高斯定理可求得两球壳之间的电场强度大小分布为

$$E=\frac{1}{4\pi\varepsilon_0}\cdot\frac{Q}{r^2}$$

方向沿径向向外. 两球壳间的电势差为

$$U_{AB}=\int_A^B \boldsymbol{E}\cdot \mathrm{d}\boldsymbol{l}=\int_{R_A}^{R_B}\frac{Q}{4\pi\varepsilon_0 r^2}\mathrm{d}r=\frac{Q}{4\pi\varepsilon_0}\left(\frac{1}{R_A}-\frac{1}{R_B}\right)$$

据式(4.36)得同心球形电容器的电容为

$$C=\frac{Q}{U_{AB}}=4\pi\varepsilon_0\frac{R_A R_B}{R_B-R_A} \tag{4.38}$$

当 $R_B\to\infty$ 时，$C=4\pi\varepsilon_0 R_A$，此即为孤立导体球的电容.

3. 同轴柱形电容器及其电容

这种电容器是由两块彼此靠得很近的同轴导体圆柱面构成. 设内、外柱面的半径分别为 R_A 和 R_B，圆柱的长为 l，且内柱面上带电量 $+Q$，外柱面上带电量 $-Q$. 当 $l \gg R_B - R_A$ 时，可忽略柱面两端的边缘效应，认为圆柱是无限长的. 据高斯定理可求得两柱面之间的电场强度大小分布为

$$E = \frac{\lambda}{2\pi\varepsilon_0 r}$$

式中 λ 是内柱面单位长度所带的电量. 两柱面间的电势差为

$$U_{AB} = \int_A^B \boldsymbol{E} \cdot \mathrm{d}\boldsymbol{l} = \int_{R_A}^{R_B} \frac{\lambda}{2\pi\varepsilon_0 r} \mathrm{d}r = \frac{\lambda}{2\pi\varepsilon_0} \ln \frac{R_B}{R_A}$$

因为内柱面上的总电量为 $Q = l\lambda$，所以同轴柱形电容器的电容为

$$C = \frac{Q}{U_{AB}} = \frac{2\pi\varepsilon_0 l}{\ln(R_B/R_A)} \tag{4.39}$$

归纳以上几例，计算电容的一般方法为：先假设两个极板分别带有 $+Q$ 和 $-Q$ 的电量，计算两极板间的电场强度分布；再根据电场强度求出两极板的电势差；最后根据电容的定义计算电容器的电容.

四、电容器的联接

在实际应用中，既要考虑电容器的电容值，又要考虑电容器的耐压值，当单个电容器不能同时满足这两个要求时，就需要把现有的电容器适当联接后使用. 当几只电容器互相联接后，它们所容的电荷量与其两端的电势差之比，称为它们的**等值电容**.

若 n 个电容器 $C_1, C_2, \cdots, C_n$ 串联（电极首尾相接），其等值电容 C 满足下式

$$\frac{1}{C} = \frac{1}{C_1} + \frac{1}{C_2} + \cdots + \frac{1}{C_n} \tag{4.40}$$

若 n 个电容器 $C_1, C_2, \cdots, C_n$ 并联（各电容器的正、负极分别连在一起），其等值电容 C 满足

$$C = C_1 + C_2 + \cdots + C_n \tag{4.41}$$

应当指出，在电容器串联时，总电容降低，但耐压能力增强；在电容器并联时，总电容增加，而耐压值等于耐压能力最低的电容器的耐压值. 在具体电路中，根据电路的要求使用不同的连接方法. 有时还采取既有串联，又有并联的电容器组合，即电容器的混联.

例 4.9 C_1, C_2 两个电容器，分别标明了 200 pF、500 V 和 300 pF、900 V，把它们串联起来后，等效电容是多少？如果两端加 1000 V 电压，是否会击穿？

解　C_1 和 C_2 串联等效电容为

$$C=\frac{C_1C_2}{C_1+C_2}=\frac{2\times10^{-10}\times3\times10^{-10}}{(2+3)\times10^{-10}}=1.2\times10^{-10}\ \mathrm{F}$$

若在它们两端加电压 $U=1000\ \mathrm{V}$，则每块极板带电

$$q=C\cdot U=1000\times1.2\times10^{-10}=1.2\times10^{-7}\ \mathrm{C}$$

此时，两电容器的端电压分别为

$$U_1=\frac{q}{C_1}=\frac{1.2\times10^{-7}}{2\times10^{-10}}=0.6\times10^{3}=600\ \mathrm{V}$$

$$U_2=\frac{q}{C_2}=\frac{1.2\times10^{-7}}{3\times10^{-10}}=0.4\times10^{3}=400\ \mathrm{V}$$

由于 C_1 的耐压是 500 V. 则 C_1 将被击穿，C_1 击穿后，所有的电压都加在 C_2 上，故 C_2 也将被击穿.

§4.8　稳恒电流

一、稳恒电流和稳恒电场

电荷的定向移动形成**电流**，提供电流的带电粒子称为**载流子**，单位时间通过导体横截面的电量称为**电流强度**，电流强度的方向规定为正电荷定向移动的方向. 电流强度用符号 I 表示. 如果在 $\mathrm{d}t$ 时间内通过导体某截面的电量为 $\mathrm{d}Q$，则通过该截面的电流强度为

$$I=\frac{\mathrm{d}Q}{\mathrm{d}t} \tag{4.42}$$

在国际单位制中，电流强度是七个基本物理量之一，其单位为安培(A).

1. 电流密度

电流强度反映了单位时间内载流子通过导体整个横截面的状况，它不涉及载流子穿过横截面各处的细节. 如果导体的粗细不均匀，在大截面各处和小截面各处载流子的分布状况显然不同. 为了描述电流的分布，引入另一个物理量，即**电流密度**. 电流密度是矢量，它在导体中任意一点的方向与正载流子在该点流动的方向相同，它的大小等于通过该点并垂直于电流的单位横截面的电流强度. 如图4.17所示，$\mathrm{d}S$ 是在考察点附近与所考察点电流方向垂

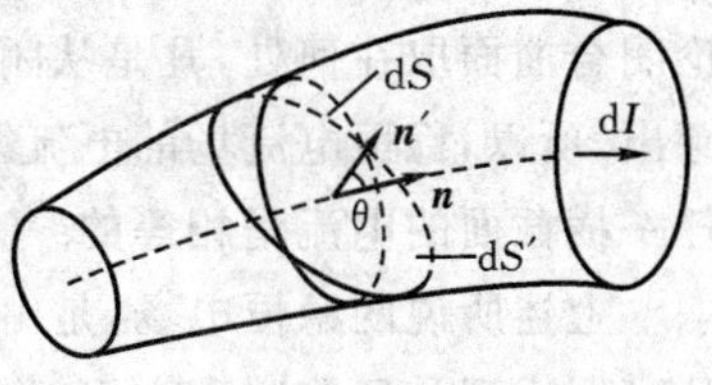

图 4.17　引入电流密度示图

直的面元，dI 是流过面元 dS 的电流强度，$\boldsymbol{n}$ 是面元 dS 的法向单位矢. 而 dS' 则是在考察点附近与 dS 对应的任一面元，$\boldsymbol{n}'$ 是其法向单位矢，θ 是 $\boldsymbol{n}'$ 与 $\boldsymbol{n}$ 的夹角. 电流密度 $\boldsymbol{j}$ 就为

$$\boldsymbol{j} = \frac{dI}{dS}\boldsymbol{n} = \frac{dI}{dS'\cos\theta}\boldsymbol{n} \tag{4.43}$$

在国际单位制中，电流密度的单位是安培/米^2(A/m^2).

由电流密度的定义可知，通过导体中任一曲面 S 的电流强度 I 可以表示为

$$I = \int_S j\,dS\cos\theta = \int_S \boldsymbol{j}\cdot d\boldsymbol{S} \tag{4.44}$$

可见，通过导体中任一曲面 S 的电流强度 I 就等于该曲面的电流密度 $\boldsymbol{j}$ 的通量.

电流场中的电流分布，可通过引入电流线来形象描述，**电流线**是电流场中的一系列曲线，其上每一点的切线方向都与该点的电流密度矢量方向相同. 由电流线围成的管状区域，称为**电流管**.

2. 稳恒电流及其稳恒条件

在导体内，任意取一个闭合曲面 S，根据电荷守恒定律，流出闭合曲面 S 的电流强度应等于曲面 S 内单位时间电荷的减少量，即

$$\oint\!\!\!\oint_S \boldsymbol{j}\cdot d\boldsymbol{S} = -\frac{dQ}{dt} \tag{4.45}$$

此即电荷守恒定律的数学表达式，也称为电流的**连续性方程**.

一般情况下，电流是随时间变化的，把分布不随时间变化的电流称为**稳恒电流**. 电流不随时间变化，则形成电流的电荷的分布也就不随时间变化，由分布不随时间变化的电荷所激发的电场，称为**稳恒电场**. 由于稳恒电流的电荷分布不随时间变化，则有 $\frac{dQ}{dt}=0$，根据电流的连续性方程式(4.45)可得稳恒条件为

$$\oint\!\!\!\oint_S \boldsymbol{j}\cdot d\boldsymbol{S} = 0 \tag{4.46}$$

电流的稳恒条件表明，在稳恒电流场中通过任意闭合曲面的电流必等于零，也即无论闭合曲面取在何处，凡是从闭合曲面一处穿入的电流线都必从闭合曲面另一处穿出. 所以，稳恒电流场的电流线必定是头尾相接的闭合曲线，通过同一电流管的任一横截面的电流是相等的.

上述所说的稳恒电场，是由运动的、分布不随时间变化的电荷所激发的. 在遵从高斯定理和环路定理方面，稳恒电场与静电场具有相同的性质，所以两者通称为**库仑场**.

二、欧姆定律及其微分形式

1. 欧姆定律

处于正常状态下的导体，在稳恒电流情况下，一段导体两端的电势差(或电压)与通过这段导体的电流 I 之间服从欧姆定律，即

$$U = IR \tag{4.47}$$

R 是导体的电阻. 在国际单位制中，电阻的单位为欧姆(Ω). 电阻的倒数称为电导(G)，单位是西门子(S). 导体的电阻与导体的长度 l 成正比，与导体的横截面积 S 成反比，即

$$R = \rho \frac{l}{S} \tag{4.48}$$

其中，ρ 是导体的电阻率，它由导体材料的性质来决定. 电阻率的倒数称为电导率(σ)，即 $\sigma=1/\rho$. 在国际单位制中电阻率的单位是欧姆・米(Ω・m)，电导率的单位是西门子/米(S/m).

电阻率(或电导率)不但与材料的种类有关，而且还与其温度有关. 一般的金属在温度不太低时，ρ 与温度 t 有线性关系，即

$$\rho = \rho_0(1 + \alpha t) \tag{4.49}$$

其中 ρ 和 ρ_0 分别是 t℃和 0℃时的电阻率，α 叫电阻的温度系数，其值随材料的不同而不同. 电阻温度系数小的材料其电阻随温度的变化不大，可用做标准电阻.

2. 欧姆定律的微分形式

在导体中，电场力使载流子定向移动而形成电流，根据电流密度方向的定义可知电流密度 $\boldsymbol{j}$ 的方向与电场强度 $\boldsymbol{E}$ 的方向相同. 下面利用欧姆定律推出欧姆定律的微分形式. 在金属导体的电流场中，取一长为 Δl，横截面积为 ΔS 的细电流管元段，根据欧姆定律，通过该电流管的电流 $\Delta I=\Delta U/R$，其中 $\Delta I=j\Delta S$，$\Delta U=E\Delta l$，$R=\Delta l/\sigma\Delta S$，于是可得

$$\boldsymbol{j} = \sigma \boldsymbol{E} \tag{4.50}$$

这个关系称为欧姆定律的微分形式，它反映了在金属导体中任意一点上电流密度与该点电场强度的关系.

三、电动势及其非静电力

由微分形式的欧姆定律可知，导体中产生稳恒电流的条件是导体内需要有一个稳恒电场，即在导体两端维持恒定的电势差. 试设想，将一个已充了电的电容器两极板沿外部用导线连接起来，构成闭合回路，电路上将有电流流过. 不过，随着两

极板电荷的减少，它们之间的电势差降低，电流很快就消失. 要使导体两端维持恒定的电势差以形成稳恒电流，就必须设法沿另一路径（例如电容器内部）将流到负极板的正电荷再送回到正极板. 显然，这要靠电容器内的静电力是办不到的，而只能通过其他类型的力来实现，这种力称为**非静电力**. 提供非静电力的装置称为**电源**.

单位正电荷所受到的非静电力，定义为非静电性电场的电场强度，用 $\boldsymbol{K}$ 表示. 在电源内部（即内电路），电荷同时受到稳恒电场和非静电性电场的作用，而在外电路却只有稳恒电场的作用. 因此，电荷 $+q$ 沿电路运行一周，各种电场所做的总功为

$$A=\int_{+}^{-} q\boldsymbol{E}\cdot \mathrm{d}\boldsymbol{l}+\int_{-}^{+} q(\boldsymbol{E}+\boldsymbol{K})\cdot \mathrm{d}\boldsymbol{l}=q\oint \boldsymbol{E}\cdot \mathrm{d}\boldsymbol{l}+q\int_{-}^{+} \boldsymbol{K}\cdot \mathrm{d}\boldsymbol{l}$$

由于稳恒电场遵从环路定理，所以上式可化为

$$A=q\int_{-}^{+} \boldsymbol{K}\cdot \mathrm{d}\boldsymbol{l}$$

我们把单位正电荷沿闭合电路运行一周非静电力所做的功，定义为电源的**电动势**，用以表征电源将其他形式的能量转变为电能的本领. 若用 $\mathscr{E}$ 表示，电动势可写为

$$\mathscr{E}=\frac{A}{q}=\int_{-}^{+} \boldsymbol{K}\cdot \mathrm{d}\boldsymbol{l} \tag{4.51}$$

非静电性电场 $\boldsymbol{K}$ 只存在于电源内部，并且其方向是沿电源内部从负极指向正极的. 考虑到一般情形，非静电性电场可能存在于整个电路，于是有

$$\mathscr{E}=\oint \boldsymbol{K}\cdot \mathrm{d}\boldsymbol{l} \tag{4.52}$$

电动势是代数量，它在电路中可取正、负两个方向. 规定从负极经电源内部到正极的方向为电动势的正方向.

*四、基尔霍夫定律

在稳恒电流电路中，把由几个元件串联而成的电流通道叫**支路**；把三条或三条以上支路的交汇点叫**节点**；由若干条支路围成的电流闭合通道叫**回路**.

1. 基尔霍夫第一定律

把稳恒条件 $\oiint_S \boldsymbol{j}\cdot \mathrm{d}\boldsymbol{S}=0$ 应用于只包围一个节点的闭合曲面，可得流入一节点的电流强度就等于流出该节点的电流强度，若规定流出节点的电流为正，流入节点的电流为负，上结论可叙述为：流出任一节点的电流强度代数和为零，即

$$\sum_i I_i=0 \tag{4.53}$$

这一规律是 19 世纪 40 年代由基尔霍夫总结出来的,称为**基尔霍夫第一定律**,也叫**节点定律**.相应的方程称为**基尔霍夫第一方程**(或**节点方程**).

2. 基尔霍夫第二定律

对于电路中的任一回路,应用稳恒电场的环路定理 $\oint_L \boldsymbol{E}\cdot \mathrm{d}\boldsymbol{l}=0$ 及 $\boldsymbol{E}\cdot \mathrm{d}\boldsymbol{l}$ 代表通过线元 $\mathrm{d}\boldsymbol{l}$ 发生的电势降落,由此可得如下结论:在稳恒电流电路中,沿任何闭合回路一周的电势降落的代数和总等于零,即

$$\sum_i U_i = 0 \tag{4.54}$$

其中 U_i 是回路上某一段(或某一元件)上的电势降落,求和是对整个回路求和.这一规律称为**基尔霍夫第二定律**,相应的方程称为**基尔霍夫第二方程**(**或回路方程**).

3. 应用基尔霍夫定律求解电路问题

应用基尔霍夫定律求解电路的步骤可归纳为如下几点:

(1) 标定电路中各条支路的电流强度 I 及其方向,这种标定是任意的(若解出某一支路的电流为负,则表明该支路的实际电流与标定方向相反).

(2) 对于有 n 个节点的电路,选其中 $n-1$ 个节点作为独立节点(有 n 个节点的电路中,对应 n 个节点的节点方程只有 $n-1$ 个是独立的),列出 $n-1$ 个独立节点方程.

(3) 利用加新支法(或其他方法)选取独立回路(对于电路中的每一回路都可列出回路方程,但这些回路方程并不独立.加新支法是确定独立回路的一种典型方法,其基本思想是后选的新回路应至少包含一条已选出的回路所不包含的新支路).

(4) 对各条独立回路,规定绕行正向,列出独立回路方程.(对于电阻,若电流方向与绕行方向一致,则电势降落为正,反之为负,其值为 IR;对于电源,若绕行方向由正极到负极,则电势降落为正,反之为负,其值为 $\mathscr{E}$.)

(5) 对以上独立方程联立求解,并根据所解出的各个电流的正负,判断出各支路电流的真实方向.

例 4.10　如图 4.18 所示电路中,$\mathscr{E}_1=117\ \mathrm{V}$,$\mathscr{E}_2=130\ \mathrm{V}$,$r_1=0.6\ \Omega$,$r_2=1\ \Omega$,$R=24\ \Omega$.求电路中各支路的电流强度.

解　电路中有三条支路,在图中标定各电流强度 I_1、I_2、I_3 及它们的方向,图中有两个节点、三个回路,可列出一个独立节点方程和两个独立回路方程.

对节点 B　　$I_3-I_1-I_2=0$　　(a)

对回路 1　　$I_1r_1-\mathscr{E}_1+\mathscr{E}_2-I_2r_2=0$　　(b)

对回路 2　　$I_2r_2-\mathscr{E}_2+I_3R=0$　　(c)

将题中所给数据代入(a)、(b)、(c)三个方程中，联立求解可得

$$I_1=-5\,\mathrm{A},\quad I_2=10\,\mathrm{A},\quad I_3=5\,\mathrm{A}$$

其中，I_2 和 I_3 为正，它们的真实流向与图中所标方向一致，I_1 为负，其实际流向与图中所标方向相反.

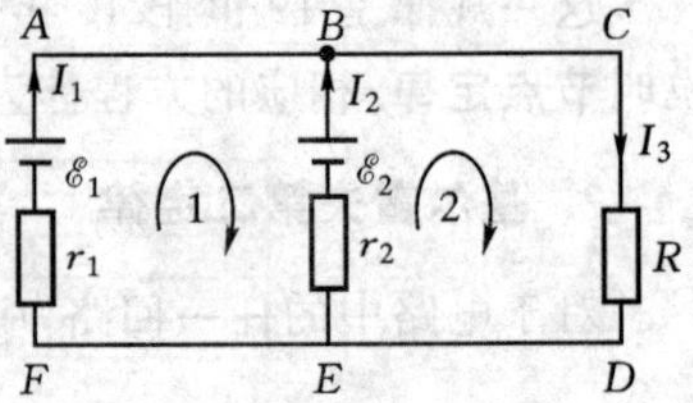

图 4.18 例 4.10 图

§4.9 电介质及其极化

一、电介质的电结构

电介质是通常所说的绝缘体，其主要特征是它的分子中电子被原子核束缚得很紧，介质内几乎没有自由电子，其导电性能很差，故称为**绝缘体**. 它与导体的明显区别是，在外电场作用下达到静电平衡时，电介质内部的场强不为零.

电介质中每个分子都是一个复杂的带电体系，它们分布在线度为 10^{-10} m 数量级的体积内. 在考虑介质分子受外电场作用或介质分子在远处产生电场时，都可认为其中的正电荷集中于一点，称为正电荷中心，而负电荷集中于另一点，称为负电荷中心，它们可看成电偶极子. 据介质中正、负电荷中心在正常情况下是否重合将电介质分为两类：有极分子电介质和无极分子电介质.

如氢(H_2)、氦(He)等，在正常情况下，它们内部的电荷分布具有对称性，它们分子的正、负电荷中心重合，其固有电矩为零，这类分子称为**无极分子**；如氯化氢(HCl)、水(H_2O)等，在正常情况下，它们内部的电荷分布不对称，因而分子的正、负电荷中心不重合，存在固有电矩，这类分子称为**有极分子**. 但由于分子热运动的无规则性，在物理小体积内的平均电偶极矩仍为零，因而也没有宏观电偶极矩分布(对外不显电性).

二、电介质的极化

当无极分子电介质处在外电场中时，由于分子中的正负电荷受到相反方向的电场力的作用，因而正负电荷中心将发生微小的相对位移，从而形成电偶极子，其电偶极矩沿外电场方向排列起来，使 $\sum_i \boldsymbol{p}_i \neq 0$ ，见图 4.19(a). 这时，沿外电场方向电介质的前后两侧面将分别出现正负电荷. 但这些电荷不能在介质内自由移动，也不能离开电介质表面，称其为**束缚电荷**. 这种在外电场作用下，使介质呈现束缚电荷的现象，称为电介质的**极化现象**. 无极分子的上述极化则称为**位移极化**.

当有极分子电介质放在外电场中时，各分子的电偶极子受到外电场力偶矩的

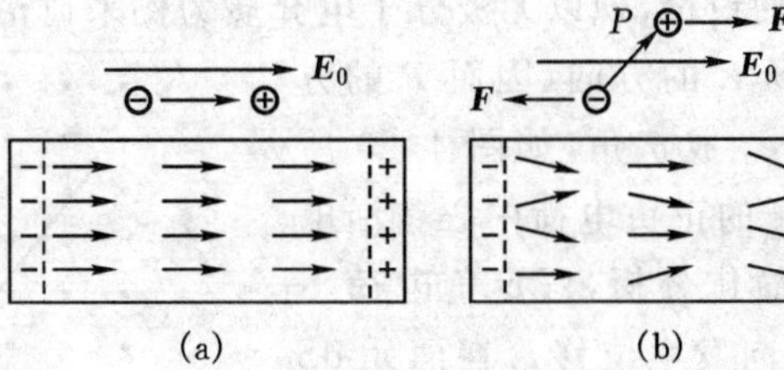

图 4.19　分子的极化

作用，都要转向外电场的方向排列起来，也使 $\sum_i \boldsymbol{p}_i \neq 0$．但由于分子的热运动，这种分子电偶极子的排列不可能十分整齐．然而从总体上看，这种转向排列的结果，使电介质沿电场方向前后两个侧面也分别出现正负电荷，见图 4.19(b)．这也是一种电介质的极化现象，称为有极分子电介质的**取向极化**．当然，有极分子也存在位移极化，只是有极分子的取向极化起主导作用．

综上所述，不论是无极分子电介质，还是有极分子电介质，在外电场中都会出现极化现象，产生束缚电荷．

三、电极化强度矢量

为了描述电介质的极化程度，引入电极化强度矢量 $\boldsymbol{P}$，其定义为

$$\boldsymbol{P} = \lim_{\Delta V \to 0} \frac{\sum \boldsymbol{p}_i}{\Delta V} \tag{4.55}$$

即电极化强度矢量 $\boldsymbol{P}$ 是单位体积内分子电矩矢量和．当外电场越强时，极化现象越显著，单位体积内的分子电矩矢量和就越大，极化强度 $\boldsymbol{P}$ 就越大．反之，外电场越弱，极化现象不显著，单位体积内的分子电矩矢量和就越小．可见，电极化强度矢量 $\boldsymbol{P}$ 可以用来描述电介质的极化程度．式(4.55)给出的极化强度是点的函数，一般来说，介质中不同点的电极化强度矢量 $\boldsymbol{P}$ 不同．但对于均匀的无极分子电介质处在均匀的外电场中 $\boldsymbol{P}=n\boldsymbol{p}$，其中 n 是介质单位体积内的分子数，$\boldsymbol{p}$ 是极化后电介质每个分子的电矩矢量．

在国际单位制中，电极化强度矢量 $\boldsymbol{P}$ 的单位为库仑/米^2(C/m^2)．

§4.10　电位移矢量　有介质时的高斯定理

一、极化强度与束缚电荷的关系

由于束缚电荷是电介质极化的结果，所以束缚电荷与电极化强度之间一定存

在某种定量关系.为方便讨论,现以无极分子电介质为例来讨论,考虑电介质内某一小面元 $\mathrm{d}S$,设其电场 $\boldsymbol{E}$ 的方向(因而 $\boldsymbol{P}$ 的方向)与 $\mathrm{d}S$ 的法线方向 $\boldsymbol{e}_n$ 成 θ 角,如图 4.20 所示,由于 $\boldsymbol{E}$ 的作用,分子的正负电荷中心将沿电场方向拉开距离 l.为简化分析,假定负电荷不动,而正电荷沿 $\boldsymbol{E}$ 的方向发生位移 l.在面元 $\mathrm{d}S$ 后侧取一斜高为 l,底面积为 $\mathrm{d}S$ 的体元 $\mathrm{d}V$.由于电场 $\boldsymbol{E}$ 的作用,此体元内所有分子的正电荷中心将穿过 $\mathrm{d}S$ 面到前侧去.以 q 表示每个分子的正电荷量,则由于电极化而越过 $\mathrm{d}S$ 面元的总电荷为

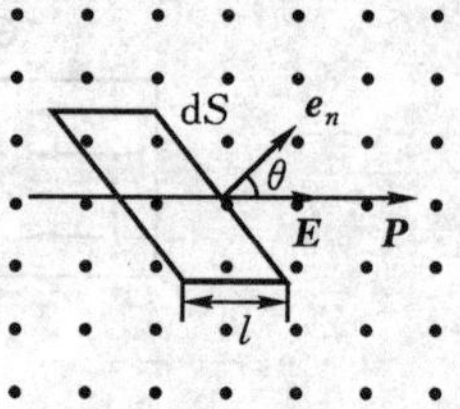

图 4.20 说明无极分子电介质极化强度与束缚电荷关系

$$\mathrm{d}q' = qn\mathrm{d}V = qnl\,\mathrm{d}S\cos\theta = \boldsymbol{P}\cdot\mathrm{d}\boldsymbol{S} \tag{4.56}$$

式中 n 是单位体积的分子数.那么由于极化穿过有限面积 S 的电荷为

$$q' = \iint_S \boldsymbol{P}\cdot\mathrm{d}\boldsymbol{S}$$

若 S 是封闭曲面,则穿过整个封闭曲面的电荷

$$q'_{\text{out}} = \oiint_S \boldsymbol{P}\cdot\mathrm{d}\boldsymbol{S}$$

因为电介质是电中性的,据电荷守恒定律,则得由电介质极化而在封闭面内净余的束缚电荷为

$$q'_{\text{int}} = -q'_{\text{out}} = -\oiint_S \boldsymbol{P}\cdot\mathrm{d}\boldsymbol{S} \tag{4.57}$$

若在式(4.56)中,$\mathrm{d}\boldsymbol{S}$ 是电介质的表面,而 $\boldsymbol{e}_n$ 是其外法向单位矢,则式(4.56)就给出了在介质表面由于电介质极化而出现的面束缚电荷 σ' 为

$$\sigma' = \frac{\mathrm{d}q'}{\mathrm{d}S} = P\cos\theta = \boldsymbol{P}\cdot\boldsymbol{e}_n = P_n \tag{4.58}$$

式(4.57)和式(4.58)就是由于介质极化而产生的束缚电荷与电极化强度的关系.从式(4.57)可以看出,在均匀外电场中,均匀电介质内部的任何体元内都不会有净余束缚电荷,束缚电荷只能出现在均匀电介质的表面,但对非均匀电介质,电介质内部也有束缚电荷分布.

二、电介质中的高斯定理　电位移矢量 $\boldsymbol{D}$

有电荷就会激发电场,所以电介质中某点的总电场 $\boldsymbol{E}$ 应等于自由电荷和束缚电荷分别在该点激发的场强 $\boldsymbol{E}_0$ 和 $\boldsymbol{E}'$ 的矢量和,即

$$\boldsymbol{E} = \boldsymbol{E}_0 + \boldsymbol{E}' \tag{4.59}$$

考虑了由于电介质的极化而出现的束缚电荷,介质也可以看成真空.现我们把

真空中电场的高斯定理推广到电介质的电场中，则有

$$\oiint_S \boldsymbol{E} \cdot d\boldsymbol{S} = \frac{1}{\varepsilon_0}(q + q'_{\text{int}})$$

其中 q 是闭面 S 内的自由电荷代数和，q'_{int} 是闭面 S 内的束缚电荷代数和. 由于介质中的束缚电荷难以测定，为此把上式中的束缚电荷 q'_{int} 用可测的物理量 $\boldsymbol{P}$ 来表示，把式(4.57)代入上式并运算得

$$\oiint_S (\varepsilon_0 \boldsymbol{E} + \boldsymbol{P}) \cdot d\boldsymbol{S} = q$$

定义电位移矢量

$$\boldsymbol{D} = \varepsilon_0 \boldsymbol{E} + \boldsymbol{P} \tag{4.60}$$

在国际单位制中 $\boldsymbol{D}$ 的单位同于 $\boldsymbol{P}$ 的单位为 C/m^2. 引入电位移矢量后高斯定理转化为

$$\oiint_S \boldsymbol{D} \cdot dS = q \tag{4.61}$$

这便是**电介质中的高斯定理**. 它是静电场的基本定理之一. 它表明，电位移矢量 $\boldsymbol{D}$ 的闭面通量等于闭面内的自由电荷代数和，与束缚电荷无关. 同于 $\boldsymbol{E}$ 的高斯定理，当电荷具有某种对称性时，选择适当的高斯面，可很容易求出电位移矢量 $\boldsymbol{D}$，进而便可求出电场强度 $\boldsymbol{E}$ 的分布.

电位移矢量 $\boldsymbol{D}$ 的定义式(4.60)给出了电位移矢量 $\boldsymbol{D}$ 与电场强度 $\boldsymbol{E}$ 及电极化强度 $\boldsymbol{P}$ 的关系，这一关系称为介质的性能方程. 对于各向同性线性电介质，实验指出，介质中每一点的极化强度 $\boldsymbol{P}$ 与该点的总电场强度 $\boldsymbol{E}$ 成正比且方向相同，即

$$\boldsymbol{P} = \chi \varepsilon_0 \boldsymbol{E} \tag{4.62}$$

式中 χ 为电极化率，它只与电介质中各点的性质有关，对于均匀介质 χ 便是常量，此时电位移矢量

$$\boldsymbol{D} = \varepsilon_0 (1 + \chi) \boldsymbol{E}$$

令 $\varepsilon_r = 1 + \chi$，称为相对介电常数，再令 $\varepsilon = \varepsilon_0 \varepsilon_r$，称为绝对介电常数(也叫电容率)则有

$$\boldsymbol{D} = \varepsilon_0 \varepsilon_r \boldsymbol{E} = \varepsilon \boldsymbol{E} \tag{4.63}$$

可见，对于各向同性均匀电介质，$\boldsymbol{D}$ 与 $\boldsymbol{E}$ 有简单的正比关系，当 $\varepsilon = \varepsilon_0$ 时，就回到了真空情形. 所以在本章前面介绍的好些关系中，将 ε_0 换为 ε 就可将其推广到各向同性均匀电介质中来. 比如库仑定律在无穷大各向同性均匀电介质中的形式为

$$\boldsymbol{F} = \frac{1}{4\pi\varepsilon} \cdot \frac{q_1 q_2}{r^2} \hat{\boldsymbol{r}}$$

再如，两极板间是介电常数为 ε 的平行板电容器的电容为

$$C=\frac{\varepsilon S}{d}$$

例 4.11　如图 4.21 所示，半径为 R 的球型导体，带电量为 Q，相对电容率为 ε_r、厚度为 R 的电介质球壳同心地包围着导体球，求电场、电势在空间的分布规律.

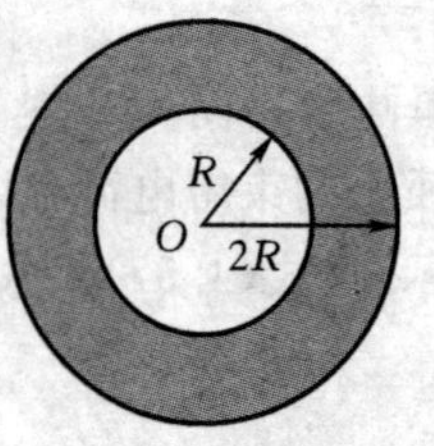

图 4.21　例 4.11 图

解　由于带电系统的球对称性，$\boldsymbol{E}$ 将是球心 O 至场点的距离 r 及各区间介质的相对电容率 ε_r 的函数，应用电介质中的高斯定理式(4.61)易得

$$E(r)=\begin{cases}0 & (r<R)\\ \dfrac{Q}{4\pi\varepsilon_0\varepsilon_r r^2} & (R<r<2R)\\ \dfrac{Q}{4\pi\varepsilon_0 r^2} & (r>2R)\end{cases}$$

$\boldsymbol{E}$ 的方向沿径向. 由结果可知，由于电介质极化而出现的束缚电荷所激发的电场 $\boldsymbol{E}'$ 削弱了原来的电场 $\boldsymbol{E}_0$，因而介质中的总场强 $\boldsymbol{E}$ 比没有电介质时的场强 $\boldsymbol{E}_0$ 小.

由电势与场强的关系可得电势的分布

当 $r>2R$ 时，
$$V_1=\int_r^\infty \frac{Q}{4\pi\varepsilon_0 r^2}dr=\frac{Q}{4\pi\varepsilon_0 r}$$

当 $R<r<2R$ 时，
$$V_2=\int_r^{2R}\frac{Q}{4\pi\varepsilon_0\varepsilon_r r^2}dr+\int_{2R}^\infty\frac{Q}{4\pi\varepsilon_0 r^2}dr=\frac{Q}{4\pi\varepsilon_0}\left(\frac{1}{\varepsilon_r r}-\frac{1}{2\varepsilon_r R}+\frac{1}{2R}\right)$$

当 $r<R$(即导体内) 时，其电势等于导体球面的电势

$$V_3=\frac{Q}{8\pi\varepsilon_0 R}\left(\frac{1}{\varepsilon_r}+1\right)$$

§4.11　电场的能量

一个物体带了电是否就具有静电能？为回答这个问题，让我们把带电体的带电过程作下述理解：物体所带电量是由众多电荷元聚集而成的，原先这些电荷元处于彼此远离的状态，使物体带电的过程就是外界把它们从无限远聚集到现在这个物体上来. 在外界把众多电荷元由无限远离状态聚集成一个带电体系的过程中，必须做功. 据功能原理，外界所做的总功必定等于带电体系电势能的增加. 若取众多电荷元处于彼此无限远离状态的电势能为零，带电体系电势能的增加就是它所具有的电势能. 所以，一个带电体系所具有的静电能就是该体系所具有的电势能，它

等于把各电荷元从无限远离的状态聚集成该带电体系的过程中，外界所做的功.

带电体系具有静电能. 那么带电体系所具有的静电能是由电荷所携带，还是由电荷激发的电场所携带？即能量是定域于电荷还是定域于电场？对此，在静电学范围内无法回答，这是因为在一切静电现象中，静电场与静电荷是相互依存，无法分离的. 随时间变化的电场和磁场形成电磁波，电磁波则可以脱离激发它的电荷和电流而独立传播并携带能量. 太阳光就是一种电磁波，它给大地带来了巨大的能量. 可见，静电能是定域于静电场中的.

既然静电能是定域于电场中的，那么我们就可以用场量来量度和表示它所具有的能量. 下面从平行板电容器两极板间的电场能量推出电场能量的一般表达式.

电容器充电过程可以理解为，不断地把微量电荷 $\mathrm{d}q$ 从一个极板移到另一个极板，最后使两极板分别带有电量 $+Q$ 和 $-Q$. 当两极板的电量分别达到 $+q$ 和 $-q$ 时，两极板间的电势差为 u_{AB}，若继续将电量 $\mathrm{d}q$ 从正极板移到负极板，外力所做的元功为

$$\mathrm{d}A = \mathrm{d}q u_{AB} = \frac{1}{C} q\,\mathrm{d}q$$

式中 C 是电容器的电容. 电容器所带电量从零增加到 Q 的过程中，外力所做的功为

$$A = \int_0^Q \frac{1}{C} q\,\mathrm{d}q = \frac{Q^2}{2C}$$

外力所做的功 A 等于电容器这个带电体系电势能的增加，所增加的这部分能量，储存在电容器极板之间的电场中，因极板原不带电，无电场能，所以极板间电场的能量，在数值上等于外力所做的功 A，即

$$W_e = A = \frac{Q^2}{2C} = \frac{1}{2} Q U_{AB} = \frac{1}{2} C U_{AB}^2 \tag{4.64}$$

其中 U_{AB} 是电容器带电量 Q 时两极板间的电势差. 上式即为电容器极板间电场能量的三种表达式.

设电容器极板上所带自由电荷的面密度为 σ，极板间充有电容率为 ε 的电介质，极板面积为 S，两极板间的距离为 d，则极板间电场强度可以表示为

$$E = \frac{\sigma}{\varepsilon}$$

极板上的电量可表示为

$$Q = \sigma S = \varepsilon E S$$

两极板间的电势差为

$$U_{AB} = Ed$$

将以上三式代入式(4.64)便可得

$$W_e = \frac{1}{2}\varepsilon E^2(Sd) = \frac{1}{2}\varepsilon E^2 V$$

其中 $V=Sd$ 是平行板电容器中电场所占的体积，由此可以求得电容器中静电场能量密度为

$$w_e = \frac{W_e}{V} = \frac{1}{2}\varepsilon E^2 = \frac{1}{2}ED \tag{4.65}$$

式(4.65)虽然是从平行板电容器极板间的电场这一特殊情况下推出的，但可以证明这个公式是普遍适用的.它适用于匀强电场，也适用于非匀强电场；适用于静电场，也适用于变化的电场.对于非均匀电场，空间各点的电场强度是不同的，但在体积元 dV 内可视为恒量，所以在体元 dV 内的电场能量为

$$dW_e = w_e dV = \frac{1}{2}\varepsilon E^2 dV$$

对整个电场所在空间积分便可得总的电场能量为

$$W_e = \int dW_e = \iiint_V \frac{1}{2}\varepsilon E^2 dV = \iiint_V \frac{1}{2}DE\,dV \tag{4.66}$$

在各向异性介质中，一般情况下 $\boldsymbol{D}$ 和 $\boldsymbol{E}$ 的方向不同，这时电场能量密度和总的电场能量应分别为

$$w_e = \frac{1}{2}\boldsymbol{E}\cdot\boldsymbol{D} \tag{4.65$'$}$$

$$W_e = \iiint_V \frac{1}{2}\boldsymbol{D}\cdot\boldsymbol{E}\,dV \tag{4.66$'$}$$

例 4.12 把半径为 R，总电量为 Q 的原子核看成密度均匀分布的带电球体，试求它的静电能.

解 原子核可看成处在真空中，利用高斯定理可得原子核内外的场强分布为

$$E = \begin{cases} \dfrac{1}{4\pi\varepsilon_0}\cdot\dfrac{Q}{R^3}r & (r<R) \\ \dfrac{1}{4\pi\varepsilon_0}\cdot\dfrac{Q}{r^2} & (r>R) \end{cases}$$

利用式(4.66)得原子核的静电能为

$$\begin{aligned} W &= \int \frac{1}{2}\varepsilon_0 E^2 dV \\ &= \int_0^R \frac{1}{2}\varepsilon_0\left(\frac{1}{4\pi\varepsilon_0}\frac{Qr}{R^3}\right)^2 4\pi r^2 dr + \int_R^\infty \frac{1}{2}\varepsilon_0\left(\frac{1}{4\pi\varepsilon_0}\frac{Q}{r^2}\right)^2 4\pi r^2 dr \\ &= \frac{3Q^2}{20\pi\varepsilon_0 R} \end{aligned}$$

章后结束语

一、本章内容小结

1. 自然界存在正、负两种电荷，构成物质的原子中，电子带负电，质子带正电，电荷具有量子性，电子的电荷量是电荷的最小单元，总电荷保持守恒.

2. 描述两个静止点电荷之间作用力的库仑定律

$$\boldsymbol{F}=k\frac{q_1q_2}{r^2}\hat{\boldsymbol{r}}=\frac{1}{4\pi\varepsilon_0}\cdot\frac{q_1q_2}{r^2}\hat{\boldsymbol{r}}$$

3. 电场强度是描述电场强弱的物理量，定义为 $\boldsymbol{E}=\boldsymbol{F}/q_0$.

4. 场的叠加原理

$$\boldsymbol{E}=\sum\boldsymbol{E}_i=\sum\frac{q_i}{4\pi\varepsilon_0r_i^2}\hat{\boldsymbol{r}}_i\rightarrow\boldsymbol{E}=\int\frac{\mathrm{d}q}{4\pi\varepsilon_0r^2}\hat{\boldsymbol{r}}$$

5. 电通量　$\Phi_e=\iint_S\boldsymbol{E}\cdot\mathrm{d}\boldsymbol{S}$

6. 高斯定理　$\oiint_S\boldsymbol{E}\cdot\mathrm{d}\boldsymbol{S}=\dfrac{q}{\varepsilon_0}$

7. 典型问题的电场

均匀带电为 Q 的球壳(内、外半径分别为 R_1 和 R_2)

$$\boldsymbol{E}=\begin{cases}0 & (r<R_1)\\ \dfrac{Q(r^3-R_1^3)\boldsymbol{r}}{4\pi\varepsilon_0(R_2^3-R_1^3)r^3} & (R_1<r<R_2)\\ \dfrac{Q\boldsymbol{r}}{4\pi\varepsilon_0r^3} & (r>R_2)\end{cases}$$

均匀带电无限长直线 $E=\dfrac{\lambda}{2\pi\varepsilon_0r}$，方向垂直于带电直线

均匀带电无限大平面 $E=\dfrac{\sigma}{2\varepsilon_0}$，方向垂直于带电平面

8. 静电场的环路定理(保守性)　$\oint_L\boldsymbol{E}\cdot\mathrm{d}\boldsymbol{l}=0$

9. 电势能差、电势差及电场力做功

$$A_{ab}=\int_a^bq_0\boldsymbol{E}\cdot\mathrm{d}\boldsymbol{l}=-(W_b-W_a)=-q_0(V_b-V_a)$$

$$V_P=\int_P^{\infty}\boldsymbol{E}\cdot\mathrm{d}\boldsymbol{l}\xrightarrow{\text{点电荷}}V=\frac{q}{4\pi\varepsilon_0r}\xrightarrow{\text{连续电荷}}V=\int\frac{\mathrm{d}q}{4\pi\varepsilon_0r}$$

10. 导体的静电平衡条件(1) $\boldsymbol{E}_{\text{int}}=0$;(2) 表面外紧邻处 $\boldsymbol{E}_{\text{s}}$ 垂直于表面.

静电平衡状态下,导体有如下性质:(1) $q_{\text{int}}=0$;(2) 导体是等势体.

11. 导体表面的电场和表面电荷的关系 $\boldsymbol{E}=\dfrac{\sigma}{\varepsilon_0}\boldsymbol{n}$

12. 静电屏蔽 利用导体静电平衡性质使导体空腔内部空间不受腔外电荷和电场的影响,或者将导体空腔接地,使腔外空间免受腔内电荷和电场影响的现象.

13. 电容器的电容 $C=\dfrac{q}{U_{AB}}$

平行板电容器的电容 $C=\dfrac{\varepsilon_r\varepsilon_0 S}{d}$

同心球形电容器的电容 $C=4\pi\varepsilon_0\dfrac{R_A R_B}{R_B-R_A}$

同轴柱形电容器的电容 $C=\dfrac{2\pi\varepsilon_0 l}{\ln(R_B/R_A)}$

14. 并联电容器组 $C=\sum C_i$

串联电容器组 $\dfrac{1}{C}=\sum\dfrac{1}{C_i}$

15. 电流密度 $\boldsymbol{j}=\dfrac{\mathrm{d}I}{\mathrm{d}S}\boldsymbol{n}$, $I=\iint_S \boldsymbol{j}\cdot\mathrm{d}\boldsymbol{S}$

16. 连续性方程 $\oiint_S \boldsymbol{j}\cdot\mathrm{d}\boldsymbol{S}=-\dfrac{\mathrm{d}Q}{\mathrm{d}t}$

稳恒条件 $\oiint_S \boldsymbol{j}\cdot\mathrm{d}\boldsymbol{S}=0$

17. 欧姆定律的微分形式 $\boldsymbol{j}=\sigma\boldsymbol{E}$

18. 电动势 $\mathscr{E}=\int_-^+\boldsymbol{K}\cdot\mathrm{d}\boldsymbol{l}\to\oint\boldsymbol{K}\cdot\mathrm{d}\boldsymbol{l}$ ($\boldsymbol{K}$是非静电力场强)

*19. 基尔霍夫方程组

节点电流方程 $\sum I_i=0$;

回路电压方程 $\sum U_i=0$ 或 $\sum(\pm\mathscr{E}_i)+\sum(\pm I_i U_i)=0$

20. 电极化强度(描述介质极化的强弱) $\boldsymbol{P}=\lim\limits_{\Delta V\to 0}\dfrac{\sum\boldsymbol{p}_i}{\Delta V}$

对各向同性线性介质 $\boldsymbol{P}=\varepsilon_0\chi\boldsymbol{E}$

极化的宏观表现是出现束缚电荷,束缚电荷与电极化强度的关系

$$q'_{\text{int}}=-\oiint_S\boldsymbol{P}\cdot\mathrm{d}S,\quad \sigma'=\boldsymbol{P}\cdot\boldsymbol{e}_n=P_n$$

21. 电位移矢量　$\boldsymbol{D}=\varepsilon_0\boldsymbol{E}+\boldsymbol{P}$

对各向同性线性介质　$\boldsymbol{D}=\varepsilon\boldsymbol{E}$

$\boldsymbol{D}$ 的高斯定理　$\oint\!\!\!\oint_S \boldsymbol{D}\cdot \mathrm{d}\boldsymbol{S}=q$

22. 电场能量密度　$w_e=\frac{1}{2}\varepsilon E^2=\frac{1}{2}\boldsymbol{E}\cdot\boldsymbol{D}$，总电场能量　$W_e=\iiint_V \frac{1}{2}\boldsymbol{D}\cdot\boldsymbol{E}\mathrm{d}V$

二、应用及前沿发展

静电场是电磁学中最基本的内容之一. 本章内容为进一步学习电磁学和其他学科提供了必要的基础.

随着工农业生产的发展，静电理论在近代工程技术和科学研究中的应用越来越受到人们的重视. 目前，不仅静电屏蔽、静电起电、电容器以及传感器等已被广泛应用；而且，在静电除尘、静电复印、静电纺纱与植绒、静电喷漆、墨汁喷射印刷（解决高速印刷问题）、电偏转、静电透镜（在示波器、电视显像管等电真空器件中，将电子束聚焦，使在荧光屏上形成清晰的光点）、静电危害的防治以及静电生物效应等方面，不断涌现出新的成果和技术. 静电应用技术和静电安全技术已形成一门新的应用学科，其发展前景是众所瞩目的.

习题和思考

4.1　根据点电荷的场强公式

$$E=\frac{q}{4\pi\varepsilon_0 r^2}$$

当所考察的点到点电荷的距离 r 接近于零时，则电场强度趋于无限大，这显然是没有意义的. 对此应作何解释？

4.2　在高斯定理中

$$\oint\!\!\!\oint_S \boldsymbol{E}\cdot\mathrm{d}\boldsymbol{S}=\frac{q}{\varepsilon_0}$$

(1) 高斯面上的 $\boldsymbol{E}$ 是否完全由式中的 q 产生？

(2) 如果 $q=0$，是否必定有 $\boldsymbol{E}=0$？

(3) 反之，如果在高斯面上 $\boldsymbol{E}$ 处处为零，是否必定有 $q=0$？

4.3　将一个均匀带电（量值为 Q）的球形肥皂泡，由半径 r_1 吹至 r_2. 则半径为 $R(r_1<R<r_2)$ 的高斯面上任意一点的场强大小由 $\frac{Q}{4\pi\varepsilon_0 R^2}$ 变至________，电势由

$\frac{Q}{4\pi\varepsilon_0 R}$变至________，通过这个高斯面的 $\boldsymbol{E}$ 的通量由 Q/ε_0 变至________.

4.4 电势为零的地方，电场强度是否一定为零？电场强度为零的地方，电势是否一定为零？分别举例说明.

4.5 将一个带电物体移近一个导体壳，带电体单独在导体空腔内激发的电场是否等于零？静电屏蔽的效应是如何体现的？

4.6 将一个带正电的导体 A 移近一个接地的导体 B 时，导体 B 是否维持零电势？其上面是否带电？

4.7 在同一条电场线上的任意两点 a、b，其场强大小分别为 E_a 及 E_b，电势分别为 V_a 和 V_b，则以下结论正确的是________.

(1) $E_a=E_b$；　(2) $E_a\neq E_b$；　(3) $V_a=V_b$；　(4) $V_a\neq V_b$.

4.8 电容器串、并联后的等值电容如何决定？在什么情况下宜用串联？什么情况下宜用并联？

4.9 两根长度相同的铜导线和铝导线，它们两端加有相等的电压. 问铜线中的场强与铝线中的场强之比是多少？铜线中的电流密度与铝线中的电流密度之比是多少？(已知 $\rho_{铜}=4.4\times10^{-7}\ \Omega\cdot\text{m}$，$\rho_{铝}=2.8\times10^{-8}\ \Omega\cdot\text{m}$)

4.10 电力线(电场线)与电位移线之间有何关系？当电场中有好几种电介质时，电力线是否连续？为什么？

4.11 说明带电系统形成过程中的功能转换关系，在此过程中系统获得的能量储藏在何处？

4.12 如图 4.22 所示，在图(a)充电后不断开电源，图(b)充电后断开电源的情况下，将相对电容率为 ε_r 的电介质填充到电容器中，则电容器储存的电场能量对图(a)的情况是________，对图(b)情况是________.

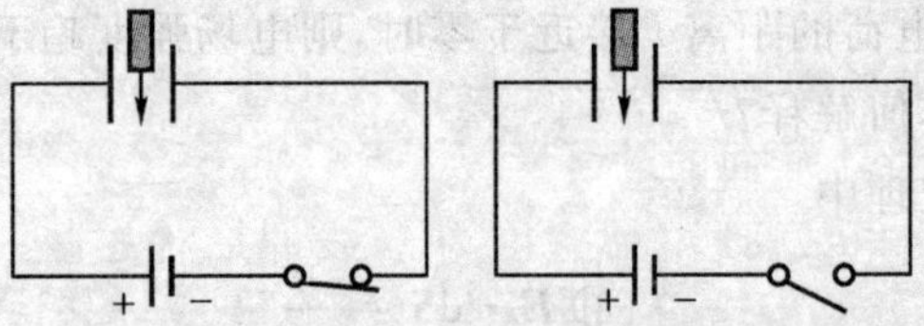

图 4.22　题 4.12 图

*　*　*　*　*　*

4.13 两个点电荷所带电荷量之和为 q，问它们各带多少电荷时，相互作用力最大？

4.14　电子以 $5.0\times10^6\ \text{m}\cdot\text{s}^{-1}$ 的速率进入场强为 $E=1.0\times10^3\ \text{V}\cdot\text{m}^{-1}$ 的匀强电场中，若电子的初速度与场强方向一致.问

(1) 电子作什么运动？

(2) 经过多少时间停止？

(3) 这段时间电子的位移是多少？

4.15　两个点电荷 q_1 和 q_2 相距为 l.若

(1) 两电荷同号；

(2) 两电荷异号.

求它们连线上电场强度为零的点的位置.

4.16　α 粒子快速通过氢分子中心，其轨道垂直于两核连线中心，问 α 粒子在何处受到的力最大？假定 α 粒子穿过氢分子时，两核无多大移动，同时忽略分子中电子的电场.

4.17　若电荷 q 均匀地分布在长为 L 的细棒上，求证：

(1) 在棒的延长线上，离棒中心为 a 处的场强为

$$E=\frac{1}{\pi\varepsilon_0}\frac{q}{4a^2-L^2}$$

(2) 在棒的垂直平分线上，离棒 a 处的场强为

$$E=\frac{1}{2\pi\varepsilon_0}\cdot\frac{q}{a\sqrt{L^2+4a^2}}$$

4.18　如图 4.23 所示为一无限大均匀带电平面中间挖去一个半径为 R 的圆孔，电荷面密度为 σ，求通过圆孔中心且与平面垂直的线上 P 点的场强.设 P 点到孔心的距离为 x，讨论 $x\gg R$ 和 $x\ll R$ 两种情况下，E 为多少？

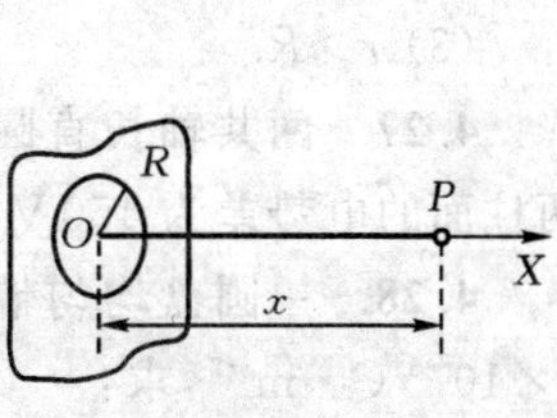

图 4.23　题 4.18 图

4.19　设均匀电场的场强 $\boldsymbol{E}$ 与半径为 R 的半球面的轴平行.求通过此半球面的电通量.

4.20　一均匀带电线，线电荷密度为 λ，线的形状如图 4.24 所示.设曲率半径为 R 与线的长度相比为足够小.求 O 点处的电场强度的大小.

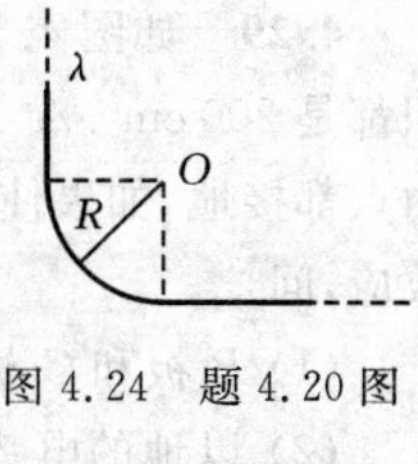

图 4.24　题 4.20 图

4.21　两个均匀带电的同心球面，半径分别为0.1 m和0.3 m，小球面带电荷为 1.0×10^{-8} C，大球面带电荷 1.5×10^{-8} C，分别求离球心为 5×10^{-2} m、0.2 m、0.5 m 处的场强.这两个带电球面产生的场强是否为离球心距离的连续函数.

4.22　两个带有等量异号电荷的无限长同轴圆柱面，半径分别为 R_1 和 R_2

($R_2>R_1$),大圆柱面和小圆柱面单位长度带电荷分别为$-\lambda$和$+\lambda$,求离轴线为r处的电场强度:

(1) $r<R_1$;

(2) $R_2>r>R_1$;

(3) $r>R_2$.

4.23　如图4.25所示,一质量为$m=1.0\times10^{-6}$ kg的小球,带有电荷$q=2.0\times10^{-11}$ C,悬于一丝线下面,线与一块很大的均匀带电平面成$\theta=30°$角.求此带电平面的电荷密度.

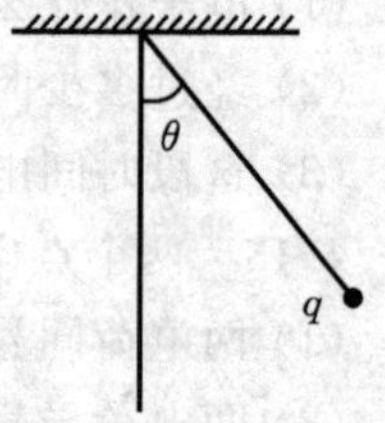

图4.25　题4.23图

4.24　一个半径为R的球体均匀带电,其电荷体密度为ρ,求空间各点的电势.

4.25　在一点电荷的电场中,把一电荷量为1.0×10^{-9} C的试探电荷从无限远处移到离场源电荷为0.10 m时,电场力做功为1.8×10^{-5} J,求该点电荷的电荷量.

4.26　一个半径为R的均匀带电球面,面电荷密度为σ.求距离球心为r处的P点的电势,设

(1) $r<R$;

(2) $r=R$;

(3) $r>R$.

4.27　两共轴长直圆柱面($R_1=3\times10^{-2}$ m,$R_2=0.1$ m)带有等量异号电荷,两柱面的电势差为450 V,求圆柱面单位长度所带的电荷量.

4.28　一圆盘均匀带电,圆盘的半径为$R=8.0\times10^{-2}$ m,电荷面密度为$\sigma=2\times10^{-5}$ C·m^{-2},求:

(1) 轴线上任一点的电势;

(2) 从场强与电势的关系,求轴线上一点的场强;

(3) 离盘0.1 m处的电势和场强.

4.29　如图4.26所示,三块平行的金属板A、B和C面积都是200 cm^2.A、B相距4.0 mm,A、C相距2.0 mm,B、C两点都接地,如果使A板带正电3.0×10^{-7} C,并略去边缘效应,问

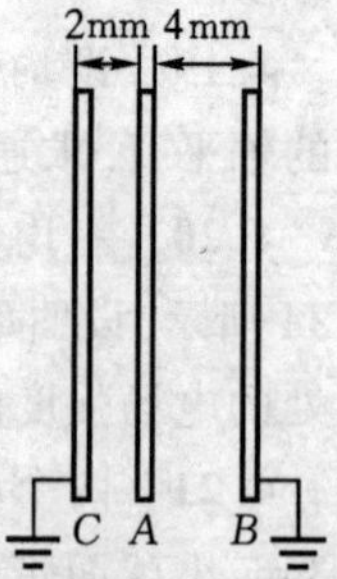

图4.26　题4.29图

(1) B板和C板上感应电荷各是多少?

(2) 以地的电势为零,问A板的电势为多少?

4.30　电量为q的点电荷处在导体球壳的中心,球壳的内、外半径分别为R_1和R_2,求场强和电势的分布.

4.31　设有 1,2 两个电容器，$C_1=3\,\mu\text{F}$，$C_2=6\,\mu\text{F}$，电容器 1 充电后带电量 $Q=9\times10^{-4}\,\text{C}$，将其与未充电的电容器 2 并联连接. 问

(1) 电容器 1 的电势差和电量有何变化？

(2) 电容器 2 上所带的电量是多少？其电势差多大？

4.32　两电容器的电容分别为 $C_1=10\,\mu\text{F}$，$C_2=20\,\mu\text{F}$，分别带电 $q_{10}=5\times10^{-4}\,\text{C}$，$q_{20}=4\times10^{-4}\,\text{C}$，将 C_1 和 C_2 并联，电容器所带电量各变为多少？电能改变多少？

4.33　将大地看成均匀的导电介质，并设大地的电阻率为 ρ. 将半径为 a 的球形电极的一半埋于地下，如图 4.27 所示，求该电极的接地电阻.

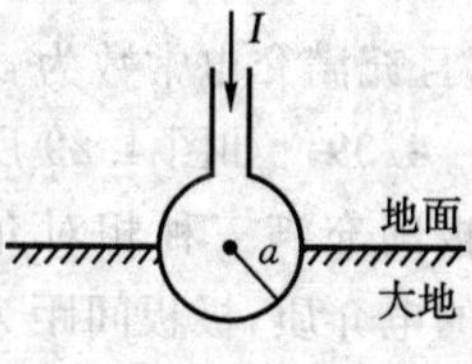

图 4.27　题 4.33 图

4.34　一蓄电池，在充电时通过的电流为 2.0 A，此时蓄电池两极间的电势差为 6.6 V，当它放电时，通过的电流为 3.0 A，两极间的电势差为 5.1 V. 求蓄电池的电动势和内阻.

4.35　利用安培计和伏特计来测量电阻，(已知安培计的内阻为 $R_A=0.03\,\Omega$，伏特计的内阻为 $R_V=1\,000\,\Omega$)，测量时有两种接法，如图 4.28 所示.

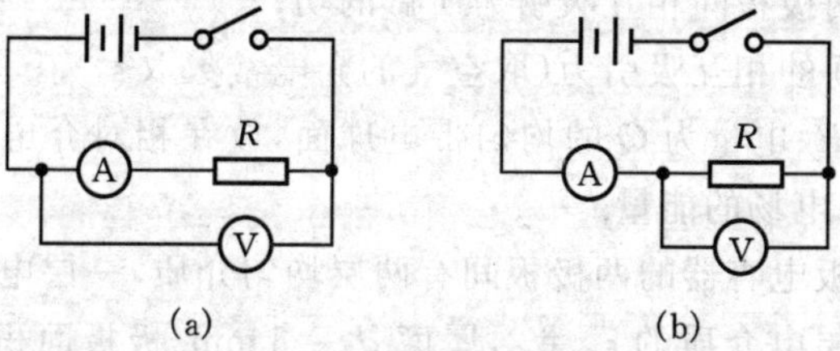

图 4.28　题 4.35 图

(1) 按图(a)的接法，安培计的读数为 $I_1=0.32\,\text{A}$，伏特计的读数为 $V_1=9.60\,\text{V}$，求由于在计算电阻时未考虑安培计内阻而造成的相对误差.

(2) 按图(b)的接法，安培计的读数为 $I_2=2.40\,\text{A}$，伏特计的读数为 $V_2=7.20\,\text{V}$，求由于在计算电阻时未考虑伏特计内阻而造成的相对误差.

4.36　一半径为 R 的电介质实心球体均匀地带正电，单位体积所带电荷为 ρ，球体的介电常数为 ε_1，球体外充满介电常数为 ε_2 的无限大均匀电介质. 求球体内、外任一点的场强和电势.

4.37　平行板电容器的两极板上分别带有等量异号电荷，其面密度为 $9.0\times10^{-6}\,\text{C}\cdot\text{m}^{-2}$. 在两极板间充满介电常数为 $3.5\times10^{-11}\,\text{C}^2\cdot\text{N}^{-1}\cdot\text{m}^{-2}$ 的电介质. 求

(1) 自由电荷所产生的场强；

(2) 电介质内的场强；

(3) 电介质上束缚电荷的面密度；

(4) 由束缚电荷产生的场强.

4.38 设半径都是 r 的两条平行的"无限长"直导线 A、B，其间相距为 $d(d\gg r)$，且充满介电常数为 ε 的电介质.求单位长度导线的电容.

4.39 如图 4.29 所示，平行板电容器的两极板间充满三种相对介电常数分别为 ε_{r1}、ε_{r2}、ε_{r3} 的电介质，极板间距为 d，三种电介质与极板接触的面积分别为 S_1、S_2、S_3.设极板间电压为 U，忽略边缘效应，求：

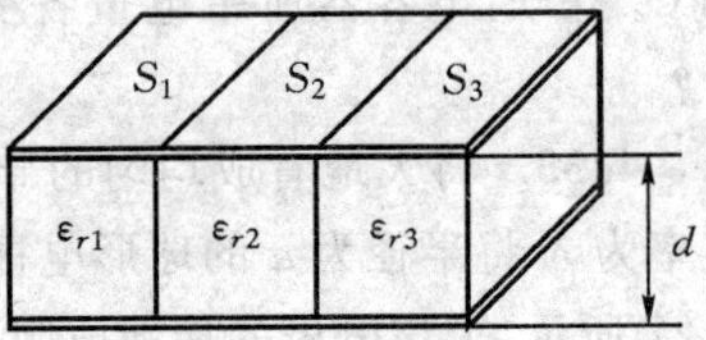

图 4.29 题 4.39 图

(1) 三种电介质内的场强 E_1、E_2、E_3；

(2) 极板 S_1、S_2、S_3 上的带电量；

(3) 电容器的电容.

4.40 一平行板电容器的极板面积为 S，间距为 d，充电后两极板上带电分别为 $\pm Q$，断开电源后再把两极板的距离拉开到 $2d$，求

(1) 外力克服两极板间相互吸引力所做的功；

(2) 两极板之间的相互吸引力(取空气的介电常数取 ε_0).

4.41 半径为 R、电量为 Q 的均匀带电球面，放在相对介电常数为 ε_r 的无限大均匀电介质中，求电场的能量.

4.42 一平行板电容器的两极板间有两层均匀介质，一层电介质的 $\varepsilon_{r1}=4$，厚度 $d_1=2\text{ mm}$，另一层电介质的 $\varepsilon_{r2}=2$，厚度 $d_2=3\text{ mm}$.极板面积 $S=50\text{ cm}^2$.两极板间电压为 200 V，求

(1) 每层介质中的电场能量密度；

(2) 每层介质中的总能量；

(3) 用公式 $W=qU/2$ 计算电容器的总能量.

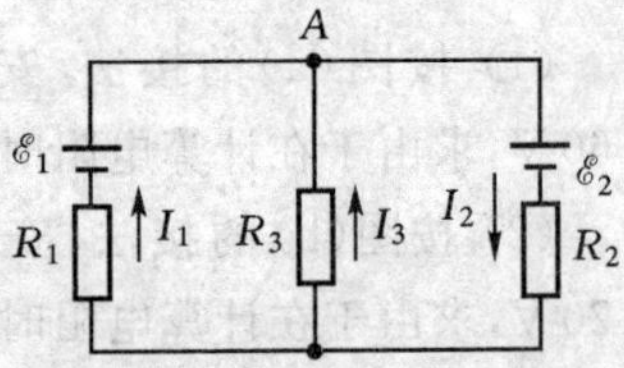

图 4.30 题 4.43 图

***4.43** 如图 4.30 所示电路中，已知 $\mathscr{E}_1=12\text{ V}$，$\mathscr{E}_2=2\text{ V}$，$R_1=1.5\ \Omega$，$R_3=2\ \Omega$，$I_2=1\text{ A}$，求电阻 R_2，电流 I_1 和 I_3.

阅读材料 C：电子的发现和电子电荷量的测定

C.1　电子的发现

远在公元前 600 年，人类就发现了摩擦起电的现象，但是什么是电却一直没搞清楚. 直到 19 世纪初叶，许多观察表明原子具有电特性的内部结构，同时法拉第在研究液体中电的传导时(1833 年)，提出了著名的电解定律. 电解定律定量表达如下.

电解 1 mol 的任何单价物质，所需要的电荷量都相同，为 96 500 C，此数称为法第常数，用 F 表示，$F=96\ 500\ \mathrm{C/mol}$. 如在 NaCl 溶液中析出 23g$Na^+$ 和 35gCl^- 离子时，通过的电荷量为96 500 C. 而在 $CuSO_4$ 溶液中析出 63.5gCu^{++} 和 96gSO_4^{--} 离子，通过的电量为 2×96 500 C. 因为 1 mol 任何离子的离子数都等于阿伏伽德罗常数 N_A，所以

$$F = N_A e$$

这便是法拉第定律的表达式. 通过的电量可以精确地测定，所以 N_A 与 e 两者若能知其一便可求出另一个，但在当时却无法测定其中的任何一个量. 1874 年，斯托尼(G. J. Stoney)利用分子运动论对 N_A 的估计值，算出 e 值约为 10^{-10} C. 1880 年，汤森德(J. S. E. Townsend)指出，e 显然是一个不可再分割的电荷量的最小单元，最先明确地表明了电荷的量子性概念. 1891 年，斯托尼曾提议用“电子”来命名电荷量的最小单元.

1896 年，塞曼(P. Zeeman)观察到电子所发的光在强磁场内的分裂现象. 经典理论认为原子的光谱是由原子中的带电粒子振荡产生的，当该原子处在磁场中时，每一条谱线分裂成三条谱线，裂距的大小由振荡粒子的比荷而定，这是原子粒子具有确定比荷 e/m 的最早证据. 塞曼还根据谱线的偏折推断出振荡粒子带的是负电.

19 世纪末，由于寻找新型光源，促进了真空技术的发展，当时有许多科学家从事稀薄气体放电现象的研究.

在一个能抽空的玻璃管内，封装一个阴极和阳极，两极间加高电压，随着管内气压降低，管内发生放电现象. 当管内真空度达到某一程度，在管内出现一种看不见的射线，称为阴极射线. 对于这种射线是什么，当时有两种看法：一种认为这种射线与光线相似；另一种认为它是带电的粒子流. 几年后，佩兰(J. B. Perrin)于 1895 年成功地把这些射线收集到一架静电计上，断定它们是带负电的. 两年后汤姆逊(J. J. Thomson)于 1897 年又在前人工作的基础上，改进实验装置，并利用磁场对

带电粒子的偏转，再次证明射线是带负电的，还测得比荷为

$$\frac{e}{m} \approx 1.7 \times 10^{11}\ \mathrm{C/kg}$$

其后，汤姆逊又用各种不同气体充入管内，并用多种金属作为阴极重复该实验，在实验精度内，总是获得相同的比荷 e/m. 这证实了从阴极发射出来的粒子对一切金属都是相同的，并确定它是组成一切元素原子的基本部分. 汤姆逊称这些微粒为电子，它带有一单位的电荷量 e，其质量约是氢原子的 1/2000. 汤姆逊首先从实验上获得电子特性的信息，电子是 20 世纪发现的第一个基本粒子. 然而，1906 年汤姆逊获得诺贝尔物理学奖，只是表彰他在气体导电的理论和比荷测定方面的成就，并没有提到他对发现电子所做的贡献.

C.2　密立根(R. M. Millikan)油滴实验

汤姆逊测定了电子的比荷 e/m 后，紧接着就要进行电荷量 e 值的测定. 这些实验首先由汤姆逊在 1897 年完成，他所用的方法后来由汤姆逊和威尔逊作了改进，但因所用方法中一些不确定因素的限制，测量结果的精确度不高，但他们巧妙的实验构思，可以说是密立根油滴实验的先导.

图 C.1 所示的是密立根油滴实验装置的原理图，一圆板状平行板电容器，在上板中间开一小孔，由喷雾器向小孔注射油滴，利用 X 射线或其他放射源使两极板间的空气电离，当油滴与空气离子相接触时，其上便可带有正电或负电. 油滴的大小(线度)约为 10^{-7} m.

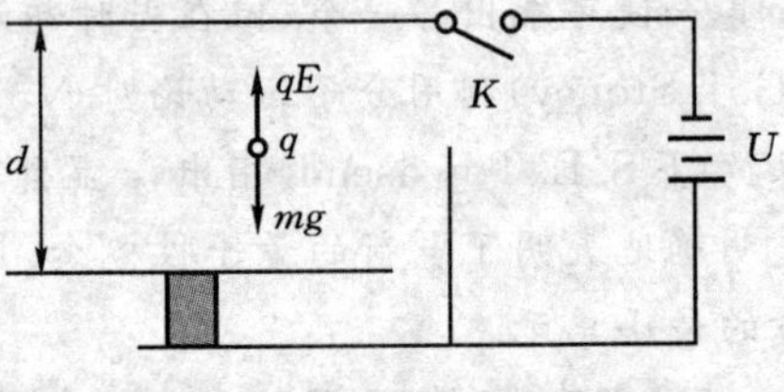

图 C.1　密立根油滴实验装置原理图

当极板不带电时，板间无电场，油滴受向下的重力 mg 及向上的粘滞力 F 的作用. 粘滞力由斯托克斯(Stokes)定律给出为 $F=6\pi\eta rv$，式中 r 为油滴半径，η 为流体的粘度，v 为下降速度. 当两力平衡时，油滴以终极速度 v_t 下降，即：

$$mg = 6\pi\eta r v_t$$

当极板带电时，油滴还要受到一个向上的电场力 qE，若使油滴向上运动，三力平衡时

$$qE - mg = 6\pi\eta r v_E$$

式中 v_E 是板间有电场时油滴的终极速度，油滴的质量 $m=\frac{4}{3}\pi r^3\rho$(ρ 是油滴的密度，并假定油滴中无空气)，电场强度 $E=\frac{U}{d}$(U 为两极板间的电压)，将上两式中的 r 消去得

$$q = 6\pi\eta\left(\frac{9\eta v_t}{2\rho g}\right)^{1/2}(v_E + v_t)\frac{d}{U}$$

密立根测定了几千个油滴所带的电荷量，发现它们所带的电荷量恒定为某基本电荷量 e 的整数倍，也就是说，电荷不可以无限地分割，它只能以 e 的大小为单位存在于自然界中——电荷的量子性，这就是电子的电荷量. 因此密立根获得了 1923 年的诺贝尔物理学奖. 密立根实验测得的 e 值为

$$e = (1.600 \pm 0.002) \times 10^{-19}\ \text{C}$$

这和用其他实验所测结果相符. 目前公认值为

$$e = 1.602 \times 10^{-19}\ \text{C} \approx 1.6 \times 10^{-19}\ \text{C}$$

$$m = 9.109 \times 10^{-31}\ \text{kg} \approx 9.1 \times 10^{-31}\ \text{kg}$$

近些年来，人们又在重做油滴实验，企图寻找分数电荷值.

阅读材料 D：物理学中的类比法

将所研究的对象、过程与某些熟知的物理模型、规律进行比较，找出它们的相似处，并将其中某一对象的性质、规律推移到另一事物上去，这种方法称为类比法. 在科学技术的发展史中，很多重要理论的发现和发展，就是先用类比法提出假设，然后经实验验证，最后才发展成为理论的.

在物理学中，应用类比方法并获得成功的事例是很多的. 例如，库仑曾将静电的相互作用与万有引力 $F=G\dfrac{m_1m_2}{r^2}$ 进行类比，总结归纳出了库仑定律 $F=k\dfrac{q_1q_2}{r^2}$；欧姆曾将电路中的电流与热传导中的热流 $Q=k\Delta T$ 进行类比，总结归纳出了欧姆定律 $I=\dfrac{\Delta V}{R}=G\Delta V$；卢瑟福将原子结构与太阳系进行类比，得出了原子的核式结构模型；德布罗意曾将实物粒子与光子进行比较，提出了物质波的假设.

类比法对我们学习物理也有很大的帮助. 通过前段的学习，我们对电学已有比较好的理解，知道电场和磁场有许多相似处. 例如，电场强度的定义式 $\boldsymbol{E}=\dfrac{\boldsymbol{F}}{q}$ 与磁感应强度的定义式 $B=\dfrac{F_{\max}}{qv}$ 就很相似，这说明我们可以通过类比，将电学中的讨论方法移植到磁学中去. 例如，我们可借助于用电通量来讨论电场性质的方法，利用磁通量来讨论磁场的性质；又如，我们可借助于研究电介质的方法来研究磁介质的问题等等. 这对我们学好磁学无疑是有益的.

此外，我们还可通过类比，将一些较复杂的问题转化为一些比较简单的问题来处理. 例如，求解等离子体（电离后的气体）以速度 v 通过相距为 d 的两金属板（其

间充满磁感应强度为 $\boldsymbol{B}$ 的均匀磁场）产生的电动势的问题，若将上述等离子体的定向运动与导体中电子随长为 d 的导体一道作定向运动进行类比，则用动生电动势公式很容易写出，其电动势 $\mathscr{E}_i = vBd$，这与用等离子体理论的计算结果一致（如习题 5.28），但方法要简单得多.

类比法对新产品，新技术的开发也有帮助，我们可以通过类比，将某些已获得成功的产品和技术移植到新的、待研制开发的领域. 通过类比，可使一些领域的产品开发在“山穷水尽疑无路”时出现“柳暗花明又一村”的局面.

类比法对工程技术的创造发明也有所启发. 据说，贝尔电话就是通过与留声机、人耳、吉他、音箱的类比启发而发明的.

凡此种种，无不说明类比法在启迪智慧，发展思维，发现新规律等方面的重要地位. 伟大的哲学家康德曾经指出：“每当缺乏可靠论证思路时，类比这个方法往往能指引我们前进.”

应该指出，由于事物间通常既有相似的一面，又有差异的一面. 例如，静电场与静磁场就有差异：静电场是有源场、保守场，静磁场是无源场、非保守场；对静电场可以引入电势能的概念，但对静磁场则不能引入磁势能的概念. 因此，类比是一种带有一定或然性的推理方法，不能保证由它所得到的一切结论都很正确. 但只要我们学识广博，注意掌握好类比对象之间相似性的质和量，尽可能采用可靠性较大的经过多方面考虑的综合类比，类比法的缺陷是可以得到弥补的. 当然，由类比得出的结论正确与否最终仍将由实验，或经实验证明是正确的理论来裁决.

阅读材料 E：铁电体　压电体　永电体

E.1　铁电体

在各向同性电介质中，电极化强度 $\boldsymbol{P}$ 和电介质中电场 $\boldsymbol{E}$ 成正比，电介质的介电常数 ε 与场强无关. 但是也存在一些电介质，它们的极化规律有着复杂的非线性关系，在一定的温度范围内，它们的介电常数并不是常量，而是随场强而变化的，并且在撤去外电场后，这些电介质会留有剩余的极化. 为了和铁磁性保持磁化状态相类比，通常把这种性质叫做**铁电性**，具有铁电性的电介质则叫**铁电体**，其中以钛酸钡陶瓷（$BaTiO_3$）、酒石酸钾钠单晶（$NaKC_4H_4O_6 \cdot 4H_2O$）等最为突出.

铁电体在电极化过程中将显示出电滞现象，例如钛酸钡在电场中的极化规律是：在温度高于 120℃ 时，电极化强度 P 与场强 E 成正比[见 E.1 图(a)]；温度低于 120℃ 时，P 的变化并不与场强 E 成正比[见图 E.1(b)]，P 的增长落后于 E 的增长. 当外电场足够强时，极化达到**饱和**（如图中 P_S）. 此后当 E 减小时，P 也随着减小，但并不按原来的曲线减小. 当 $E=0$ 时，电介质有剩余的极化(如图中 P_r 所示). 当场强 $\boldsymbol{E}$ 的大小和方向作周期性变化时，P 与 E 的关系形成如图所示的闭合回线 $ABCDA$，称为**电滞回线**. 铁电体的介电常数并非常量，而是随外加电场的变化而变化的，从变化关系可观察到，在很宽的电场强度数值范围内有很高的 ε_r 值，最大可达数千以上. 铁电体可以用作绝缘材料，适用各种不同的需要，特别是用来制作电容器，其电容值可大大地增加，也可以利用它的介电常数随电压变化的特性，制成非线性电容器，应用于振荡电路及介质放大器和倍频器中.

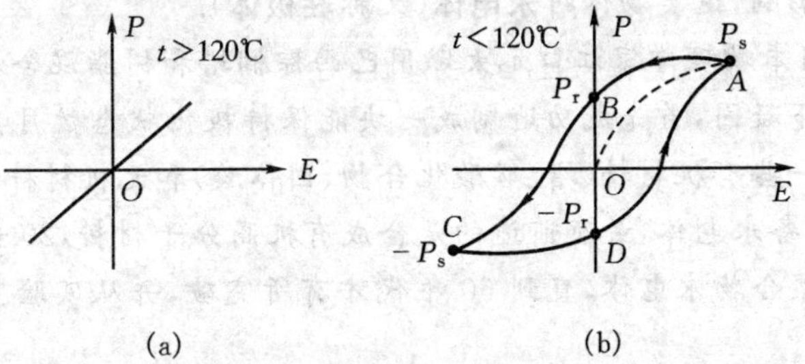

图 E.1　钛酸钡在电场中的极化规律

另外铁电体还有奇特的光学性质，能在强光作用下产生非线性效应，这些效应在现代激光技术、全息照相中都有着广泛的应用.

E.2　压电体

前面所讨论的介质的极化，都是由外电场引起的，但某些离子型晶体电介质(如石英、电气石、酒石酸钾钠、钛酸钡、闪锌矿等)，由于结晶点阵的有规律分布，当发生机械变形(例如拉伸或压缩)时，也能产生电极化现象，称为**压电现象**. 石英晶体在 $10\,\mathrm{N/cm^2}$ 的压力下，于承受正压力的两个面上出现正负电荷，产生约 0.5 V 的电势差.

压电现象有其逆现象，亦即在晶体带电时或在电场中时，晶体的大小将发生变化，即伸长或缩短，这种逆现象称为**电致伸缩**. 目前已知的压电体超过数千种，除前述的离子型晶体电介质之外，非晶体、聚合物等材料以及在金属、半导体、铁磁体和生物体(如骨骼)中也发现有压电性. 研究表明，凡材料的微观结构中电荷分布极不对称的，一般都具有压电性.

在现代技术上，上述两种现象都有广泛的应用. 一般地说，压电现象可用来变机械振动为电振荡，电致伸缩可用来变电振荡为机械振动. 例如，在两平行金属板之间放置石英片，再在金属板上加上交变电压，而且使交变电压的频率与石英片的固有频率相同，石英片将发生机械共振，利用压电石英可以获得超声波，在无线电技术上压电石英可以制成稳定性很高的高频振荡器，可作为时间的标准（石英钟）及选择性灵敏的滤波器等.

E.3 永电体

前述电介质，在外电场（或外力）作用下会产生极化效应，当外加条件撤去后，除铁电体能保留剩余极化外，其他电介质的极化效应也随之消失，但是有一类物质，在外界条件撤销后，仍能长期保留其极化状态，且与铁电体不同，它的极化状态不受外电场的影响，这类物体叫**永电体**（又称**驻极体**）.

1919 年，日本物理学家江口元太郎用巴西棕榈蜡和树脂混合熔融，略加蜂蜡，然后在强电场下凝固，首先成功地制成一块能保持极化状态数月甚至数年的永电体. 现在知道，一些有机材料（蜡、碳酸化合物、固体酸）和无机材料（钛酸钡、钛酸钙等）都可用来制备永电体，最有前途的是合成有机高分子材料，20 世纪 40 年代末，人们开始研究聚合物永电体，直到 60 年代才有所突破，并从实验室发展到工业产品的问世.

永电体的制备方法很多，按制备方法分类有：热驻极法、电驻极法、光和磁驻极法等. 各种制备方法的过程都是在电介质极化时用加热后冷却、在暗处用强光照射或用电晕放电向电介质注入离子，使整个电介质产生一个能长期保留下来的电矩，并在永电体上出现一定分布的电荷面密度. 永电体的特性用电荷面密度 σ 来表征，探索新的永电体，也就是要找到一个具有合理且稳定 σ 分布的永电体.

永电体有多方面的应用，其中最重要的领域是永电体换能器（传感器），如用高分子薄膜永电体作为振动元件的传声器，它比一般电容传声器有较好的频率响应及灵敏度高等优点. 永电体换能器除用在麦克风、耳机和电话盘中外，在一些近代技术中，如超声全息技术、放射性检测、静电式空气过滤等方面也得到应用.

第 5 章　稳恒磁场

我们已经知道，在静止电荷的周围存在着电场．当电荷运动时，在其周围不仅有电场，而且还存在磁场．本章将讨论运动电荷（电流）产生磁场的基本规律以及磁场对运动电荷（电流）的作用．

§5.1　磁场　磁感应强度

一、磁场

人们对磁现象的认识与研究有着悠久的历史，早在春秋时期（公元前 6 世纪），我们的祖先就已有“磁石召铁”的记载；宋朝发明了指南针，且将其用于航海．我国古代对磁学的建立和发展作出了很大的贡献．

早期对磁现象的认识局限于磁铁磁极之间的相互作用，当时人们认为磁和电是两类截然分开的现象，直到 1820 年奥斯特（H. C. Oersted，1777—1851）发现电流的磁效应后，人们才认识到磁与电是不可分割地联系在一起的．1820 年安培（A. M. Ampere，1775—1836）相继发现了磁体对电流的作用和电流与电流之间的作用，进一步提出了分子电流假设，即一切磁现象都起源于电流（运动电荷），一切物质的磁性都起源于构成物质的分子中存在的环形电流．这种环形电流称为**分子电流**．安培的分子电流假设与近代关于原子和分子结构的认识相吻合．关于物质磁性的量子理论表明，核外电子的运动对物质磁性有一定的贡献，但物质磁性的主要来源是电子的自旋磁矩．

与电荷之间的相互作用是靠电场来传递的类似，磁相互作用力是通过磁场来进行的．一切运动电荷（电流）都会在周围空间产生磁场，而这磁场又会对处于其中的运动电荷（电流）产生磁力作用，其关系可表示为

$$\text{运动电荷(电流)} \rightleftharpoons \text{磁场} \rightleftharpoons \text{运动电荷(电流)}$$

磁场和电场一样，也是客观存在的，它是一种特殊的物质，磁场的物质性表现在：进入磁场中的运动电荷或载流导线受磁场力的作用；载流导线在磁场中运动时，磁场对载流导线要做功，即磁场具有能量．

二、磁感应强度

1. 磁感应强度

为了定量的描述磁场的分布状况，引入磁感应强度. 它可根据进入磁场中的运动电荷或载流导线受磁场力的作用来定义，下面就从运动电荷在磁场中的受力入手来讨论.

实验发现，磁场对运动电荷的作用有如下规律：

(1) 磁场中任一点都有一确定的方向，它与磁场中转动的小磁针静止时 N 极的指向一致. 我们将这一方向规定为**磁感应强度的方向**.

(2) 运动试探电荷在磁场中任一点的受力方向均垂直于该点的磁场与速度方向所确定的平面，如图5.1所示. 受力的大小，不仅与试探电荷的电量 q_0、经该点时的速率 v 以及该点磁场的强弱有关，还与电荷运动的速度相对于磁场的取向有关，当电荷沿磁感应强度的方向运动时，其受力为零；当沿与磁感应强度垂直的方向运动时，其受力最大，用 $F_{\max}$ 表示.

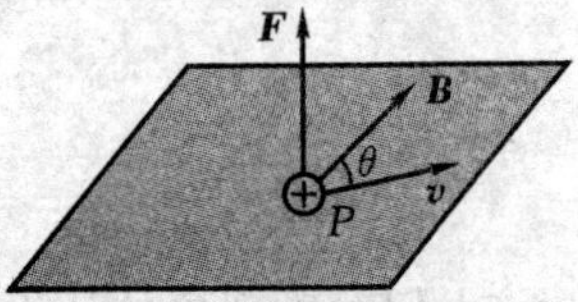

图 5.1　运动电荷在磁场中的受力

(3) 不管 q_0、v 和电荷运动方向与磁场方向的夹角 θ 如何不同，对于给定的点，比值 $\dfrac{F_{\max}}{q_0 v}$ 不变，其值仅由磁场的性质决定. 我们将这一比值定义为该点的**磁感应强度**，以 B 表示，即

$$B = \frac{F_{\max}}{q_0 v} \tag{5.1}$$

在国际单位制中，磁感应强度的单位为特斯拉(T). 有时也采用高斯单位制的单位——高斯(G)，1 G=1.0×10^{-4} T.

2. 磁感应线

为了形象地描述磁场中磁感应强度的分布，类比电场中引入电场线的方法引入磁感应线(或叫 **B** 线). 磁感应线的画法规定与电场线画法一样. 为能用磁感应线描述磁场的强弱分布，规定垂直通过某点附近单位面积的磁感应线数(即磁感应线密度)等于该点 **B** 的大小. 实验上可用铁粉来显示磁感应线图形.

磁感应线具有如下性质：

(1) 磁感应线互不相交，是既无起点又无终点的闭合曲线；

(2) 闭合的磁感应线和闭合的电流回路总是互相链环，它们之间的方向关系符合右手螺旋法则.

§5.2　毕奥-萨伐尔定律及其应用

一、毕奥-萨伐尔定律

在静电学部分,大家已经掌握了求解带电体的电场强度的方法,即把带电体看成是由许多电荷元组成,写出电荷元的场强表达式,然后利用叠加原理求整个带电体的场强. 与此类似,载流导线可以看成是由许多电流元组成,如果已知电流元产生的磁感应强度,利用叠加原理便可求出整个电流的磁感应强度. 电流元的磁感应强度由毕奥-萨伐尔定律给出,这条定律是拉普拉斯(P. S. M. Laplace)把毕奥(J.-B. Biot)、萨伐尔(F. Savart)等人在 19 世纪 20 年代的实验资料加以分析和总结后得出的,故称为**毕奥-萨伐尔-拉普拉斯定律**,简称**毕奥-萨伐尔定律**,其内容如下:

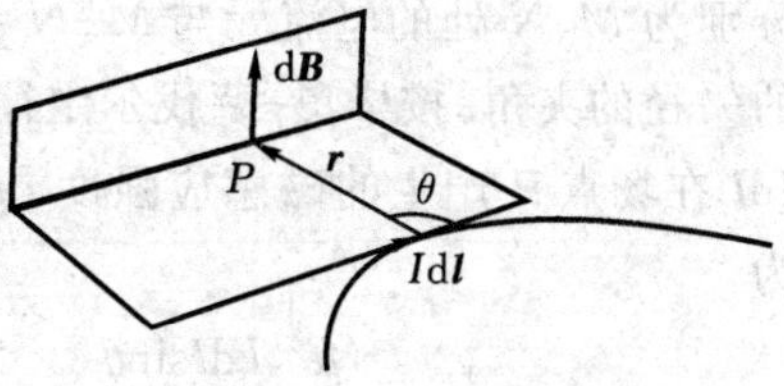

图 5.2　电流元的磁场

电流元 $I\mathrm{d}\boldsymbol{l}$ 在真空中某一点 P 处产生的磁感应强度 $\mathrm{d}\boldsymbol{B}$ 的大小与电流元的大小及电流元与它到 P 点的位矢 $\boldsymbol{r}$ 之间的夹角 θ 的正弦乘积成正比,与位矢大小的平方成反比;方向与 $I\mathrm{d}\boldsymbol{l}\times\boldsymbol{r}$ 的方向相同(这里用到矢量 $I\mathrm{d}\boldsymbol{l}$ 与矢量 $\boldsymbol{r}$ 的叉乘. 叉乘 $I\mathrm{d}\boldsymbol{l}\times\boldsymbol{r}$ 的大小为 $I\mathrm{d}lr\sin\theta$;其方向满足右手螺旋关系,即伸直的右手,四指从 $I\mathrm{d}\boldsymbol{l}$ 转向 $\boldsymbol{r}$ 的方向,那么拇指所指的方向即为 $I\mathrm{d}\boldsymbol{l}\times\boldsymbol{r}$ 的方向,如图 5.2 所示). 其数学表达式为

$$\mathrm{d}B = k\frac{I\mathrm{d}l\sin\theta}{r^2} \tag{5.2}$$

式中 k 为比例系数,在国际单位制中取为

$$k = \frac{\mu_0}{4\pi} = 10^{-7}\ \mathrm{N\cdot A^{-2}}(\text{在真空中}) \tag{5.3}$$

μ_0 为真空的磁导率,其值为 $\mu_0 = 4\pi\times10^{-7}\ \mathrm{N\cdot A^{-2}}$,所以毕奥-萨伐尔定律在真空中可表示为

$$\mathrm{d}B = \frac{\mu_0}{4\pi}\frac{I\mathrm{d}l\sin\theta}{r^2} \tag{5.4}$$

其矢量形式为

$$\mathrm{d}\boldsymbol{B} = \frac{\mu_0}{4\pi}\frac{I\mathrm{d}\boldsymbol{l}\times\boldsymbol{r}}{r^3} \tag{5.5}$$

利用叠加原理,则整个载流导线在 P 点产生的磁感应强度 $\boldsymbol{B}$ 是式(5.5)沿载流导

线的积分，即

$$\boldsymbol{B}=\int_L \mathrm{d}\boldsymbol{B}=\frac{\mu_0}{4\pi}\int_L \frac{I\,\mathrm{d}\boldsymbol{l}\times\boldsymbol{r}}{r^3} \tag{5.6}$$

毕奥-萨伐尔定律和磁场叠加原理，是我们计算任意电流分布磁场的基础，式(5.6)是这二者的具体结合.但该式是一个矢量积分公式，在具体计算时，一般用它的分量式.

二、毕奥-萨伐尔定律应用举例

1. 直线电流的磁场

设在真空中有一长为 L 的载流导线 MN，导线中的电流强度为 I，现计算该直电流附近 P 点处的磁感应强度 $\boldsymbol{B}$. 如图 5.3 所示，设 a 为场点 P 到导线的距离，θ 为电流元 $I\mathrm{d}\boldsymbol{l}$ 与其到场点 P 的矢径的夹角，θ_1、θ_2 分别为 M、N 处的电流元与 M、N 到场点 P 的矢径的夹角. 按毕奥-萨伐尔定律，电流元 $I\mathrm{d}\boldsymbol{l}$ 在场点 $\boldsymbol{P}$ 产生的磁感应强度 $\mathrm{d}\boldsymbol{B}$ 的大小为

$$\mathrm{d}B=\frac{\mu_0}{4\pi}\frac{I\,\mathrm{d}l\sin\theta}{r^2}$$

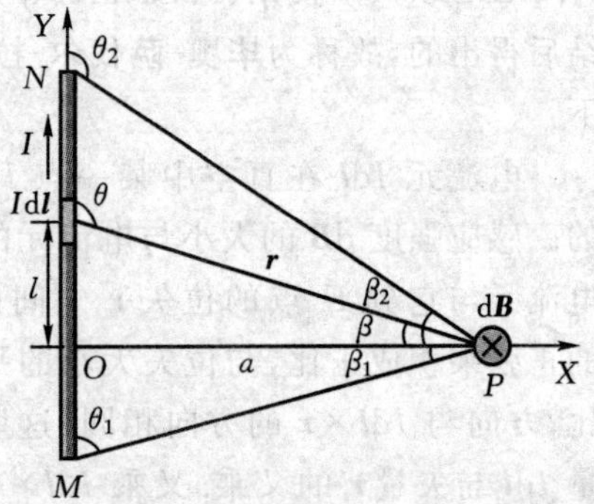

图 5.3　直线电流的磁场

$\mathrm{d}\boldsymbol{B}$ 的方向垂直纸面向里(即 Z 轴负向). 导线 MN 上的所有电流元在点 P 所产生的磁感应强度都具有相同的方向，所以总磁感应强度的大小应为各电流元产生的磁感应强度的代数和，即

$$B=\int_L \mathrm{d}B=\frac{\mu_0 I}{4\pi}\int_L \frac{\sin\theta}{r^2}\mathrm{d}l$$

由图 5.3 可知，$l=a\tan\beta=-a\cot\theta$，$\mathrm{d}l=a\mathrm{d}\theta/(\sin^2\theta)$，$r=a/\cos\beta$，则上积分为

$$B=\frac{\mu_0 I}{4\pi a}\int_{\theta_1}^{\theta_2}\sin\theta\mathrm{d}\theta=\frac{\mu_0 I}{4\pi a}(\cos\theta_1-\cos\theta_2) \tag{5.7}$$

$\boldsymbol{B}$ 的方向垂直于纸面向里.

对于无限长载流直导线($\theta_1=0$，$\theta_2=\pi$)，距离导线为 a 处的磁感应强度大小为

$$B=\frac{\mu_0 I}{2\pi a} \tag{5.8}$$

2. 圆电流轴线上的磁场

在半径为 R 的圆形载流线圈中通过的电流为 I，现确定其轴线上任一点 P 的

磁场.

在圆形载流导线上任取一电流元 $I\mathrm{d}\boldsymbol{l}$，点 P 相对于电流元 $I\mathrm{d}\boldsymbol{l}$ 的位置矢量为 $\boldsymbol{r}$，点 P 到圆心 O 的距离 $OP=x$，如图 5.4 所示. 由此可见，对于圆形导线上任一电流元，总有 $I\mathrm{d}\boldsymbol{l}\perp\boldsymbol{r}$，所以 $I\mathrm{d}\boldsymbol{l}$ 在点 P 产生的磁感应强度的大小为

$$\mathrm{d}B=\frac{\mu_0 I\mathrm{d}l}{4\pi r^2}$$

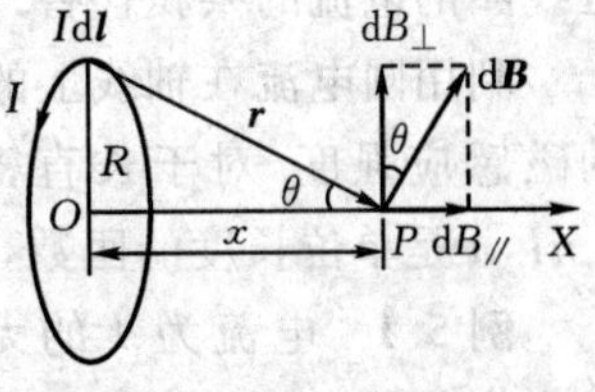

图 5.4　圆电流的磁场

$\mathrm{d}\boldsymbol{B}$ 的方向垂直于 $I\mathrm{d}\boldsymbol{l}$ 和 $\boldsymbol{r}$ 所决定的平面. 显然圆形载流导线上的各电流元在点 P 产生的磁感应强度的方向是不同的，它们分布在以点 P 为顶点、以 OP 的延长线为轴的圆锥面上. 将 $\mathrm{d}\boldsymbol{B}$ 分解为平行于轴线的分量 $\mathrm{d}B_{/\!/}$ 和垂直于轴线的分量 $\mathrm{d}B_{\perp}$. 由轴对称性可知，磁感应强度 $\mathrm{d}\boldsymbol{B}$ 的垂直分量相互抵消. 所以磁感应强度 $\boldsymbol{B}$ 的大小就等于各电流元在点 P 所产生的磁感应强度的轴向分量 $\mathrm{d}B_{/\!/}$ 的代数和. 由图 5.4 可知

$$\mathrm{d}B_{/\!/}=\mathrm{d}B\sin\theta=\frac{\mu_0}{4\pi}\cdot\frac{I\mathrm{d}l}{r^2}\cdot\frac{R}{r}$$

所以总磁感应强度的大小为

$$B=\int\mathrm{d}B_{/\!/}=\frac{\mu_0}{4\pi}\frac{IR}{r^3}\int_0^{2\pi R}\mathrm{d}l=\frac{\mu_0 R^2 I}{2(R^2+x^2)^{3/2}} \tag{5.9}$$

$\boldsymbol{B}$ 的方向沿着轴线，与分量 $\mathrm{d}B_{/\!/}$ 的方向一致.

在圆形电流中心（即 $x=0$）处，其磁感应强度为

$$B=\frac{\mu_0 I}{2R} \tag{5.10}$$

$\boldsymbol{B}$ 的方向可由右手螺旋定则确定. 而且圆形电流的任一电流元在其中心处所产生的磁感应强度的方向都沿轴线且满足右手螺旋定则. 所以，圆形电流在其中心的磁感应强度是由组成圆形电流的所有电流元在中心产生的磁感应强度的标量和，对圆心角为 θ 的一段圆弧电流，在其圆心的磁感应强度为

$$B=\frac{\mu_0 I}{2R}\cdot\frac{\theta}{360} \tag{5.11}$$

可以看出，一个圆形电流产生的磁场的磁感应线是以其轴线为轴对称分布的，这与条形磁铁或磁针的情形颇相似，并且其行为也与条形磁铁或磁针相似. 于是我们引入**磁矩**这一概念来描述圆形电流或载流平面线圈的磁行为，圆电流的磁矩 $\boldsymbol{m}$ 定义为

$$\boldsymbol{m}=IS\boldsymbol{n} \tag{5.12}$$

式中 S 是圆形电流所包围的平面面积，$\boldsymbol{n}$ 是该平面的法向单位矢，其指向与电流的

方向满足右手螺旋关系.对于多匝平面线圈,式中的电流 I 应以线圈的总匝数与每匝线圈的电流的乘积代替.

利用圆电流在轴线上的磁场公式通过叠加原理可以计算直载流螺线管轴线上的磁感应强度.对于长直密绕载流螺线管,其轴线上的磁感应强度大小为 $B=\mu_0 nI$,n 是单位长度的匝数,I 是每匝导线的电流强度.

例 5.1 电流为 I 的无限长载流导线 $abcde$ 被弯曲成如图 5.5 所示的形状.圆弧半径为 R,$\theta_1=45°$,$\theta_2=135°$.求该电流在 O 点处产生的磁感应强度.

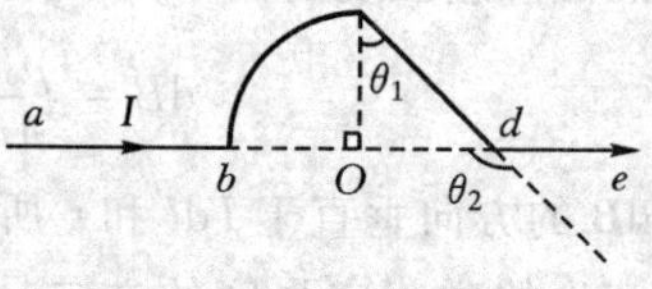

图 5.5 例 5.1 示图

解 将载流导线分为 ab、bc、cd 及 de 四段,它们在 O 点产生的磁感应强度的矢量和即为整个导线在 O 点产生的磁感应强度.由于 O 在 ab 及 de 的延长线及反向延长线上,由式(5.7)知

$$B_{ab}=B_{de}=0$$

由图 5.5 知,$\overset{\frown}{bc}$对 O 的张角为 90°,由式(5.11)得

$$B_{bc}=\frac{\mu_0 I}{2R}\frac{\theta}{360}=\frac{\mu_0 I}{8R}$$

其方向垂直纸面向里.由式(5.7)得电流 cd 段所产生的磁感应强度为

$$B_{cd}=\frac{\mu_0 I}{4\pi a}(\cos\theta_1-\cos\theta_2)$$

$$=\frac{\mu_0 I}{4\pi R\sin 45°}(\cos 45°-\cos 135°)=\frac{\mu_0 I}{2\pi R}$$

其方向亦垂直纸面向里.故 O 点处的磁感应强度的大小为

$$B=B_{bc}+B_{cd}=\frac{\mu_0 I}{8R}\left(1+\frac{4}{\pi}\right)$$

方向垂直纸面向里.

§5.3 运动电荷的磁场

由于电流是运动电荷形成的,所以可以从电流元的磁场公式导出匀速运动电荷的磁场公式.根据毕奥-萨伐尔定律,电流元 $I\mathrm{d}\boldsymbol{l}$ 在空间的一点 P 产生的磁感应强度为

$$\mathrm{d}\boldsymbol{B}=\frac{\mu_0}{4\pi}\cdot\frac{I\mathrm{d}\boldsymbol{l}\times\boldsymbol{r}}{r^3}$$

如图 5.6 所示,设 S 是电流元 $I\mathrm{d}\boldsymbol{l}$ 的横截面的面积,并设在导体单位体积内有

n 个载流子，每个载流子带电量为 q，以速度 $\boldsymbol{v}$ 沿 $I\mathrm{d}\boldsymbol{l}$ 的方向匀速运动，形成导体中的电流. 那么单位时间内通过横截面 S 的电量为 $qnvS$，亦即电流强度为 $I=qnvS$，则 $I\mathrm{d}l=qnvS\mathrm{d}l$，如果将 q 视为代数量，$I\mathrm{d}\boldsymbol{l}$ 的方向就是 $q\boldsymbol{v}$ 的方向，因此可以把 $\mathrm{d}\boldsymbol{l}$ 中的矢量符号加在速度 $\boldsymbol{v}$ 上，即 $I\mathrm{d}\boldsymbol{l}=qnS\mathrm{d}l\boldsymbol{v}$. 将 $I\mathrm{d}\boldsymbol{l}$ 这一表达式代入毕奥-萨伐尔定律中就可得

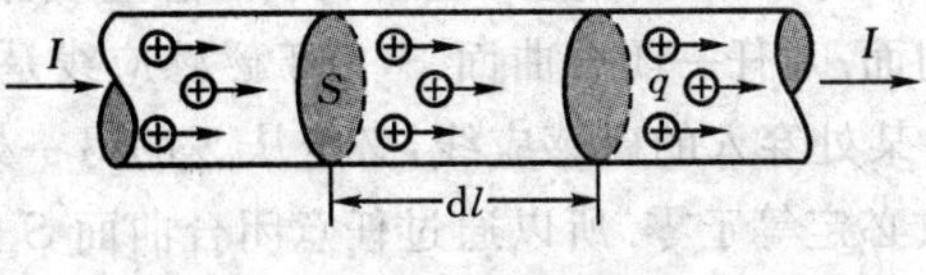

图 5.6　运动电荷的磁场

$$\mathrm{d}\boldsymbol{B}=\frac{\mu_0}{4\pi}\frac{qnS\mathrm{d}l\boldsymbol{v}\times\boldsymbol{r}}{r^3}=\frac{\mu_0}{4\pi}\frac{q\boldsymbol{v}\times\boldsymbol{r}}{r^3}\mathrm{d}N$$

其中 $\mathrm{d}N=nS\mathrm{d}l$ 代表此电流元内的总载流子个数，即这磁感应强度 $\mathrm{d}\boldsymbol{B}$ 是由 $\mathrm{d}N=nS\mathrm{d}l$ 个载流子产生的，那么每一个电量为 q，以速度为 $\boldsymbol{v}$ 运动的点电荷所产生的磁感应强度 $\boldsymbol{B}$ 为

$$\boldsymbol{B}=\frac{\mathrm{d}\boldsymbol{B}}{\mathrm{d}N}=\frac{\mu_0}{4\pi}\frac{q\boldsymbol{v}\times\boldsymbol{r}}{r^3}\tag{5.13}$$

$\boldsymbol{B}$ 的方向垂直于 $\boldsymbol{v}$ 和 $\boldsymbol{r}$ 所组成的平面，其指向亦符合右手螺旋法则.

值得注意的是，对于高速运动电荷，以上结果不再适用，需要考虑相对论效应.

§5.4　磁场的高斯定理和安培环路定理

稳恒磁场与库仑电场有着不同的基本性质，库仑电场的基本性质可以通过库仑场的高斯定理和环路定理来描述；稳恒磁场的基本性质也可以用关于磁场的这两个定理来描述. 本节就来介绍稳恒磁场的高斯定理和安培环路定理.

一、磁场的高斯定理

1. 磁通量

在说明磁场的规律时，类比电通量，也可引入磁通量的概念. 通过某一面积 S 的磁通量的定义是

$$\Phi_{\mathrm{m}}=\int_S\boldsymbol{B}\cdot\mathrm{d}\boldsymbol{S}\tag{5.14}$$

即等于通过该面积的磁感应线的总条数.

在国际单位制中，磁通量的单位为韦伯（Wb），$1\ \mathrm{Wb}=1\ \mathrm{T}\cdot\mathrm{m}^2$. 据此，磁感应强度的单位 T 也常写做 $\mathrm{Wb/m^2}$.

2. 磁场的高斯定理

对于闭合曲面，若规定曲面各处的外法向为该处面元矢量的正方向，则对闭面

上一面元的磁通量为正就表示磁感应线穿出闭面，磁通量为负表示磁感应线穿入闭面. 对任一闭合曲面 S，由于磁感应线是无头无尾的闭合曲线，不难想象，凡是从 S 某处穿入的磁感应线，必定从 S 的另一处穿出，即穿入和穿出闭合曲面 S 的净条数必定等于零. 所以通过任意闭合曲面 S 的磁通量为零，即

$$\oint_S \boldsymbol{B} \cdot \mathrm{d}\boldsymbol{S} = 0 \tag{5.15}$$

这是恒定磁场的一个普遍性质，称为**磁场的高斯定理**.

二、安培环路定理

由毕奥-萨伐尔定律表示的电流和它的磁场的关系，可以导出稳恒磁场的一条基本规律——**安培环路定理**. 其内容为：在稳恒电流的磁场中，磁感应强度 $\boldsymbol{B}$ 沿任何闭合路径 l 的线积分（即 B 对闭合路径 L 的环量）等于路径 L 所包围的电流强度的代数和的 μ_0 倍，它的数学表达式为

$$\oint_L \boldsymbol{B} \cdot \mathrm{d}\boldsymbol{l} = \mu_0 \sum I_{\text{int}} \tag{5.16}$$

下面以长直稳恒电流的磁场为例简单说明安培环路定理. 由式（5.8）知，距电流强度为 I 的无限长直电流的距离为 r 处的磁感应强度为

$$B = \frac{\mu_0 I}{2\pi r}$$

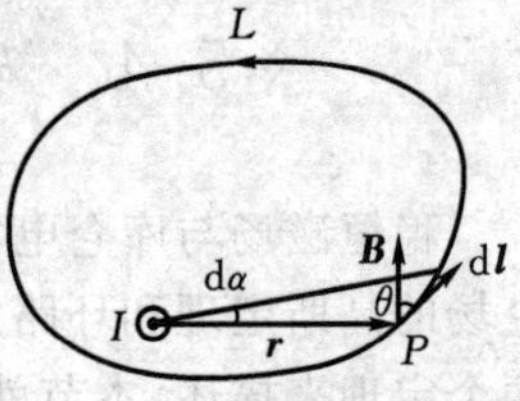

图 5.7 安培环路定理的说明

$\boldsymbol{B}$ 线为在垂直于直导线的平面内围绕该导线的同心圆，其绕向与电流方向成右手螺旋关系. 在上述平面内围绕导线作一任意形状的闭合路径 L（如图 5.7 所示），沿 L 计算 $\boldsymbol{B}$ 的环量. 在路径 L 上任一点 P 处，$\mathrm{d}\boldsymbol{l}$ 与 $\boldsymbol{B}$ 的夹角为 θ，它对电流通过点所张之角为 $\mathrm{d}\alpha$. 由于 $\boldsymbol{B}$ 垂直于矢径 $\boldsymbol{r}$，因而 $\mathrm{d}l\cos\theta$ 就是 $\mathrm{d}\boldsymbol{l}$ 在垂直于 $\boldsymbol{r}$ 方向上的投影，它就等于 $\mathrm{d}\alpha$ 所对的以 r 为半径的圆弧长，由于此弧长等于 $r\mathrm{d}\alpha$，所以

$$\boldsymbol{B} \cdot \mathrm{d}\boldsymbol{l} = Br\,\mathrm{d}\alpha$$

沿闭合路径 L 的环量为

$$\oint_L \boldsymbol{B} \cdot \mathrm{d}\boldsymbol{l} = \oint_L Br\,\mathrm{d}\alpha = \oint_L \frac{\mu_0 I}{2\pi r} r\,\mathrm{d}\alpha$$

$$= \frac{\mu_0 I}{2\pi} \oint_L \mathrm{d}\alpha = \mu_0 I \tag{5.17}$$

此式说明，当闭合路径 L 包围电流 I 时，这个电流对该环路上 B 的环路积分为 $\mu_0 I$.

如果电流的方向相反，仍按图 5.7 所示的路径 L 的方向进行积分时，由于 $\boldsymbol{B}$

的方向与图示方向相反，所以应该得

$$\oint_L \boldsymbol{B} \cdot \mathrm{d}\boldsymbol{l} = -\mu_0 I$$

可见积分的结果与电流的方向有关. 如果对电流的正负作如下规定，即电流的方向与 L 的绕行方向符合右手螺旋关系时，此电流为正，否则为负，则 $\boldsymbol{B}$ 的环路积分的值可以统一用式(5.17)表示.

如果闭合路径不包围电流，如图 5.8 所示，L 为在垂直于载流导线平面内的任一不围绕电流的闭合路径. 过电流通过点作 L 的两条切线，将 L 分为 L_1 和 L_2 两部分，沿图示方向计算 $\boldsymbol{B}$ 的环量为

$$\begin{aligned}\oint_L \boldsymbol{B} \cdot \mathrm{d}\boldsymbol{l} &= \int_{L_1} \boldsymbol{B} \cdot \mathrm{d}\boldsymbol{l} + \int_{L_2} \boldsymbol{B} \cdot \mathrm{d}\boldsymbol{l} \\ &= \frac{\mu_0 I}{2\pi}\left(\int_{L_1} \mathrm{d}\alpha + \int_{L_2} \mathrm{d}\alpha\right) \\ &= \frac{\mu_0 I}{2\pi}[\alpha + (-\alpha)] = 0\end{aligned}$$

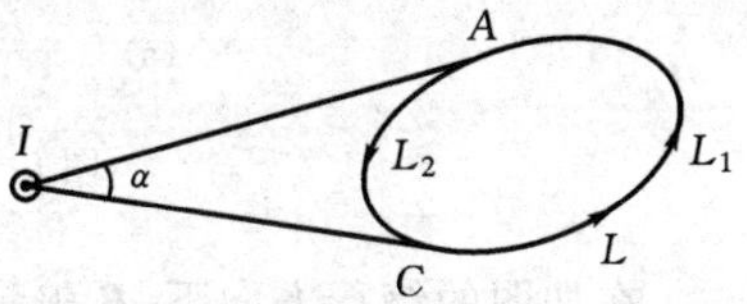

图 5.8　L 不包围电流情形

可见，闭合路径 L 不包围电流时，该电流对沿这一闭合路径的 $\boldsymbol{B}$ 的环路积分无贡献.

上面的讨论只涉及在垂直于长直电流的平面内的闭合路径. 易证在长直电流的情况下，对非平面闭合路径，上述讨论也适用. 还可进一步证明，对于任意的闭合稳恒电流，上述 $\boldsymbol{B}$ 的环路积分和电流的关系仍然成立. 这样，再根据磁场的叠加原理可得到，当有若干个闭合稳恒电流存在时，沿任一闭合路径 L，合磁场的环路积分为

$$\oint_L \boldsymbol{B} \cdot \mathrm{d}\boldsymbol{l} = \mu_0 \sum I_{\text{int}}$$

式中 $\sum I_{\text{int}}$ 是环路 L 所包围的电流的代数和，通常可将其用 I 表示. 上式就是我们要证明的安培环路定理式.

值得指出，闭合路径 L 包围的电流的含义是指与 L 所链环的电流，对闭合稳恒电流的一部分(即一段稳恒电流)安培环路定理不成立；另外，在安培环路定理表达式中的电流 $\sum I_{\text{int}}$ 是闭合路径 L 所包围的电流的代数和，但定理式左边的磁感应强度 $\boldsymbol{B}$，却代表空间所有电流产生的磁感应强度的矢量和.

三、安培环路定理的应用

1. 载流长直螺线管内的磁场

设有一长直螺线管，长为 L，共有 N 匝线圈，通有电流 I，由于螺线管很长，则

管内中央部分的磁场是均匀的，并可证明，方向与螺线管的轴线平行．管的外侧，磁场很弱，可以忽略不计．

为了计算螺线管中央部分某点 P 的磁感应强度．可通过 P 点作一矩形闭合线 $abcda$ 如图 5.9 所示．

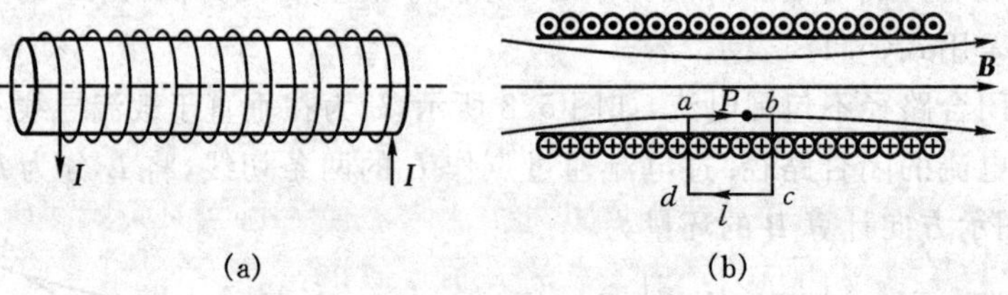

图 5.9　长直螺线管内的磁场

在如图的绕行方向下，$\boldsymbol{B}$ 矢量的线积分为

$$\oint_L \boldsymbol{B}\cdot\mathrm{d}\boldsymbol{l}=\int_a^b \boldsymbol{B}\cdot\mathrm{d}\boldsymbol{l}+\int_b^c \boldsymbol{B}\cdot\mathrm{d}\boldsymbol{l}+\int_c^d \boldsymbol{B}\cdot\mathrm{d}\boldsymbol{l}+\int_d^a \boldsymbol{B}\cdot\mathrm{d}\boldsymbol{l}$$

由于磁场方向与螺线管的轴线平行，故 bc、da 段上 $\boldsymbol{B}$ 与 $\mathrm{d}\boldsymbol{l}$ 处处垂直，所以 $\int_b^c \boldsymbol{B}\cdot\mathrm{d}\boldsymbol{l}=\int_d^a \boldsymbol{B}\cdot\mathrm{d}\boldsymbol{l}=0$，又 cd 在螺线管外侧附近，其上磁感应强度为零，所以 $\int_c^d \boldsymbol{B}\cdot\mathrm{d}\boldsymbol{l}=0$，而 $\int_a^b \boldsymbol{B}\cdot\mathrm{d}\boldsymbol{l}=B\,\overline{ab}$，于是有

$$\oint_l \boldsymbol{B}\cdot\mathrm{d}\boldsymbol{l}=B\,\overline{ab}$$

螺线管单位长度匝数 $n=N/L$，则通过闭合路径所包围的总电流强度为 $\overline{ab}\,nI$，由安培环路定理得

$$B\,\overline{ab}=\mu_0\,\overline{ab}nI$$

所以有

$$B=\mu_0 nI \tag{5.18}$$

由于 P 点是长直螺线管内的中央部分任一点，所以上式就是螺线管中央部分的磁场分布，它是一匀强磁场．

2. 环形螺线管内的磁场

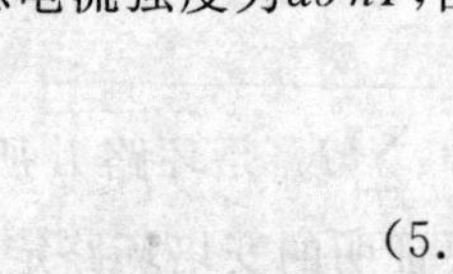

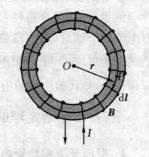

图 5.10　螺绕环内的磁场

如图 5.10 是环形空心螺线管的示意图．设线圈匝数为 N，电流为 I，方向如图所示．如果导线绕的很密，则全部磁场都集中在管内，磁感应线是一系列圆环，圆心都在螺线管的对称轴上．由对称性可知，在同一磁感

应线上的各点,磁感应强度 $\boldsymbol{B}$ 的大小相等,$\boldsymbol{B}$ 的方向为沿磁感应线的切线方向,为计算管内某一点 P 的磁感应强度 $\boldsymbol{B}$,选通过该点的一条磁感应线为闭合路径(如图是半径为 r 的圆周),应用安培环路定理得

$$\oint_l \boldsymbol{B}\cdot \mathrm{d}\boldsymbol{l} = 2\pi rB = \mu_0 NI$$

解之得

$$B = \frac{\mu_0 NI}{2\pi r} \tag{5.19a}$$

可见,环形螺线管内的磁感应强度 $\boldsymbol{B}$ 的大小与 r 成反比. 若环形螺线管的内外半径之差比 r 小得多,则可认为环内各点的 B 值近似相等,其大小为

$$B = \frac{\mu_0 NI}{2\pi R} = \mu_0 nI \tag{5.19b}$$

其中,R 是环形螺线管的平均半径,$n=N/2\pi R$ 为平均周长上单位长度的匝数.

§5.5　磁场对载流导线的作用

一、安培定律

磁场的基本属性就是对处于其中的运动电荷有力的作用,前面我们根据这一属性定义了磁感应强度. 而大量电荷作定向运动形成电流. 载流导线处于磁场中,由于作定向运动的自由电子所受的磁力,传递给金属晶格,宏观上就表现为磁场对载流导线的作用.

关于磁场对载流导线的作用力,安培从许多实验结果的分析中总结出关于载流导线上一段电流元受力的基本定律,即**安培定律**,其内容如下:磁场对电流元 $I\mathrm{d}\boldsymbol{l}$ 的作用力 $\mathrm{d}\boldsymbol{F}$ 与电流元的大小 $I\mathrm{d}l$、电流元所在处的磁感应强度 $\boldsymbol{B}$ 的大小,以及 $\boldsymbol{B}$ 与 $I\mathrm{d}\boldsymbol{l}$ 之间的夹角 θ 的正弦成正比,其方向垂直于 $I\mathrm{d}\boldsymbol{l}$ 和 $\boldsymbol{B}$ 决定的平面,指向遵守右手螺旋法则,即 $I\mathrm{d}\boldsymbol{l}\times\boldsymbol{B}$ 的方向(如图 5.11 所示). 其数学表达式为

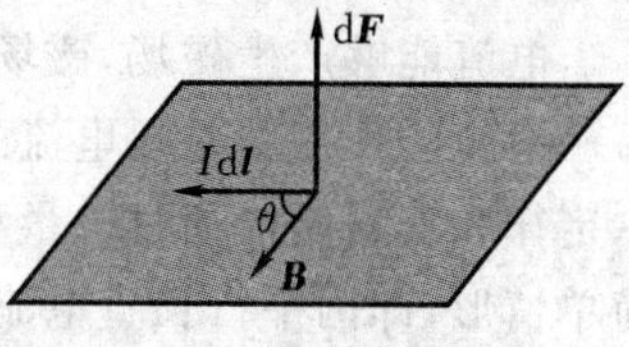

图 5.11　电流元所受磁力方向

$$\mathrm{d}\boldsymbol{F} = I\mathrm{d}\boldsymbol{l}\times\boldsymbol{B} \tag{5.20}$$

任何形状的载流导线在外磁场中所受的磁场力(即安培力),应该等于各段电流元所受磁力的矢量和,即

$$\boldsymbol{F} = \int_L I\mathrm{d}\boldsymbol{l}\times\boldsymbol{B} \tag{5.21}$$

这是一个矢量积分，一般情况下应化为分量式求解．但若各电流元的受力都沿同一方向，矢量积分就自然化为标量积分．

例 5.2 半径为 R，电流为 I 的半圆形载流导线置于磁感应强度为 $\boldsymbol{B}$ 的均匀磁场中，$\boldsymbol{B}$ 和 I 的方向如图 5.12 所示．求半圆形载流导线受到的安培力．

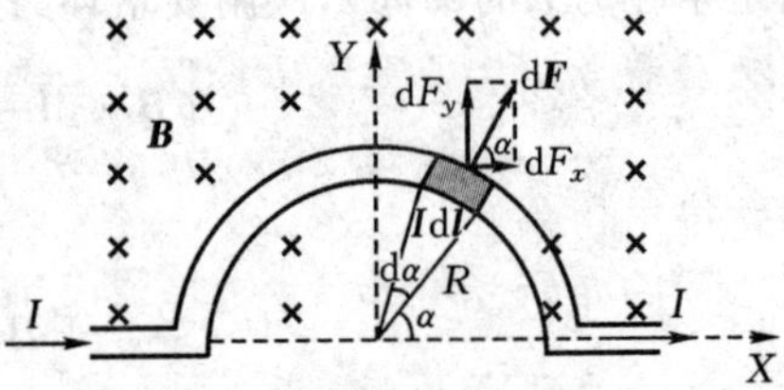

图 5.12 例 5.2 示图

解 建立如图 5.12 所示的直角坐标系 XOY．在半圆环上任取一电流元 $I\mathrm{d}\boldsymbol{l}$，它受到的安培力的大小为

$$\mathrm{d}F = BI\mathrm{d}l\sin\frac{\pi}{2} = BI\mathrm{d}l$$

方向沿电流元的位矢方向．由图可知，$\mathrm{d}\boldsymbol{F}$ 沿 X 轴的投影

$$\mathrm{d}F_x = \mathrm{d}F\cos\alpha = BI\mathrm{d}l\cos\alpha$$

在 Y 轴上的投影

$$\mathrm{d}F_y = \mathrm{d}F\sin\alpha = BI\mathrm{d}l\sin\alpha$$

$\mathrm{d}l=-R\mathrm{d}\alpha$，故

$$F_x = \int \mathrm{d}F_x = \int_0^l BI\mathrm{d}l\cos\alpha = -\int_\pi^0 BIR\cos\alpha\mathrm{d}\alpha = 0$$

$$F_y = \int \mathrm{d}F_y = \int_0^l BI\mathrm{d}l\sin\alpha = -\int_\pi^0 BIR\sin\alpha\mathrm{d}\alpha = 2BIR$$

即半圆形载流导线受到的安培力为 $F=2BIR$，方向沿 Y 轴正向．

二、两平行长直电流之间的相互作用

电流能够产生磁场，磁场又会对处于其中的电流施加作用力．因此，一电流与另一电流的作用就是一电流的磁场对另一电流的作用，这作用力可利用毕奥-萨伐尔定律和安培定律通过矢量积分获得，在一般情况下计算比较困难．下面讨论一种简单情形，即两平行长直电流之间的相互作用．

如图 5.13 所示，两条相互平行的长直载流导线，相距为 a，分别载有同向电流 I_1、I_2．I_1 在导线 2 中各点所产生的磁感应强度的大小为

$$B_{12} = \frac{\mu_0 I_1}{2\pi a}$$

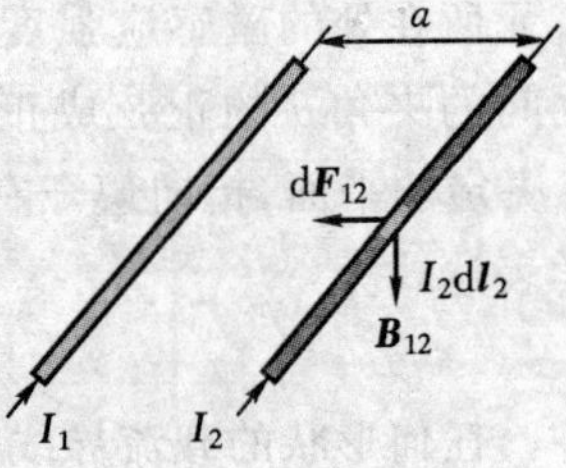

图 5.13 两平行长直载流导线间的作用力

方向如图，它对导线 2 中的任一电流元 $I_2\mathrm{d}\boldsymbol{l}_2$ 的作用力 $\mathrm{d}\boldsymbol{F}_{12}$ 可由安培定律得

$$\mathrm{d}\boldsymbol{F}_{12} = I_2\mathrm{d}\boldsymbol{l}_2 \times \boldsymbol{B}_{12}$$

其方向如图在两平行导线所在平面内，垂直指向导线 1. 其大小为

$$dF_{12}=I_2 dl_2 B_{12}=\frac{\mu_0 I_1 I_2 dl_2}{2\pi a}$$

那么载流导线 2 中每单位长度所受载流导线 1 的作用力大小为

$$f_{12}=\frac{dF_{12}}{dl_2}=\frac{\mu_0 I_1 I_2}{2\pi a} \tag{5.22}$$

用同样的方法可以求得导线 1 中单位长度所受载流导线 2 的作用力大小为

$$f_{21}=\frac{dF_{21}}{dl_1}=\frac{\mu_0 I_1 I_2}{2\pi a} \tag{5.23}$$

f_{21} 与 f_{12} 大小相等、方向相反，体现为引力. 若两平行导线中的电流方向相反，则彼此间的相互作用为斥力.

在国际单位制中，电流强度是基本物理量，它的单位安培(A)作为基本单位. 这一基本单位就是利用两条相互平行的长直载流导线间的相互作用力来定义的：真空中两条载有等量电流，且相距为 1 m 的长直导线，当每米长度上的相互作用力为 2×10^{-7} N 时，导线中的电流大小定义为 1 A.

据此定义及式(5.22)可得

$$\frac{2\times10^{-7}\ \mathrm{N}}{1\ \mathrm{m}}=\frac{\mu_0}{2\pi}\cdot\frac{1\ \mathrm{A}\times1\ \mathrm{A}}{1\ \mathrm{m}}$$

即

$$\mu_0=4\pi\times10^{-7}\ \mathrm{N\cdot A^{-2}}$$

可见真空的磁导率 μ_0 是一个具有单位的导出量.

三、磁场对载流线圈的作用

利用安培定律可以分析匀强磁场对载流线圈的作用. 图 5.14 表示了一个矩形平面线圈 $ABCD$，其中边长 $AB=CD=l_1$，$BC=DA=l_2$，线圈内通有电流 I，我们规定线圈平面法线 $\boldsymbol{n}$ 的正方向与线圈中的电流方向满足右手螺旋关系. 将这个线圈放在磁感应强度为 $\boldsymbol{B}$ 的匀强磁场中，并设线圈的法线方向与磁场方向成 α 角.

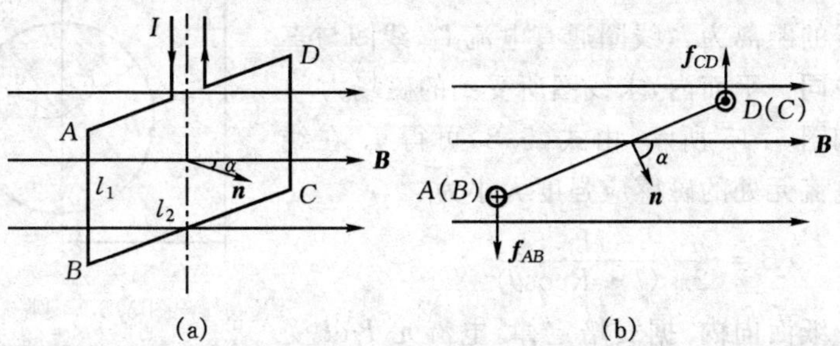

图 5.14　匀强磁场对载流线圈的作用

根据安培定律，AD 边和 BC 边所受磁场力始终处于线圈平面内，并且大小相等，方向相反，作用在同一条直线上，因而相互抵消. 而 AB 边和 CD 边，由于电流的方向始终与磁场垂直，它们所受磁力 f_{AB} 和 f_{CD} 的大小相等为

$$f_{AB} = f_{CD} = BIl_1$$

它们的方向相反，但不在同一直线上，因而构成力偶，为线圈提供了力矩，如图5.14(b)所示. 此力矩的大小为

$$M = f_{AB}\,\frac{1}{2}l_2\sin\alpha + f_{CD}\,\frac{1}{2}l_2\sin\alpha$$

$$= BIl_1 l_2\sin\alpha = BIS\sin\alpha \tag{5.24}$$

式中 $S=l_1l_2$ 为线圈的面积，将载流线圈的磁矩 $\boldsymbol{m}=IS\boldsymbol{n}$ 代入上式，得

$$M = mB\sin\alpha \tag{5.25}$$

写成矢量式为

$$\boldsymbol{M} = \boldsymbol{m}\times\boldsymbol{B} \tag{5.26}$$

由式(5.25)可知，当 $\alpha=\pi/2$(即线圈平面与磁场方向平行)时，线圈所受力矩最大. 在此力矩作用下，线圈将绕其中心并平行于 AB 边的轴转动. 随着线圈的转动，α 角逐渐减小，当 $\alpha=0$(即线圈平面与磁场方向垂直)时，力矩等于零，线圈达到**稳定平衡状态**. 当 $\alpha=\pi$ 时，力矩也等于零，也是线圈的平衡位置，但这个位置不是线圈的稳定平衡位置，稍受扰动就会立即转到 $\alpha=0$ 的位置上去.

以上结论是通过对均匀磁场中的矩形载流线圈的讨论得到的，但可证明对均匀磁场中的任意形状的载流平面线圈，上述结果均适用. 可见，对均匀磁场中的任意平面刚性线圈，线圈所受磁力为零而不发生平动，但在不为零的磁力矩作用下将发生转动.

如果线圈处于非均匀磁场中，线圈除受力矩的作用外，还要受合力的作用，这样线圈除转动外，还要发生平动.

例 5.3 如图 5.15 所示，在通有电流 I_1 的长直导线旁有一平面圆形线圈，线圈半径为 R，线圈中心到导线的距离为 l，线圈通有电流 I_2，线圈与直导线电流在同一平面内，求线圈所受到的磁场力.

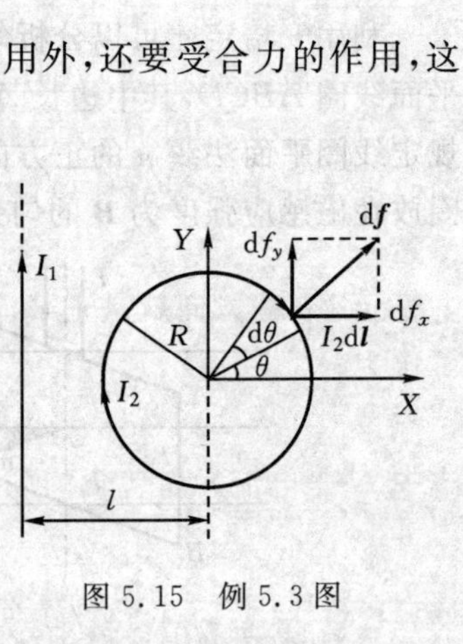

图 5.15 例 5.3 图

解 如图 5.15 所示，由式(5.8)可得 I_1 在线圈上任一电流元处的磁感应强度大小为

$$B = \frac{\mu_0}{2\pi}\,\frac{I_1}{(l+R\cos\theta)}$$

方向垂直于纸面向内. 据安培定律，电流元 $I_2\mathrm{d}\boldsymbol{l}$ 受到的磁场力大小为

$$df = BI_2 dl = BI_2 R d\theta$$

方向沿半径向外，垂直于 $I_2 d\boldsymbol{l}$. 由对称性可知上半环所受的力与下半环所受的力在竖直方向上的分量互相抵消，即

$$f_y = \int_0^{2\pi} df_y = 0$$

所以整个线圈所受的力为

$$\begin{aligned} f = f_x &= \int_0^{2\pi} df_x = 2\int_0^{\pi} df\cos\theta \\ &= 2\frac{\mu_0 I_1 I_2}{2\pi}\int_0^{\pi}\frac{R\cos\theta}{l+R\cos\theta}d\theta \\ &= \frac{\mu_0 I_1 I_2}{\pi}\int_0^{\pi}\left(1-\frac{l}{R\cos\theta+l}\right)d\theta \\ &= \mu_0 I_1 I_2\left(1-\frac{l}{\sqrt{l^2-R^2}}\right) \end{aligned}$$

方向沿 X 轴正向.

§5.6　洛伦兹力

一、洛伦兹力

实验表明，运动电荷在磁场中会受磁力作用，这种力称为**洛伦兹力**. 本章第一节正是用这一力定义了磁感应强度.

前已述及，磁场对电流元的作用是磁场对运动电荷作用的整体体现，即安培力起源于洛伦兹力. 下面利用安培定律推出洛伦兹力公式.

设电流元 $Id\boldsymbol{l}$ 的横截面积为 S，如果载流子的电量为 q，都以速度 $\boldsymbol{v}$ 作定向运动而提供电流 I. 设导体单位体积内的载流子数为 n，则

$$I = qnSv$$

电流元 $Id\boldsymbol{l}$ 的方向就是正载流子作定向运动的方向，即 $q\boldsymbol{v}$ 的方向，于是安培定律可化为

$$d\boldsymbol{F} = Id\boldsymbol{l}\times\boldsymbol{B} = nqS\,dl\boldsymbol{v}\times\boldsymbol{B} = Nq\boldsymbol{v}\times\boldsymbol{B}$$

式中 N 是电流元所包含的载流子总数. 则单个载流子所受的力为

$$\boldsymbol{f} = \frac{d\boldsymbol{F}}{dN} = q\boldsymbol{v}\times\boldsymbol{B} \tag{5.27}$$

这就是电量为 q，以速度为 $\boldsymbol{v}$ 运动的带电粒子在磁感应强度为 $\boldsymbol{B}$ 的磁场中运动时所受的洛伦兹力. 电量 q 是代数量，当 $q\geqslant 0$ 时，$\boldsymbol{f}$ 的方向与 $\boldsymbol{v}\times\boldsymbol{B}$ 的方向相同；当

$q<0$时，$\boldsymbol{f}$ 的方向与 $\boldsymbol{v}\times\boldsymbol{B}$ 的方向相反. 由于洛伦兹力的方向垂直于粒子运动的方向，所以洛伦兹力不做功.

例 5.4　如图 5.16 是速度选择器的原理图. 它是由均匀磁场(方向垂直纸面向外，设 $B=1.0\times10^{-3}$ T)中两块金属板 P_1、P_2 构成. 其中 P_1 板带正电，P_2 板带负电，于是两板间产生一匀强电场(设 $E=300\ \mathrm{V\cdot m^{-1}}$)，电场的方向垂直于磁场. 试求当速度 $\boldsymbol{v}$ 不同的正离子沿图示方向进入速度选择器时，离子受到的电场力 $\boldsymbol{f}_\mathrm{e}$ 的方向和洛伦兹力 $\boldsymbol{f}_\mathrm{m}$ 的方向. 速度为多大的正离子才能沿原来的方向直线前进，并穿过速度选择器？

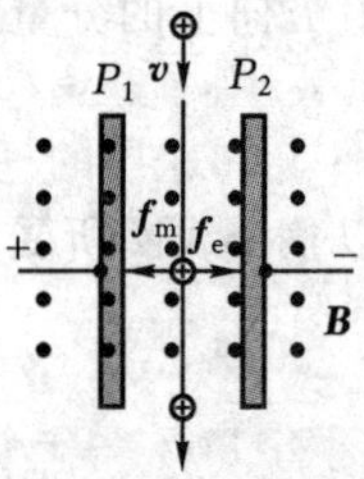

图 5.16　例 5.4 图

解　对于正离子 $q>0$，则离子受的电场力

$$\boldsymbol{f}_\mathrm{e}=q\boldsymbol{E}$$

其方向与板面垂直向右. 设离子运动的速度为 $\boldsymbol{v}$，则离子所受的磁场力

$$\boldsymbol{f}_\mathrm{m}=q\boldsymbol{v}\times\boldsymbol{B}$$

其方向与板面垂直向左. 当离子的速度大小恰好使离子所受的电场力与洛伦兹力等值反向时，离子方能沿原来的方向直线前进，并穿过速度选择器，即要满足

$$qE=qvB$$

可见，只有当速度 $v=E/B$ 的离子，才可通过速度选择器. 所以能利用调节 E 或 B 的大小改变通过离子的速度. 将题中数据代入得

$$v=\frac{E}{B}=\frac{300}{1.0\times10^{-3}}=3.0\times10^{5}\ \mathrm{m\cdot s^{-1}}$$

即只有速度大小等于 $3.0\times10^{5}\ \mathrm{m\cdot s^{-1}}$的离子才能穿过速度选择器.

二、带电粒子在磁场中的运动

1. $\boldsymbol{v}$ 垂直 $\boldsymbol{B}$ 情形

当带电粒子以垂直于磁场的方向进入磁场时，粒子在垂直于磁场的平面内作匀速圆周运动，洛伦兹力提供了向心力，于是有下面的关系

$$qvB=\frac{mv^2}{R}$$

式中 m 和 q 分别是粒子的质量和电量，R 是圆形轨道的半径. 由上式可得粒子作圆形轨道的半径为

$$R=\frac{mv}{qB}\tag{5.28}$$

粒子运动的周期 T，即粒子运动一周所需要的时间为

$$T = \frac{2\pi R}{v} = \frac{2\pi m}{qB} \tag{5.29}$$

以上关系表明,尽管速率大的粒子在大半径的圆周上运动,速率小的粒子在小半径的圆周上运动,但它们运行一周所需要的时间却都是相同的.这个重要的结论是回旋加速器的理论依据.

2. $\boldsymbol{v}$ 与 $\boldsymbol{B}$ 间有任意夹角 α

如图 5.17 所示,$\boldsymbol{v}$ 与 $\boldsymbol{B}$ 间有任意夹角 α,我们可以将粒子的运动速度 $\boldsymbol{v}$ 分解为垂直于磁场的分量 $v_{\perp}$ 和平行于磁场的分量 $v_{/\!/}$,它们分别表示为

$$v_{\perp} = v\sin\alpha \text{ 和 } v_{/\!/} = v\cos\alpha$$

显然,如果只有 $v_{\perp}$ 分量,带电粒子的运动如上 1 中情形讨论的结果,它将在垂直于磁场的平面内作圆周运动,运动周期由式(5.29)所给;如果只有 $v_{/\!/}$ 分量,带电粒子不受磁场力,它将沿 $\boldsymbol{B}$ 的方向作匀速直线运动.一般当这两个分量同时存在,粒子则沿磁场的方向作螺旋线运动,如图 5.17(b)所示,在一个周期 T 内,粒子回旋一

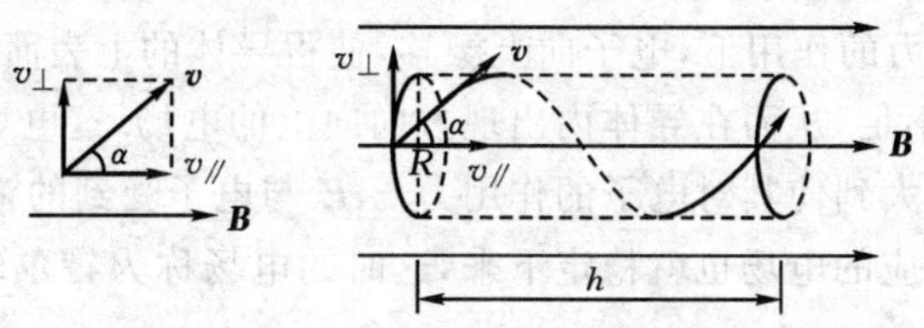

(a)　　　　(b)

图 5.17　带电粒子在磁场中的螺旋线运动

周,沿磁场方向移动的距离为

$$h = v_{/\!/}\,T = \frac{2\pi m v_{/\!/}}{qB} \tag{5.30}$$

这个距离称为**螺旋线的螺距**.上式表示螺旋线的螺距 h 与 $v_{\perp}$ 无关.这意味着,无论带电粒子以多大的速率进入磁场,也无论沿何方向进入磁场,只要它们平行于磁场的速度分量 $v_{/\!/}$ 是相同的,它们螺旋线运动的螺距就一定相等.如果它们是从同一点射入磁场,那么它们必定在沿磁场方向上与入射点相距螺距 h 整数倍的地方又汇聚在一起.这与光束经透镜后聚焦的现象相类似,故称为**磁聚焦**.电子显微镜中的磁透镜就是磁聚焦原理的应用.

三、霍尔效应

1879 年霍尔 (E. H. hall) 发现下述现象:在匀强度磁场 $\boldsymbol{B}$ 中放一板状金属导体,使金属板面与磁场垂直,金属板的宽度为 a,厚度为 b,如图 5.18 所示,在金属

板中沿着与磁场 $\boldsymbol{B}$ 垂直的方向通一电流 I 时，在金属板的上下两表面间会出现横向电势差 U_H. 这个现象称为**霍尔效应**，电势差 U_H 称为**霍尔电势差**.

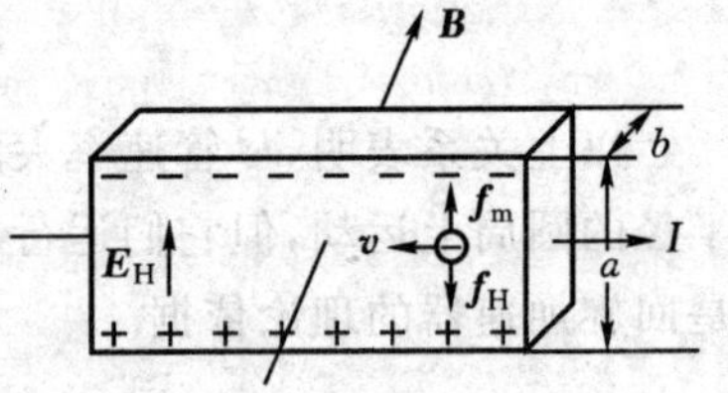

图 5.18 霍尔效应示图

实验测定，霍尔电势差 U_H 的大小与磁感应强度 $\boldsymbol{B}$ 的大小成正比，与电流强度 I 成正比，与金属板的厚度 b 成反比，即

$$U_H \propto \frac{IB}{b}$$

或 $$U_H = K_H \frac{IB}{b} \tag{5.31}$$

式中 K_H 是仅与导体的材料有关的常数，称为**霍尔系数**.

金属导体中的电流是电子的定向运动形成的，运动着的电子在磁场中受到洛伦兹力作用. 如图 5.18 所示，以速度 $\boldsymbol{v}$ 运动的电子受到向上的洛伦兹力 $\boldsymbol{f}_m = -e\boldsymbol{v} \times \boldsymbol{B}$ 的作用，在这力的作用下，电子向上漂移，使得导体的上表面积累过多的电子，下表面出现电子不足，从而在导体内出现方向向上的电场. 这电场对电子有向下的作用力，当这电场大到使其对电子的作用力 $-e\boldsymbol{E}$ 与电子受到的洛伦兹力大小相等时就达到稳态，相应的电场也就稳定下来，这时的电场称为**霍尔电场**，用 $\boldsymbol{E}_H$ 表示，因此有

$$e\boldsymbol{E}_H = -e\boldsymbol{v} \times \boldsymbol{B}$$

即 $$\boldsymbol{E}_H = -\boldsymbol{v} \times \boldsymbol{B}, \quad E_H = vB$$

由此可求得霍尔电势差（导体上下表面之间的电势差）为

$$U_H = -aE_H = -avB$$

式中负号表示电势梯度的方向与 $\boldsymbol{E}_H$ 的方向相反. 设导体内电子的数密度为 n，于是 $I = nevab$，将由此得到的定向运动速度代入上式，可得

$$U_H = -\frac{IB}{neb} = -\frac{1}{ne}\frac{IB}{b} \tag{5.32}$$

与式(5.31)相比较，则得金属导体的霍尔系数

$$K_H = -\frac{1}{ne} \tag{5.33}$$

霍尔效应不只在金属导体中产生，在半导体和导电流体（如等离子体）中也会产生. 相应的载流子可以是电子，也可以是正、负离子. 霍尔电势差和霍尔系数一般可表示为

$$U_H = \frac{1}{nq} \cdot \frac{IB}{b}, \quad K_H = \frac{1}{nq} \tag{5.34}$$

其中 q 是载流子的电量，可正可负，是代数量. 通过对霍尔系数的实验测量可以确定导体或半导体中载流子的性质. 据霍尔系数的大小，还可测量载流子的浓度. 值得指出，金属是电子导电，霍尔系数应为负值，但实验发现对有些金属，如铁、钴、锌、镉和锑等，霍尔系数为正. 对此，需用金属中电子的量子力学理论予以解释.

等离子体的霍尔效应是磁流体发电的基本理论依据. 工作气体（常用含有少量容易电离的碱金属的惰性气体）在高温下充分电离而达到等离子态，当以高速垂直通过磁场时，正、负电荷在洛伦兹力的作用下将向相反方向偏转并分别聚集在正、负电极上，使两极出现电势差. 只要工作气体连续地运行，两极就会不断地对外提供电能. 磁流体发电是直接将热能转变为电能的，所以具有比火力发电高得多的效率，并且可以在极短的时间内达到高功率运行状态，从而可以方便地按时间合理分布电能生产的要求.

*__量子霍尔效应__　由式(5.34)可得

$$\frac{U_{\mathrm{H}}}{I}=\frac{B}{nqb} \tag{5.35}$$

这一比值具有电阻的量纲，因而被定义为霍尔电阻 R_{H}. 此式表示霍尔电阻应正比于磁场 B. 1980 年，当研究半导体在极低温度下和强磁场中的霍尔效应时，德国物理学家克里青(Klaus von Klitzing)发现霍尔电阻和磁场的关系并不是线性的，而是有一系列台阶式的改变，这一效应叫**量子霍尔效应**，克里青因此获得 1985 年诺贝尔物理学奖. 进一步测量发现，各平台处霍尔电阻的数值精确地符合如下规律

$$R_{\mathrm{H}}=\frac{h}{Ne^2} \tag{5.36}$$

式中 $N=1,2,3,\cdots$；h 是普朗克常数. 对由上式所表示的量子化霍尔电阻的测量，目前的精确度已达到 10^{-8} 以上的数量级. 量子霍尔效应为我们提供了一个绝对电阻标准

$$\frac{h}{e^2}=25\ 812.806\,\Omega \tag{5.37}$$

自 1990 年起已正式成为电阻的国际标准.

克里青当时的测量结果显示式(5.36)中的 N 为整数. 其后美籍华裔物理学家崔琪(D. C. Tsui，1939—)等研究量子霍尔效应时，发现在更强的磁场(如 20T 甚至 30 T)下，N 可以是分数，如 1/3，1/5，1/2，1/4 等. 这种现象叫**分数量子霍尔效应**. 它的发现和理论研究使人们对宏观量子现象的认识更深入了一步，崔琪等也因此获得了 1998 年诺贝尔物理学奖.

§5.7 磁力的功

由于载流导线或线圈在磁场中会受到力或力矩的作用,因此当它们在磁场中运动时,磁力或磁力矩将会对导线或线圈做功.

一、载流导线在磁场中运动所做的功

载流导线在磁场中运动时磁力所做的功如图5.19所示,在磁感应强度为 $\boldsymbol{B}$ 的均匀磁场中,有一导线 ab 长为 l,可在含源导体框架上滑动.当框架上的电流为 I 时,ab 导体所受的磁力大小 $F=IlB$,方向向右.当滑动距离 $\overline{aa'}$ 不大时,ab 中的电流可以认为不变,这时磁力的功为

$$A = F\,\overline{aa'} = IlB\,\overline{aa'} = IB\Delta S = I\Delta\Phi \tag{5.38}$$

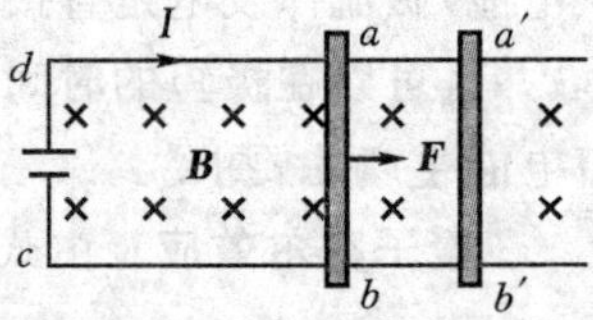

图 5.19 载流导线在磁场中运动所做的功

式中 $\Delta\Phi=B\Delta S$ 为通过载流回路所围面积的磁通量的增量.上式表明,当载流导线在磁场中运动时,如果电流保持不变,磁力所做的功等于电流乘以通过回路所环绕的面积内磁通量的增量,即等于电流乘以载流导线 ab 在移动中所切割的磁感应线数.

二、载流线圈在磁场内转动时磁场力所做的功

载流线圈在磁场内转动时磁场力所做的功如图 5.20 所示,在磁感应强度为 $\boldsymbol{B}$ 的均匀磁场中,有一矩形载流线圈 $abcd$,面积为 S,所载电流为 I,所受到的磁力矩 $M=ISB\sin\varphi$.当线圈平面转过 $\mathrm{d}\varphi$ 角度时,磁力矩做的元功

$$\begin{aligned}\mathrm{d}A &= -M\mathrm{d}\varphi = -BIS\sin\varphi\mathrm{d}\varphi \\ &= I\mathrm{d}(BS\cos\varphi) = I\mathrm{d}\Phi\end{aligned} \tag{5.39}$$

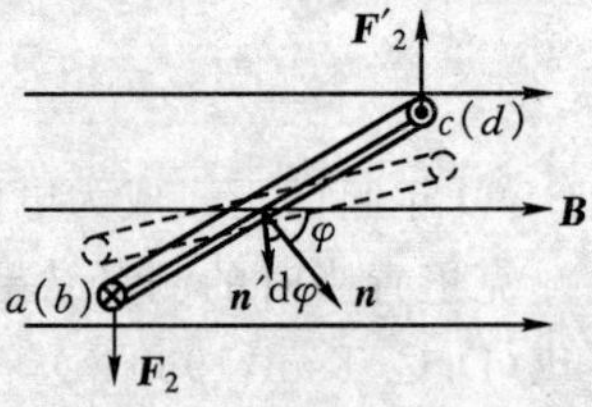

图 5.20 载流线圈在磁场中转动所做的功

式中负号表示磁力矩做正功时将使 φ 减小.当线圈从 φ_1 转到 φ_2 时,磁力矩所做的总功

$$A = \int \mathrm{d}A = \int_{\Phi_1}^{\Phi_2} I\mathrm{d}\Phi$$

若在转动过程中 I 保持不变,则

$$A = \int_{\Phi_1}^{\Phi_2} I\mathrm{d}\Phi = I(\Phi_2 - \Phi_1) = I\Delta\Phi \tag{5.40}$$

式中 Φ_1、Φ_2 分别表示线圈在 φ_1、φ_2 时通过线圈的磁通量.上式表明,当载流线圈在磁场中转动时,如果电流保持不变,磁力矩所做的功也等于电流乘以线圈中磁通量

的增量.

可以证明,一个任意的闭合电流回路在磁场中改变位置或形状时,如果保持回路中电流不变,则磁力和磁力矩所做的功都可按 $A=I\Delta\Phi$ 计算,这是磁力做功的一般表示.

§5.8　物质的磁性

一、磁介质的磁化及磁化强度

1. 磁介质及其磁化

在磁场中,凡受到磁场的作用并能够对磁场发生影响的物质都属于**磁介质**.实验表明,一切物质都能够对磁场发生影响,所以都属于磁介质.磁介质在磁场作用下的变化称为**磁介质的磁化**.

实验证明,在匀强磁场(如一载流长直螺线管内的磁场)中,如果放有均匀磁介质,那么在磁化了的磁介质中,磁感应强度 $\boldsymbol{B}$ 可能大于、也可能小于磁介质不存在时真空中的磁感应强度 $\boldsymbol{B}_0$.磁介质中的磁感应强度 $\boldsymbol{B}$,是 $\boldsymbol{B}_0$ 和磁介质因磁化而产生的磁感应强度 $\boldsymbol{B}'$ 叠加的结果,即

$$\boldsymbol{B}=\boldsymbol{B}_0+\boldsymbol{B}' \tag{5.41}$$

按磁性,物质可分为三类:一类为**顺磁质**,例如锰、铬、氧、铂、氮等,这些物质中,$\boldsymbol{B}'$ 与 $\boldsymbol{B}_0$ 同向,因此 $B>B_0$;第二类为**抗磁质**,例如水银、铜、铋、氢、银、金、铅等,这些物质中,$\boldsymbol{B}'$ 与 $\boldsymbol{B}_0$ 反向,因而 $B<B_0$,第三类为**铁磁质**,有铁、钴、镍及这些金属的合金等,这些物质中 $\boldsymbol{B}$ 与 $\boldsymbol{B}_0$ 成非线性关系,通常 $B\gg B_0$.

物质的磁性可以从其电结构中得到解释.构成物质的原子中每一个电子同时参与两种运动,一种是绕核的轨道运动,一种是自旋.这两种运动都对应一定的磁矩:与绕核的轨道运动相对应的是轨道磁矩,与自旋相对应的是自旋磁矩.整个原子的磁矩是它所包含的所有电子轨道磁矩和自旋磁矩的矢量和.不同物质的原子包含的电子数目不同,电子所处的状态不同,其轨道磁矩和自旋磁矩合成的结果也不同.所以有些物质的原子磁矩大些,有些物质的原子磁矩小些,还有些物质的原子磁矩恰好为零.另外,有些物质的原子磁矩虽然不为零,但多个原子合成一个分子时,合成的结果使分子磁矩等于零.

分子磁矩不为零的物质,其分子磁矩可以看作为由一个等效的圆电流所提供的,这个圆电流称为**分子电流**.在无外磁场时,由于分子的热运动,物质中各分子磁矩混乱取向,致使任何宏观体积元内的分子磁矩的矢量和等于零,所以宏观上不显磁性.当受到外磁场作用时,分子磁矩将在一定程度上沿外磁场方向排列,任何宏

观体积元内所有分子磁矩的矢量和不再为零,从而对外显示磁性,并且外磁场越强,分子磁矩排列的有序程度越高,相同体积内分子磁矩的矢量和也越大,对外所显示的磁性也就越强.分子热运动是会破坏分子磁矩的有序排列的,一旦将外磁场撤除,分子磁矩立即回到无序状态,磁性也就消失了.这种磁性称为**顺磁性**,具有顺磁性的物质便为**顺磁质**.

分子磁矩为零的物质,其磁性来源于原子中电子在外磁场的作用下所产生的附加运动(即进动),这种附加运动也等效为某一圆电流并对应一定磁矩.但由于电子带负电,这种磁矩的方向总是与外磁场的方向相反,故得名为**抗磁性**.具有抗磁性的物质便是**抗磁质**.

2. 磁化强度

为描述磁介质磁化的强弱程度,可引入一个新的物理量——**磁化强度矢量** $\boldsymbol{M}$,其定义为单位体积分子磁矩矢量和,即

$$\boldsymbol{M}=\frac{\sum \boldsymbol{m}_i}{\Delta V} \tag{5.42}$$

式中 $\sum \boldsymbol{m}_i$ 是体积 ΔV 内的分子磁矩矢量和.如果磁介质中各处的磁化强度的大小和方向都一致,就称为均匀磁化.

3. 磁化强度与磁化电流的关系

磁介质磁化的另一个宏观表现是出现束缚电流(即磁化电流),例如载流直螺线管中圆柱形磁介质的磁化,在圆柱侧面就会出现磁化电流.显然,磁化电流和磁化强度是同一物理现象的不同表现,它们之间一定存在着某种确定的关系,下面就来讨论这一关系.

在被磁化了的介质内任取一闭合回路 L,现我们来计算穿过 L 的磁化电流.磁化电流是分子电流的宏观表现,如图 5.21(a)所示,对于闭合回路 L,分子电流有如下三种情况:一是与 L 所围的曲面相交两次;二是与上曲面不相交;三是与上曲面

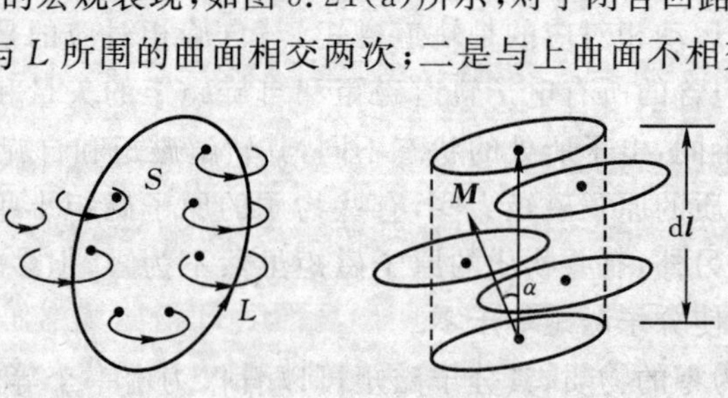

(a)　　(b)

图 5.21　磁化电流

相交一次(即与 L 所环绕的分子电流). 显然只有第三种情况的分子电流对穿过 L 的电流有贡献. 如图 5.21(b)在 L 上选一线元 $\mathrm{d}\boldsymbol{l}$,设其上分子电流圈的面矢为 $\boldsymbol{a}$,现以 $\mathrm{d}\boldsymbol{l}$ 为轴,作一底面为 $\boldsymbol{a}$ 的斜圆柱. 那么中心处于这一圆柱的分子,其分子电流均与 $\mathrm{d}\boldsymbol{l}$ 所链环,由此可得与 $\mathrm{d}\boldsymbol{l}$ 所链环的电流为

$$\mathrm{d}I' = ina\,\mathrm{d}l\cos\alpha = in\boldsymbol{a}\cdot\mathrm{d}\boldsymbol{l} = \boldsymbol{M}\cdot\mathrm{d}\boldsymbol{l}$$

其中 i 是每个分子的电流,n 是单位体积的分子数. 对整个闭路 L 积分就可得穿过 L 的磁化电流为

$$I' = \oint_L \boldsymbol{M}\cdot\mathrm{d}\boldsymbol{l} \tag{5.43}$$

这就是磁化电流与磁化强度的关系. 将上关系应用于已被磁化的介质的表面,进一步可得磁化强度与介质表面磁化电流的关系

$$\boldsymbol{i}' = M_{\mathrm{t}} \tag{5.44}$$

其中 M_{t} 是磁化强度 $\boldsymbol{M}$ 沿介质表面的切向分量,$\boldsymbol{i}'$是磁化电流面密度.

二、磁场强度　有介质时的安培环路定理

磁化电流与传导电流一样,也有磁效应,所以空间总的磁感应强度就如式(5.41)所表示. 考虑到磁化电流的贡献,有介质时磁场的安培环路定理为

$$\oint_L \boldsymbol{B}\cdot\mathrm{d}\boldsymbol{l} = \mu_0\sum(I+I') \tag{5.45}$$

磁化电流 I'不能预先知道,也不能实验测量,所以有必要用可测物理量来代替. 将式(5.43)中的磁化电流代入上式并整理得

$$\oint_L (\boldsymbol{B}/\mu_0 - \boldsymbol{M})\cdot\mathrm{d}\boldsymbol{l} = \sum I \tag{5.46}$$

对于给定的介质,$\boldsymbol{B}$ 与 $\boldsymbol{M}$ 有一确定的关系,这可用实验测定,从而知道电流 I 就可确定 $\boldsymbol{B}$ 的分布. 为方便,引入一个新的物理量——**磁场强度 $\boldsymbol{H}$**,即

$$\boldsymbol{H} = \frac{\boldsymbol{B}}{\mu_0} - \boldsymbol{M} \tag{5.47}$$

此式也称为**磁介质的性能方程**,这样式(5.46)变为

$$\oint_L \boldsymbol{H}\cdot\mathrm{d}\boldsymbol{l} = \sum I \tag{5.48}$$

此即有**介质时的安培环路定理**. 它表明磁场强度 $\boldsymbol{H}$ 沿磁场中任意闭合路径 L 的线积分(即 $\boldsymbol{H}$ 的环量),等于此闭合回路所包围传导电流的代数和.

在磁场分布具有一定对称性时,可利用式(5.48)求解磁介质中给定电流分布时磁场强度 $\boldsymbol{H}$ 的分布,并进一步求出磁感应强度 $\boldsymbol{B}$ 的分布.

对于各向同性线性非铁磁物质,实验表明磁化强度 $\boldsymbol{M}$ 与磁感应强度 $\boldsymbol{B}$ 成正

比，进而磁化强度 $\boldsymbol{M}$ 与磁场强度 $\boldsymbol{H}$ 成正比，即

$$\boldsymbol{M} = \chi_m \boldsymbol{H} \tag{5.49}$$

式中 χ_m 称为磁介质的磁化率，将式(5.49)代入式(5.47)得

$$\boldsymbol{B} = \mu_0(1+\chi_m)\boldsymbol{H} = \mu_0\mu_r\boldsymbol{H} = \mu\boldsymbol{H} \tag{5.50}$$

式中 $\mu_r = 1+\chi_m$ 称为磁介质的相对磁导率，$\mu=\mu_0\mu_r$ 称为磁介质的**绝对磁导率**. 式(5.50)是式(5.47)在各向同性线性非铁磁物质情况下的关系. 当 $\mu=\mu_0$ 时，就回到了真空情形. 所以本章前面对真空情形的所有关系，只要将 μ_0 换为 μ 就可将其推广到各向同性线性非铁磁物质中来.

在国际单位制中，磁化强度 $\boldsymbol{M}$ 和磁场强度 $\boldsymbol{H}$ 的单位都是安培·米$^{-1}$(A·m^{-1}).

*三、抗磁性

抗磁性也称逆磁性，具有这种性质的物质称为抗磁质或逆磁质. 当它处于外磁场中，其磁化强度的方向与外磁场方向始终相反，磁化率 χ_m 为负值，相对磁导率 μ_r 小于 1.

以电子的轨道运动为例. 如图 5.22(b)、(c)所示，电子作轨道运动时，具有一定的角动量，以 $\boldsymbol{L}$ 表示此角动量，它的方向与电子运动的方向符合右手螺旋关系. 电子的轨道运动使它也具有磁矩 $\boldsymbol{m}$. 由于电子带负电，这一磁矩的方向和它的角动量 $\boldsymbol{L}$ 的方向相反.

当分子处于磁场中时，其电子的轨道运动要受到磁力矩的作用，这一力矩为 $\boldsymbol{M}=\boldsymbol{m}\times\boldsymbol{B}$. 在图 5.22(b)所示的时刻，电子轨道运动所受的磁力矩方向垂直于纸面向里. 具有角动量的运动物体在力矩作用下是要发生进动的，正如图 5.22(a)中的转子在重力矩的作用下，它的角动量要绕竖直轴按逆时针方向(俯视)进动一样. 在图 5.22(b)中作轨道运动的电子，由于受到力矩的作用，它的角动量 $\boldsymbol{L}$ 也要绕与

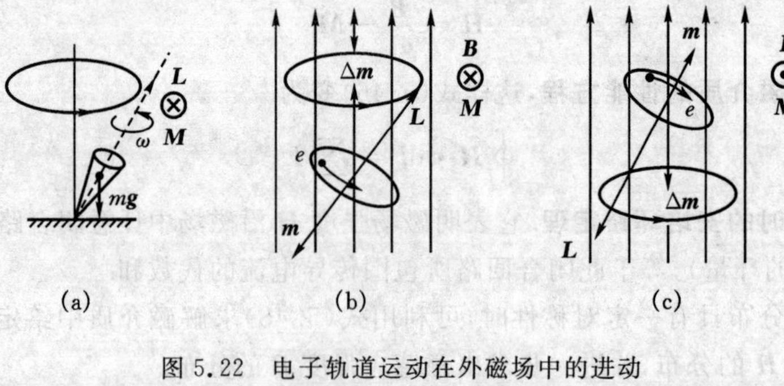

图 5.22　电子轨道运动在外磁场中的进动

磁场 $\boldsymbol{B}$ 平行的轴按逆时针方向(迎着 $\boldsymbol{B}$ 看)进动. 与这一进动相应,电子除了原有的轨道磁矩 $\boldsymbol{m}$ 外,又具有一个附加磁矩 $\Delta\boldsymbol{m}$,此附加磁矩的方向与外磁场 $\boldsymbol{B}$ 的方向相反. 对于图 5.22(c)所示的沿相反方向作轨道运动的电子,它的角动量 $\boldsymbol{L}$ 与轨道磁矩 $\boldsymbol{m}$ 的方向与(b)中电子的相反. 相同方向的外磁场将对电子的轨道运动产生相反方向的力矩 $\boldsymbol{M}$. 这一力矩也使得角动量 $\boldsymbol{L}$ 沿与 $\boldsymbol{B}$ 平行的轴进动,进动的方向仍然是逆时针(迎着 $\boldsymbol{B}$ 看)的,因而所产生的附加磁矩 $\Delta\boldsymbol{m}$ 也和外磁场 $\boldsymbol{B}$ 的方向相反. 因此不管电子轨道运动方向如何,外磁场对它的力矩作用总是要使它产生一个与外磁场方向相反的附加磁矩. 对电子的以及核的自旋,外磁场也产生相同的效果.

由于抗磁质分子的固有磁矩为零,在外磁场中,体现抗磁作用的附加磁矩 $\Delta\boldsymbol{m}$ 就构成了产生宏观磁矩的唯一因素. 从而体现为抗磁性($\boldsymbol{B}'$ 与 $\boldsymbol{B}_0$ 方向相反). 对于顺磁质分子,其固有磁矩不为零,虽然也存在体现抗磁作用的附加磁矩 $\Delta\boldsymbol{m}$,但其固有磁矩比附加磁矩大得多,一致附加磁矩可以忽略不计,而宏观磁矩是分子固有磁矩在外磁场中取向的结果,从而体现为顺磁性.

四、铁磁质

铁磁质具有很大的磁导率,在外磁场的作用下,铁磁质将产生与外磁场方向相同,量值很大的磁感应强度. 不仅如此,铁磁质还有如下特性:(1) 铁磁质的磁导率(以及磁化率)不是恒量,而随所在处的磁场强度 $\boldsymbol{H}$ 而变化,且有较复杂的关系;(2) 有明显的磁滞效应. 下面简单介绍铁磁质的特性.

用实验研究铁磁质的性质时通常把铁磁质试样做成环状,外面绕上若干匝线圈(如图 5.23 所示). 线圈通电后,铁磁质就被磁化. 当这励磁电流为 I 时,环中的磁场强度 H 为

$$H=\frac{NI}{2\pi r}$$

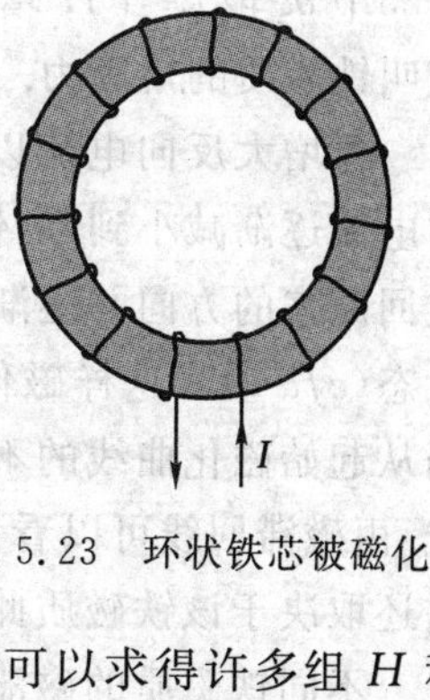

图 5.23　环状铁芯被磁化

式中 N 为环上线圈的总匝数,r 为环的平均半径. 这时环内 B 可以用另外的方法测出,于是可得一组对应的 H 和 B 的值,改变电流 I,可以依次测得许多组 H 和 B 的值(由于磁化强度 M 和 H 及 B 有一定的关系,所以也就可以求得许多组 H 和 M 的值),这样就可以绘出一条关于试样的 $H-B$(或 $H-M$)关系曲线以表示试样的磁化特点. 这样的曲线叫**磁化曲线**.

1. 磁化曲线

如果从试样完全没有磁化开始,逐渐增大电流 I,从而逐渐增大 H,那么所得

的磁化曲线叫**起始磁化曲线**，一般如图 5.24 所示. H 增大时，B 随 H 成正比地增大. H 再稍大时 B 就开始急剧地但也约成正比地增大，接着增大变慢，当 H 达到某一值后再增大时，B 就几乎不再随 H 的增大而增大了. 这时铁磁质试样达到了一种**磁饱和状态**，它的磁化强度 M 达到了最大值.

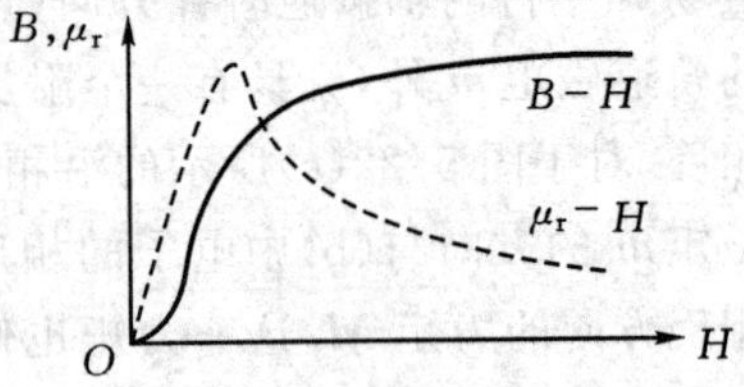

图 5.24 起始磁化曲线

根据 $\mu_r=\dfrac{B}{\mu_0 H}$，可以求出不同 H 值时的 μ_r 值，μ_r 随 H 变化的关系曲线也对应地以虚线画在图 5.24 中.

实验证明，各种铁磁质的起始磁化曲线都是"不可逆"的，即当铁磁质达到饱和后，如果慢慢减小磁化电流以减小 H 的值，铁磁质中的 B 并不沿起始磁化曲线逆向逐渐减小，而是减小的比原来增加时慢. 如图 5.25 中 ab 线段所示，当 $I=0$，因而 $H=0$ 时，B 并不等于 0，而是还保持一定的值. 这种现象叫**磁滞效应**. H 恢复到零时铁磁质内仍保留的磁化状态叫**剩磁**，相应的磁感应强度常用 B_r 表示.

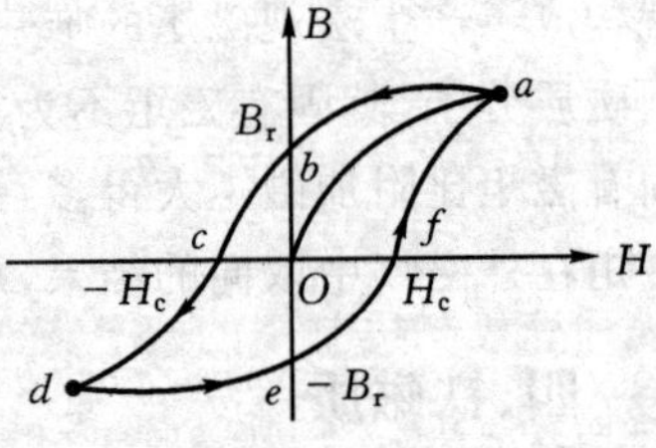

图 5.25 磁滞回线

要想把剩磁完全消除，必须改变电流的方向，并逐渐增大这反向的电流(图 5.25中 bc 段). 当 H 增大到 $-H_c$ 时，$B=0$. 这个使铁磁质中的 B 完全消失的 H_c 值叫铁磁质的**矫顽力**.

再增大反向电流以增大 H，可以使铁磁质达到反向磁饱和状态(cd 段). 将反向电流逐渐减小到零，铁磁质会达到 $-B_r$ 所代表的反向剩磁状态(de 段). 把电流改回原来的方向并逐渐增大，铁磁质又会经过 H_c 表示的状态而回到原来的饱和状态(efa 段). 这样磁化曲线就形成了一个闭合曲线，这一闭合曲线叫**磁滞回线**. 当从起始磁化曲线的不同位置开始减小电流(磁场强度 H)将得到不同的磁滞回线. 由磁滞回线可以看出，铁磁质的磁化状态并不能由激励电流或 H 值单值确定，它还取决于该铁磁质此前的磁化历史.

不同铁磁质的磁滞回线的形状不同，表示它们具有不同的剩磁和矫顽力. 纯铁、硅钢、坡莫合金(含铁、镍)等材料的 H_c 很小，因而磁滞回线比较瘦(见图 5.26 (a))，这些材料叫**软磁材料**，常用做变压器和电磁铁的铁芯.

碳钢、钨钢、铝镍钴合金(含 Fe、Al、Ni、Co、Cu)等材料具有较大的矫顽力 H_c，因而磁滞回线显得肥胖(见图 5.26(b))，当外磁场撤去后，这种材料能保留很强的剩磁，这种材料叫**硬磁材料**，常用来做永磁体.

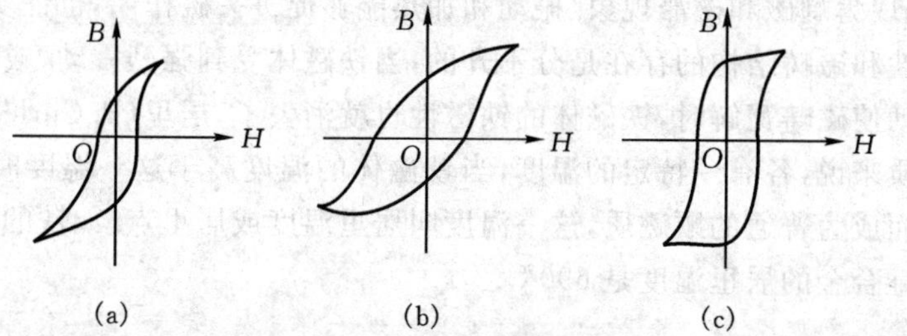

图 5.26　不同类型铁磁质的磁滞回线

锰—镁铁氧体、锂—锰铁氧体，其磁滞回线接近于矩形(见图 5.26(c))，这种材料叫**矩磁材料**，其特征是矫顽力很小，且剩磁 B_r 非常接近于饱和值 B_s. 因此当外磁场趋于零时，只能处于 B_s 和 $-B_s$ 两种剩磁状态. 当外磁场方向改变时，可以从一个稳定状态"翻转"到另一个稳定状态，若用这种材料的两种剩磁状态分别代表计算机二进制中的两个数码 0 和 1，则能在计算机中起"记忆"作用. 电子计算机储存元件的环形磁芯，录音、录象磁带以及现代电机的铁芯均要用到这样的材料.

实验指出，铁磁质反复磁化时将要吸热，硬磁物质较软磁物质更为显著，由此引起的能量损失称为**磁滞损耗**，理论和实践都证明，铁磁质反复磁化一次的磁滞损耗，与磁滞回线所包围的面积成正比，而磁滞损失的功率与反复磁化的频率成正比.

2. 铁磁质磁化特性的微观解释——磁畴

铁磁性不能用一般的顺磁质的磁化理论来解释. 因为铁磁质的单个原子或分子并不具有任何特殊的磁性. 例如铁原子和铬原子的结构大致相同，铁是典型的铁磁质，而铬是普通的顺磁质. 另一方面，铁磁质总是固相，这一事实都说明了铁磁性是一种与固体结构有关的性质.

现代的理论和实验都证明在铁磁质内存在许多线度约为 10^{-4} m 的小区域，在这些小区域内相邻原子间存在着一种特殊的相互作用力，称为交互耦合作用，这种相互作用致使它们的磁矩平行排列，在无外磁场时这些小区域已自发磁化到饱和状态. 这种自发磁化小区域叫**磁畴**. 对未磁化的铁磁质，各磁畴的磁矩取向是无规则的，因而整块铁磁质在宏观上没有明显的磁性. 当在铁磁质内加上外磁场并逐渐增大时，其磁矩方向与外磁场方向相近的磁畴体积逐渐扩大，而方向相反的磁畴体积逐渐缩小，直至自发磁化方向与外磁场偏离较大的那些磁畴全部消失. 而后随着外磁场的进一步增加，留存的磁畴逐渐转向外磁场方向，直到所有的磁畴都与外磁场的方向相同，磁化就达到饱和状态.

上述磁化过程是一不可逆过程.在磁化停止后,各磁畴之间的某种排列仍保留下来,而表现为剩磁和磁滞现象.振动和加热能够促进去磁作用,也证实上述观点.

铁磁性和磁畴结构的存在是分不开的,当铁磁体受到强烈震动,或在高温下剧烈的热运动使磁畴瓦解时,铁磁体的铁磁性也就消失了,居里(P. Curie)曾发现,对任何铁磁质来说,各有一特定的温度,当铁磁体的温度高于这一温度时,铁磁性就完全消失而成为普通的顺磁质,这一温度叫居里温度或居里点.如铁的居里温度是770℃,铁硅合金的居里温度是690℃.

章后结束语

一、本章内容小结

1. 一切运动的电荷(电流)都会在其周围空间产生磁场,磁场是一种客观存在的物质,它对处于其中的运动电荷(电流)产生磁力作用.其关系可表示为

$$\text{运动电荷(电流)} \Longleftrightarrow \text{磁场} \Longleftrightarrow \text{运动电荷(电流)}$$

2. 磁感应强度是用来描述磁场强弱的物理量,其定义为

$$B=\frac{F_{\max}}{q_0 v}\text{(其方向为小磁针静止时 }N\text{ 极的指向)}$$

3. 毕奥-萨伐尔定律 $\mathrm{d}\boldsymbol{B}=\frac{\mu_0}{4\pi}\frac{I\mathrm{d}\boldsymbol{l}\times\boldsymbol{r}}{r^3}$, $\boldsymbol{B}=\int_L \mathrm{d}\boldsymbol{B}=\frac{\mu_0}{4\pi}\int_L\frac{I\mathrm{d}\boldsymbol{l}\times\boldsymbol{r}}{r^3}$

4. 几种典型电流的磁场 $\boldsymbol{B}$

(1) 直线电流 $B=\frac{\mu_0 I}{4\pi a}(\cos\theta_1-\cos\theta_2)$

无限长直线电流($\theta_1=0,\theta_2=\pi$) $B=\frac{\mu_0 I}{2\pi a}$

(2) 圆电流轴线上 $B=\frac{\mu_0 IR^2}{2(R^2+x^2)^{3/2}}$

圆电流中心 $B=\frac{\mu_0 I}{2R}$

(3) 长直螺线管内 $B=\mu_0 nI$

5. 运动电荷的磁场 $\boldsymbol{B}=\frac{\mu_0}{4\pi}\frac{q\boldsymbol{v}\times\boldsymbol{r}}{r^3}$

6. 磁场的高斯定理 $\oint_S \boldsymbol{B}\cdot\mathrm{d}\boldsymbol{S}=0$

7. 安培环路定理 $\oint_L \boldsymbol{B}\cdot\mathrm{d}\boldsymbol{l}=\mu_0\sum I$

8. 安培力　$\mathrm{d}\boldsymbol{F}=I\mathrm{d}\boldsymbol{l}\times\boldsymbol{B}$，$\boldsymbol{F}=\int_L I\mathrm{d}\boldsymbol{l}\times\boldsymbol{B}$

9. 载流线圈(磁矩 $\boldsymbol{m}=IS\boldsymbol{n}$)在磁场中所受的磁力矩 $\boldsymbol{M}=\boldsymbol{m}\times\boldsymbol{B}$

10. 洛伦兹力　$\boldsymbol{f}=q\boldsymbol{v}\times\boldsymbol{B}$

$\boldsymbol{v}\perp\boldsymbol{B}$:电荷作圆周运动,半径 $R=\dfrac{mv}{qB}$,周期 $T=\dfrac{2\pi m}{qB}$

$\boldsymbol{v}$ 与 $\boldsymbol{B}$ 有任意夹角,电荷作螺旋线运动,螺距 $h=\dfrac{2\pi mv_{/\!/}}{qB}$

11. 霍尔效应:在磁场中载流导体上出现横向电势差的现象.

霍尔电压　$U_{\mathrm{H}}=\dfrac{1}{nq}\cdot\dfrac{IB}{b}$,霍尔系数 $K_{\mathrm{H}}=\dfrac{1}{nq}$

12. 磁场力的功　$A=I\Delta\Phi$

13. 三种磁介质:顺磁质($\boldsymbol{B}>\boldsymbol{B}_0$,$\mu_{\mathrm{r}}>1$),抗磁质($\boldsymbol{B}<\boldsymbol{B}_0$,$\mu_{\mathrm{r}}<1$),铁磁质($\boldsymbol{B}\gg\boldsymbol{B}_0$,$\mu_{\mathrm{r}}\gg1$)

14. 磁化强度　$\boldsymbol{M}=\dfrac{\sum\boldsymbol{m}}{\Delta V}$,磁化电流 $I'=\oint_L\boldsymbol{M}\cdot\mathrm{d}\boldsymbol{l}$

15. 有介质时的安培环路定理　$\oint_L\boldsymbol{H}\cdot\mathrm{d}\boldsymbol{l}=\sum I$

磁场强度　$\boldsymbol{H}=\dfrac{\boldsymbol{B}}{\mu_0}-\boldsymbol{M}$,对各向同性线性非铁磁质 $\boldsymbol{B}=\mu\boldsymbol{H}$

16. 铁磁质　$\mu_{\mathrm{r}}\gg1$,且随磁场改变;有磁滞现象和居里点.

二、应用及前沿发展

稳恒电流磁场也是电磁学的基本内容.对磁场的研究和应用,其前景十分广阔.磁场与物质的其他物性(力、声、热、光、电等)及物质内原子、电子所处状态存在相互联系,相互影响.这使得物质磁状态的变化会引起其他各种物性的变化;反之,力、声、热、光和电等的作用也会引起物质磁性的变化,这些物质的磁效应能够提供物质内部结构、物质内部各种相互作用以及由此引起的各种物理性能相互联系的信息.目前,磁致伸缩效应、磁声效应、磁热效应、磁电效应、磁光效应和核磁共振效应等磁效应技术已在很多领域都获得重要的应用.特别是核磁共振效应,它的应用前景更为广阔,现已广泛地应用在科学技术的各个领域.利用核磁共振效应制成的各种测试设备,已成为进行物理、化学及其他科学研究的标准实验之一.它在化学中可用来研究物质分子的结构.利用氢核的核磁共振可进行医疗诊断.核磁共振成像就是一种医疗技术,它可在保证人体无害的前提下获得内脏器官的功能状态、生理状态以及病变状态的信息.

磁场在生物方面的应用也非常广泛，现已形成生物磁学.它是生物学与磁学相互渗透的边缘学科，生物磁效应的观察和应用很早.近年来，在生物磁学的研究中，由于应用现代科学知识和先进的科学技术，实现了测量人体和生物体极微弱的磁场，发现了人体和生物体内的微量强磁性物质，开展了生物磁性与生物结构和功能关系的研究，因此大大地丰富了现代生物磁学的内容和应用.

人们发现，心脏磁场的产生和人的心理状态——喜、怒、哀、乐、激动、愤怒、抑郁等有密切关系.生物磁随时间的变化称为生物磁图，如心磁图、脑磁图等，它已在基础研究和临床诊断上得到应用，因而开创了磁在探病、治病方面实际应用的新历史，过去许多难以捉摸的人体生理秘密有可能随着生物学的发展而逐步弄清楚.

依靠磁场，有些动物可以识途辨向.另外，磁场会影响动植物的生长，并影响原生质在细胞中的运动，通过对磁场强弱的调节，可以促进植物的生长，也可以抑制其发育.如强磁场会抑制植物根部的发育，而弱磁场则能刺激其根部的生长.对人体，磁场可以治病，也可造成对人体的不利影响，这些主要取决于磁场的频率和强弱，特别是决定于磁场作用于人体的哪个部位和作用时间的长短.

关于生物磁现象和磁生物效应的作用机理迄今仍是一个没有很好解决的问题，尽管人们已较广泛地采用磁疗来治疗病痛，但是对磁疗的机理几乎一无所知.这个问题既包括物理学范畴的内容，又涉及生命物质的结构及功能，尚有大量问题等待国内外科研人员去解决.

随着对等离子体(主要由电子和离子组成的态即为等离子态，处于等离子态的物质称为等离子体)的研究，20 世纪 50 年代末发展起磁流体发电的新技术，其原理是等离子体通过磁场时，其正、负带电离子在磁场的作用下相互分离而产生电动势.磁流体发电的重要特点在于它直接将热能转化为电能，可提高热能的利用效率，减少污染.目前，磁流体发电要解决的主要问题是磁流体发电机的通道和电极材料的耐高温、耐碱腐蚀、耐化学烧蚀等，以提高所用材料的寿命，从而可使磁流体发电长时运行.

磁现象与电现象虽然有很多类似之处，但在自然界中有独立存在的电荷，却至今没有找到独立存在的“磁荷”——磁单极子，即无单独存在的 N 极或 S 极.尽管有理论预言磁单极子必然存在，为此科学家设计了一系列实验企图验证这一预言，但都没有得到令人满意的结果.现在还有好些科学家致力于这一方面的实验和理论研究.

习题与思考

5.1 在定义磁感应强度 $\boldsymbol{B}$ 的方向时，为什么不将运动电荷受力的方向规定

为磁感应强度 $\boldsymbol{B}$ 的方向？

5.2　一无限长载流导线所载电流为 I，当它形成如图 5.27 所示的三种形状时，则 B_P，B_Q，B_O 之间的关系为

(1) $B_P > B_Q > B_O$；　　(2) $B_Q > B_P > B_O$；

(3) $B_Q > B_O > B_P$；　　(4) $B_O > B_Q \geqslant B_P$.

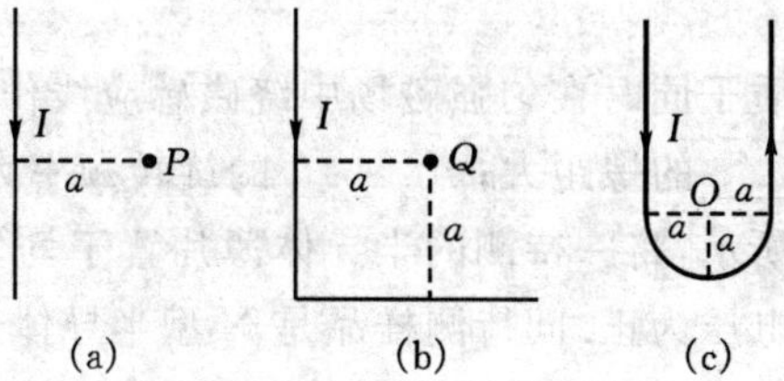

图 5.27　题 5.2 图

5.3　在同一根磁感应线上的各点，磁感应强度 $\boldsymbol{B}$ 的大小是否处处相同？

5.4　磁场的高斯定理 $\oiint \boldsymbol{B}\cdot \mathrm{d}\boldsymbol{S}=0$ 表示的重要性质是什么？

5.5　如图 5.28 所示，两导线中的电流 I_1、I_2 均为 5A，对图中所示的三条闭合曲线 a、b、c 分别写出安培环路定理式等号右边电流的代数和，并说明：

(1) 在各条闭合曲线上，各点的磁感应强度 $\boldsymbol{B}$ 的大小是否相等？

(2) 在闭合曲线 c 上各点的磁感应强度 $\boldsymbol{B}$ 是否为零？为什么？

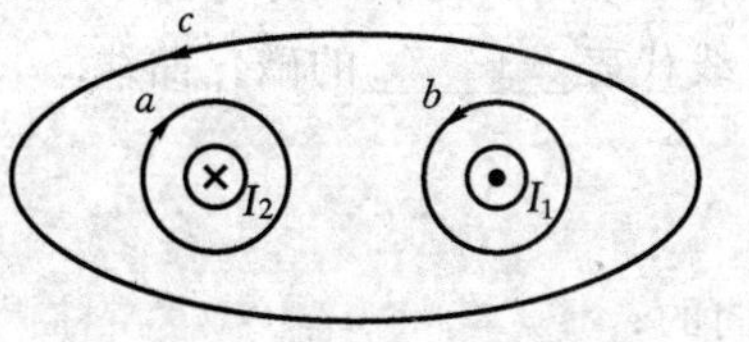

图 5.28　题 5.5 图

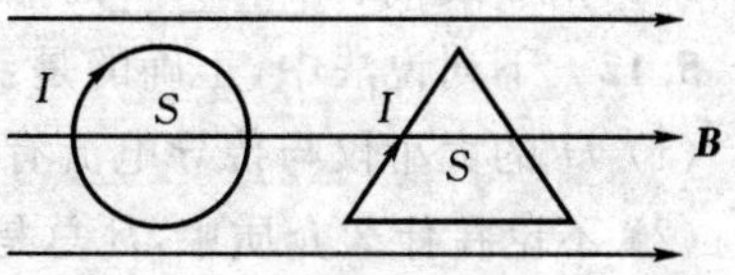

图 5.29　题 5.7 图

5.6　在安培定律的数学表示 $\mathrm{d}\boldsymbol{F}=I\mathrm{d}\boldsymbol{l}\times\boldsymbol{B}$ 中，哪两个矢量始终是正交的？哪两个矢量之间可以有任意角？

5.7　如图 5.29 在磁感应强度 $\boldsymbol{B}$ 为均匀的磁场中，与磁场方向共面的放置两个单匝线圈，一个为圆形，另一个为三角形. 两线圈的面积相同，且电流的大小和方向也相同，则下述说法中正确的是（$\boldsymbol{M}$ 代表磁力矩，$\boldsymbol{F}$ 代表磁力）

(1) $\boldsymbol{M}_1=\boldsymbol{M}_2$，$\boldsymbol{F}_1=\boldsymbol{F}_2$；　　(2) $\boldsymbol{M}_1=M_2$，$\boldsymbol{F}_1\neq\boldsymbol{F}_2$；

(3) $\boldsymbol{M}_1\neq\boldsymbol{M}_2$，$\boldsymbol{F}_1=\boldsymbol{F}_2$；　　(4) $\boldsymbol{M}_1\neq\boldsymbol{M}_2$，$\boldsymbol{F}_1\neq\boldsymbol{F}_2$.

5.8　在如图 5.30 所示的三种情况中，标出带正电的粒子受到的磁力方向：

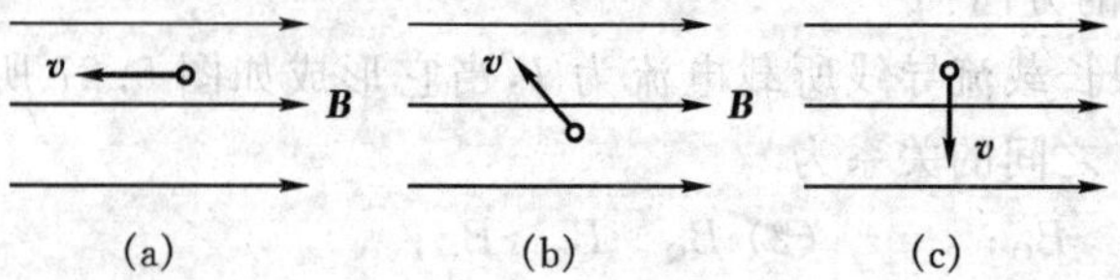

图 5.30 题 5.8 图

5.9 一电子和一质子同时在匀强磁场中绕磁感应线作螺旋线运动，设初始时刻的速度相同，则________的螺距大；________的旋转频率大.

5.10 如图 5.31 所示，将一待测的半导体薄片置于均匀磁场中. 当 $\boldsymbol{B}$ 和 I 的方向如图时，测得霍尔电压为正. 问待测样品是 N 型半导体还是 P 型半导体(有两种半导体，一种是电子导电，称为 N 型半导体；另一种是带正电的空穴导电，称为 P 型半导体)?

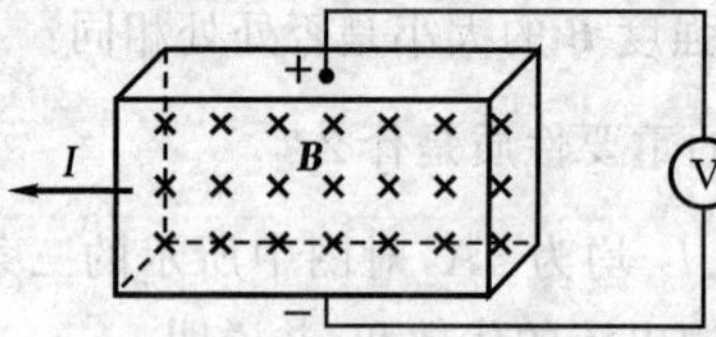

图 5.31 题 5.10 图

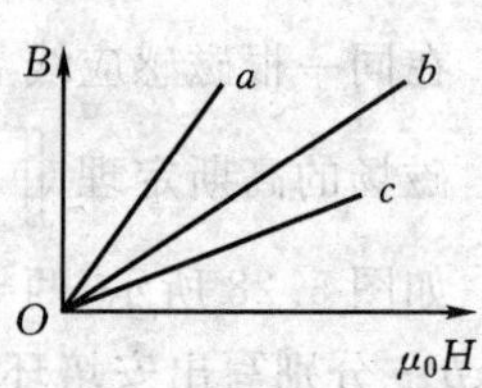

图 5.32 题 5.11 图

5.11 两种磁介质的磁化曲线 a、c 如图 5.32 所示(图中 b 线代表 $B=\mu_0 H$ 关系曲线)，则 a 线代表________的磁化曲线，c 线代表________的磁化曲线.

5.12 下列说法中，正确的是：

(1) H 的大小仅与传导电流有关；

(2) 不论在什么介质中，B 总是与 H 同向的；

(3) 若闭合回路不包围电流，则回路上各点的 H 必定为零；

(4) 若闭合回路上各点的 H 为零，则回路包围的传导电流的代数和必定为零.

5.13 为什么永久磁铁由高处掉到地上时磁性会减弱？为什么不能用电磁铁去吊运赤红的钢锭？

* * * * * *

5.14 如图 5.33 所示，两根导线沿半径方向引到铁环上的 A、B 两点，并在很远处与电源相连. 求环中心的磁感应强度.

5.15 如图 5.34 所示，在半径 $R=1.0\,\text{cm}$ 的“无限长”半圆柱形金属薄片中，有电流 $I=5.0\,\text{A}$ 自下而上的通过，试求圆柱轴线上任一点 P 处的磁感应强度.

5.16 如图 5.35 所示，用一无限长的载流导线弯成直角，并与一圆形载流导线处于同一平面内，已知 $I_1=5\,\mathrm{A}$，$I_2=10\,\mathrm{A}$，$a=0.05\,\mathrm{m}$，$R=0.02\,\mathrm{m}$，求圆线圈中心处的磁感应强度.

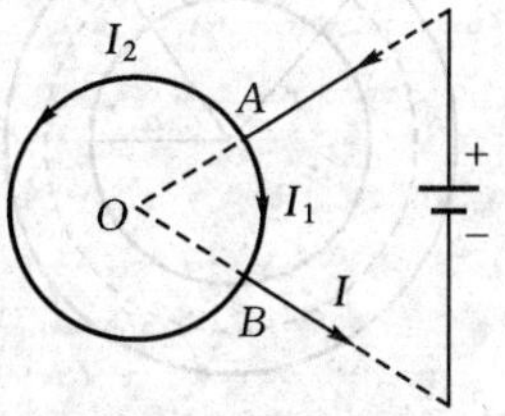

图 5.33　题 5.14 图

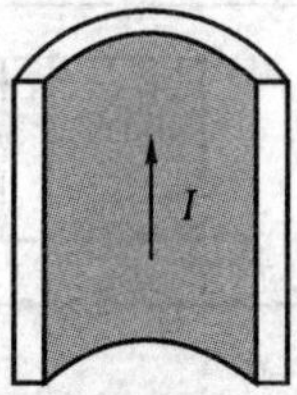

图 5.34　题 5.15 图

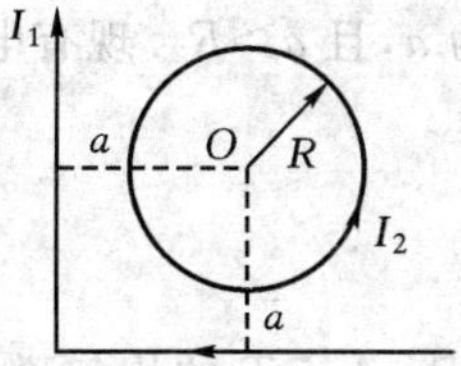

图 5.35　题 5.16 图

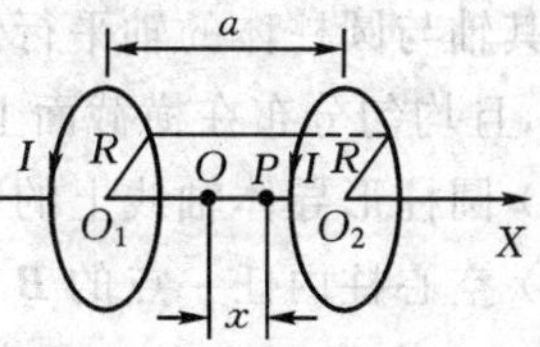

图 5.36　题 5.17 图

5.17　如图 5.36 所示，两线圈半径同为 R，且平行共轴放置，所载电流为 I，并同方向，设两线圈圆心之间的距离为 a.

(1) 求轴线上距两圆心连线中点 O 为 x 远处的 P 点的磁感应强度；

(2) 证明当 $a=R$(这样的线圈称为亥姆霍兹线圈)时，O 点附近的磁场最均匀($\boldsymbol{B}$ 线与 X 轴平行).

5.18　半径为 R 的薄圆盘上均匀带电，总电荷为 q，令此盘绕通过盘心且垂直盘面的轴线匀速转动，角速度为 ω. 求轴线上距盘心 x 处的磁感应强度.

5.19　氢原子处在基态(正常状态)时它的电子可看作是在半径为 $a=0.53\times10^{-8}\,\mathrm{cm}$ 的轨道作匀速圆周运动，速率为 $2.2\times10^{8}\,\mathrm{cm/s}$，那么在轨道中心 $\boldsymbol{B}$ 的大小为

(A) $8.5\times10^{-6}\,\mathrm{T}$；　(B) $13\,\mathrm{T}$；　(C) $8.5\times10^{-4}\,\mathrm{T}$.

5.20　如图 5.37 所示，两平行长直导线相距 $40\times10^{-2}\,\mathrm{m}$，每条导线载有电流 $I_1=I_2=20\,\mathrm{A}$，试计算通过图中所示阴影面积的磁通量(其中 $r_1=r_3=10\,\mathrm{cm}$，$l=25\,\mathrm{cm}$).

5.21　如图 5.38 所示是一根长直圆管形导体横截面，其内、外半径分别为 a、b，导体内载有沿轴线方向的电流 I，它均匀地分布在管的横截面上. 设导体的磁导率 $\mu\approx\mu_0$，试证明导体内部各点($a<r<b$)磁感应强度的大小为：

$$B=\frac{\mu_0 I}{2\pi(b^2-a^2)}\,\frac{r^2-a^2}{r}$$

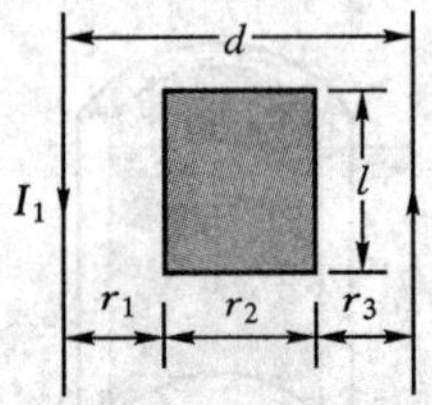

图 5.37　题 5.20 图

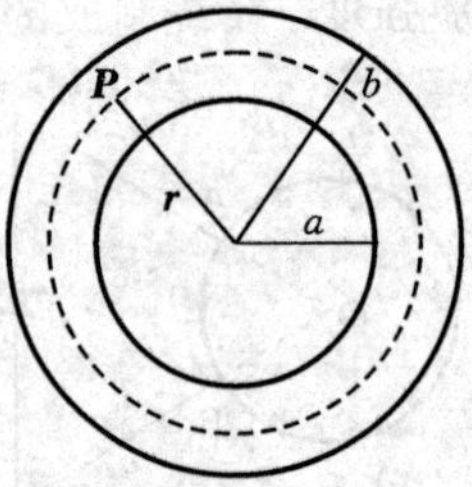

图 5.38　题 5.21 图

5.22　如图 5.39 所示，一长直圆柱形导体的半径为 R_1，其内空心部分的半径为 R_2，其轴与圆柱体的轴平行但不重合，两轴间距为 a，且 $a>R_2$. 现有电流 I 沿轴向流动，且均匀分布在横截面上. 求：

(1) 圆柱形导体轴线上的 $\boldsymbol{B}$ 值；

(2) 空心柱内任一点的 $\boldsymbol{B}$ 值.

5.23　载有 10 A 的一段直导线长 1.0 m，位于 $B=1.5$ T 的均匀磁场中，电流与 $\boldsymbol{B}$ 成 30°角，求这段导线所受的安培力.

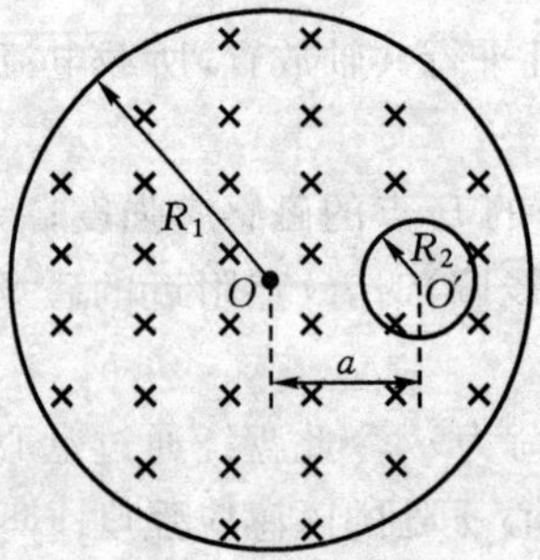

图 5.39　题 5.22 图

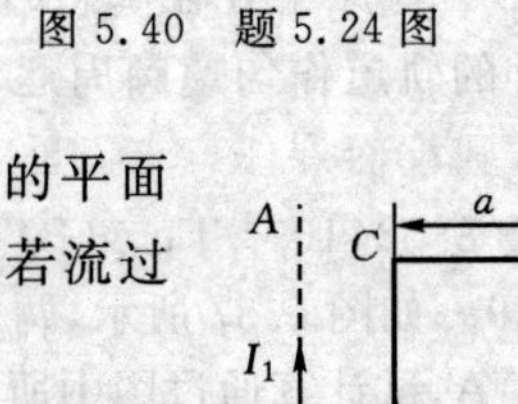

图 5.40　题 5.24 图

5.24　如图 5.40 所示，在与均匀磁场 $\boldsymbol{B}$ 垂直的平面内，放一任意形状的导线 AC，A、C 之间的距离为 l. 若流过该导线的电流为 I，求它所受到的磁力的大小.

5.25　如图 5.41 所示，在长直导线 AB 内通以电流 $I_1=20$ A，又在矩形线圈中通以电流 $I_2=10$ A，AB 与线圈共面，且 CD、EF 都与 AB 平行. 已知 $a=9.0$ cm，$b=20.0$ cm，$d=1.0$ cm，求：

(1) 线圈各边所受的力；

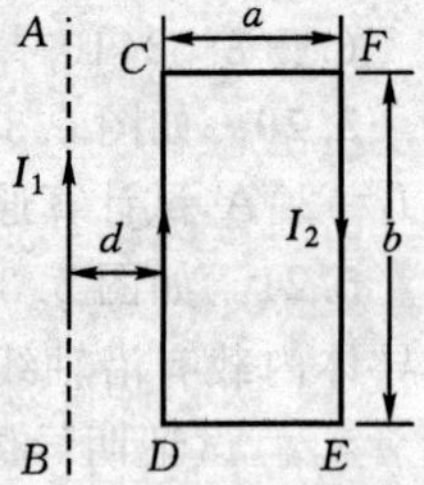

图 5.41　题 5.25 图

(2) 矩形线圈所受的合力和对线圈质心的合力矩.

5.26　由细导线绕制成的边长为 a 的 n 匝正方形线圈,可绕通过其相对两边中点的铅直轴旋转,在线圈中通一电流 I,并将线圈放于水平取向的磁感应强度为 $\boldsymbol{B}$ 的匀强磁场中.求当线圈在其平衡位置附近作微小振动时的周期 T.设线圈的转动惯量为 J,并忽略电磁感应的影响.

5.27　一电子在 $B=20\times10^{-4}$ T 的磁场中沿半径 $R=2.0$ cm 的螺旋线运动,螺距 $h=5.0$ cm,如图 5.42 所示.求:

(1) 这个电子的速度;

(2) 磁场 $\boldsymbol{B}$ 的方向如何?

5.28　如图 5.43 所示为磁流体发电机的示意图.将气体加热到很高温度(如 2 500 K 以上)使之电离(这样一种高度电离的气体叫做等离子体),并让它通过平行板电极 P、N 之间,在这里有一垂直纸面向里的磁场 $\boldsymbol{B}$,设气体流速为 v,电极间距为 d,试求两极间产生的电压,并说明哪个电极是正极.

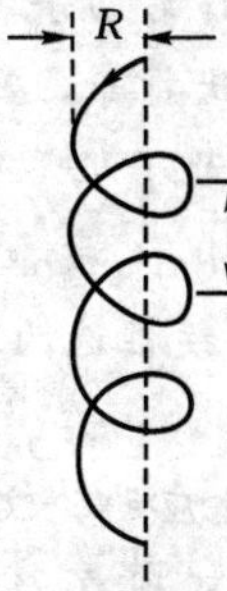

图 5.42　题 5.27 图

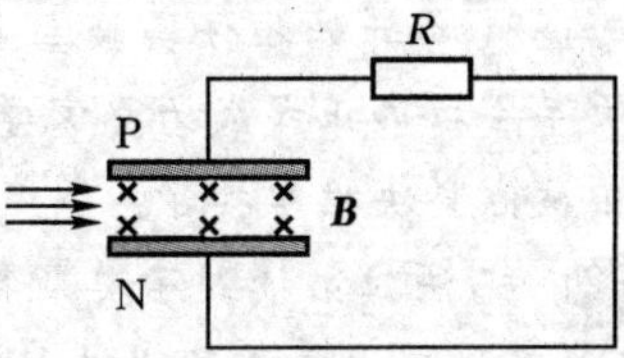

图 5.43　题 5.28 图

5.29　有两个半径分别为 R_1 和 R_2 的"无限长"同轴圆柱面,两圆柱面间充以相对磁导率为 μ_r 的均匀磁介质,当两圆柱面通以相反的电流 I 时,试求:

(1) 磁介质中任意点 P 的磁感应强度 B;

(2) 圆柱面外任意点 Q 的磁感应强度 B.

5.30　一个闭合的环形铁芯上绕有 300 匝的线圈,平均周长为 0.45 m,如果需要在铁芯中产生 0.90 T 的磁感强度,试求在下列两种情况下各自所需的电流强度.(已知铸铁在 $B=0.90$ T 时,$H=0.90\times10^5$ A·m^{-1};硅钢片在 $B=0.90$ T 时,$H=2.6\times10^2$ A·m^{-1}.)

(1) 铁芯材料为铸铁;

(2) 铁芯材料为硅钢片.

科学家简介——法拉第

(Michael Faraday,1791—1867)

《电的实验研究》一书的扉页

法拉第于1791年出生在英国伦敦附近的一个小村子里,父亲是铁匠,自幼家境贫寒,无钱上学读书.13岁时到一家书店里当报童,次年转为装订学徒工.在学徒工期间,法拉第除工作外,利用书店的条件,在业余时间贪婪地阅读了许多科学著作,例如《化学对话》、《大英百科全书》的《电学》条目等.这些书开拓了他的视野,激发了他对科学的浓厚兴趣.

1812年,学徒期满,法拉第就想专门从事科学研究.次年,经著名化学家戴维推荐,法拉第到皇家研究院实验室当助理研究员.这年底,作为助手和仆从,他随戴维到欧洲大陆考察漫游,结识了不少知名科学家,如安培、伏打等,这进一步扩大了他的眼界.1815年春回到英国后,在戴维的支持和指导下做了很多化学方面的研究工作.1821年开始担任实验室主任,一直到1865年.1824年,被推选为皇家学会会员.次年法拉第正式成为皇家学院教授.1851年,曾被一致推选为英国皇家学会会长,但被他坚决推辞掉了.

1821年,法拉第读到了奥斯特的描述他发现电流磁效应的论文《关于磁针上电碰撞的实验》.该文给了他很大的启发,使他开始研究电磁现象.经过10年的实验研究(中间曾因研究合金和光学玻璃等而中断过),在1831年,他终于发现了电磁感应现象.

法拉第发现电磁感应现象完全是一种自觉的追求.在《电的实验研究》第一集中,他写到:"不管采用安培的漂亮理论或其他什么理论,也不管思想上做些什么保留,都会感到下述论点十分特别,即虽然每一电流总伴有一个与它的方向成直角的磁力,然而电的良导体,当放在该作用范围内时,都应该没有任何感应电流通过它,也不产生在该力方面与此电流相当的某些可觉察的效应.对这些问题及其后果的考虑,再加上想从普通的磁中获得电的希望,时时激励着我从实验上去探求电流的感应效应."

与法拉第同时,安培也做过电流感应的实验.他曾期望一个线圈中的电流会在另一个线圈中"感应"出电流来,由于他只是观察了恒定电流的情况,所以未发现这种感应效应.

法拉第也经过同样的失败过程,只是在1831年他仔细地注意到了变化的情况时,才发现了电磁感应现象.第一次的发现是这样:他在一个铁环上绕了两组线圈,一组通过电键与电池组相连,另一组的导线下面平行地摆了个小磁针.当前一线圈和电池组接通或切断的瞬间,发现小磁针都发生摆动,但又都旋即回复原位.之后,他又把线圈绕在木棒上做了同样的实验,又做了将磁铁插入连有电流计的线圈或从其中拔出的实验,把两根导线(一根与电池连接,另一根和电流计连接)移近或移开的实验等等,一共有几十个实验.他还当众表演了他的发电机:一个一边插入电磁铁两极间的铜盘转动时,在连接轴和盘边缘的导线中产生了电流.最后,他总结提出了电磁感应的暂态性,即只有在变化时,才能产生感应电流.他把自己已做过的实验概括为五类,即:变化的电流、变化的磁场、运动的恒定电流、运动的磁铁、在磁场中运动的导体.就这样,法拉第完成了一个划时代的创举,从此人类跨入了广泛使用电能的新时代.

应当指出的是,在法拉第的同时,美国物理学家亨利(J. Henry,1799—1878)也独立的发现了电磁感应现象.他先是在1829年发现了通电线圈断开时发生强烈的火花,他称之为"电自感",接着在1830年发现了在电磁铁线圈的电流通或断时,在它的两极间的另一线圈中能产生瞬时的电流.

法拉第在电学的其他方面还有很多重要的贡献.1833年,他发现了电解定律,1837年发现了电介质对电容的影响,引入了电容率(即相对介电常数)概念.1845年发现了磁光效应,即磁场能使通过玻璃的光的偏振面发生旋转,以后又发现物质可分为顺磁质和抗磁质等.

法拉第不但作为实验家作出了很多成绩,而且在物理思想上也有很重要的贡献.首先是关于自然界统一的思想,他深信电和磁的统一,即它们的相互联系和转化.他还用实验证实了当时已发现的五种电(伏打电、摩擦电、磁生电、热电、生物电)的统一.他是在证实物质都具有磁性时发现顺磁和抗磁的.在发现磁光效应后,他这样写道:"这件事更有力地证明一切自然力都是可以互相转化的,有着共同的起源."这种思想至今还支配着物理学的发展.

法拉第的较少抽象较多实际的头脑使他提出了另一个重要的思想——场的概念.在他之前,引力、电力、磁力都被视为是超距作用.但在法拉第看来,不经过任何媒介而发生相互作用是不可能的,他认为电荷、磁体或电流的周围弥漫着一种物质,它传递电或磁的作用.他称这种物质为电场和磁场,他还凭着惊人的想象力把这种场用力线来加以形象化的描绘,并且用铁粉演示了磁感线的"实在性".他认为电磁感应是导体切割磁感线的结果,并得出"形成电流的力正比于切割磁感线的条数"(其后1845年,诺埃曼(F. E. Neumann,1798—1895)第一次用数学公式表示了电磁感应定律).他甚至提出了"磁作用的传播需要时间","磁力从磁极出发的传播类似于激起波纹的水面的振动"等这样深刻的观点.大家知道,场的概念今天已成为物理学的基石.

除进行科学研究外,法拉第还热心科学普及工作.他协助皇家学院举办"星期五讲座"(持续了三十多年)、"少年讲座"、"圣诞节讲座",他自己参加讲课,内容十分广泛,从探照灯到镜子镀银工艺,从电磁感应到布朗运动等.他很讲究讲课艺术,注意表达方式,讲课效果良好.有的讲稿被译成多种文字出版,甚至被编入基础英语教材.

1867 年 8 月 25 日,他坐在书房的椅子上安详地离开了人世.遵照他的遗言,在他的墓碑上只刻了名字和生卒年月.法拉第终生勤奋刻苦,坚韧不拔地进行科学探索.除了二十多集《电的实验研究》外,还留下了《法拉第日记》7 卷,共 3000 多页,几千幅插图.这些书都记录着他的成功和失败,精确的实验和深刻的见解.这都是他留给后人的宝贵遗产.

阅读材料 F: 生物磁学

生物磁学是一门生物学与磁学相互渗透的边缘学科,它研究生物的磁性、生物磁现象和生命活动过程中结构功能的关系,以及外界的磁环境对生物体的影响.

生物磁效应的观察和应用开始很早,远在 2000 多年前的战国时期,名医扁鹊就已利用磁石来给人治病,明代著名药物学家李时珍在他所著的《本草纲目》中列举了用磁石治肾虚、耳聋、眼花内障、小儿惊痫等病例.11 世纪,古希腊和阿拉伯等国的名医也有利用磁石治疗腹泻、脾脏、肝病等的记载.近些年来,在生物磁学的研究中,由于应用现代科学知识和先进的科学技术,实现了测量人体和生物体极微弱的磁场,发现了人体和生物体内的微量的强磁性物质,开展了生物磁性与生物结构和功能关系的研究,因此大大的丰富了现代生物磁学的内容和应用.

F.1 生物磁现象

生物磁的产生一般可有两种来源:一种是由生物电流引起的电致内源生物磁;另一种是由于生物体内微量的强磁性物质(如 Fe_3O_4)磁化后产生的磁致内源或从体外进入的外源生物磁.人体内有各种生物电流通过,这是早已熟知的事.例如医生借以诊断病情的心电图、肌电图和脑电图就是人的心脏、肌肉和脑活动所产生的电流的记录.根据电流的磁效应,人和生物体内流动的电流就会产生相应的生物磁场.生物磁场的强度很弱,例如人体心脏在收缩和舒张时所产生的生物电流导致的心磁场约为 $10^{-11} \sim 10^{-10}$ T,人体脑神经活动产生的脑(神经)磁场约为 $10^{-13} \sim 10^{-12}$ T,人的肌肉收缩或松弛时所产生的肌肉磁场比心磁场弱些,但比人脑产生的磁场要强得多,人体肺部吸入强磁性微粒可产生约为 $10^{-9} \sim 10^{-8}$ T 的肺磁场.

人体各部分产生的磁场是十分微弱的，显然，一定要采用极灵敏的测量仪器和精密的测量方法，特别是要排除地磁和各种人为磁场的干扰，才有可能对人体产生的微弱磁场进行精密而精确的测量.美国心脏学会的几位学者借助超导量子干涉仪，测出了人体心脏肌肉产生的磁场，并且发现，心脏磁场的产生和人的心理状态——喜、怒、哀、乐、激动、愤怒、抑郁等有密切关系.生物磁主要是由生物体内大分子活动期间生物电流引起的，因此这些磁场能真实反映大分子结构和功能的变化，检测这种磁场随时间的变化规律，无疑能为医生提供关于生物体内生理和病理状态的重要信息.生物磁随时间的变化称为生物磁图，如心磁图、脑磁图等，它已在基础研究和临床诊断上得到应用，因而开创了磁在探病、治病方面实际应用的新历史，过去许多难以捉摸的人体生理秘密有可能随着生物学的发展而逐步弄清楚.

F.2 磁生物效应

人类应用指南针进行定向已有近1000年的历史，但是许多动物利用自身的某种机制来识别地磁场从而确定方向之谜，直到近些年才被揭示.

鸽子飞行千里，仍能回归老巢，它是靠什么来定向的呢？近些年来人们仔细地解剖和检验鸽子体内的各部分器官和组织，终于发现在鸽子的头颅里存在着磁性细粒(磁性细胞)，正是这些磁性细粒起到了罗盘磁针的定向作用.同样对季节性作长途往返迁途而又从不迷路的候鸟，例如北极的燕鸥——进行解剖，发现原来像候鸟这类能作远航的鸟的大脑组织中也含有比鸽子更丰富的磁性成分.鱼类中海豚具有导航定向的本领，近来科学家已在海豚体内找到微小的磁性物质.另外象大马哈鱼、灰鲸、鲑鱼都有极强的长途环游本领，虽然在它们的体内尚未找到磁性微粒，但已足能证明这些鱼类是具有磁感的.除鸟类和鱼类外，像蜜蜂、苍蝇、白蚁等昆虫以及蚯蚓等软体动物也都有靠磁场识途或辨向的本领.分子生物学的研究表明，生物体中大多数分子和原子是具有磁性的，因此外磁场必然会对生物起作用或影响，显然，不同类型、不同强度分布的外磁场对不同生物的影响程度也是不同的，例如，已完全习惯和适应于地磁环境下生活的老鼠，如果将它置于磁屏蔽中，它的寿命就大为缩短，若将它们置于人造的强磁场中，它们就会立即死亡.科学家通过实验发现，在强磁场中，细菌的繁殖将受到抑制，蝌蚪的寿命会延长六天.研究人员指出，磁场会影响植物的生长，并影响原生质在细胞中的运动，通过对磁场强弱的调节，可以促进植物的生长，也可以抑制其发育.如强磁场会抑制植物根部的发育，而弱磁场则能刺激其根部的生长.

磁场对人体的作用和影响也是不能忽视的.磁场对人的健康以至生命究竟是利还是弊呢？这主要看磁场的频率和强弱，特别是决定于磁场作用于人体的哪个部位和作用时间的长短.比如长期在高压输电线附近区域干活或居住的人，由于受输电线发出的低频电磁场的影响，这些人会出现情绪易于激动和易于疲劳、大脑工作效率降低等症状. 在超高频电磁场——如微波辐射场中，外加微波辐射场会使人体中的一些极性分子作剧烈的震荡而使人体组织发高热，这样会使人的体温失控而引发出心血管反映、抽搐、呼吸障碍等一系列高温生理反应，严重地威胁着人的生命安全. 微波辐射除对生物体产生上述的热效应外，也可产生非热效应，即生理效应，这一效应的存在与危害已有许多论证，但对于非热效应的存在目前国际上尚有分歧. 总之，磁能治病，也能致病，这就需要人类运用自己的智慧对磁能做到“去弊取利”，以达到保护生活在各式电磁场的汪洋大海中的人们的生命安全.

F.3 生物磁学的应用

生物磁学已在农业、畜牧业、医药、环境保护和生物工程等方面得到较广泛的应用，在农业、畜牧业上，利用磁场处理一些作物的种子和幼苗，施加少量的磁性肥料，或者利用经磁处理的水(用强度为 $10^{-2}\sim10^{-1}$ T 的磁场将水磁化——简称磁化水)浸种、育苗或浇灌，可以提高种子的发芽率，苗壮根系发达，促进作物长势，得到增产的效果. 另外，磁化水在提高农产品质量方面所显示的成绩同样是诱人的，比如利用磁化水浸种后收获的大米，所含的粗蛋白和赖氨酸成分都有增高，应用磁化水浇灌的蔬菜口味甚佳，黄瓜香脆多水，西红柿甜嫩可口，青椒肉厚籽少. 在畜牧业上，利用磁化水发酵饲料供畜牧食用，和以磁化水作为饮用水，猪、鸡、牛、羊等家蓄少病、生长快，而且毛质提高. 在医药上，磁石(Fe_3O_4)迄今仍是中医处方中的一味药；磁疗对于急性扭伤、肩周炎、腰肌劳损、神经性头痛等疾病的疗效是很显著的；用磁场镇痛——简称磁麻来代替药物麻醉已开始在拔牙、切除阑尾以及结扎输卵管等手术中试验或应用；利用磁场作用原理已研制出血流计、磁药计、无触点心肌或神经刺激器、血球分离器等；磁水在治疗结石病上也有较好的疗效. 在环保领域中，利用高梯磁分离和加磁性种子的磁分离法可以将煤中所含的硫除去，也能将城市的污水和各种工业废水中的油污、金属和非金属杂质等除净.

关于生物磁现象和磁生物效应的作用机理迄今仍是一个没有很好解决的问题，尽管人们已较广泛地采用磁疗来治疗病痛，但是对磁疗的机理几乎一无所知. 这个问题既包括物理学范畴的内容，又涉及生命物质的结构及功能，尚有大量问题等待国内外科研人员去解决.

第 6 章　电磁感应　电磁场

电与磁之间有着密切的联系，上章所讨论的电流产生磁场以及磁场对电流的作用，就是这种联系的一个方面. 这种联系的另一方面就是随时间变化的磁场可以产生电场以及随时间变化的电场也可以产生磁场. 这些现象的发现，使人们有可能大规模地把其他形式的能转化为电能，为广泛使用电力创造了条件，大大推动了生产力的发展. 本章在介绍法拉第电磁感应定律的基础上，研究随时间变化的磁场产生电场的规律；在麦克斯韦位移电流假设的基础上研究随时间变化的电场产生磁场的规律，并简单介绍麦克斯韦的电磁理论.

§6.1　电磁感应定律

一、电磁感应现象

1820 年奥斯特关于电流的磁效应的发现，引起了科学界的普遍关注，对其逆现象是否能够发生进行了大量的研究. 英国物理学家法拉第（M. Faraday，1791—1867）经过十多年的辛勤努力，终于在 1831 年发现电磁感应现象. 其内容为：不论采用什么方法，只要使通过导体回路所包围面积的磁通量发生变化，则回路中便会有电流产生. 这种现象称为**电磁感应**，这种现象所产生的电流称为**感应电流**.

关于感应电流的方向，楞次（Lenz）于 1833 年从实验中总结出一条规律称为**楞次定律**，其内容为：感应电流产生的磁通量总是反抗回路中原磁通量的变化.

二、法拉第电磁感应定律

在闭合导体回路中出现了电流，一定是由于回路中出现了电动势. 当穿过导体回路的磁通量发生变化时，回路中产生了感应电流，就说明此时在回路中产生了电动势. 由这一原因产生的电动势叫**感应电动势**，其方向与感应电流的方向相同. 但应注意，如果导体回路不闭合，则回路中无感应电流，但仍有感应电动势. 因此，从本质上说，电磁感应的直接效果是在回路中产生感应电动势.

关于感应电动势，法拉第通过对大量实验事实的分析，总结出如下结论：无论什么原因，使通过回路的磁通量发生变化时，回路中均有感应电动势产生，其大小与通过该回路的磁通量随时间的变化率成正比. 这一规律称为**法拉第电磁感应定

律. 在 SI 单位制中,其数学表达式为

$$\mathscr{E}_i = -\frac{\mathrm{d}\Phi}{\mathrm{d}t} \tag{6.1}$$

式中 Φ 是通过导体回路的磁通量,若回路由 N 匝线圈组成,且通过每匝线圈的磁通量均相等,则式中磁通量 Φ 要用磁通匝数(磁链)$\Psi = N\Phi$ 代替.

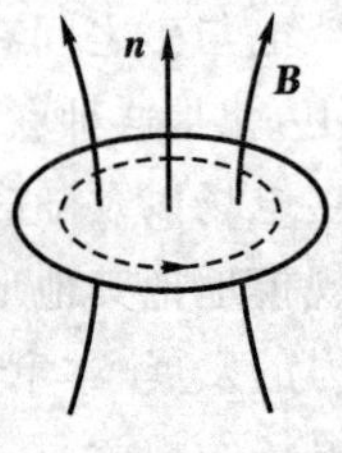

图 6.1 感应电动势正方向约定

式中负号是考虑 $\mathscr{E}_i$ 与 Φ 的标定正方向满足右手螺旋关系所引入的,它是楞次定律的反映. $\mathscr{E}_i$ 与 Φ 在此都是代数量,其正负要由预先标定的正方向来决定,与标定正方向相同为正,与标定正方向相反为负. 如图 6.1 所示,任取绕行方向作为导体回路中电动势的标定正方向(图中虚线箭头所示方向),取以导体回路为边界的曲面的法向单位矢量 $\boldsymbol{n}$ 的方向为磁通量的标定正方向,并且规定这两个标定正方向满足右手螺旋关系. 在图 6.1 中,如果磁场由下向上穿过回路,$\Phi > 0$,同时磁场在增大($\mathrm{d}\Phi/\mathrm{d}t > 0$),由式(6.1)就有 $\mathscr{E}_i < 0$,此时感应电动势的方向与虚线箭头的方向相反. 其他情形读者可自行分析.

§6.2 动生电动势

一、动生电动势

电磁感应现象虽然种类繁多,但可以把它们分为两大类,一类是磁场相对于线圈或导体回路改变其大小和方向而引起的电磁感应现象,另一类是线圈或导体回路相对于磁场改变其面积和取向而引起的电磁感应现象. 我们将磁场不随时间变化,仅由导体或导体回路相对于磁场运动所产生的感应电动势称为**动生电动势**. 如图 6.2 所示,在方向垂直于纸面向里的匀强磁场 $\boldsymbol{B}$ 中放置一矩形导线框 $abcd$,其平面与磁场垂直;导体 ab 段长为 l,可沿 cb 和 da 滑动. 当 ab 以速度 v 向右滑动时,线框回路中产生的感应电动势即为动生电动势. 某时刻穿过回路所围面积的磁通量为

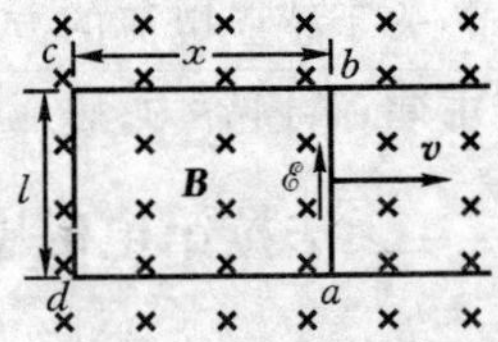

图 6.2 动生电动势

$$\Phi = BS = Blx$$

随着 ab 的运动,其磁通量在变化,由式(6.1)可得动生电动势为

$$\mathscr{E} = -\frac{\mathrm{d}\Phi}{\mathrm{d}t} = -Bl\frac{\mathrm{d}x}{\mathrm{d}t} = -Blv = -\mathscr{E}_{ab}$$

即
$$\mathscr{E}_{ab} = Blv \tag{6.2}$$
负号表示动生电动势的方向与标定正方向相反，即从 $a \to b$.

二、动生电动势的电子论解释

我们知道，电动势是非静电力作用的表现. 引起动生电动势的非静电力是洛伦兹力. 当导体 ab 向右以速度 $\boldsymbol{v}$ 运动时，其内的自由电子被带着以同一速度向右运动，因而每个电子都受到洛伦兹力作用
$$\boldsymbol{f} = -e\boldsymbol{v} \times \boldsymbol{B}$$
把这个作用力看成是一种等效的"非静电场"的作用，则这一非静电场的场强应为
$$\boldsymbol{E}_{\mathrm{k}} = \frac{\boldsymbol{f}}{-e} = \boldsymbol{v} \times \boldsymbol{B} \tag{6.3}$$
根据电动势的定义有
$$\mathscr{E}_{ab} = \int_{-}^{+} \boldsymbol{E}_{\mathrm{k}} \cdot \mathrm{d}\boldsymbol{l} = \int_{a}^{b} (\boldsymbol{v} \times \boldsymbol{B}) \cdot \mathrm{d}\boldsymbol{l} = vBl \tag{6.4}$$
这一结果与直接用法拉第电磁感应定律所得结果相同.

以上结论可推广到任意形状的导体或线圈在非均匀磁场中运动或发生形变的情形. 这是因为任何形状的导体或线圈可以看成是由许多线段元组成，而任一线段元 $\mathrm{d}\boldsymbol{l}$ 所在区域的磁场可看成是匀强磁场. 每段 $\mathrm{d}\boldsymbol{l}$ 对应有一个速度 $\boldsymbol{v}$，这时，任一线段元 $\mathrm{d}\boldsymbol{l}$ 上所产生的动生电动势为
$$\mathrm{d}\mathscr{E} = (\boldsymbol{v} \times \boldsymbol{B}) \cdot \mathrm{d}\boldsymbol{l}$$
整个导线或线圈中产生的动生电动势为
$$\mathscr{E} = \int_{L} (\boldsymbol{v} \times \boldsymbol{B}) \cdot \mathrm{d}\boldsymbol{l} \tag{6.5}$$
这是计算动生电动势的一般公式，它与法拉第电磁感应定律完全等效. 由于$(\boldsymbol{v} \times \boldsymbol{B}) \cdot \mathrm{d}\boldsymbol{l} = (\mathrm{d}\boldsymbol{l} \times \boldsymbol{v}) \cdot \boldsymbol{B}$，而$(\mathrm{d}\boldsymbol{l} \times \boldsymbol{v}) \cdot \boldsymbol{B}$ 是线元 $\mathrm{d}l$ 在单位时间所切割磁感应线数目. 故式(6.5)表示了在整个导线 L 中所产生的动生电动势等于整个导线在单位时间内所切割的磁感应线数目. 对于闭合回路，也就等于单位时间内通过回路的磁感应通量的变化量. 可见(6.5)与法拉第电磁感应定律式等效. 它提供了一种计算动生电动势的方法.

值得注意，导线在磁场中运动产生感应电动势是洛伦兹力作用的结果. 在闭合电路中，感应电动势是要做功的. 但前已说过，洛伦兹力不做功，对此作何解释呢? 如图 6.3 所示，随同导线一起运动的自由电子受到洛伦兹力的作用，电子将以速度 $\boldsymbol{v}'$沿导线运动，而速度 $\boldsymbol{v}'$的存在使电子还要受到一个垂直于导线的洛伦兹力 $\boldsymbol{f}' = -e\boldsymbol{v}' \times \boldsymbol{B}$ 的作用. 电子受洛伦兹力的合力为 $\boldsymbol{F} = \boldsymbol{f} + \boldsymbol{f}'$，电子运动的合速度为 $\boldsymbol{V} =$

$\boldsymbol{v}+\boldsymbol{v}'$，所以洛伦兹力合力做功的功率为

$$\boldsymbol{F}\cdot\boldsymbol{V}=(\boldsymbol{f}+\boldsymbol{f}')\cdot(\boldsymbol{v}+\boldsymbol{v}')$$

$$=\boldsymbol{f}\cdot\boldsymbol{v}'+\boldsymbol{f}'\cdot\boldsymbol{v}=evBv'-ev'Bv=0$$

这一结果表示洛伦兹力的合力做功为零，这与洛伦兹力不做功是一致的. 从上述结果中可以看到

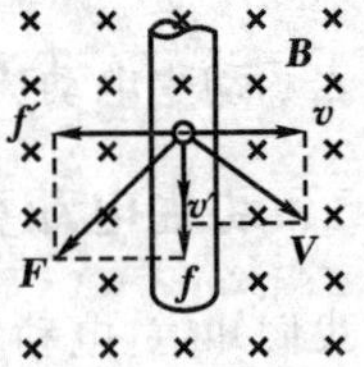

图 6.3　洛伦兹力不做功

$$\boldsymbol{f}\cdot\boldsymbol{v}'+\boldsymbol{f}'\cdot\boldsymbol{v}=0$$

即

$$\boldsymbol{f}\cdot\boldsymbol{v}'=-\boldsymbol{f}'\cdot\boldsymbol{v}$$

为了使自由电子以速度 $\boldsymbol{v}$ 匀速运动，必须有外力 $\boldsymbol{f}_{\mathrm{ext}}$ 作用到电子上，而且 $\boldsymbol{f}_{\mathrm{ext}}=-\boldsymbol{f}'$. 因此有

$$\boldsymbol{f}\cdot\boldsymbol{v}'=\boldsymbol{f}_{\mathrm{ext}}\cdot\boldsymbol{v}$$

此等式左侧表示洛伦兹力的一个分力使电荷沿导线运动所做功的功率，宏观上就是感应电动势驱动电流做功的功率. 等式右侧是同一时刻外力反抗洛伦兹力的另一个分力做功的功率，宏观上就是外力拉动导线做功的功率，洛伦兹力总体做功为零，它实际上表示了能量的转换和守恒. 洛伦兹力在这里起了一个能量转化者的作用，一方面接受外力的功，同时驱动电荷运动做功.

例 6.1　如图 6.4 所示是半径为 R 的导体圆盘. 刷子 a-a' 与盘的轴及边缘保持光滑接触，导线通过刷子与盘构成闭合回路. 求当导体圆盘绕通过中心的轴在均匀磁场 $\boldsymbol{B}$（$\boldsymbol{B}$ 与盘面垂直）中以角速度 ω 旋转时，盘心与盘边缘 a-a' 的电动势.

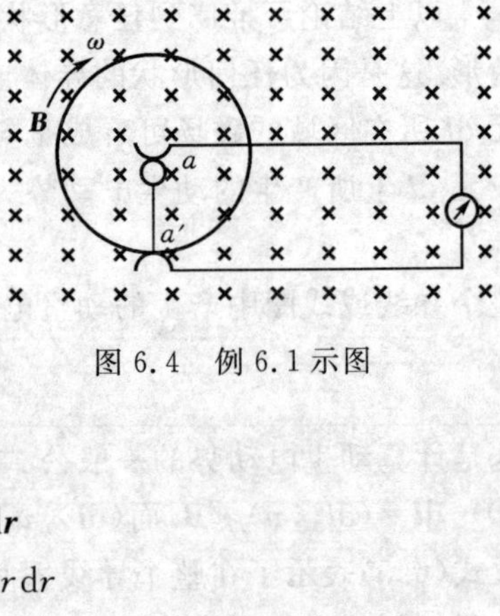

图 6.4　例 6.1 示图

解　首先考虑圆盘任一半径上距轴心为 r 处的一段微元 dr 以速度 v 垂直于磁场而运动，$v=\omega r$，微元 dr 上的动生电动势为

$$\mathrm{d}\mathscr{E}=(\boldsymbol{v}\times\boldsymbol{B})\cdot\mathrm{d}\boldsymbol{r}$$

$$=vB\,\mathrm{d}r=\omega Br\,\mathrm{d}r$$

在整个半径上的电动势为

$$\mathscr{E}=\omega B\int_0^R r\mathrm{d}r=\frac{1}{2}\omega BR^2$$

在盘上其他半径中，也有同样大小的动生电动势. 这些半径都是并联着的，因此整个盘可以当作一个电动势源. 轴是一个电极，边缘是另一个电极. 这可看成是一个简易直流发电机的模型.

刚性 N 匝线圈在均匀磁场中，绕垂直于磁场的轴以角速度 ω 转动时. 由法拉第电磁感应定律式或式(6.5)可得在匀强磁场中转动的线圈产生的感应电动势为

$$\mathscr{E}=NBS\omega\sin\omega t=\mathscr{E}_0\sin\omega t$$

S 是线圈所围面积. 所产生的电动势是交变电动势. 这是交流发电机的基本原理.

§6.3　感生电动势和感生电场

一、感生电动势和感生电场

我们把处于静止状态的导体或导体回路,由于内部磁场变化而产生的感应电动势称为**感生电动势**.

由于产生感生电动势的导体或导体回路不运动,因此感生电动势的起因不能用洛伦兹力来解释. 由于这时的感应电流是原来宏观静止的电荷受非静电力作用形成的,而静止电荷受到的力只能是电场力,所以这时的非静电力也只能是一种电场力. 由于这种电场是由变化的磁场引起的,所以叫**感生电场**,即产生感生电动势的非静电场是感生电场. 以 $\boldsymbol{E}_i$ 表示感生电场,则根据电动势的定义,感生电动势可表为

$$\mathscr{E}_i=\oint_L \boldsymbol{E}_i\cdot d\boldsymbol{l}$$

根据法拉第电磁感应定律应该有

$$\mathscr{E}_i=\oint_L \boldsymbol{E}_i\cdot d\boldsymbol{l}=-\frac{d\Phi}{dt}=-\frac{d}{dt}\iint_S \boldsymbol{B}\cdot d\boldsymbol{S}=-\iint_S \frac{\partial \boldsymbol{B}}{\partial t}\cdot d\boldsymbol{S}$$

即

$$\mathscr{E}_i=\oint_L \boldsymbol{E}_i\cdot d\boldsymbol{l}=-\iint_S \frac{\partial \boldsymbol{B}}{\partial t}\cdot d\boldsymbol{S} \tag{6.6}$$

上式是感生电场与变化磁场的一般关系,同时它也提供了一种计算感生电动势的方法. 感生电动势的计算,可先计算出导体内感生电场,然后通过对感生电场的积分来计算感生电动势;也可直接利用法拉第电磁感应定律计算. 利用后者计算一段非闭合导线 ab 的感生电动势时,要设想一条辅助曲线与 ab 组成闭合回路,但求得的感生电动势不一定等于导线 ab 上的感生电动势,因为辅助曲线上的感生电动势不一定为零. 因此所选的辅助曲线应当满足:它上面的感生电动势或者为零,或者易于求出.

值得指出,在磁场变化时,不但在导体回路中,而且在空间任意地点都会产生感生电场,这与空间中有无导体或导体回路无关. 然而,感生电动势虽不要求导体是闭合电路,但却必须在导体中才能产生. 由于感生电场的环路积分一般不等于零,故它不是保守力场,所以又叫它**涡旋电场**. 涡旋电场不同于静电场的重要方面就在于它不是保守力场.

例 6.2 匀强磁场局限在半径为 R 的柱形区域内，磁场方向如图 6.5 所示. 磁感应强度 $\boldsymbol{B}$ 的大小正以速率 $\mathrm{d}B/\mathrm{d}t$ 在增加，求空间涡旋电场的分布.

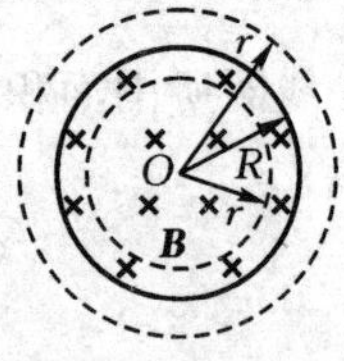

图 6.5 例 6.2 图

解 取绕行正方向为顺时针方向，作为感生电动势和涡旋电场的标定正方向，磁通量的标定方向则垂直纸面向里.

在 $r<R$ 的区域，作半径为 r 的圆形回路，由

$$\oint_L \boldsymbol{E}_i \cdot \mathrm{d}\boldsymbol{l} = -\iint_S \frac{\mathrm{d}\boldsymbol{B}}{\mathrm{d}t} \cdot \mathbf{d}\boldsymbol{S}$$

并考虑到在圆形回路的各点上，$\boldsymbol{E}_i$ 的大小相等，方向沿圆周的切线. 而在圆形回路内是匀强磁场，且 $\boldsymbol{B}$ 与 $\mathrm{d}\boldsymbol{S}$ 同向，于是上式可化为

$$2\pi r E_i = -\pi r^2 \frac{\mathrm{d}B}{\mathrm{d}t}$$

所以可解得

$$E_i = -\frac{1}{2}\frac{\mathrm{d}B}{\mathrm{d}t}r \tag{6.7}$$

式中负号表示涡旋电场的实际方向与标定方向相反，即逆时针方向.

在 $r>R$ 的区域，作半径为 r 的圆形回路，同上可得

$$E_i = -\frac{1}{2}\frac{\mathrm{d}B}{\mathrm{d}t} \cdot \frac{R^2}{r} \tag{6.8}$$

方向也沿逆时针方向.

由此可见，虽然磁场只局限于半径为 R 的柱形区域，但所激发的涡旋电场却存在于整个空间.

例 6.3 如图 6.6 所示，在半径为 R 的圆柱形空间存在有一均匀磁场，其磁感应强度的方向与圆柱轴线平行. 今将一长为 l 的导体杆 ab 置于磁场中，求当 $\mathrm{d}B/\mathrm{d}t>0$ 时杆中的感生电动势.

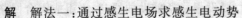

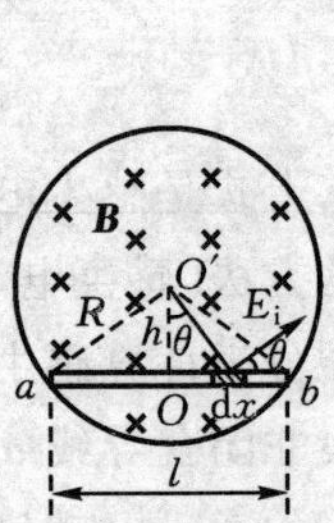

图 6.6 例 6.3 图

解 解法一：通过感生电场求感生电动势

取杆的中点为坐标原点建立 X 轴如图所示. 在杆上取一线元 $\mathrm{d}x$，由式(6.7)知，该点感生电场的大小为

$$E_{\mathrm{i}} = \frac{1}{2}\frac{\mathrm{d}B}{\mathrm{d}t}r$$

方向如图. 故 ab 杆上的感生电动势为

$$\mathscr{E}_i = \int_a^b \boldsymbol{E}_i \cdot \mathrm{d}x\boldsymbol{i} = \int_{-l/2}^{l/2} \frac{r}{2}\frac{\mathrm{d}B}{\mathrm{d}t}\cos\theta \mathrm{d}x$$

$$= \int_{-l/2}^{l/2} \frac{r}{2} \frac{\mathrm{d}B}{\mathrm{d}t} \frac{h}{r} \mathrm{d}x$$

$$= \frac{1}{2} l \sqrt{R^2 - (l/2)^2} \frac{\mathrm{d}B}{\mathrm{d}t}$$

$\mathscr{E}_i$ 的方向由 $a \to b$.

解法二：利用法拉第电磁感应定律求感生电动势

如图 6.6 所示，作辅助线 $O'a$ 和 $O'b$. 因为 $\boldsymbol{E}_i$ 沿切向，则它沿着 bO' 及 $O'a$ 的线积分等于零，所以闭合回路 $abO'a$ 上的感生电动势也就等于 ab 段上的感生电动势. 穿过该闭合回路的磁通量为

$$\Phi = BS = B \frac{1}{2} hl$$

于是所求的感生电动势为

$$\mathscr{E}_i = \frac{\mathrm{d}\Phi}{\mathrm{d}t} = \frac{1}{2} l \sqrt{R^2 - (l/2)^2} \frac{\mathrm{d}B}{\mathrm{d}t}$$

由楞次定律知，$\mathscr{E}_i$ 的方向由 $a \to b$.

* 二、电子感应加速器

电子感应加速器是利用在变化磁场中产生涡旋电场来加速电子的，图 6.7(a) 是这种加速器的原理示意图，在由电磁铁产生的非均匀磁场中安放着环状真空室. 当电磁铁用低频的强大交变电流励磁时，真空室会产生很强的涡旋电场. 由电子枪发射的电子，一方面在洛伦兹力的作用下作圆周运动，同时被涡旋电场所加速. 前面我们得到的带电粒子在匀强磁场中作圆周运动的规律表明，粒子的运动轨道半径 R 与其速率 v 成正比. 而在电子感应加速器中，真空室的径向线度是极其有限的，必须将电子限制在一个固定的圆形轨道上，同时被加速. 那么这个要求是否能够实现呢？

根据洛伦兹力为电子作圆周运动提供向心力，可以得到

$$mv = eRB_{\mathrm{R}} \tag{6.9}$$

式中 B_R 是电子运行轨道上的磁感应强度. 上式表明，只要轨道上磁感应强度随电子动量成正比例的增加，电子就能够在一个固定的轨道上运行并被加速. 可以证明当 $B_{\mathrm{R}} = \dfrac{\overline{B}}{2}$（$\overline{B}$ 是轨道所围面积内的平均磁感应强度）时，被加速的电子可稳定在半径为 R 的圆形轨道上运行. 由此可见，在磁场变化的一个周期内，只有其中 1/4 周期才可以用于电子的加速（见图 6.7(b)）. 若在第一个 1/4 周期开始时将电子引入轨道，1/4 周期即将结束时将电子引离轨道，进入靶室，可使电子获得数百兆电子伏的能量. 这样的高能电子束可直接用于核物理实验，也可用于轰击靶以产生人工

γ 射线，还可以用来产生硬 X 射线，作无损探伤或癌症治疗之用.

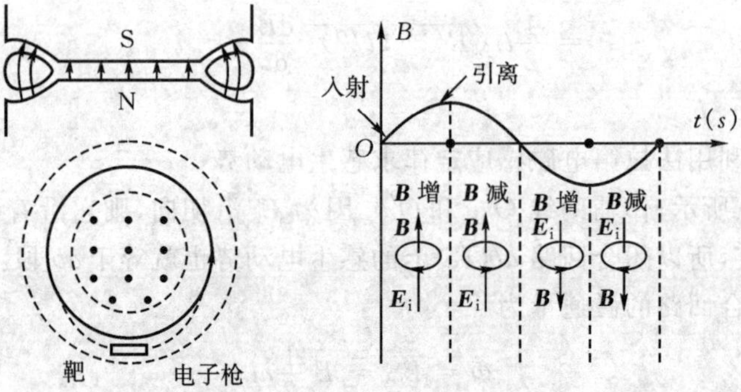

图 6.7 电子感应加速器原理图

§6.4 自感和互感

一、自感现象

当一线圈的电流发生变化时，通过线圈自身的磁通量也要发生变化，进而在回路中产生感应电动势. 这种现象称为**自感现象**，这种电动势称为**自感电动势**.

设某线圈有 N 匝，据毕奥-萨伐尔定律，此电流所产生的磁场在空间任意点的磁感应强度与电流成正比. 因此通过此线圈的磁链也与电流成正比，即

$$\Psi = LI \tag{6.10}$$

式中比例系数 L 称为**自感系数**，简称**自感**. 其数值与线圈的大小、几何形状、匝数及磁介质的性质有关. 在线圈大小和形状保持不变，并且附近不存在铁磁质的情况下，自感 L 为常数，利用法拉第电磁感应定律可得自感电动势为

$$\mathscr{E}_L = -\frac{d\Psi}{dt} = -L\frac{dI}{dt} \tag{6.11}$$

这表明，当 L 恒定时，自感电动势的大小与线圈中的电流变化率成正比. 当电流增加时，自感电动势的方向与电流方向相反.

在国际单位制中，自感的单位是亨利，简称为亨(H).

$$1\ H = 1\ Wb \cdot A^{-1} = 1\ V \cdot s \cdot A^{-1}$$

亨利这个单位太大，平时多采用 mH(毫亨)或 μH(微亨).

自感现象在日常生活及工程技术中均有广泛的应用. 日光灯上的镇流器，无线

电技术中的扼流圈,电子仪器中的滤波装置等都要应用自感现象.

但自感现象有时也会带来危害.例如在大自感和强电流的电路中,接通或断开电路时会产生很大的自感电动势,从而击穿空气,形成电弧,造成事故或烧坏设备,甚至危及工作人员的生命安全.为避免这类事故的发生,电业部门须在输电线路上加装一种特殊的灭弧开关——油开关或负荷开关,以避免电弧的产生.

二、互感现象

根据法拉第电磁感应定律,当一个线圈的电流发生变化时,必定在邻近的另一个线圈中产生感应电动势,反之亦然.这种现象称为**互感现象**,这种现象中产生的电动势称为**互感电动势**.

如图6.8所示,设有两个相邻近的线圈1和线圈2,分别通有电流 I_1 和 I_2.当线圈1中的电流发生变化时,就会在线圈2中产生互感电动势;反之,当线圈2中的电流变化时,也会在线圈1中产生互感电动势.若两线圈的形状、大小、相对位置及周围介质(设周围不存在铁磁质)的磁导率均保持不变,则根据毕奥-萨伐尔定律可知,线圈1中的电流 I_1 所产生的并通过线圈2的磁链应与 I_1 成正比,即

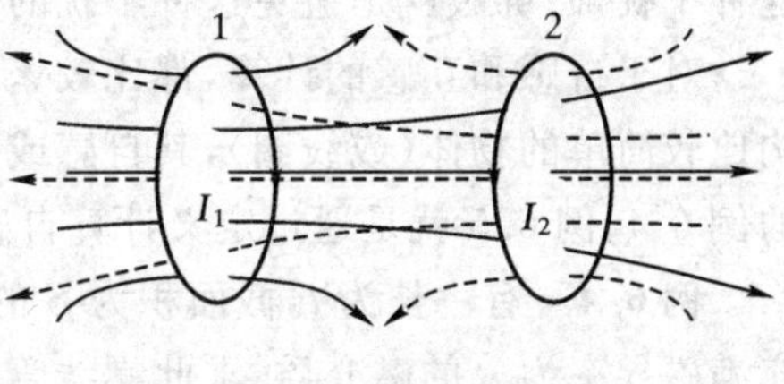

图6.8 互感现象

$$\Psi_{12} = M_{12} I_1 \tag{6.12}$$

同理,线圈2中的电流 I_2 所产生的并通过线圈1的磁链亦应与 I_2 成正比,即

$$\Psi_{21} = M_{21} I_2 \tag{6.13}$$

上两式中的 M_{12} 和 M_{21} 为两个比例系数.理论和实验都证明,它们的大小相等,可统一用 M 表示,称为两线圈的**互感系数**,简称**互感**,其数值与两线圈的形状、大小、相对位置及周围介质的磁导率有关.于是上两式可简化为

$$\Psi_{12} = MI_1, \quad \Psi_{21} = MI_2$$

根据法拉第电磁感应定律,当线圈1中的电流 I_1 发生变化时,线圈2中的互感电动势为

$$\mathscr{E}_{12} = -\frac{\mathrm{d}\Psi_{12}}{\mathrm{d}t} = -M\frac{\mathrm{d}I_1}{\mathrm{d}t} \tag{6.14}$$

同理,线圈2中的电流 I_2 发生变化时,线圈1中的互感电动势为

$$\mathscr{E}_{21} = -\frac{\mathrm{d}\Psi_{21}}{\mathrm{d}t} = -M\frac{\mathrm{d}I_2}{\mathrm{d}t} \tag{6.15}$$

从以上讨论可以看出,当线圈中的电流变化率一定时,M 越大,则在另一线圈

中所产生的互感电动势也越大，反之亦然. 可见互感系数是反映线圈间互感强弱的物理量.

两线圈的互感系数 M 与这两线圈各自的自感系数 L_1、L_2 有如下一般关系

$$M = k\sqrt{L_1 L_2}$$

其中 $0 \leqslant k \leqslant 1$ 称为耦合系数，当线圈 1 中的电流 I_1 产生的磁场使穿过线圈 2 的磁通等于穿过自身的磁通时，耦合系数 $k=1$，这称为全耦合.

互感的单位也是亨利.

互感现象也被广泛的应用于无线电技术和电磁测量中. 各种电源变压器、中周变压器、输入或输出变压器等都是利用互感现象制成的. 但是互感现象有时也会招致麻烦. 例如，电路之间由于互感而相互干扰，影响正常工作. 人们不得不设法避免这种干扰，磁屏蔽就是避免这种干扰的一种方法.

对于自感和互感的计算，都比较繁杂，一般都需要实验确定. 只是对于某些结构比较简单的物体(或线圈)，其自感或互感才可用定义式进行计算. 如下面要介绍的例 6.4、例 6.5 就是通过定义计算自感和互感的.

例 6.4 有一长为 l，截面积为 S 的长直螺线管，密绕线圈的总匝数为 N，管内充满磁导率为 μ 的磁介质. 求此螺线管的自感.

解 长直螺线管内部的磁场可以看成是均匀的，并可以使用无限长螺线管内磁感应强度公式

$$B = \mu H = \mu n I$$

$n=N/l$ 为单位长度上的匝数，又通过每匝的磁通量都相等，则通过螺线管的磁链为

$$\Psi = N\Phi = l n S \mu n I = \mu n^2 I V$$

$V=Sl$ 是螺线管的体积，所以螺线管的自感为

$$L = \frac{\Psi}{I} = \mu n^2 V$$

可见，长直螺线管的自感与线圈的体积成正比，与单位长度上的匝数的平方成正比，还与介质的磁导率成正比. 因此，想要使螺线管的自感系数较大就必须用细线密绕并充以磁导率较大的磁介质.

例 6.5 如图 6.9 所示，一长为 l 的长直螺线管横截面积为 S，匝数为 N_1. 在此螺线管的中部，密绕一匝数为 N_2 的短线圈，并假设两组线圈中每一匝线圈的磁通量都相同. 求两线圈的互感.

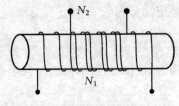

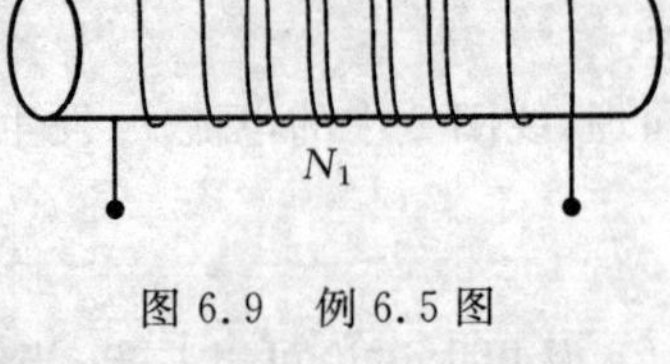

图 6.9 例 6.5 图

解 如果设线圈 1 中通一电流 I_1，则在线圈中部产生的磁感应强度为

$$B = \mu_0 \frac{N_1}{l} I_1$$

该磁场在线圈 2 中产生的磁链为

$$\Psi_{12} = N_2 BS = \mu_0 \frac{N_1 N_2}{l} S I_1$$

所以两线圈的互感为

$$M = \frac{\Psi_{12}}{I_1} = \mu_0 \frac{N_1 N_2}{l} S$$

§6.5　磁场的能量

与电场一样，磁场也具有能量.下面用自感线圈通电的例子来说明.

如图 6.10 所示，将一个自感系数为 L 的自感线圈与电源相连.当接通电源时，通过线圈的电流突然增加，因而便在线圈中产生自感电动势以反抗电流的增加.故欲使线圈中的电流由零变化到稳定值，电源必须反抗自感电动势做功.设 $\mathrm{d}t$ 时间内通过线圈的电荷为 $\mathrm{d}q$，则电源反抗自感电动势做的元功为

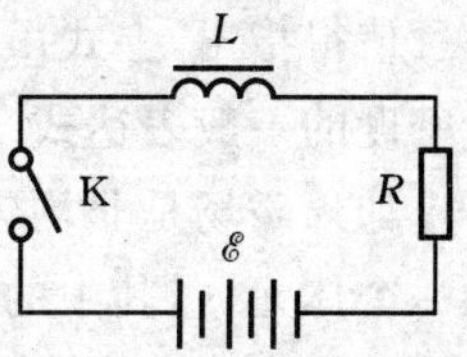

图 6.10　含自感的电路

$$\mathrm{d}A = -\mathscr{E}_L \mathrm{d}q = -\mathscr{E}_L I \mathrm{d}t = LI\mathrm{d}I$$

当电流由零变化到恒定值 I_0 时，电源反抗自感电动势做的总功为

$$A = \int \mathrm{d}A = \int_0^{I_0} LI\mathrm{d}I = \frac{1}{2} L I_0^2$$

由于电源在反抗自感电动势做功的过程中，只是在线圈中逐渐建立起磁场而无其他变化，据功能原理可知，这一部分功必定转化为线圈中磁场的能量(简称磁能)，即

$$W_m = W_L = A = \frac{1}{2} L I_0^2 \tag{6.16}$$

这便是线圈的自感磁能.

对于相邻两线圈，若它们分别载有电流 I_1 和 I_2 时，可以推得它们的互感磁能为

$$W_M = M I_1 I_2 \tag{6.17}$$

若设两线圈的自感系数分别为 L_1、L_2，则这两线圈中储存的总磁能为

$$W_m = W_L + W_M = \frac{1}{2} L_1 I_1^2 + \frac{1}{2} L_2 I_2^2 + M I_1 I_2 \tag{6.18}$$

磁能应该能表示成用磁感应强度表示的形式.现以自感磁能为例来寻求这一

表达式.前已求出,长直螺线管的自感系数 $L=\mu n^2 V$,当螺线管内充满磁导率为 μ 的均匀磁介质时,管内的磁场 $B=\mu n I_0$,即 $I_0=B/(\mu n)$.将 L 及 I_0 代入自感磁能式(6.16)得

$$W_m=\frac{1}{2}\mu n^2 V\left(\frac{B}{\mu n}\right)^2=\frac{B^2}{2\mu}V \tag{6.19}$$

式中 V 为长直螺线管内部空间的体积,亦即磁场存在的空间体积.由于长直螺线管内的磁场可以认为是均匀分布的,故管内单位体积中的磁能,即磁能密度为

$$w_m=\frac{W_m}{V}=\frac{B^2}{2\mu}$$

注意到 $B=\mu H$,则上式又可写为

$$w_m=\frac{B^2}{2\mu}=\frac{1}{2}\mu H^2=\frac{1}{2}BH \tag{6.20}$$

值得指出,上式虽然是从自感线圈这一特例中导出的,但可以证明它是磁场能量密度的一般表达式.

如果磁场是非均匀的,则可将磁场存在的空间划分成无限多个体积元 $\mathrm{d}V$,在每一个体元内,其中的 B 和 H 均可看成是均匀的.于是体积元内的磁能为

$$\mathrm{d}W_m=w_m\mathrm{d}V$$

体积 V 内的总磁能为

$$W_m=\int\mathrm{d}W_m=\int_V w_m\mathrm{d}V \tag{6.21}$$

例 6.6 一无限长同轴电缆是由两个半径分别为 R_1 和 R_2 的同轴圆筒状导体构成的,其间充满磁导率为 μ 的磁介质,在内、外圆筒通有方向相反的电流 I.求单位长度电缆的磁场能量和自感系数.

解 对于这样的同轴电缆,磁场只存在于两圆筒状导体之间的磁介质内,由安培环路定理可求得磁场强度的大小为

$$H=\frac{I}{2\pi r}$$

而在 $r<R_1$ 和 $r>R_2$ 的空间,磁场强度为零,所以磁场能量只储存在两圆筒导体之间的磁介质中.磁场能量密度为

$$w_m=\frac{1}{2}\mu H^2=\frac{\mu}{8\pi^2}\cdot\frac{I^2}{r^2}$$

长度为 l 的一段电缆所储存的磁场能量为

$$W'_m=\int_{R_1}^{R_2}w_m 2\pi r l\,\mathrm{d}r=\frac{\mu I^2 l}{4\pi}\ln\frac{R_2}{R_1}$$

单位长度电缆所储存的磁场能量为

$$W_m = \frac{W'_m}{l} = \frac{\mu I^2}{4\pi}\ln\frac{R_2}{R_1}$$

根据式(6.16),可以求得单位长度电缆的自感为

$$L = \frac{2W_m}{I^2} = \frac{\mu}{2\pi}\ln\frac{R_2}{R_1}$$

可见,电缆的自感只决定于自身的结构和所充磁介质的磁导率.

§6.6　电磁场理论的基本概念

19 世纪 60 年代,人们对电磁现象已经积累了丰富的资料,对电磁现象的规律也有了比较深刻的认识.为建立统一的电磁理论奠定了基础.麦克斯韦在前人实践和理论的基础上,对整个电磁现象做了系统的研究.提出涡旋电场的概念,建立了磁场和电场之间的一种联系——随时间变化的磁场能够产生电场,并成功的解释了感生电动势.在研究了安培环路定理运用于非闭合电流电路的矛盾之后,他又提出了位移电流假设,即随时间变化的电场可以产生磁场,这反映了电场与磁场的另一联系.在此基础上,麦克斯韦总结出描述电磁场的一组完整的方程式,即麦克斯韦方程组.由此,他于 1865 年预言了电磁波的存在,以及光是电磁波的一种形态.1888 年赫兹首次用实验证实了电磁波的存在.麦克斯韦电磁理论的建立,是继牛顿理论之后,科学发展史上的又一里程碑.他将人类的文明与进步推向了一个新的高潮.

一、位移电流

在稳恒电流情况下,无论载流回路处于真空还是磁介质中,其磁场都满足安培环路定理,即

$$\oint_L \boldsymbol{H}\cdot d\boldsymbol{l} = \sum I \tag{6.22}$$

式中 $\sum I$ 是穿过以闭合回路 L 为边界的任意曲面 S 的传导电流的代数和.在非稳恒条件下,由上式表示的安培环路定理是否还能成立呢?

下面通过考察电容器充电或放电过程来进行具体分析.如图 6.11 所示,在一正充电的平行板电容器的正极板附近围绕导线取一闭合回路 L,以 L 为周界作两个任意的曲面 S_1、S_2,使 S_1 与导线相交,S_2 与导线不相交,但包含正极板,且与 S_1 组成闭合曲面 S.设某时刻线路中的传导电流为 I_0.对 S_1 应用安培定理得

$$\oint_L \boldsymbol{H}\cdot d\boldsymbol{l} = I_0 \tag{6.23}$$

对 S_2 应用安培定理,并注意到传导电流不能通过电容器两极板间的空间,则得

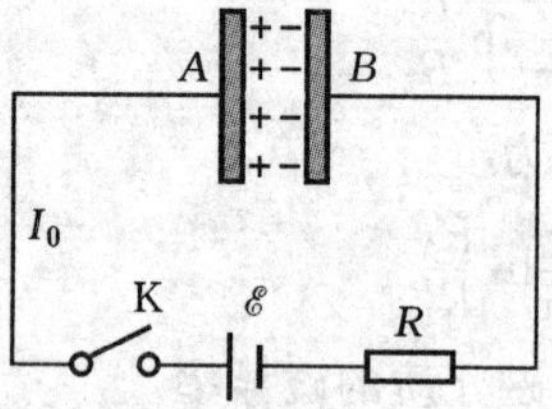

(a)电容器充电

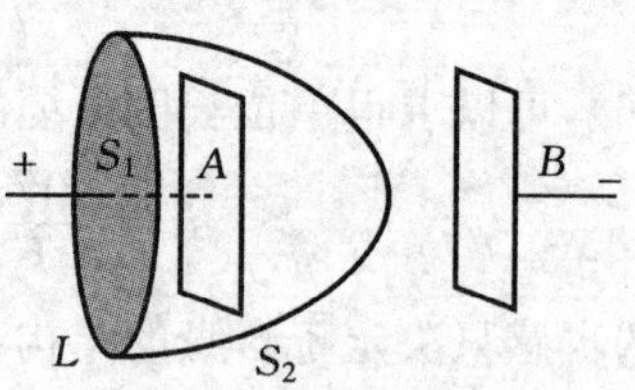

(b)安培环路定理的矛盾

图 6.11 电容器充电过程中安培环路定理出现矛盾

$$\oint_L \boldsymbol{H} \cdot \mathrm{d}\boldsymbol{l} = 0 \tag{6.24}$$

式(6.23)和(6.24)表明，磁场强度沿同一闭合回路的环量有两种相互矛盾的结果. 这说明稳恒磁场的环路定理对非稳恒情况不适用，我们应以新的规律来代替.

为探求这一新规律，我们仍以电容器的充放电过程为例. 容易理解，当充电电路通一传导电流 I_0 时，电容器极板上的电荷必然变化. 从而导致两极板间电位移矢量的变化，使通过 S_2 的电位移通量亦随时间而变化. 将高斯定理应用于闭曲面 S 得

$$\Phi_\mathrm{D} = \oiint_S \boldsymbol{D} \cdot \mathrm{d}\boldsymbol{S} = \iint_{S_2} \boldsymbol{D} \cdot \mathrm{d}\boldsymbol{S} = q$$

由此得

$$I_0 = \frac{\mathrm{d}q}{\mathrm{d}t} = \frac{\mathrm{d}\Phi_\mathrm{D}}{\mathrm{d}t} = \frac{\mathrm{d}}{\mathrm{d}t}\iint_{S_2} \boldsymbol{D} \cdot \mathrm{d}\boldsymbol{S} = \iint_{S_2} \frac{\partial \boldsymbol{D}}{\partial t} \cdot \mathrm{d}\boldsymbol{S} \tag{6.25}$$

可见，电位移通量对时间的变化率$\frac{\mathrm{d}\Phi_\mathrm{D}}{\mathrm{d}t}$具有电流的量纲，麦克斯韦将其称为**位移电流**，用 I_d 表示，即

$$I_\mathrm{d} = \frac{\mathrm{d}\Phi_\mathrm{D}}{\mathrm{d}t} = \frac{\mathrm{d}}{\mathrm{d}t}\iint_{S_2} \boldsymbol{D} \cdot \mathrm{d}\boldsymbol{S} \tag{6.26}$$

而电位移矢量的时间变化率$\frac{\partial \boldsymbol{D}}{\partial t}$则与电流密度同量纲，麦克斯韦将它称为**位移电流密度**，用 $\boldsymbol{j}_\mathrm{d}$ 表示，即

$$\boldsymbol{j}_\mathrm{d} = \frac{\partial \boldsymbol{D}}{\partial t} \tag{6.27}$$

这样，在电路中就可能同时存在有两种电流，一种是传导电流，由电荷的运动所产生；另一种是位移电流，由电位移通量对时间的变化率所引起. 这两种电流之和称为**全电流**，即

$$I = I_0 + I_\mathrm{d} = \iint_S (\boldsymbol{j}_0 + \boldsymbol{j}_\mathrm{d}) \cdot \mathrm{d}\boldsymbol{S} \tag{6.28}$$

由此可见，当电容器充电时，$\frac{dq}{dt}>0$，I_d 与 $\boldsymbol{D}$，亦即与 I_0 同向，且与 I_0 等值. 同样，当电容器放电时，I_d 亦与 I_0 同向等值. 可见导线中的传导电流与极板间的位移电流总是大小相等，方向相同的. 因此我们完全有理由认为，传导电流在哪个地方中断了，位移电流便会在哪个地方连起来，使通过电路中的全电流大小相等、方向相同. 这就是全电流的连续性.

二、安培环路定理的推广

在引入了全电流概念之后，可将安培环路定理推广到非稳恒情况下，即磁场强度 H 沿任意回路的环量等于回路所包围的全电流的代数和，其表达式为

$$\oint_L \boldsymbol{H}\cdot d\boldsymbol{l} = I_0 + I_d = \iint_S \left(\boldsymbol{j}_0 + \frac{\partial \boldsymbol{D}}{\partial t}\right)\cdot d\boldsymbol{S} \tag{6.29}$$

这就是适用于一般情况的安培环路定理. 它表明，不仅传导电流要激发磁场，位移电流同样要激发磁场.

从上面的讨论可以看出，位移电流和传导电流是截然不同的两个概念，只在产生磁场方面是等效的，因而都叫电流. 但位移电流仅由变化的电场所引起，它既可沿导体传播，也可脱离导体传播，且不产生焦耳热；传导电流则由电荷的定向运动所产生，它在导体中传播，并产生焦耳热.

三、麦克斯韦方程组

麦克斯韦方程组是麦克斯韦在他提出的感生电场和位移电流假设的基础上，通过总结和推广静电场的高斯定理和环路定理以及稳恒磁场的高斯定理和环路定理而得到的.

麦克斯韦认为，空间任一点的电场是由电荷产生的库仑场 $\boldsymbol{E}_c$ 与变化磁场产生的感生电场 $\boldsymbol{E}_i$ 的矢量叠加，即

$$\boldsymbol{E} = \boldsymbol{E}_c + \boldsymbol{E}_i \tag{6.30}$$

而 $\boldsymbol{E}_c$ 是保守力场，$\boldsymbol{E}_i$ 是涡旋场，总场强对任一闭合曲线的环量为

$$\oint_L \boldsymbol{E}\cdot d\boldsymbol{l} = \oint_L \boldsymbol{E}_c\cdot d\boldsymbol{l} + \oint_L \boldsymbol{E}_i\cdot d\boldsymbol{l} = -\iint_S \frac{\partial \boldsymbol{B}}{\partial t}\cdot d\boldsymbol{S} \tag{6.31}$$

总电场 $\boldsymbol{E}$ 对任一闭合曲面的电通量可由高斯定理得

$$\oiint_S \boldsymbol{E}\cdot d\boldsymbol{S} = \oiint_S \boldsymbol{E}_c\cdot d\boldsymbol{S} + \oiint_S \boldsymbol{E}_i\cdot d\boldsymbol{S} = \oiint_S \boldsymbol{E}_c\cdot d\boldsymbol{S} = \frac{q}{\varepsilon_0} \tag{6.32}$$

当有介质存在时，上式应为

$$\oiint_S \boldsymbol{D}\cdot d\boldsymbol{S} = q \tag{6.33}$$

关于磁场，传导电流和位移电流产生的磁场都是涡旋场，不论是哪种方式产生的磁场，其磁感应线都是闭合的，所以总磁场的高斯定理仍为

$$\oint\!\!\oint_S \boldsymbol{B}\cdot \mathrm{d}\boldsymbol{S}=0 \tag{6.34}$$

引入位移电流后，磁场的环路定理即为式(8.27)，即

$$\oint_L \boldsymbol{H}\cdot \mathrm{d}\boldsymbol{l}=I_0+I_\mathrm{d}=I_0+\iint_S \frac{\partial \boldsymbol{D}}{\partial t}\cdot \mathrm{d}\boldsymbol{S} \tag{6.35}$$

综上所述，(6.31)、(6.33)、(6.34)和(6.35)各式概括了电磁场所满足的所有规律.由此而得到的方程组即为麦克斯韦方程组，即麦克斯韦方程组为

$$\begin{cases}\oint_L \boldsymbol{E}\cdot \mathrm{d}\boldsymbol{l}=-\iint_S \dfrac{\partial \boldsymbol{B}}{\partial t}\cdot \mathrm{d}\boldsymbol{S} & (\text{Ⅰ})\\ \oint\!\!\oint_S \boldsymbol{D}\cdot \mathrm{d}\boldsymbol{S}=q & (\text{Ⅱ})\\ \oint\!\!\oint_S \boldsymbol{B}\cdot \mathrm{d}\boldsymbol{S}=0 & (\text{Ⅲ})\\ \oint_L \boldsymbol{H}\cdot \mathrm{d}\boldsymbol{l}=I_0+\iint_S \dfrac{\partial \boldsymbol{D}}{\partial t}\cdot \mathrm{d}\boldsymbol{S} & (\text{Ⅳ})\end{cases}$$

方程(Ⅰ)说明了电场不仅可以由电荷激发，而且也可由变化的磁场激发.方程(Ⅳ)说明了磁场不仅可以由带电粒子的运动(电流)所激发，而且也可由变化的电场所激发.由此可见，一个变化的电场总伴随着一个磁场，一个变化的磁场总伴随着一个电场.从而说明，在电现象和磁现象之间存在着紧密的联系，而这种联系就确定了统一的电磁场.方程(Ⅱ)和方程(Ⅲ)说明电场是有源场(即电场线有头有尾)，而磁场是无源场(磁感应线是无头无尾的闭合曲线).

另外，在处理具体问题时，经常会遇到电磁场与物质的相互作用，所以还必须补充描述物质电磁性质的方程，对于各向同性介质，这些方程为

$$\boldsymbol{D}=\varepsilon_0\varepsilon_\mathrm{r}\boldsymbol{E} \qquad (\text{Ⅴ})$$

$$\boldsymbol{B}=\mu_0\mu_\mathrm{r}\boldsymbol{H} \qquad (\text{Ⅵ})$$

$$\boldsymbol{j}_0=\sigma\boldsymbol{E} \qquad (\text{Ⅶ})$$

麦克斯韦方程组(Ⅰ—Ⅳ)加上描述介质性质的方程(Ⅴ—Ⅶ)，全面地总结了电磁场的规律，是经典电动力学的基本方程组，利用它们，原则上可以解决各种宏观电磁场问题.

应该指出，感生电场、位移电流，到麦克斯韦方程组等都是电磁场的基本概念，当初，它们都是作为假设提出来的.根据麦克斯韦方程组，在场随时间变化的情况下，变化的电场与磁场相互激发，它们可以脱离场源而存在，并以一定的速度在空间传播，从而形成在空间传播的电磁波.麦克斯韦正是由此预言了电磁波的存在，20 年后(即 1888 年)，赫兹用实验证实了电磁波的存在，从而间接地证明了上述假

设的正确性. 另外,电磁波具有能量和动量等物质的共同属性,电磁波的被证明,也进一步说明了电磁场的物质性.

* §6.7　电感和电容电路的一阶暂态过程

一、*RL* 电路的暂态过程

由于线圈自感的存在,当电路中的电流改变时,在电路中产生自感电动势. 而自感电动势的出现总是要反抗电路中原电流的变化,电流增大时,自感电动势与原来电流方向相反;电流减小时,自感电动势与原来电流方向相同. 回路的自感 L 越大,自感应的作用也就越大,即改变电路中的电流就越不容易. 可见自感现象具有使电路中保持原有电流不变的特性,它使电路在接通及断开后,电路中的电流要经历一个短暂的过程才能达到稳定值,这个过程称为 ***RL* 电路的暂态过程**. 下面就来具体研究 RL 电路的暂态过程.

如图 6.12 所示是一个含有自感 L 和电阻 R 的简单电路. 若电键 K_1 接通而 K_2 断开时,RL 电路接上电源,由于自感应的作用,在电流增长过程中出现自感电动势 $\mathscr{E}_L$,它与电源的电动势 $\mathscr{E}$ 共同决定电路中电流的大小. 设某瞬时电路中的电流为 I,则由欧姆定律得

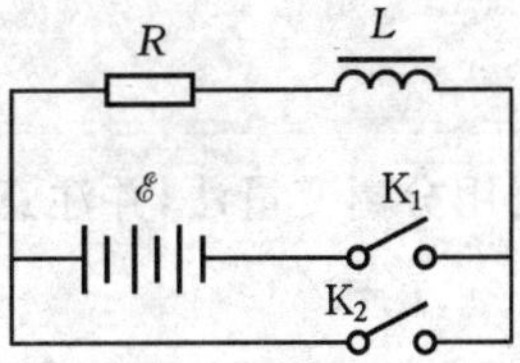

图 6.12　RL 电路

$$\mathscr{E} - L\frac{\mathrm{d}I}{\mathrm{d}t} = IR$$

这是一个含有变量 I 及其一阶导数 $\mathrm{d}I/\mathrm{d}t$ 的微分方程,可以通过分离变量积分求解. 上式改写为分离变量形式为

$$\frac{\mathrm{d}I}{\dfrac{\mathscr{E}}{R} - I} = \frac{R}{L}\mathrm{d}t$$

对上式两边积分,并考虑到初始条件:$t=0$ 时,$I=0$,于是有

$$I = \frac{\mathscr{E}}{R}\left(1 - \mathrm{e}^{-\frac{R}{L}t}\right) \tag{6.36}$$

式(6.36)就描述了 RL 电路接通电源后电路中电流 I 的增长规律,可用图 6.13来表示. 它说明了在接通电源后,由于自感的存在,电路中的电流不是立刻达到无自感时的电流稳定值 $I_{\max} = \dfrac{\mathscr{E}}{R}$,而是由零逐渐增大到 $I_{\max}$ 的,与无自感时的情况比较,这里有一个时间延迟. 从式(6.36)看到,当 $t=\tau=\dfrac{L}{R}$时,有

$$I=\frac{\mathscr{E}}{R}\left(1-\frac{1}{\mathrm{e}}\right)=0.63\frac{\mathscr{E}}{R}=0.63I_{\max}$$

即电路中的电流达到稳定值的63%，通常用这一时间$\tau=\frac{L}{R}$来衡量自感电路中电流增长的快慢程度，称为回路的**时间常数**或**弛豫时间**. 图6.13中，曲线1的弛豫时间小，曲线2的弛豫时间长.

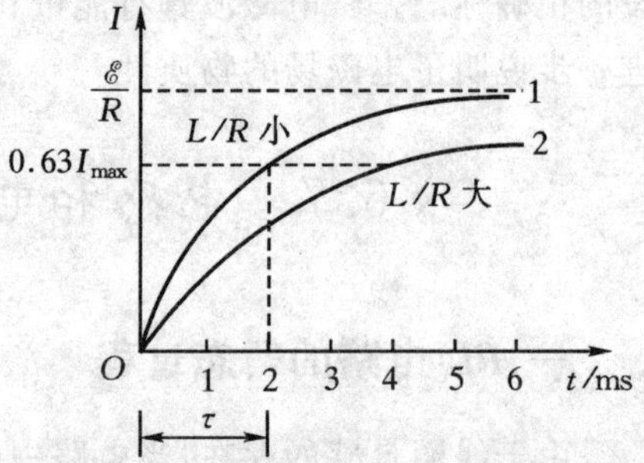

图6.13 接通电源后RL电路的电流变化规律

当上述电路中的电流达到稳定值$I=I_0=\mathscr{E}/R$后，再迅速使电键K_2接通的同时断开电键K_1，这时电路中虽然没有外电源，但由于线圈中自感电动势的存在，电路中的电流要经历一个衰变过程才会降到零. 设电键K_2接通后某一瞬时电路中的电流为I，线圈中的自感电动势为$-L\frac{\mathrm{d}I}{\mathrm{d}t}$，据欧姆定律得

$$-L\frac{\mathrm{d}I}{\mathrm{d}t}=IR$$

仍用分离变量法，并注意到初始条件$t=0$时，$I=\frac{\mathscr{E}}{R}=I_0$. 积分并整理得

$$I=\frac{\mathscr{E}}{R}\mathrm{e}^{-\frac{R}{L}t}=I_0\mathrm{e}^{-\frac{R}{L}t} \tag{6.37}$$

式(6.37)描述了RL电路切断电源后电路中电流的衰变规律，图6.14所示的是这一变化过程中电流随时间的变化曲线. 经过一段弛豫时间($t=\tau=\frac{L}{R}$)，电流降低为原稳定值的1/e倍(约37%).

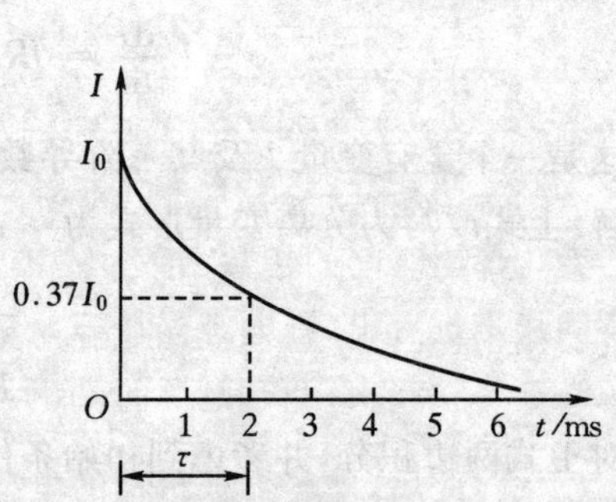

图6.14 切断电源后RL电路中电流的衰变规律

值得指出，当图6.12所示的电路在断开电源时，如不接通K_2，这时在 两端之间的空隙具有很大的电阻，电路中电流将由I_0聚然下降为零，由于$\frac{\mathrm{d}I}{\mathrm{d}t}$很大，在$L$中将产生很大的自感电动势，常使电键两端之间产生火花，甚至发生电弧，这种现象在原通有强大电流的电路中或在含有铁磁性物质的电路中尤为显著. 这时，虽然电路中电源的电动势只有几伏，却可能产生几千伏的自感电动势，为了避免由此造成的事故，通常可用逐渐增加电阻的方法来断开电路.

二、RC 电路的暂态过程

RC 电路的暂态过程就是电容器通过电阻的充放电过程，它是各种电子线路中经常利用的现象. 下面就来具体研究 RC 电路的暂态过程.

如图 6.15 所示，电容器 C、电阻 R 和电动势为 $\mathscr{E}$ 的直流电源构成一个简单电路. 设电容器在充电前极板上的电荷量为零，两极板间的电势差也为零. 在闭合电键 K 使电路接通后，电荷从零开始逐渐在两极板上积累起来，两极板间的电势差也逐渐增大. 设某瞬时电路中的电流为 I，极板上的电荷量为 q，由欧姆定律得

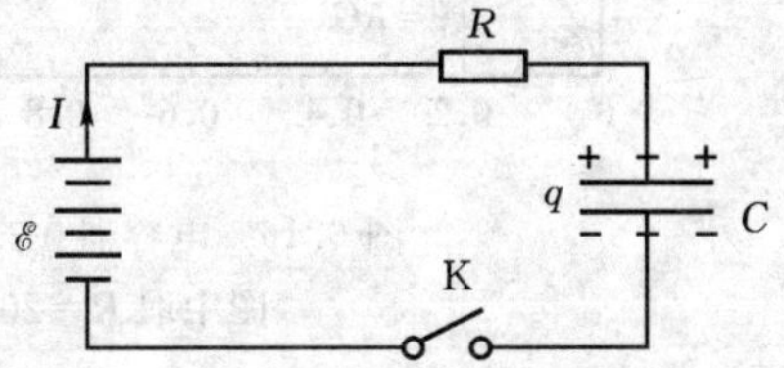

图 6.15　RC 充电电路

$$\mathscr{E} = IR + \frac{q}{C}$$

利用 $I = \mathrm{d}q/\mathrm{d}t$，上式可写为

$$\mathscr{E} = R\frac{\mathrm{d}q}{\mathrm{d}t} + \frac{q}{C}$$

这是关于 q 的一阶微分方程，同前解之并利用 $t=0$ 时，$q=0$ 的初始条件得

$$q = C\mathscr{E}(1 - \mathrm{e}^{-\frac{t}{RC}}) \tag{6.38}$$

电路中的电流

$$I = \frac{\mathrm{d}q}{\mathrm{d}t} = \frac{\mathscr{E}}{R}\mathrm{e}^{-\frac{t}{RC}} \tag{6.39}$$

以上两式表明，电容器在充电过程中，电容器极板上的电荷量和电路中的电流的变化都与时间的指数函数 $\mathrm{e}^{-\frac{t}{RC}}$ 有关. 如图 6.16 所示是它们的图线表示. 从这两条图线不难看出，当电容器在开始充电时(即 $t=0$)极板上的 $q=0$，电容器内的电场尚未建立起来，此时电源的端电压全部加在电阻 R 上，电路中的电流有最大值 $I_{\max}=\frac{\mathscr{E}}{R}$. 此后，电容器极板上的电荷逐渐增加，电容器中的电场强度逐渐加强，极板间的电势差也逐渐升高，而加在电阻 R 上的电势差随之减小，所以电路中的电流强度逐渐减小. 从理论上讲，只有当 $t=\infty$ 时，即充电时间无限长时方能使极板上的电荷量增大到最大值 $q=q_{\max}=C\mathscr{E}$ 和电路中电流 $I=0$，实际上当 q 非常接近于最大值 $C\mathscr{E}$ 时电容器充电过程就告结束.

从式(6.38)和(6.39)可知，充电过程的快慢取决于 RC，它具有时间的量纲，叫做 RC 电路的时间常数. 其物理意义与 RL 电路中的 L/R 类似.

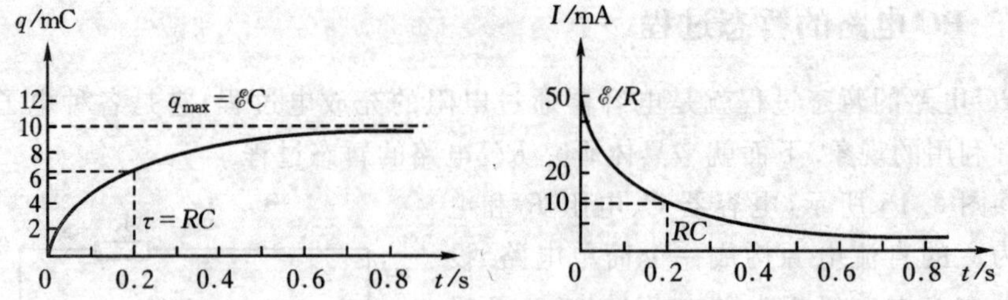

图 6.16 电容器在充电过程中 q 和 I 随 t 变化的曲线

（图中取 $R=2000\ \Omega, C=100\ \mu\text{F}, \mathscr{E}=100\ \text{V}$）

同样可以讨论 RC 放电过程中，电荷 q 和电流 I 随时间的变化规律. 在此就不作详细讨论了.

章后结束语

一、本章内容小结

1. 法拉第电磁感应定律 $\mathscr{E}_i=-\dfrac{\mathrm{d}\Psi}{\mathrm{d}t}$ （$\Psi=N\Phi$）

2. 动生电动势 $\mathscr{E}_{\mathrm{ab}}=\displaystyle\int_a^b(\boldsymbol{v}\times\boldsymbol{B})\cdot\mathrm{d}\boldsymbol{l}$

洛伦兹力是其非静电力，虽然洛伦兹力总体不做功，但它能起到能量转换的作用.

3. 感生电动势和感生电场 $\mathscr{E}_{\mathrm{i}}=\displaystyle\oint_L\boldsymbol{E}_i\,\mathrm{d}\boldsymbol{l}=-\iint_S\frac{\partial\boldsymbol{B}}{\partial t}\cdot\mathrm{d}\boldsymbol{S}$

无限长圆柱空间，沿轴向有随时间变化的均匀磁场，其柱内外涡旋电场的分布为

$$E_{涡}=\begin{cases}-\dfrac{1}{2}\dfrac{\mathrm{d}B}{\mathrm{d}t}r & (r<R)\\[2ex] -\dfrac{1}{2}\dfrac{\mathrm{d}B}{\mathrm{d}t}\dfrac{R^2}{r} & (r>R)\end{cases}$$

4. 自感系数 $L=\dfrac{\Psi}{I}$，自感电动势 $\mathscr{E}_{\mathrm{L}}=-L\dfrac{\mathrm{d}I}{\mathrm{d}t}$（$L$ 一定时）

5. 互感系数 $M=\dfrac{\Psi_{12}}{I_1}=\dfrac{\Psi_{21}}{I_2}$

互感电动势 $\mathscr{E}_{12}=-\dfrac{\mathrm{d}\Psi_{12}}{\mathrm{d}t}=-M\dfrac{\mathrm{d}I_1}{\mathrm{d}t}$，$\mathscr{E}_{21}=-M\dfrac{\mathrm{d}I_2}{\mathrm{d}t}$（$M$ 一定时）

6. 自感磁能　$W_L=\frac{1}{2}LI_0^2$，互感磁能　$W_M=MI_1I_2$

磁场能量密度　$w_m=\frac{B^2}{2\mu}=\frac{1}{2}HB$，总磁能　$W_m=\int_V w_m \mathrm{d}V$

7. 位移电流　$I_d=\frac{\mathrm{d}\Phi_D}{\mathrm{d}t}=\iint_S \frac{\partial \boldsymbol{D}}{\partial t}\cdot \mathrm{d}\boldsymbol{S}$，　$\boldsymbol{j}_d=\frac{\partial \boldsymbol{D}}{\partial t}$

8. 麦克斯韦方程组

$$
\begin{cases}
\oint_L \boldsymbol{E}\cdot \mathrm{d}\boldsymbol{l}=-\iint_S \frac{\partial \boldsymbol{B}}{\partial t}\cdot \mathrm{d}\boldsymbol{S} & (\text{Ⅰ})\\
\oiint_S \boldsymbol{D}\cdot \mathrm{d}\boldsymbol{S}=q & (\text{Ⅱ})\\
\oiint_S \boldsymbol{B}\cdot \mathrm{d}\boldsymbol{S}=0 & (\text{Ⅲ})\\
\oint_L \boldsymbol{H}\cdot \mathrm{d}\boldsymbol{l}=I_0+\iint_S \frac{\partial \boldsymbol{D}}{\partial t}\cdot \mathrm{d}\boldsymbol{S} & (\text{Ⅳ})
\end{cases}
$$

电场是有源有旋场，磁场是有旋无源场．与静场相同形式的方程其本质有所区别．

二、应用及前沿发展

电磁感应现象及其规律的发现是电磁学发展史上的一个里程碑．它不仅深刻揭示了电与磁的内在联系，而且为现代电工、电子技术的诞生和发展奠定了基础．在电工技术中，利用电磁感应原理制造了发电机、感应电动机和变压器等电器设备，为方便地利用各种能源提供了条件．在电子技术中，广泛采用了电感元件来控制电压（或电流）的分配和发射、接收电磁信号．在电磁测量中，可以利用电磁感应原理制成各种传感器及自动化仪表等．

利用铁磁材料的特性与电磁感应规律制成磁带、磁盘等磁记录元件，磁记录是现代使用得非常广泛的一种信息技术．它在数字记录（正、负两个磁化状态对应二进制数的 0 和 1）方面大量用于计算机的数据存储中．

习题与思考

6.1　在图 6.17 所示几种情形中，线圈中有无感应电动势？有无感应电流？如果有试确定它们的方向．

(1) 如图 6.17(a,b)所示，线圈在均匀磁场中旋转；

(2) 如图 6.17(c)所示，在磁铁产生的磁场中线圈向右移动；

(3) 如图 6.17(d)所示回路中，电阻 R 减少，另一回路有何变化．

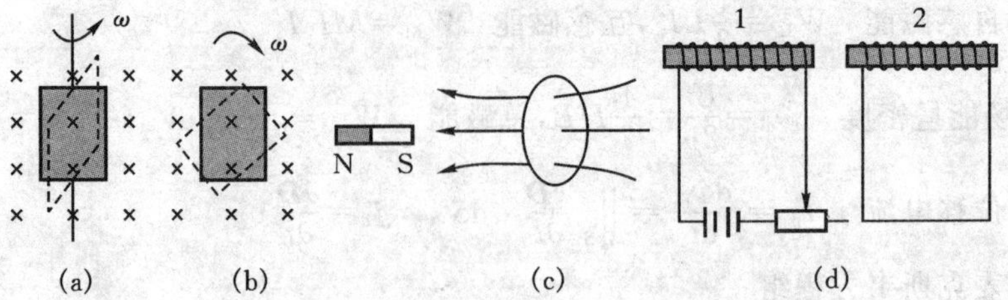

图 6.17 题 6.1 图

6.2 在一绕有螺线管线圈的磁棒上套有四个半径相同的圆环 a、b、c、d，它们分别是由铜、铁、塑料制成的闭合圆环及由铜制成的非闭合环. 当螺线管线圈与电源接通时，问

(1) 四个环中的感应电动势是否相等？如果不等，则其大小顺序如何？

(2) 四个环中的感应电流是否相等？如果不等，则其大小顺序如何？

6.3 将一磁棒插入一闭合导体回路中：一次迅速插入，一次缓慢插入，但两次插入的始末位置相同. 问在两次插入中：

(1) 感应电动势是否相等？如果不等，哪一次的大？

(2) 感应电量是否相等？如果不等，哪一次的大？

(3) 回路中的电动势是动生电动势还是感生电动势？为什么？

6.4 指出涡旋电场与静电场的异同.

6.5 两个线圈，长度相同，半径接近相同，在下列三种情况下，哪一种情况两线圈的互感系数最小，哪一种情况两线圈的互感系数最大.

(1) 两个线圈轴线在同一直线上，且相距很近；

(2) 两个线圈相距很近，但轴互相垂直；

(3) 一个线圈套在另一个线圈外面.

6.6 变化电场所产生的磁场，是否也一定随时间而变化；反之，变化的磁场所产生的电场，是否也一定随时间而变化？

6.7 (1) 真空中静电场的高斯定理和真空中电磁场的高斯定理在形式上相同，都为：

$$\oint_S \boldsymbol{D} \cdot \mathrm{d}\boldsymbol{S} = \oint_S \varepsilon_0 \boldsymbol{E} \cdot \mathrm{d}\boldsymbol{S} = \sum q = \int_V \rho \, \mathrm{d}V$$

在理解上有何区别？

(2) 真空中稳恒电流的磁场和一般电磁场都有：$\oint_S \boldsymbol{B} \cdot \mathrm{d}\boldsymbol{S} = 0$，这两种情况下，对 $\boldsymbol{B}$ 矢量的理解有何区别？

*　*　*　*　*　*　*　*

6.8　有一线圈匝数为 N，如果通过线圈的磁感应通量按任意方式由 Φ_1 改变到 Φ_2，试证通过该线圈回路的电量为 $Q=\dfrac{N(\Phi_2-\Phi_1)}{R}$，式中 R 为闭合回路内的总电阻.

6.9　在一个横截面积为 $0.001\,\mathrm{m}^2$ 的铁磁质圆柱上，绕有 100 匝铜线，铜线的两端连有一个电阻器，电路的总电阻为 $10\,\Omega$. 如果铁柱中的纵向磁场由某一方向（B 的量值为 1 T）改变到另一方向（B 的量值仍为 1 T）. 问：有多少电量流过这个电路.

6.10　如图 6.18 所示，一个 100 匝的线圈，电阻为 $10\,\Omega$. 将其置于方向垂直纸面向里的均匀磁场中. 设通过线圈平面的磁通按 $\Phi=10+6t-4t^2$ (SI) 的规律变化，求：

(1) $t=1\,\mathrm{s}$ 时线圈中的感应电动势的大小及方向；

(2) $t=1\,\mathrm{s}$ 时线圈中的感应电流的大小及方向；

(3) 第 1 秒内通过电流表 G 的电量；

(4) 电动势开始反转的时刻.

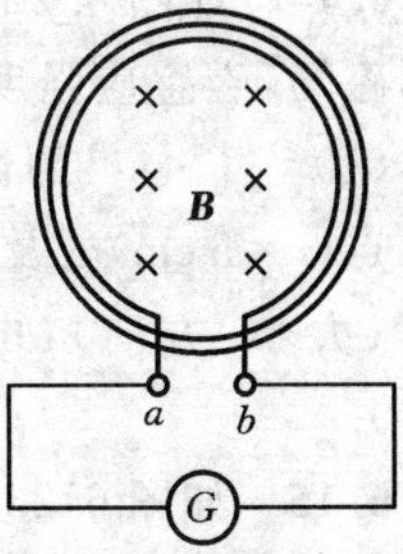

图 6.18　题 6.10 图

6.11　如图 6.19(a) 表示一根长度为 L 的铜棒平行于一载有电流 i 的长直导线，从距离电流为 a 处开始以速度 $\boldsymbol{v}$ 向下运动. 求铜棒所产生的感应电动势. 已知 $v=5\,\mathrm{m\cdot s^{-1}}$，$i=100\,\mathrm{A}$，$L=20\,\mathrm{cm}$，$a=1\,\mathrm{cm}$. 又如图 6.19(b) 所示若铜线运动的方向 $\boldsymbol{v}$ 与电流方向平行. 设铜棒的上端距电流为 a，问此时铜棒的感应电动势又为多少.

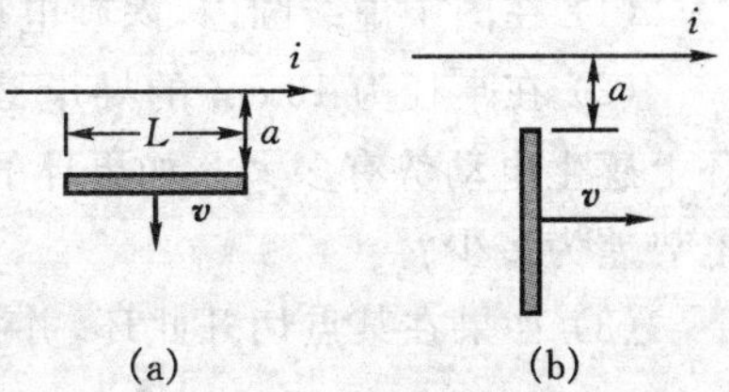

图 6.19　题 6.11 图

6.12　如图 6.20 所示，半径为 R 的导体圆环，其线圈平面与局限于线圈平面内的均匀磁场 $\boldsymbol{B}$ 垂直. 一同种材料和同样粗细的直棒置于其上，导体棒以速度 $\boldsymbol{v}$ 自左向右滑动，经过环心时开始计时. 设棒上和环上每单位长度的电阻为 r. 求：

(1) t 时刻棒上的动生电动势；

(2) t 时刻感应电流在环心上产生的磁感强度.

6.13　(1) 如图 6.21 所示，质量 M，长度为 l 的金属棒 ab 从静止开始沿倾斜的绝缘框架下滑，设磁场 $\boldsymbol{B}$ 竖直向上，求棒内的动生电动势与时间的函数关系. 假定摩擦可忽略不计.

(2) 如果金属棒 ab 是沿光滑的金属框架下滑，结果又有何不同？（提示：回路

$abCB$ 将产生感生电流，可设回路电阻为 R，并作常量考虑．）

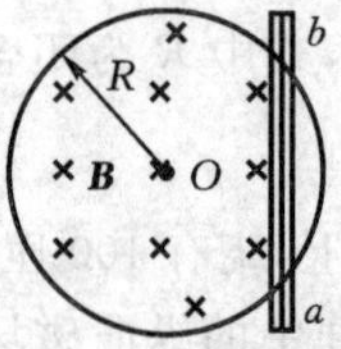

图 6.20　题 6.12 图

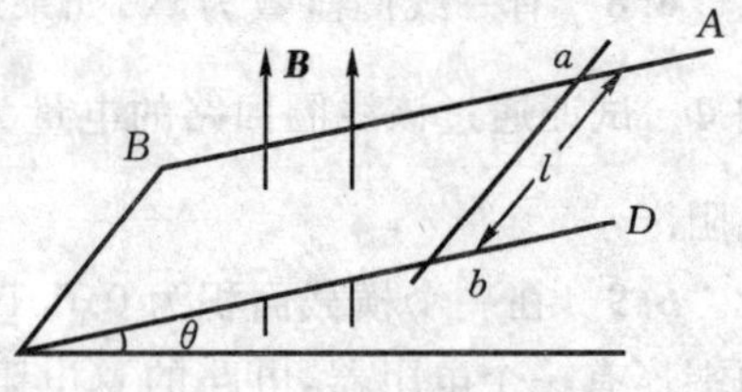

图 6.21　题 6.13 图

6.14　如图 6.22 表示一个限定在圆柱形体积内的均匀磁场，磁感应强度为 $\boldsymbol{B}$，圆柱的半径 R，$\boldsymbol{B}$ 的量值以 $1.0\times10^{-2}\ \mathrm{T\cdot s^{-1}}$ 的恒定速率减小．当把电子放在磁场中 a 点（$r=5\ \mathrm{cm}$）处及 b 点时，试求电子所获得的瞬时加速度（大小、方向）（电子的荷质比为 $1.76\times10^{11}\ \mathrm{C\cdot kg^{-1}}$）．

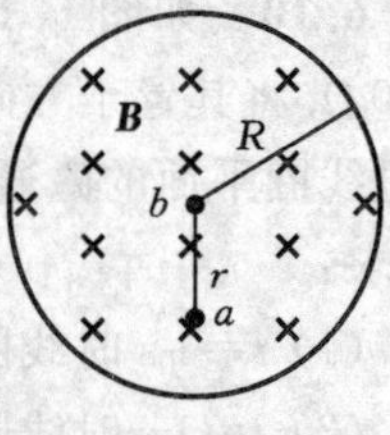

图 6.22　题 6.14 图

6.15　如图 6.23 所示，虚线圆内是均匀磁场，磁感应强度 $\boldsymbol{B}$ 的大小为 0.5 T，方向垂直图面向里，并且正以 $0.01\ \mathrm{T\cdot s^{-1}}$ 的变化率减小．问：

（1）在图中虚线圆内，涡旋电场的电力线如何？

（2）在半径为 10 cm 的导电圆环上任一点处，涡旋电场的大小与方向如何？环上感生电动势有多大？如果环的电阻为 2 Ω，环上电流有多大？环上 a、b 两点的电势差为多少？

（3）如果在某点切开此环，并把两端稍许分开，此时，两端间的电势差又为多少？

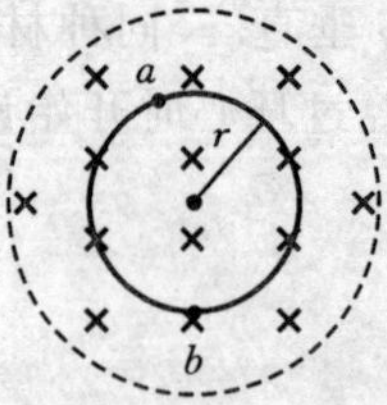

图 6.23　题 6.15 图

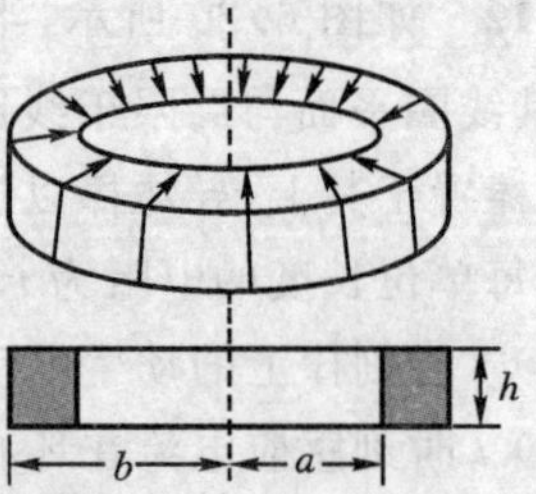

图 6.24　题 6.16 图

6.16　如图 6.24 是一截面为矩形的一个环式螺线管，试导出其自感的表达式，如果 $N=10^3$，$a=5\ \mathrm{cm}$，$b=15\ \mathrm{cm}$，$h=1\ \mathrm{cm}$，求自感的数值．

6.17　有一密绕 400 匝的线圈，自感为 8 mH，当线圈中通有电流 5×10^{-3} A 时，通过该线圈的磁通量有多大？

6.18　一圆形线圈 a 由 50 匝细线绕成，截面积为 4 cm^2，放在另一匝数等于 100 匝，半径为 20 cm 的圆形线圈 b 的中心，两线圈同轴. 求：

(1) 两线圈的互感系数；

(2) 当线圈 b 中电流以 50 $A\cdot s^{-1}$ 的变化率减小时，线圈 a 内磁通的变化率；

(3) 线圈 a 中的感生电动势.

6.19　如图 6.25 所示，一矩形线圈长 $a=0.2$ m，宽 $b=0.1$ m，由 100 匝表面绝缘的导线绕成，放在一根很长的直导线旁边并与之共面，试求线圈与长直导线之间的互感系数.

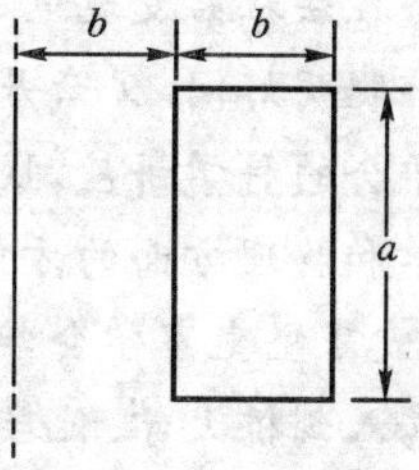

图 6.25　题 6.19 图

6.20　已知两个电感线圈的自感分别为 $L_1=0.4$ H 和 $L_2=0.9$ H，它们之间的耦合系数 $k=0.5$，当在 L_1 中通一变化率为 2 $A\cdot s^{-1}$ 的电流时，问在线圈 L_1 中的自感电动势和线圈 L_2 中的互感电动势的数值为多大？

6.21　一线圈具有电感 5 H 与电阻 20 Ω，如果有 100 V 的电动势加在它两端，问在电流增到最大值后磁场中储存的能量有多大？

6.22　在真空中，若一均匀电场中的电场能量密度与一个 0.5 T 的均匀磁场中的磁场能量密度相等，该电场的电场强度是多少？

***6.23**　有一线圈自感系数为 2.0 H，电阻为 10 Ω，将其突然接到内阻可以忽略的电源上，电源的电动势为 100 V，在接通后 0.1 s 时，试求：

(1) 磁场中储存的磁能为多少？

(2) 此时磁能的增加率是多少？

6.24　一平行板电容器两极都是半径为 5.0 cm 的圆导体片，在通电时，其中电场强度的变化率

$$\frac{dE}{dt}=1.0\times10^{12}\ \mathrm{V\cdot m^{-1}\cdot s^{-1}}$$

(1) 求两板间的位移电流；

(2) 求极板边缘的磁感应强度 B.

6.25　从 $\oint \boldsymbol{H}\cdot d\boldsymbol{l}=\dfrac{d\Phi_D}{dt}$ 出发，计算出作匀速直线运动的点电荷的电磁场中，离电荷 r 处的磁场强度，设电荷运动速度 $v\ll c$.

科学家简介——麦克斯韦

(James Clerk Maxwell, 1831—1879)

《电学和磁学通论》一书的扉页

在法拉第发现电磁感应现象的1831年,麦克斯韦在英国的爱丁堡出生了.他从小聪明好问.父亲是个机械设计师,很欣赏他儿子的才华,常带他去听爱丁堡皇家学会的科学讲座,10岁时送他进爱丁堡中学.在中学阶段,麦克斯韦就显示了在数学和物理方面的才能,15岁那年就写了一篇关于卵形线作图法的论文,被刊登在《爱丁堡皇家学会学报》上.1847年,16岁的麦克斯韦考入爱丁堡大学,1850年又转入剑桥大学.他学习勤奋,成绩优异,经著名数学家霍普金斯和斯托克斯的指点,很快就掌握了当时先进的数学理论,这为他以后的发展打下了良好的基础.1854年在剑桥大学毕业后,麦克斯韦曾先后任亚伯丁马里夏尔学院、伦敦皇家学院和剑桥大学物理学教授.但他的语言表达欠佳,讲课效果较差.

麦克斯韦在电磁学方面的贡献是总结了库仑、高斯、安培、法拉第、诺埃曼、汤姆逊等人的研究成果,特别是把法拉第的力线和场的概念用数学方法加以描述、论证、推广和提升,创立了一套完整的电磁场理论.他自己在1873年谈论他的巨著《电学和磁学通论》时曾说过:"主要是怀着给(法拉第的)这些概念提供数学方法基础的愿望,我开始写作这部论著."

1855—1856年,麦克斯韦发表了关于电磁场的第一篇论文《论法拉第的力线》.在这篇文章中,他把法拉第的力线和不可压缩的流体中的流线进行类比,用数学形式——矢量场来描述电磁场,并总结了6个数学公式(有代数式、微分式和积分式)来表示电流、电场、磁场、磁通量以及矢势之间的关系.这是他把法拉第的直观图像数学化的第一次尝试,此后麦克斯韦电磁场理论就是在这个基础上发展起来的.

1860年麦克斯韦转到伦敦皇家学院任教.一到伦敦,他就带着这篇论文拜访年逾古稀的法拉第.法拉第4年前看到过这篇论文,会见时对麦克斯韦大加赞赏地说:"我不认为自己的学说是真理,但你是真正理解它的人.""这是一篇出色的文章,但你不应该停留在用数学来解释我的观点,而应该突破它."麦克斯韦大受鼓舞,而且后来也确实没有辜负老人的期望.

1861年麦克斯韦对法拉第电磁感应现象进行深入分析时,认为即使没有导体回路,变化的磁场也应在其周围产生电场.他把这种电场称做感应电场.有导体回路时，这电场就在导体回路中产生感生电动势从而激起感应电流．这一假设是对法拉第实验结论的第一个突破，他揭示了变化的磁场和电场相联系．

同年 12 月，在给汤姆逊的信中，麦克斯韦提出了位移电流的概念，认为对变化的电磁现象来说，安培定律的电流项中必须加入电场变化率一项才能与电荷守恒无矛盾，这一提法又是一个第一流的独创，他揭示了变化的电场与磁场相联系．

1862 年，麦克斯韦发表了《论物理的力线》一文．这篇论文除了更仔细地阐述位移电流概念(先是电介质中的，再是真空中的，即以太中的)外，主要是提出一种以太管模型来构造法拉第的力线并用以解释排斥、吸引、电流产生磁场、电磁感应等现象．这个模型现在看来比较勉强，麦克斯韦本人此后也再没有使用这样的模型．

1864 年，麦克斯韦发表了《电磁场动力论》．在这篇论文中，他明确地把自己的理论叫做“场的动力理论”，而且定义“电磁场是包含和围绕着处于电或磁的状态下的一些物体的那一部分空间，它可以充满着某种物质，也可以被抽成真空．”在这一篇论文中他提出一套完整的方程组(共有 20 个方程式)，并由此方程组导出了电场和磁场相互垂直而且和传播方向相垂直的电磁波．他给出了电磁波的能量密度以及能流密度公式．更奇妙的是，从这一方程组中，他得出了电磁波的传播速度是 $1/\sqrt{\mu\varepsilon}$，在真空中是 $1/\sqrt{\mu_0\varepsilon_0}$，而其值等于 3×10^{10} cm/s，正好等于由实验测得的光速(这一巧合，在 1863 年他和詹金研究电磁学单位制时也得到过)．这一结果促使麦克斯韦提出“光是一种按照电磁规律在场内传播的电磁扰动”的结论．这一点在 1868 年他发表的《关于光的电磁理论》中更明确地肯定下来了．20 年后赫兹用实验证实了这个论断．就这样，原来被认为是互相独立的光现象和电磁现象互相联系起来了．这是在牛顿之后人类对自然认识史上的又一次大综合．

1873 年，麦克斯韦出版了他的关于电磁学研究的总结性论文《电学和磁学通论》．在这本书中他汇集了前人的发现和他自己的独创，对电磁场的规律作了全面系统而严谨的论述，写下了 11 个方程(以矢量形式表示)．他还证明了“唯一性定理”，从而说明了这一方程组是完整而充分的反映了电磁场运动的规律(现代教科书中用 4 个公式表示的完整方程组是 1890 年由赫兹写出的)．就这样麦克斯韦从法拉第的力线概念出发，经过坚持不懈的研究得到了一套完美的数学理论．这一理论概括了当时已发现的所有电磁现象和光现象的规律，它是在牛顿建立力学理论之后的又一光辉成就．

《电学和磁学通论》出版后，麦克斯韦即转入筹建卡文迪什实验室的工作并担任了它的第一任主任(该实验室后来出了汤姆逊、卢瑟福等一流的物理学家)．整理卡文迪什遗作的繁重工作耗费了他很大的精力．1879 年，年仅 48 岁的麦克斯韦由于肺结核不治而过早地离开了人间．

除了在电磁学方面的伟大贡献外，麦克斯韦还是气体动理论的奠基人之一. 他第一次用概率的数学概念导出了气体分子的速率分布律，还用分子的刚性球模型研究了气体分子的碰撞和输运过程. 他的关于内摩擦的理论结论和他自己做的实验结果相符，有力地支持了气体动理论.

阅读材料 G：传感器

在生产和科研中往往离不开测量，测量的目的是要获取被研究对象的信息，以便根据所得信息去控制被研究的对象. 传感器是一种能感受规定的被测量（物理量、化学量、生物量等）并按一定规律转换成可用信号（一般为电信号）而输出的装置或器件. 在传感器中，直接感受被测物理量的检测元件称为敏感元件，它是传感器的重要组成部分. 传感器又称探测器或变换器.

在自动检测与自动控制系统中，传感器处于系统之首，其作用相当于人的五官，直接敏感外界信息. 因此，传感器能否正确感受信息并将其按相应规律转换成所需信号，对系统质量起着决定的作用.

目前，传感器已广泛应用于许多学科领域，如工业自动化、农业现代化、航空航天技术、国土资源探测、医疗诊断、家用电器等. 传感器理论及技术的发展，对上述各领域的发展均有积极的促进作用.

G.1 传感器的功能和特性参数

传感器的功能 在信息处理器出现以前，人们对信息的读取、分析、处理和根据信息进行的控制，都是分别进行的，其思维活动大致可归纳为三个过程的循环：从外界摄取信息，经人的大脑处理信息，发出信息去控制和应付各种活动.

人们通过自己的器官和组织可以感受到温度、压力、图像等多种形式的信息，但是，人的感觉往往带有主观因素，难以定量化，而且人的感官所能感受的信息范围和灵敏度都有很大的局限性，很多事物和现象常常是感官无法触及的. 因此，人们在获取信息的过程中，需要用传感器来代替或扩充感官的功能，以便检测各种外界信息，例如微小量、巨大量及人们不能直接到达的场所的信息.

在测量中，传感器的地位和作用可用图 G.1 所示的框图表示. 由于信息处理器一般只接受电信号，而被测信号一般以光、磁、热、力、化学和电等形式出现，因此需要有一个将被测信号（电信号除外）转变成电信号的装置，这种装置称为输入传感器（或简称为传感器）. 在系统的输出部分也需要有一个将输出信号功率放大，或将输出信号转换为光、磁、热、力等不同形式的驱动信号的装置，这样的装置称为激励器，或称为输出传感器，如喇叭、液晶显示器等就属此类.

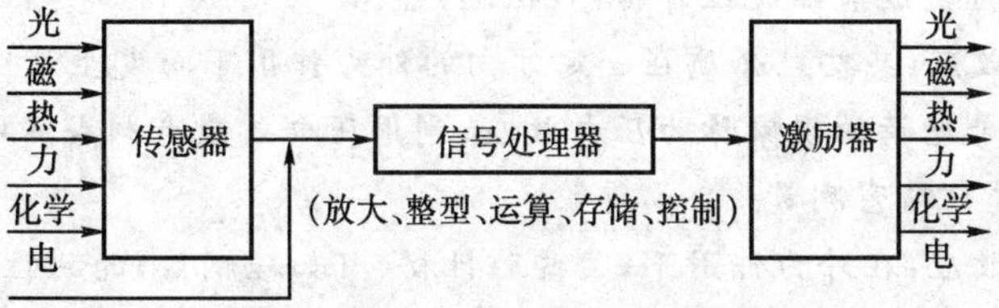

图 G.1 测量中传感器的地位及作用

计算机也是一种信号处理系统.欲将计算机应用于研究自然现象、生产过程等方面,亦需一种能将计算机与外界连接起来的装置——传感器,以便将外界信息转换成电信号来加以处理,否则,计算机的计算、控制将无法实现.

传感器在军工科技中也有很大的作用,它是决定武器性能和实战能力的重要因素.电子武器、战斗机、导弹、侦察卫星、宇宙飞船、运载火箭、航天飞机等无一不是传感器与计算机相结合发展起来的产物.

传感器的特性参数 传感器的种类繁多,用途各异.因此,其特性参数亦各个有别.下面仅择其要,简介几种主要的特性参数.

(1) 量程(测量范围):量程是指传感器的测量范围,说明在此范围对待测量进行检测,则安全可靠,否则便会导致较大误差或损坏仪器、设备.

(2) 线性度:传感器的输入、输出曲线与某规定直线(拟合直线)不吻合的程度称为线性度,亦称非线性误差,其大小常用输出曲线与拟合直线间垂直方向上的最大偏差与最大输出的百分比来量度.一般而言,线性度高的传感器,其测量精度也高.

(3) 灵敏度:传感器的输出变量与输入变量之比称为传感器的灵敏度,其大小常用拟合直线的斜率来表示.但应指出,传感器的灵敏度随着被测量的增大而减少,且灵敏度越高,其测量范围就越小.

G.2 传感作用的物理基础

传感器的种类繁多,而且有各种不同的分类方法.不同种类的传感器其工作原理不同,物性型传感器主要是根据物理效应,利用物质特性随外界作用而发生变化的机制制成的.常用的物理效应有:

(1) 热电效应:导体回路中因温差而生电的现象称为热电效应,亦称温差电效应.常用的热电效应有塞贝克效应及其逆效应——珀耳帖效应.利用热电效应可以制成温度等传感器.

(2) 热磁效应:某些匀质金属(如磁钢)两端由于温度差而形成热流,这时,若在垂直热流的方向上加一磁场则会产生诸如电场之类的物理现象称为热磁效应,利用热磁效应可制成能斯脱红外传感(探测)器.

(3) 压电效应:某些电介质在一定方向的外力作用下而发生形变,并在其两个表面上产生异号电荷的现象称为压电效应,利用压电效应可制成压电式传感器,对压力、振动等进行精密测量.

(4) 压磁效应:在外力作用下,某些磁性材料(如硅钢片)的磁性质(如磁导率、磁化强度等)将发生变化的现象称为压磁效应,亦称磁致伸缩的逆效应.利用压磁效应可制成压磁式传感器,用以测量力、力矩等物理量.

(5) 多普勒效应:当光(或波)源和观测者相对介质运动时,观测者接受到的频率与光(或波)源的频率有差异的现象称为多普勒效应.利用多普勒效应可制成多普勒传感器,用以测量速度及流量.

(6) 磁电效应:在磁场作用下,通电导体或半导体所产生的种种物理现象统称为磁电效应.常用的磁电效应有霍尔效应、磁阻效应等.利用它们可制成各种磁电式传感器,用以测量磁场、位移、速度等物理量.

(7) 光电效应:物质在光的作用下释放电子的现象称为光电效应,利用光电效应可制成光电传感器,用以检测光强及转速等物理量.

(8) 电光效应:在电场作用下,物质的光学特性(如折射率等)会发生变化的现象称为电光效应,常用的电光效应有电光克尔效应和光弹效应等.利用电光效应可制成光纤、压力、振动等传感器,以检测压力、振动及放电现象中的有关物理量.

(9) 约瑟夫森效应:约瑟夫森效应是一种量子干涉效应,分直流和交流约瑟夫森效应两类.利用约瑟夫森效应可制成量子干涉器件,可以检测出人脑活动所产生的磁场,分辨率为 10×10^{-13} T;可制成电压传感器,其灵敏度可达 10^{-19} V;还可制成温度传感器,用以检测 10^{-13} K 的极低温度.

下面简单介绍光电传感器的工作原理.

光电传感器目前的应用极为广泛.它具有结构简单、反应快速、性能可靠、对可见光和不可见光(如红外线等)皆能感受,且可实现非接触测量等优点.

光电传感器的核心部件有光敏电阻、光电池、光电晶体管等,它们都是基于半导体的内光电效应制成的.内光电效应可分为两类:一类是光电导效应,即有些半导体受到光照射时,其电阻率降低,使导电性能增强;另一类是光生伏特效应,即在光线作用下,能够使半导体产生一定方向的电动势,例如光电池就是利用光生伏特效应制成的,它能将光能转换为电能.

光电式红外传感器就是以光敏电阻作为传感元件的.如图 G.2 所示为这种传感器的光电转换电路.当红外辐射照射到光敏电阻 R 上时,使光敏电阻的阻值降低,则负载电阻 R_L 上的压降增加;随着红外辐射强度的变化,负载电阻 R_L 上的输出电压也相应变化.然后,经过适当的测量电路,就可以得到工业生产中有用的电

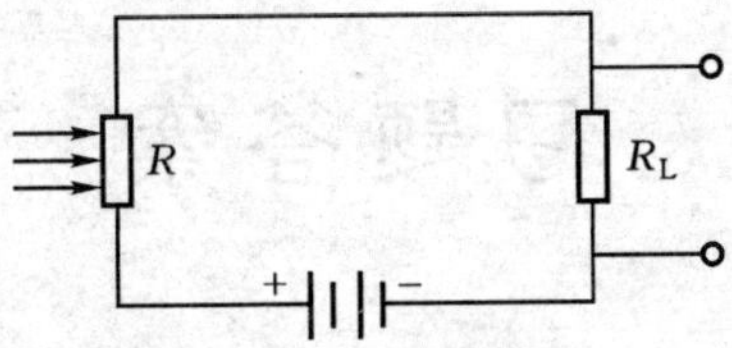

图 G.2　光电式红外传感器电路图

信号输出.由于辐射能与物体的表面温度有对应关系,所以光电式红外传感器可以测量物体的表面温度.这种非接触式的测量仪表,在工业生产流程中常适用于快速测量静止或运动物体的表面温度,也可制成报警器等.

G.3　传感器的发展动向

随着科学技术的发展,尤其是大规模集成电路技术的飞速发展及微电脑的普及,传感器在技术革命中的作用及地位将更为突出.现有的传感器不论在数量还是在功能上,都远不能适应科技发展的需要,目前人们在充分利用先进的集成电路技术,研究提高现有传感器性能价格比的同时,正在寻求传感技术发展的新途径.

目前,多维化、微型化和高灵敏度化是传感器发展的方向.此外,利用化学效应和生物效应开发的、可供实用的化学和生物传感器,也是有待开拓的新领域.还有与高新科技相结合的集成传感器、智能传感器、机器人传感器、仿生传感器等也有着广泛的发展前景.

习题答案

第1章

1.5 (1) 17.5 m. 方向为东偏北 9°

(2) $|\bar{\boldsymbol{v}}_1|=1.20\ \mathrm{m\cdot s^{-1}}$方向向东；$1.00\ \mathrm{m\cdot s^{-1}}$方向向南. $1.20\ \mathrm{m\cdot s^{-1}}$方向西北. $|\bar{\boldsymbol{v}}|=0.35\ \mathrm{m\cdot s^{-1}}$方向东偏北 9°. $\bar{v}=1.16\ \mathrm{m\cdot s^{-1}}$

(3)（略）

1.6 (1) $4\boldsymbol{i}-2\boldsymbol{j}$ (2) $2\boldsymbol{i}-\boldsymbol{j}$ (3) $2\boldsymbol{i}-\boldsymbol{j}$

1.7 (1) $y=19-\frac{1}{2}x^2$ (2) $2\boldsymbol{i}-6\boldsymbol{j}$ (3) $-4\boldsymbol{j}$；$-4\boldsymbol{j}$

1.8 $2q\beta e^{-qt}/(1+e^{-qt})^2$；$v\to\beta$ $a\to 0$

1.9 $2\sqrt{x^3+x+25}$

1.10 $914\ \mathrm{km\cdot h^{-2}}$；与北 130°

1.11 (1) 36 cm；36 cm (2) −18 cm；22.5 cm

1.12 $x=x_0\cos\sqrt{k}t$

1.13 (a) $230.4\ \mathrm{m\cdot s^{-2}}$；$4.8\ \mathrm{m\cdot s^{-2}}$ (b) 2.67 rad

1.15 2.8 m

1.16 (1)（略） (2) 增大；0.016 m

1.17 $31.6\ \mathrm{m\cdot s^{-1}}$；18.1°

1.19 (1) $a=4.9\ \mathrm{m\cdot s^{-2}}$；$T_A=1.47\ \mathrm{N}$；$T_C=0.49\ \mathrm{N}$

(2) $a=3.68\ \mathrm{m\cdot s^{-2}}$；$T_A=1.84\ \mathrm{N}$；$T_C=0.61\ \mathrm{N}$

1.20 (1) $N_1=19.6\ \mathrm{N}$；$f_1=2\ \mathrm{N}$；$N_2=29.4\ \mathrm{N}$；$f_2=7.35\ \mathrm{N}$ (2) $F=16.2\ \mathrm{N}$

1.21 $F=(M+m)g\tan\alpha$，$N_1=\dfrac{mg}{\cos\alpha}$；$N_2=(M+m)g$

1.22 $a=\dfrac{F-3\mu m_1 g-\mu m_2 g}{m_1+m_2}$；$T=m_1\left(\dfrac{F-2\mu m_1 g}{m_1+m_2}\right)$

1.23 $a=\dfrac{(M+m)g\sin\alpha-F\cos\alpha}{M+m\sin^2\alpha}$；$N=\dfrac{Mmg\cos\alpha+mF\sin\alpha}{M+m\sin^2\alpha}$

1.24 (1) $\theta=0$，$T=mg$ (2) $T=m\sqrt{g^2+a^2}$；$\theta=\arctan\dfrac{a}{g}$

1.25 (1) $a_2' = -a_1' = \frac{(m_2 - m_1)(g-a)}{m_1 + m_2}$; $T = \frac{2m_2 m_1 (g-a)}{m_1 + m_2}$

(2) $a_1 = a - \frac{(m_2 - m_1)(g-a)}{m_1 + m_2}$; $a_2 = a + \frac{(m_2 - m_1)(g-a)}{m_1 + m_2}$

第2章

2.8 $A = 4.3 \times 10^6$ J

2.9 $A_1 = 67.5$ J; $A_3 = 337.5$ J; $N_3 = 405$ W

2.10 (1) -0.106 J; (2) 0.15

2.11 0.45 m

2.12 (1) 62.5 m (2) 41.6 m (3) 83.3 m

2.13 $\frac{m\sqrt{2gh}}{M+m}$

2.14 (1) $4mg$; $a_\tau = g$; $a_n = 4g$ (2) $N = mg(3\cos\theta + 4)$ (3) 略

2.15 (1) $v_0 = 2.2$ m/s (2) $v_B = 0.99$ m/s; $a_B = 4.9$ m/s^2

(3) $(1.47\cos\theta + 1.47)$ N (4) $v_0 = 1.98$ m/s

2.16 2.8 m

2.17 2 N;方向垂直向上

2.18 2.2×10^3 N

2.20 75 次

2.21 $\frac{M+m}{m}\sqrt{2gl(1-\cos\theta)}$

2.22 $m_0 v_0 \sqrt{\frac{m_2}{k(m_0+m_1)(m_0+m_1+m_2)}}$

2.23 (1) 3.2×10^3 J (2) 78 J (3) 3.12×10^3 J

2.24 3.46×10^{-2} m

2.25 0; $-\frac{8R}{15\pi}$

第3章

3.8 (1) 2.2 rad/s^2 (2) 3 429 转

3.9 (1) -3.14 rad/s^2; 78.5 rad/s (2) 625 转

(3) 39.25 m/s; $a_n = 3\,081$ m/s^2; $a_\tau = 1.57$ m/s^2

3.10 (1) 9.42×10^{-3} kg·m^2 (2) 446 J

3.13 $a_1=\frac{r(m_2gR-m_1gr)}{J_1+J_2+m_1r^2+m_2R^2}$；

$a_2=\frac{R(m_2gR-m_1gr)}{J_1+J_2+m_1r^2+m_2R^2}$；$T_1=m_1(g+a_1)$；$T_2=m_2(g-a_2)$

3.14 (1) 3.5 N；14 rad/s^2 (2) 19.6 J

3.15 (1) $\frac{2mg}{2m+M}$ (2) $\frac{Mmg}{2m+M}$ (3) $\sqrt{\frac{4mgh}{2m+M}}$ (4) $\sqrt{\frac{(2m+M)h}{mg}}$

3.16 (1) $\frac{\sqrt{6(2-\sqrt{3})}}{12}\cdot\frac{3m+M}{m}\sqrt{gL}$ (2) $-\frac{\sqrt{6(2-\sqrt{3})}}{6}M\sqrt{gL}$

3.17 (1) $\frac{R^2\omega^2}{2g}$ (2) ω；$(\frac{1}{2}MR^2-mR^2)\omega$

3.18 -0.36 rad/s

3.19 (1) 20 $kg\cdot m^2$ (2) 1.32×10^4 J

3.20 (1) $R=2\sqrt{h(H-h)}$ (2) $h'=h$

3.21 (1) $1.21\times10^{-3}\ m^3\cdot s^{-1}$ (2) -0.9 m

3.22 $5.35\times10^{-4}\ m^2$

3.23 (1) $0.75\ m\cdot s^{-1}$；$3\ m\cdot s^{-1}$ (2) 4.22×10^3 Pa (3) 3.17 cm

3.24 8.04 Pa

3.25 (1) 1 493 (2) 层流

第4章

4.7 (4)

4.9 1∶1；1∶16

4.12 增加，减少

4.13 $q/2$；$q/2$

4.14 (1) 电子在电场中作匀减速直线运动 (2) 2.84×10^{-8} s (3) 0.71×10^{-1} m

4.15 (1) 两点电荷连线上，距 q_1 为$\frac{q_1-\sqrt{q_1q_2}}{q_1-q_2}l$

(2) $q_1<q_2$，在 q_1 外距 q_1 为$\frac{1+\sqrt{q_2/q_1}}{q_2/q_1-1}l$；$q_1>q_2$，在 q_2 外距 q_2 为$\frac{1+\sqrt{q_1/q_2}}{q_1/q_2-1}l$

4.16 $\frac{\sqrt{2}}{2}l$

4.18 $\frac{\sigma}{2\varepsilon_0}\cdot\frac{x}{\sqrt{R^2+x^2}}$；$x\gg R$，$E\approx\frac{\sigma}{2\varepsilon_0}$；$x\ll R$，$E=0$

4.19 πR^2E

4.20 $\dfrac{\sqrt{2}\lambda}{4\pi\varepsilon_0 R}$

4.21 (1) 0 (2) 2.25×10^3 V·m^{-1}

(3) 0.9×10^3 V·m^{-1},场强不是 r 的连续函数

4.22 $\boldsymbol{E}=\begin{cases}0 & (r<R_1)\\ \dfrac{\lambda \boldsymbol{r}}{2\pi\varepsilon_0 r^2} & (R_1<r<R_2)\\ 0 & (r>R_2)\end{cases}$

4.23 5.1×10^{-6} C·m^{-2}

4.24 $V=\begin{cases}\dfrac{\rho R^3}{3\varepsilon_0 r} & (r>R)\\ \dfrac{\rho R^2}{3\varepsilon_0} & (r=R)\\ \dfrac{\rho}{6\varepsilon_0}(3R^2-r^2) & (r<R)\end{cases}$

4.25 -2.0×10^{-7}(C)

4.26 $E=\begin{cases}\dfrac{R\sigma}{\varepsilon_0} & (r<R)\\ \dfrac{R\sigma}{\varepsilon_0} & (r=R)\\ \dfrac{R^2\sigma}{\varepsilon_0 r} & (r>R)\end{cases}$

4.27 2.1×10^{-8} C·m^{-1}

4.28 (1) $1.13\times10^6(\sqrt{x^2+6.4\times10^{-3}}-x)$

(2) $-1.13\times10^6\left(\dfrac{x}{\sqrt{x^2+6.4\times10^{-3}}}-1\right)e_x$

(3) 3.2×10^4 V; 2.5×10^5 V·m^{-1}

4.29 -1.0×10^{-7} C; -2.0×10^{-7} C; 2.26×10^3 V

4.30 $E=\begin{cases}\dfrac{q}{4\pi\varepsilon_0 r^2} & (r<R_1)\\ 0 & (R_1<r<R_2)\\ \dfrac{q}{4\pi\varepsilon_0 r^2} & (r>R_2)\end{cases}$

$V=\begin{cases}q\left(\dfrac{1}{r}-\dfrac{1}{R_1}+\dfrac{1}{R_2}\right)/4\pi\varepsilon_0 & (r<R_1)\\ q/4\pi\varepsilon_0 R_2 & (R_1<r<R_2)\\ q/4\pi\varepsilon_0 r & (r>R_2)\end{cases}$

4.31 (1) 电容器 1 的电势差 $U_1 < U_{10}$，电量 $q_1 < q_{10}$

(2) 6×10^{-4} C，1.0×10^{2} V

4.32 3.0×10^{-4} C；6.0×10^{-4} C；3×10^{-3} J

4.33 $\rho/2\pi a$

4.34 6.0 V；0.30 Ω

4.35 (1) 0.1%；(2) 0.3%

4.36 $E=\begin{cases}\dfrac{\rho r}{3\varepsilon_1} & (r<R)\\ \dfrac{\rho R^3}{3\varepsilon_2 r^2} & (r>R)\end{cases}$ 方向沿径向向外

$$V=\begin{cases}\dfrac{\rho R^3}{3\varepsilon_2 r} & (r>R)\\ \dfrac{\rho}{6\varepsilon_1}(R^2-r^2)+\dfrac{\rho R^2}{3\varepsilon_2} & (r<R)\end{cases}$$

4.37 (1) $1.02\times10^{6}\ \mathrm{V\cdot m^{-1}}$ (2) $2.6\times10^{5}\ \mathrm{V\cdot m^{-1}}$

(3) $-6.7\times10^{-6}\ \mathrm{C\cdot m^{-2}}$ (4) $7.6\times10^{5}\ \mathrm{V\cdot m^{-1}}$

4.38 $\dfrac{\pi\varepsilon}{\ln\dfrac{d}{r}}$

4.39 (1) 均为 U/d (2) $\varepsilon_0\varepsilon_{r1}S_1U/d$，$\varepsilon_0\varepsilon_{r2}S_2U/d$，$\varepsilon_0\varepsilon_{r3}S_3U/d$

(3) $\varepsilon_0(\varepsilon_{r1}S_1+\varepsilon_{r2}S_2+\varepsilon_{r3}S_3)/d$

4.40 (1) $\dfrac{Q^2 d}{2\varepsilon_0 S}$ (2) $\dfrac{Q^2}{2\varepsilon_0 S}$

4.41 $\dfrac{Q^2}{8\pi\varepsilon_0\varepsilon_r R}$

4.42 (1) $w_1=1.11\times10^{-2}\ \mathrm{J\cdot m^{-3}}$；$2.22\times10^{-2}\ \mathrm{J\cdot m^{-3}}$

(2) 1.11×10^{-7} J，3.33×10^{-7} J (3) 4.43×10^{-7} J

4.43 4 A，−3 A，4 Ω

第5章

5.2 (4)

5.6 $\mathrm{d}\boldsymbol{F}\perp\mathrm{d}\boldsymbol{l}$，$\mathrm{d}\boldsymbol{F}\perp\boldsymbol{B}$，$\mathrm{d}\boldsymbol{l}$ 与 $\boldsymbol{B}$ 可成任意角

5.7 (1)

5.8 (a) $F=0$；(b) 垂直纸面向里；(c) 垂直纸面向外

5.9 质子，电子

5.10 N 型半导体

5.11 顺磁质,抗磁质

5.12 (4)

5.14 $B_0=0$

5.15 $B=6.37\times10^{-5}$ T,方向沿水平向右

5.16 2.8×10^{-4} T,方向垂直纸面向外

5.17 (1) $\frac{\mu_0 IR^2}{2}\left\{\left[R^2+\left(\frac{a}{2}+x\right)^2\right]^{-3/2}+\left[R^2+\left(\frac{a}{2}-x\right)^2\right]^{-3/2}\right\}$,方向沿轴线向右

(2)(略)

5.18 $\frac{\mu_0 q\omega}{2\pi R^2}\left[\frac{R^2+2x^2}{\sqrt{R^2+x^2}}-2x\right]$

5.19 (B)

5.20 2.2×10^{-6} Wb

5.22 (1) $\frac{\mu_0 R_2^2 I}{2\pi a(R_1^2-R_2^2)}$ (2) $\frac{\mu_0 Ia}{2\pi(R_1^2-R_2^2)}$;方向均向下

5.23 7.5 N

5.24 $F=IlB$ 方向垂直$\overline{AC}$斜向下

5.25 (1) CF 边受力向上,DE 边受力向下,受力大小相等.其值为:$F_{CF}=F_{DE}=9.2\times10^{-5}$ N;CD 边受力向左,其大小为:$F_{CD}=8\times10^{-4}$ N;FE 边受力向右,其大小为:$F_{EF}=0.8\times10^{-4}$ N

(2) 矩形线圈 $CDEF$ 所受的合力为:$F=7.2\times10^{-4}$ N;矩形线圈对质心的力矩 $\boldsymbol{M}=0$

5.26 线圈的振动周期为 $T=2\pi\sqrt{\frac{J}{na^2IB}}$

5.27 (1) $v_0=7.57\times10^6$ m/s (2) 磁场方向沿螺线轴向上

5.28 P 极为正极,电压为:$U=vBd$

5.29 (1) $B=\frac{\mu_0\mu_r I}{2\pi r}$ (2) $B=0$

5.30 (1) $I=135$ A (2) $I=0.39$ A

第6章

6.9 $Q=0.02$ C

6.10 (1) 200 V,顺时针 (2) 20 A (3) −20 C (4) 0.75 s

6.11 2.0×10^{-3} V;3.0×10^{-4} V

6.12 (1) $2vB\sqrt{R^2-(vt)^2}$, $a\rightarrow b$

(2) $\dfrac{\mu_0 B}{2\pi rRt}\dfrac{R^2-(vt)^2}{\sqrt{R^2-(vt)^2}+R\arccos\dfrac{vt}{R}-\dfrac{R}{\pi}(\arccos\dfrac{vt}{R})^2}$,方向垂直纸面向外

6.13 (1) $gtBl(\sin\theta\cos\theta)$

(2) $\varepsilon=Blv\cos\theta=\dfrac{mgR\sin\theta}{Bl\cos\theta}[1-e^{-(\frac{B^2l^2\cos^2\theta}{mR})t}]$

6.14 a 点：$4.4\times10^7\ \text{m}\cdot\text{s}^{-2}$,方向向右;$b$ 点的电子获得的加速度为零

6.15 (1) 虚线圆内,涡旋电场的电力线是以轴为心的一系列同心圆环,其方向为顺时针方向

(2) $5\times10^{-4}\ \text{V}\cdot\text{m}^{-1}$,方向沿顺时针方向,$3.14\times10^{-4}$ V,1.57×10^{-4} A,0

(3) 3.14×10^{-4} V

6.16 $L=\dfrac{\mu_0}{2\pi}N^2h\ln\dfrac{b}{a}$, 2.20×10^{-3} H

6.17 1×10^{-7} Wb

6.18 (1) 6.28×10^{-6} H (2) -6.28×10^{-6} Wb (3) 3.14×10^{-4} V

6.19 2.8×10^{-6} H

6.20 0.8 V; 0.6 V

6.21 62.5 J

6.22 $1.5\times10^8\ \text{V}\cdot\text{m}^{-1}$

6.23 (1) 15.5 J (2) $238\ \text{J}\cdot\text{s}^{-1}$

6.24 (1) 6.96×10^{-2} A (2) 2.78×10^{-7} T

6.25 $\boldsymbol{H}=\dfrac{q\boldsymbol{v}\times\boldsymbol{r}}{4\pi r^3}$

附　表

(一)基本物理常数表(1998 年推荐值)

物理量	符号	计算用值	1998 最佳值①
真空中的光速	c	3×10^{8} m·s^{-1}	$2.997\ 924\ 58\times10^{8}$(精确)m·s^{-1}
真空磁导率	μ_0	$4\pi\times10^{-7}$ N·A^{-2}	
		$=1.26\times10^{-6}$N·A^{-2}	$=1.256\ 637\ 061\cdots\times10^{-6}$N·A^{-2}
真空电容率	ε_0	8.85×10^{-12} F·m^{-1}	$8.854\ 187\ 817\cdots\times10^{-12}$F·m^{-1}
万有引力常量	G	6.67×10^{-11} m^{3}·kg^{-1}·s^{-2}	$6.673(10)\times10^{-11}$m^{3}·kg^{-1}·s^{-2}
玻耳兹曼常量	k	1.38×10^{-23} J·K^{-1}	$1.380\ 650\ 3(24)\times10^{-23}$J·K^{-1}
阿伏伽德罗常量	N_A	6.02×10^{23} mol^{-1}	$6.022\ 141\ 99(47)\times10^{23}$mol^{-1}
摩尔气体常量	R	8.31 J·mol^{-1}·K^{-1}	8.314 472(15)J·mol^{-1}·K^{-1}
普朗克常量	h	6.63×10^{-34} J·s	$6.626\ 068\ 76(52)\times10^{-34}$J·s
约化普朗克常量	$\hbar=h/2\pi$	1.05×10^{-34} J·s	$1.054\ 571\ 596(82)\times10^{-34}$J·s
基本电荷	e	1.6×10^{-19} C	$1.602\ 176\ 462(63)\times10^{-19}$C
电子静质量	m_e	9.1×10^{-31} kg	$9.109\ 381\ 88(21)\times10^{-31}$kg
质子静质量	m_p	1.67×10^{-27} kg	$1.672\ 621\ 58(13)\times10^{-27}$kg
中子静质量	m_n	1.67×10^{-27} kg	$1.674\ 927\ 16(13)\times10^{-27}$kg
磁通量子 $h/2e$	Φ_0	2.07×10^{-15} Wb	$2.067\ 833\ 636(81)\times10^{-15}$Wb
电导量子 $2e^2/h$	G_0	7.75×10^{-5} s	$7.748\ 091\ 696(28)\times10^{-5}$
精细结构常量	α	7.3×10^{-3}	$7.297\ 352\ 533(27)\times10^{-3}$
里德伯常量	R_∞	1.10×10^{7} m^{-1}	$1.097\ 373\ 156\ 854\ 8(83)\times10^{7}$m^{-1}
斯特藩-玻耳兹曼常量	σ	5.67×10^{-8} W·m^{-2}·K^{-4}	$5.670\ 400(40)\times10^{-8}$W·m^{-2}·K^{-4}
玻尔磁子	μ_B	9.27×10^{-24} J·T^{-1}	$9.274\ 008\ 99(37)\times10^{-24}$J·T^{-1}
玻尔半径	a_0	5.29×10^{-11} m	$5.291\ 772\ 083(19)\times10^{-11}$m

①根据国际科技数据委员会(CODATA)1998 年的推荐值(1999 年正式发表).

关于太阳、地球和月亮的一些数据

地球质量	5.9742×10^{24} kg
地球赤道半径	6.378140×10^{6} m
地球极半径	6.356775×10^{6} m
太阳质量	1.9891×10^{30} kg
太阳平均半径	6.96×10^{8} m
月亮质量	7.3483×10^{22} kg
月亮平均半径	1.7380×10^{6} m
地球至月亮的平均距离	3.84400×10^{8} m
地球至太阳的平均距离	1.496×10^{11} m

(二)国际单位制的有关规定

1. 国际单位制的基本单位

量的名称	单位名称	单位符号
长度	米	m
质量	千克	kg
时间	秒	s
电流	安[培]	A
热力学温度	开[尔文]	K
物质的量	摩[尔]	mol
发光强度	坎[德拉]	cd

2. 国际单位制的辅助单位

量的名称	单位名称	单位符号
平面角	弧度	rad
立体角	球面度	sr

3. **国际单位制中用于构成十进倍数和分数单位的词头**

词头名称	词头符号	所表示的因数
艾[可萨](exa)	E	10^{18}
拍[它](peta)	P	10^{15}
太[拉](tera)	T	10^{12}
吉[伽](giga)	G	10^{9}
兆(mega)	M	10^{6}
千(kilo)	k	10^{3}
百(hecto)	h	10^{2}
十(deca)	da	10^{1}
分(deci)	d	10^{-1}
厘(centi)	c	10^{-2}
毫(milli)	m	10^{-3}
微(micro)	μ	10^{-6}
纳[诺](nano)	n	10^{-9}
皮[可](pico)	p	10^{-12}
飞[母托](femto)	f	10^{-15}
阿[托](atto)	a	10^{-18}

4. **几个保留单位**

物理量	符号	数值
电子伏特	eV	$1.602\ 176\ 462(63)\times10^{-19}$ J
原子质量单位	u	$1.600\ 538\ 73(13)\times10^{-27}$ kg
标准大气压	atm	101 325 Pa

参考文献

[1] 程守洙,等.普通物理学(第6版,上、下册)[M].北京:高等教育出版社,2006

[2] 吴百诗.大学物理(修订版,上、下册)[M].西安:西安交通大学出版社,1994

[3] 白少民,等.大学物理学(第2版,上、下册)[M].西安:陕西人民出版社,2005

[4] 刘克哲.物理学(第2版,上、下卷)[M].北京:高等教育出版社,1999

[5] 陆果.基础物理学教程(上、下卷)[M].北京:高等教育出版社,1998

[6] 毛骏健,等.大学物理学(上、下册)[M].北京:高等教育出版社,2006

[7] 朱峰.大学物理[M].北京:清华大学出版社,2004

[8] 范中和.大学物理学(上、下册)[M].西安:陕西师范大学出版社,2006